普通高等教育"十二五"规划教材
电气工程、自动化专业规划教材

计算机控制系统
（第2版）

康 波 李云霞 编著

电子工业出版社
Publishing House of Electronics Industry
北京·BEIJING

内 容 简 介

本书依据控制学科本科自动化专业"计算机控制系统"课程教学大纲编写，系统地介绍计算机控制系统的基本原理、分析与设计方法及有关工程实现技术，主要内容为：理论基础，包括计算机控制系统基本概念、计算机控制系统的信号变换与计算机控制系统的数学描述等；计算机控制系统的经典分析与设计方法，包括基于 z 传递函数分析方法、基于连续系统理论的数字控制器设计与 z 域直接设计等；计算机控制系统的状态空间分析与设计方法；分级分布式计算机控制系统与计算机数值控制系统；计算机控制系统的设计与实现。本书提供电子课件与部分习题解答。

本书可作为高等学校自动化、电气工程、仪器仪表、计算机应用及机电一体化等相关专业的本科生或研究生教材，也可作为有关工程技术人员的参考资料。

未经许可，不得以任何方式复制或抄袭本书之部分或全部内容。
版权所有，侵权必究。

图书在版编目（CIP）数据

计算机控制系统 / 康波，李云霞编著. —2 版. — 北京：电子工业出版社，2015.2
ISBN 978-7-121-25461-1

I. ①计⋯ II. ①康⋯ ②李⋯ III. ①计算机控制系统—高等学校—教材 IV. ①TP273

中国版本图书馆 CIP 数据核字（2015）第 021717 号

策划编辑：王羽佳
责任编辑：王羽佳　　　　特约编辑：王　崧
印　　刷：北京虎彩文化传播有限公司
装　　订：北京虎彩文化传播有限公司
出版发行：电子工业出版社
　　　　　北京市海淀区万寿路 173 信箱　　邮编：100036
开　　本：787×1092　1/16　印张：20.75　字数：600 千字
版　　次：2011 年 1 月第 1 版
　　　　　2015 年 2 月第 2 版
印　　次：2025 年 1 月第 12 次印刷
定　　价：45.00 元

凡所购买电子工业出版社图书有缺损问题，请向购买书店调换。若书店售缺，请与本社发行部联系，联系及邮购电话：(010)88254888。
质量投诉请发邮件至 zlts@phei.com.cn，盗版侵权举报请发邮件至 dbqq@phei.com.cn。
服务热线：(010)88258888。

前　　言

计算机控制系统是随着计算机技术与相关控制理论的发展而不断发展起来的，并已广泛应用于社会生产与日常生活等各领域中。计算机控制已成为控制与自动化系统的主要方式。对计算机控制系统的分析与设计涉及与计算机控制相关的基础理论、分析与设计方法及工程实现技术等各方面的内容。

本书重点针对大学本科自动化专业及其他相关专业对"计算机控制系统"课程的教学要求进行编写。结合本科生的知识背景与教学特点，在教材内容的安排上既注重内容的完整性与系统性，还力求深入浅出、循序渐进、易于理解，同时通过合理安排例题和习题，有效地帮助学生熟练掌握相关的基础知识与基本方法。

本书系统地阐述计算机控制系统的基础理论、常规分析与设计方法以及工程实现技术等相关内容。第 1 章介绍计算机控制系统的基本概念、基本组成原理、主要类型与发展情况等；第 2～3 章为计算机控制系统的基础理论，阐述计算机控制系统中的信号变换理论与计算机控制系统的数学描述，包括差分方程描述、z 传递函数与离散状态空间描述等；第 4 章讨论计算机控制系统的经典分析方法，即基于 z 域的分析方法；第 5～6 章介绍计算机控制系统的经典设计方法，包括基于连续系统理论的设计与 z 域直接设计等两大类方法；第 7～8 章系统地讨论计算机控制系统的状态空间分析方法与设计方法；第 9 章简要介绍目前在工业控制领域应用较为广泛的分级分布式控制原理及其两种典型应用形式，即集散控制系统与现场总线控制系统；第 10 章介绍计算机数值控制基本原理与方法；第 11 章重点介绍计算机控制系统工程设计与实现的一般方法与相关问题。

本书作为本科自动化专业教材，内容全面，系统性强，既注重基本理论的理解与掌握，也强调具体工程实现技术的实践。读者通过本教材的学习，可以较为全面地掌握计算机控制系统的基本理论，并能够对相关的计算机控制系统进行分析、设计与具体实现。在教学学时许可的情况下（如 64 学时），可讲授教材的全部内容；如学时较少，可重点讲授第 1～8 章及第 11 章部分内容，其余为课外自学。对于其他相关专业，如电气工程及自动化、仪器仪表、计算机应用等，可根据各自教学要求，适当选取教材相关章节作为主要教学内容，通常可选第 1～6 章及第 11 章的相关内容。对于具有工业控制或数控技术背景的专业或教学需求，可适当增加第 9 章或第 10 章的相关内容。此外，本教材也可作为相关专业工程硕士的教材或参考书。

本书向使用本书作为教材的高校教师提供配套电子课件和部分习题参考答案，请登录华信教育资源网http://www.hxedu.com.cn注册下载。

本书第 1 版自 2011 年出版以来，在编者所在学校及数十所高校作为"计算机控制系统"课程教材使用，取得了较好的效果，得到了广大师生的好评。同时，也有部分热心读者和同学指出了本书存在的一些笔误，或对不妥之处提出了疑问。第 2 版修订在知识体系及章节安排上总体保持了第 1 版的框架，主要针对部分章节的内容进行了改写、调整或适当补充，使得内容安排与相关论述上更具条理性与系统性，同时对部分章节的例题与习题进行了调整与增补，使之与相关知识点更紧密结合，更利于读者理解与巩固相关知识。此外，还针对第 1 版中出现的一些笔误与不妥之处进行了修订。

本书是在作者所在的电子科技大学计算机控制系统教学团队近 20 年来教学实践的基础上编写的。本书的主要编写人员多年来在计算机控制系统的教学与实际工程应用方面均积累了一定的实践经验，并力图在教材的编写思想与具体内容方面有所反映。本书由康波与李云霞共同编写。康波具体负责编写了第 1、2、7、8、10、11 章的全部内容及第 4 章、第 6 章的部分内容，并统编全书；李云霞具体负责编写了第 3、5、9 章的全部内容及第 4 章、第 6 章的部分内容。作者所在教研室的有关教师和研究生也参与了本书的例题、习题资料的整理与相关图表的绘制工作。

在本书编写过程中，编者参考了大量与计算机控制理论相关的教材与专著，从中得到不少启发，为本书的编写提供了一定的支撑，编者对这些参考文献的作者表示感谢。特别地，编者还要对指出本书第 1 版出现的笔误或不妥之处的热心读者表示衷心感谢。同时，在本书的编写过程中还得到了电子工业出版社相关领导与编辑的大力支持，在此一并致以谢意。

由于编者的知识水平与经验有限，书中的错误与不妥之处在所难免，期望得到读者的批评指正。

作　者

2015 年 2 月

目　　录

第1章　绪论 ··· 1
1.1　计算机控制系统概述 ····························· 1
　　1.1.1　计算机控制系统的一般概念 ········ 1
　　1.1.2　计算机控制系统的主要特点 ········ 3
1.2　计算机控制系统的组成 ··························· 4
　　1.2.1　计算机控制系统的硬件组成 ········ 4
　　1.2.2　计算机控制系统的软件组成 ········ 5
1.3　计算机控制系统的典型应用形式 ·············· 5
　　1.3.1　数据采集与操作指导系统 ············ 5
　　1.3.2　直接数字控制系统 ······················· 6
　　1.3.3　监督计算机控制系统 ··················· 6
　　1.3.4　计算机分级分布式控制系统 ········ 7
　　1.3.5　数据采集与监督控制系统 ············ 8
　　1.3.6　现场总线控制系统 ······················· 9
1.4　计算机控制系统的发展概况 ·················· 10
　　1.4.1　计算机控制系统的发展历程 ······ 10
　　1.4.2　计算机控制系统的发展趋势 ······ 11
1.5　计算机控制系统的理论与设计问题 ········ 12
　　1.5.1　计算机控制系统的理论问题 ······ 12
　　1.5.2　计算机控制系统的设计问题 ······ 13
本章小结 ·· 14
习题与思考题 ·· 14

第2章　计算机控制系统的信号变换 ··········· 15
2.1　模数变换与数模变换 ····························· 15
　　2.1.1　信号类型 ···································· 15
　　2.1.2　A/D 转换器 ································ 16
　　2.1.3　D/A 转换器 ································ 17
　　2.1.4　A/D 转换与 D/A 转换对系统性能
　　　　　的影响 ······································· 18
2.2　采样过程的数学描述及特性分析 ············ 18
　　2.2.1　采样过程的一般描述 ················· 18
　　2.2.2　采样开关的数学描述 ················· 19
　　2.2.3　采样信号的时域描述 ················· 20
　　2.2.4　采样信号的频域描述与频域特性 ··· 21
　　2.2.5　采样定理 ···································· 22

2.3　信号的恢复与重构 ································· 24
　　2.3.1　信号的理想恢复过程 ················· 24
　　2.3.2　信号的非理想重构过程 ············· 26
　　2.3.3　零阶保持器 ································ 26
　　2.3.4　后置滤波 ···································· 28
2.4　信号的量化 ·· 28
本章小结 ·· 29
习题与思考题 ·· 30

第3章　计算机控制系统的数学描述 ··········· 31
3.1　z 变换理论 ·· 31
　　3.1.1　z 变换的定义 ····························· 31
　　3.1.2　z 变换的方法 ····························· 32
　　3.1.3　z 变换的性质和定理 ·················· 35
　　3.1.4　z 反变换 ···································· 37
　　3.1.5　广义 z 变换 ································ 40
3.2　线性定常离散系统的差分方程 ··············· 42
　　3.2.1　线性定常离散系统差分方程的
　　　　　一般形式 ···································· 42
　　3.2.2　线性定常差分方程的求解 ········· 42
3.3　z 传递函数 ·· 43
　　3.3.1　z 传递函数的概念 ······················ 43
　　3.3.2　z 传递函数与差分方程的关系 ···· 44
　　3.3.3　开环 z 传递函数 ························· 44
　　3.3.4　闭环 z 传递函数 ························· 47
　　3.3.5　计算机控制系统的输出响应计算 ··· 48
3.4　离散状态空间描述 ································· 49
　　3.4.1　线性定常离散系统的状态空间
　　　　　模型的建立 ································ 49
　　3.4.2　连续状态方程的离散化 ············· 55
　　3.4.3　计算机控制系统的闭环状态方程 ··· 58
本章小结 ·· 59
习题与思考题 ·· 59

第4章　计算机控制系统的经典分析方法 ··· 62
4.1　计算机控制系统的稳定性分析 ··············· 62
　　4.1.1　s 平面与 z 平面的关系 ················ 62

	4.1.2	线性离散系统的稳定条件 ………… 64
	4.1.3	线性离散系统稳定性的判断 …… 66
	4.1.4	采样周期对计算机控制系统稳定性的影响 ………… 71
4.2	计算机控制系统稳态误差分析 ……… 73
	4.2.1	离散系统稳态误差的定义 ………… 73
	4.2.2	线性定常离散系统稳态误差的计算 ………… 73
	4.2.3	干扰作用下的稳态误差 …………… 77
	4.2.4	A/D 转换器对稳态误差的影响 …… 77
	4.2.5	采样周期对稳态误差的影响 ……… 78
4.3	计算机控制系统的响应特性分析 …… 79
	4.3.1	计算机控制系统的阶跃响应分析 … 80
	4.3.2	系统闭环极点分布与响应特性 …… 82
4.4	z 平面根轨迹分析法 ………………… 84
	4.4.1	z 平面根轨迹绘制 ………………… 84
	4.4.2	z 平面根轨迹分析 ………………… 86
4.5	线性定常离散系统的频率特性分析法 ……………………………………… 87
	4.5.1	线性定常离散系统频率特性绘制方法 ……………… 87
	4.5.2	线性定常离散系统频率特性分析方法 ……………… 90

本章小结 ……………………………………… 92
习题与思考题 ……………………………………… 92

第 5 章 基于连续系统理论的数字控制器设计 ……………………………………… 94

5.1	基于连续系统理论的数字控制器设计基本原理 …………………………………… 94
	5.1.1	连续域离散化设计基本思想 …… 94
	5.1.2	等效控制器 $D_e(s)$ 的数学描述 …… 94
	5.1.3	数字控制器的设计步骤 ………… 96
5.2	连续控制器的离散化方法 ……………… 96
	5.2.1	脉冲响应不变法（z 变换法）…… 96
	5.2.2	阶跃响应不变法 ……………… 97
	5.2.3	前向差分法 ……………………… 98
	5.2.4	后向差分法 ……………………… 100
	5.2.5	双线性变换法 ………………… 102
	5.2.6	预修正双线性变换法 ………… 105
	5.2.7	零极点匹配法 ………………… 106
	5.2.8	各种离散化方法比较 ………… 107
5.3	数字控制器设计举例 ………………… 107
5.4	数字 PID 控制 ……………………… 110
	5.4.1	PID 控制的基本形式及数字化 … 111
	5.4.2	数字 PID 控制算法 …………… 113
5.5	数字 PID 控制改进算法 …………… 114
	5.5.1	抗积分饱和算法 ……………… 114
	5.5.2	微分算法的改进 ……………… 115
5.6	数字 PID 控制参数整定 …………… 119
	5.6.1	扩充临界比例系数法 ………… 119
	5.6.2	扩充响应曲线法 ……………… 120
	5.6.3	试凑法 ………………………… 120
5.7	史密斯预测补偿控制 ………………… 121
	5.7.1	史密斯补偿原理 ……………… 121
	5.7.2	纯滞后补偿的数字实现 ……… 123

本章小结 ……………………………………… 124
习题与思考题 ……………………………………… 125

第 6 章 数字控制器 z 域直接设计方法 …… 126

6.1	基于 z 传递函数设计的基本原理 …… 126
	6.1.1	数字控制器 $D(z)$ 的一般形式 …… 126
	6.1.2	对期望闭环传递函数 $\Phi(z)$ 的约束 ……………………………… 127
	6.1.3	基于 z 传递函数设计一般步骤 … 128
6.2	最少拍控制系统设计 ………………… 129
	6.2.1	特殊对象的最少拍控制系统设计 ……………………………… 129
	6.2.2	一般对象的最少拍控制系统设计 ……………………………… 133
6.3	最少拍无纹波控制系统设计 ………… 136
6.4	最少拍控制系统的改进设计 ………… 139
	6.4.1	惯性因子法 …………………… 139
	6.4.2	非最少的有限拍控制 ………… 139
6.5	扰动作用下最少拍控制系统设计 …… 140
	6.5.1	针对扰动作用的设计 ………… 140
	6.5.2	抑制扰动作用的设计 ………… 141
6.6	大林算法设计 ………………………… 143
	6.6.1	大林算法基本原理 …………… 143
	6.6.2	大林算法数字控制器的一般形式 ……………………………… 144
	6.6.3	振铃现象的消除方法 ………… 146

6.7 复合控制系统设计 148
　6.7.1 反馈控制中的扰动作用 148
　6.7.2 复合控制系统基本形式与设计步骤 148
6.8 z 平面根轨迹设计 151
6.9 数字控制器的频域设计 153
　6.9.1 w 变换 153
　6.9.2 基于 w 变换的频域设计法 155
本章小结 159
习题与思考题 159

第7章 计算机控制系统的状态空间分析 161
7.1 离散状态方程的解 161
　7.1.1 递推法 161
　7.1.2 z 变换法 163
7.2 z 传递函数矩阵与特征方程 164
　7.2.1 矩阵的特征值 164
　7.2.2 z 传递函数矩阵 165
　7.2.3 离散系统的特征方程 165
7.3 李亚普洛夫稳定性分析 167
　7.3.1 李亚普洛夫意义下的稳定性概念 167
　7.3.2 李亚普洛夫第二法主要定理 168
　7.3.3 线性定常连续系统渐近稳定判据 170
　7.3.4 离散时间系统李亚普洛夫稳定性判据 170
7.4 可控性与可观性 174
　7.4.1 可控性 174
　7.4.2 输出可控性 177
　7.4.3 可观性 178
　7.4.4 可控性、可观性与 z 传递函数的关系 181
　7.4.5 采样系统可控可观性与采样周期的关系 182
7.5 可控标准型与可观标准型 183
　7.5.1 z 传递函数与可控标准型 183
　7.5.2 z 传递函数与可观标准型 184
　7.5.3 通过线性变换构造可控标准型 184
　7.5.4 通过线性变换构造可观标准型 186
本章小结 187
习题与思考题 188

第8章 计算机控制系统的状态空间设计 190
8.1 状态反馈设计 190
　8.1.1 状态反馈系统结构及其特性 190
　8.1.2 状态反馈与极点配置 192
　8.1.3 单输入系统状态反馈极点配置设计 193
　8.1.4 多输入系统状态反馈极点配置设计 196
　8.1.5 有限拍控制 197
8.2 输出反馈设计 197
　8.2.1 输出反馈的结构形式与特点 198
　8.2.2 输出反馈与极点配置 199
8.3 状态观测器设计 200
　8.3.1 开环状态观测器 200
　8.3.2 闭环状态观测器设计 201
　8.3.3 降维观测器设计 206
　8.3.4 有限拍观测器 207
8.4 带状态观测器的状态反馈设计 208
　8.4.1 带观测器的状态反馈控制系统的一般结构 208
　8.4.2 带观测器的状态反馈控制系统设计的分离性原理 209
　8.4.3 带观测器的状态反馈控制系统设计原则 210
　8.4.4 带观测器的状态反馈控制系统的控制器 210
　8.4.5 设计举例 212
本章小结 215
习题与思考题 215

第9章 分级分布式计算机控制系统 218
9.1 分级分布式计算机控制系统基本原理 218
　9.1.1 分级分布式计算机控制系统的产生 218
　9.1.2 分级分布式计算机控制系统的组成原理 220
　9.1.3 分级分布式计算机控制系统的评价 222
9.2 集散控制系统 223

	9.2.1	集散控制系统的概念和特点 …… 224
	9.2.2	集散控制系统的层次结构 ……… 225
	9.2.3	集散控制系统的基本控制器 …… 227
	9.2.4	集散控制系统的数据通信 ……… 228
	9.2.5	集散控制系统的组态原理 ……… 230
	9.2.6	集散控制系统的发展概况 ……… 234
9.3	现场总线控制系统………………………… 235
	9.3.1	现场总线控制系统概述 ………… 235
	9.3.2	现场总线控制系统的体系结构 … 237
	9.3.3	现场总线控制系统与集散控制系统的比较 ……………………… 238
	9.3.4	几种典型的现场总线 …………… 239
本章小结 ………………………………………… 245
习题与思考题 …………………………………… 246

第 10 章　计算机数值控制系统 ……………… 247

10.1　计算机数值控制基础 ………………… 247
　　　10.1.1　计算机数值控制的基本概念 … 247
　　　10.1.2　数值控制基本原理 …………… 248
　　　10.1.3　计算机数值控制系统一般组成 … 249
　　　10.1.4　计算机数值控制系统的控制结构 …………………………… 250
　　　10.1.5　数值控制系统的控制方式 …… 251
10.2　逐点比较法插补原理 ………………… 251
　　　10.2.1　逐点比较法直线插补原理 …… 251
　　　10.2.2　逐点比较法圆弧插补原理 …… 255
　　　10.2.3　八方向逐点比较法线性插值 … 260
10.3　步进电机的控制技术 ………………… 261
　　　10.3.1　步进电机工作原理 …………… 261
　　　10.3.2　步进电机的计算机控制 ……… 263
本章小结 ………………………………………… 267
习题与思考题 …………………………………… 268

第 11 章　计算机控制系统的设计与实现 …… 269

11.1　计算机控制系统的设计原则与步骤 ………………………………… 269
　　　11.1.1　计算机控制系统设计的一般原则 …………………………… 269
　　　11.1.2　计算机控制系统的设计步骤 … 271
11.2　过程输入/输出通道设计 ……………… 274
　　　11.2.1　模拟量输入通道 ……………… 274
　　　11.2.2　模拟量输出通道 ……………… 280

　　　11.2.3　开关量（数字量）输入通道 …… 282
　　　11.2.4　开关量（数字量）输出通道 …… 284
11.3　数字信号调理 ………………………… 285
　　　11.3.1　数字滤波 ……………………… 285
　　　11.3.2　非线性补偿 …………………… 287
　　　11.3.3　标度变换 ……………………… 288
11.4　数字控制器算法设计与实现 ………… 289
　　　11.4.1　计算延时与控制算法设计 …… 289
　　　11.4.2　数字控制器 $D(z)$ 的算法设计与实现 ……………………… 291
　　　11.4.3　状态空间描述控制器算法设计与实现 ……………………… 296
　　　11.4.4　控制算法中比例因子的设置 … 298
11.5　量化效应分析 ………………………… 298
　　　11.5.1　计算机控制系统中量化误差来源 …………………………… 299
　　　11.5.2　变量的量化误差分析 ………… 300
　　　11.5.3　参数的量化误差分析 ………… 302
　　　11.5.4　量化效应的非线性分析 ……… 304
11.6　采样周期选择 ………………………… 307
　　　11.6.1　采样周期选择的一般考虑 …… 307
　　　11.6.2　采样周期选择的经验规则 …… 309
11.7　计算机控制系统的抗干扰技术 ……… 310
　　　11.7.1　干扰源 ………………………… 310
　　　11.7.2　干扰的作用形式 ……………… 311
　　　11.7.3　串模干扰的抑制 ……………… 312
　　　11.7.4　共模干扰的抑制 ……………… 313
　　　11.7.5　长线传输干扰的抑制 ………… 314
　　　11.7.6　电源系统的抗干扰措施 ……… 314
　　　11.7.7　接地系统的抗干扰措施 ……… 315
11.8　计算机控制系统的可靠性设计 ……… 316
　　　11.8.1　计算机控制系统可靠性设计的一般原则 …………………… 317
　　　11.8.2　计算机控制系统的硬件可靠性设计 ………………………… 317
　　　11.8.3　计算机控制系统的软件可靠性设计 ………………………… 319
本章小结 ………………………………………… 322
习题与思考题 …………………………………… 322

参考文献 ……………………………………… 324

第1章 绪 论

自 1946 年第一台电子计算机问世以来,计算机技术便逐渐成为影响现代科学技术发展的重要因素,并在科学技术、社会生产与日常生活等各个方面引起了一场深刻的革命。工业控制领域是较早应用计算机技术的一个重要领域。计算机的产生与发展,不仅是对传统控制技术的重要变革,加速了工业自动化进程,同时也有力地促进了现代控制理论的发展与实际应用。计算机控制系统已成为现代自动化技术的重要内容与具体形式。本章将简要介绍计算机控制系统的有关基本概念、组成、典型应用类型及其所涉及的基本理论问题。

1.1 计算机控制系统概述

计算机控制系统作为计算机在工业控制工程中的重要应用形式,与传统的非计算机控制系统相比有何异同或优势?本节将从计算机控制系统的基本概念出发来回答这个问题。

1.1.1 计算机控制系统的一般概念

计算机控制系统是在自动控制理论与计算机技术的基础上发展起来的,因此,计算机控制系统的相关概念与传统的自动控制系统是密切相关的。

一般而言,自动控制系统就系统的结构形式而言,主要可归纳为两类,即开环控制系统与闭环控制系统,如图 1.1 所示。

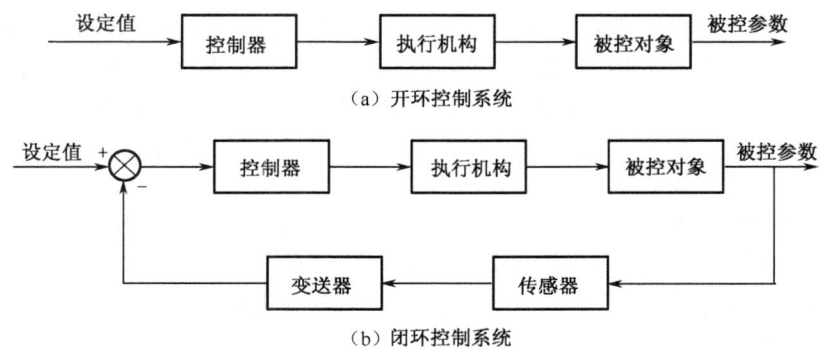

图 1.1 控制系统的一般结构

图1.1(a)为开环控制系统,其控制器根据输入的指令信号,依据事先确定的控制规律,产生相应的控制信号,直接控制执行机构或被控对象工作。开环控制系统结构简单,所能实现的控制动作或控制策略也相对单一,其控制性能相对较差。开环控制结构一般要求被控过程的物理特性、运行规律及其相应的控制策略均简单、明确,且系统不存在扰动或扰动事先已知,因此不适合于复杂和高精度的被控过程。

与开环控制结构不同,图 1.1(b)所示的闭环控制结构通过测量元件对被控对象的被控参数进行测量,由变送器将被测参数变换成相应的电信号,并反馈到控制器的输入端,与系统的给定值(即参考输入或期望输出）进行比较，控制器根据给定值与反馈值之间的偏差情况产生相应的控制信号来驱动执行机构工作，以使被控参数的值与给定值保持一致。与开环控制系统相比，引入负反馈的闭环控制系统不仅具有更好的控制精度，而且能够有效克服闭环系统内有关扰动对系统输出的影响。因此，闭环控制结构是自动控制系统的主要形式。

尽管绝大部分控制系统均采用了闭环控制结构，而开环控制结构由于简单且易于实现，仍然有相应的应用领域。因此，计算机控制系统也同样有开环控制与闭环控制两种基本结构。如图 1.2 所示，不论是开环还是闭环形式，所谓计算机控制系统，就是由计算机去取代传统控制系统中控制器的相关功能。由于计算机的输入和输出均为数字信号，而被控对象的被控参数及执行机构的输入信号一般为模拟量，因此，需要设置将模拟信号转换为数字信号的 A/D 转换器，以及将数字信号转换为模拟信号的 D/A 转换器。

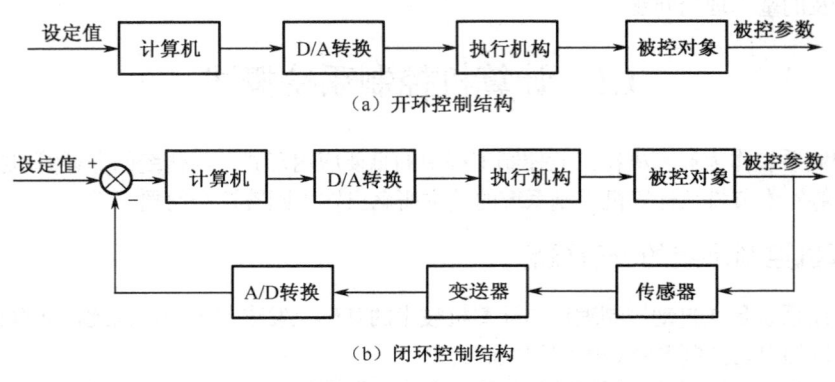

图 1.2 计算机控制系统

对于大部分计算机控制系统，其被控过程通常为连续时间系统，因此，需要经过对连续信号的采样过程，将连续信号离散化，以便计算机对其进行处理，这样的系统也称为采样控制系统。可见，采样控制系统中包含了各种不同类型的信号。严格说来，这与仅处理离散时间数值序列的离散时间系统是有区别的，但是，对于一般的采样控制系统，在大多数情况下，只描述系统在采样时刻的行为就足够了，此时，采样控制系统就可等同于离散时间系统来处理。因此，离散时间系统的相关理论也就是计算机控制系统的一个重要基础。

由于引入了计算机与数字信号，计算机控制系统的控制过程可以归结为以下三个基本步骤：

（1）实时数据采集。对被控参数进行实时检测，并输入计算机。

（2）实时决策。对采集到的数据进行实时处理、分析，并按事先确定的控制规律，决定需要采取的控制策略与控制信号。

（3）实时控制。根据控制决策，实时地向执行机构发出控制信号。

以上三个步骤按顺序执行，并不断循环，从而使整个系统按照一定性能指标的要求进行工作，同时对系统有关异常现象及时做出处理，以达到预期的控制目标。

传统的连续控制系统从控制原理角度分析，也可分为信号输入、处理与决策、控制信号输出三个步骤。由于其控制器由模拟电路构成，一般不存在计算延迟与传输延迟，所有步骤均可认为是瞬时完成的，并连续不断地工作，因此，三个步骤在时间上先后顺序不明显，一般认为是同时进行的。

对于计算机控制系统，由于控制过程中的每一个步骤均需要计算机参与完成，计算机处理总需要一定的时间，因此，上述三个步骤在时间上有明确的先后顺序。同时，由于每个步骤均需要一定的计算机处理时间，这样从信号的输入到控制作用的产生就会有一定的延迟时间，为了达到期望的控制效果，这个延迟时间必须足够小，即要求"实时"。这里的所谓"实时"，就是指信号的输入、分析与处理和输出控制都要在一定的时间范围内完成，即计算机对信号的采样与处理要有足够快的处理速度，并在一定时间内做出反应或实施控制，超出这个时间，就会失去控制的有效时机，控制也就失去了意义。实时的具体度量与具体的被控过程密切相关。比如一个高炉炼钢的炉温控制系统，其控制的延迟时间一般为秒级，仍被认为是实时的；而对于一个导弹跟踪控制系统，当目标状态发生变化时，一般必须在毫秒级甚至更短的时间内做出反应，否则就不能命中目标。

计算机用于控制系统，可以有"在线"与"离线"两种方式。计算机直接连接到控制系统中，即计算机直接与生产过程的设备相连，并进行相应的输入/输出及决策操作，称为"在线"方式或"联机"方式；计算机不直接控制生产过程设备，而是通过中间记录介质，靠人工进行联系并进行相应操作的方式，称为"离线"方式或"脱机"方式。显然，离线方式不能对被控系统进行实时控制，一个实时控制系统必定是在线系统，但一个联机系统则不一定是实时控制系统。

1.1.2 计算机控制系统的主要特点

相对于传统的连续控制系统而言，计算机控制系统主要具有以下特点：

（1）计算机控制系统既包含有计算机等数字部件，一般又包含连续的模拟部件（如绝大多数被控对象、执行部件、测量部件等），同时还包含相应的信号变换装置（如 A/D 与 D/A 转换器等），因此，计算机控制系统通常为模拟与数字部件的混合系统。

（2）在连续控制系统中，各点信号均为连续的模拟信号，而在计算机控制系统中，除连续的模拟信号以外，一般还存在离散时间模拟信号、离散信号、数字信号等多种信号形式。

（3）在连续控制系统中，控制器通常由模拟电路构成，且每个控制器只能控制一个回路；在计算机控制系统中，一台计算机可以采用分时控制的方式，同时控制多个回路，各个回路的控制规律由相应的控制算法来完成。

（4）在连续控制系统中，如果要修改控制规律，一般需要修改原控制器的电路结构；而在计算机控制系统中，控制规律由计算机程序实现，修改控制规律，只需修改相应的程序，一般不改变其硬件电路，因此具有较好的灵活性与适应性。

（5）计算机控制系统中的核心控制规律都是由软件来实现的，借助于计算机强大的算术与逻辑运算功能，能够较为方便地实现常规控制器难以实现的复杂控制规律，如最优控制、自适应控制、模糊控制等。

（6）利用计算机的超强数据处理能力与互联技术，可以将整个生产过程的各部分有效地联结成一个有机的整体，以实现整个生产过程的综合自动化。

（7）计算机控制系统一般都设有监控、报警、自诊断甚至容错与自恢复功能，因此，系统具有较好的可维护性。系统一旦出现故障，能迅速找到故障点及相应的解决方案，以便快速修复。

由于计算机控制系统是一个混合信号与混合电路系统，从理论上讲，其系统的抗干扰性能会受到较大影响，因此，计算机控制系统的抗干扰技术也是其系统设计中需要面对的一个重要课题。随着各类有效的软、硬件抗干扰技术与相关器件技术的发展，计算机控制系统的抗干扰能力得到很大提高，已能够适应大多数复杂环境中的应用。

总之，随着现代计算机与控制技术的不断进步，对控制系统的功能要求也在不断提高，与传统的连续控制系统相比，计算机控制系统的优越性也越来越明显。计算机控制已成为现代各类自动化及控制系统中的首要形式或必然选择。

1.2 计算机控制系统的组成

从系统结构而言,一个完整的计算机控制系统一般包括计算机系统、过程输入/输出通道与被控过程等三大部分。另一方面,从系统设计的角度而言,由于有计算机参与控制,因此其基本组成又涉及硬件与软件两个方面。下面将分别简要介绍计算机控制系统的硬件与软件组成。

1.2.1 计算机控制系统的硬件组成

计算机控制系统的硬件组成框图如图 1.3 所示,主要包括计算机、过程输入/输出通道、人机交互设备以及与被控过程直接相连的检测与执行装置等几个部分。

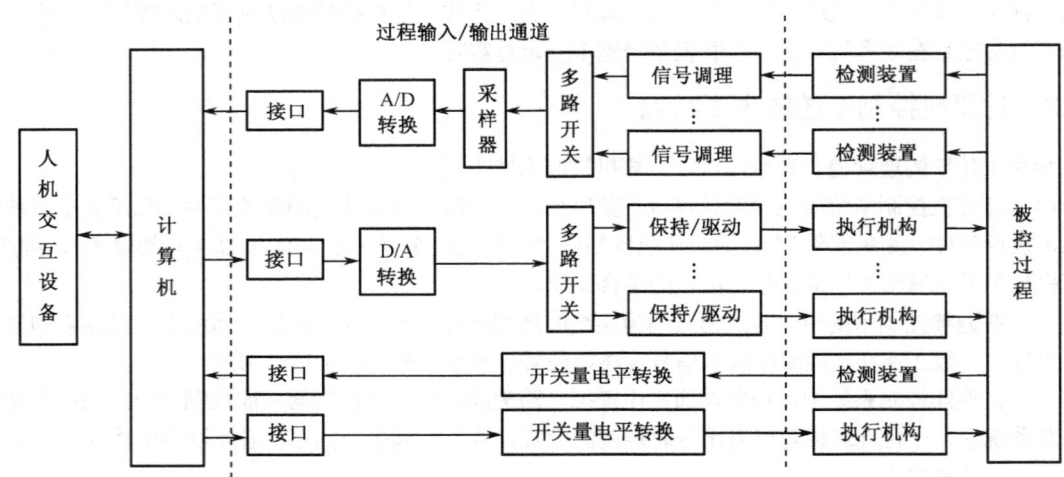

图 1.3 计算机控制系统的硬件一般组成框图

1. 计算机

计算机是计算机控制系统的核心。通过相应的接口,计算机可以向控制系统的各个部分发出各种指令,同时对被控对象的被控参数进行实时检测及处理。计算机的主要功能是通过执行相应的程序来控制整个被控系统,对相关现场信息进行实时采集与处理,按设定的控制规律进行各种数值计算与逻辑判断,并根据运算结果做出控制决策,然后输出给执行机构。根据不同被控过程的需求,计算机应该具备足够强的数据处理(算术、逻辑运算)与信息存储能力。

2. 过程输入/输出通道

过程输入/输出通道是实现计算机与被控过程之间信息传送和转换的连接通道。过程输入通道把被控过程的被控参数转换成计算机可以处理的数字信息,并通过相应的接口输入计算机。过程输出通道把计算机由接口输出的控制指令与数据转换成被控过程执行机构可以接受的控制信号,并送给相应的执行机构。根据信号形式的不同,过程通道一般可分为模拟量输入/输出通道与开关量(或数字量)输入/输出通道。

3. 检测与执行装置

检测与执行装置是直接与被控过程相连接的各种过程仪表,它们是被控过程的信号输入/输出单元。检测装置一般包括传感检测单元与变送单元，即通过传感器件将被控参数的非电量转换成电信号，再经过变送单元将其变换成易于传输的统一、标准的电信号（0～5V 电压信号或 4～20mA 电流信号），以便后续处理。执行机构是直接连接于被控过程的控制或驱动部件，其功能是根据来自计算机的控制指令信号，产生相应的动作，以调节或改变被控过程的某些状态，使生产过程符合预期的要求。

4. 人机交互设备

人机交互设备提供一个供操作人员或工程师与计算机控制系统之间进行交互的平台，主要体现为一个便于操作人员完成相关工作的操作台，操作台一般设置有键盘、鼠标、操作按钮、各种显示或指示设备、打印或图形绘制设备等输入/输出设备。操作人员通过来自各种显示设备或打印设备的相关图表、数据或视频信息，及时了解控制过程的有关情况，并可通过相应的输入设备完成控制操作，如输入或修改控制参数、设置控制规律和发送控制命令等。

1.2.2 计算机控制系统的软件组成

计算机控制系统的软件是指计算机中使用的、能够完成计算机控制系统所要求的各种功能的计算机程序总和。它是计算机控制系统的神经中枢，整个系统的动作都是在软件的指挥下进行工作的。软件系统一般由系统软件与应用软件两大部分组成。

1. 系统软件

系统软件一般是由计算机设计者或生产厂商提供的一套专门用来使用、维护和管理计算机的一类程序，并具有一定的通用性。系统软件一般包括操作系统、语言加工系统与诊断系统等。其中操作系统是整个软件系统的基础，并对整个系统性能具有较大影响。对于不同的计算机控制系统、不同的控制需求或处于不同地位的控制计算机，其操作系统可以是通用操作系统、实时操作系统或嵌入式操作系统等。

2. 应用软件

应用软件是面向用户需求而设计的程序，即根据用户要解决的实际问题而设计的各种程序。对于计算机控制系统而言，应用软件主要是指完成控制系统中各种任务的程序，一般包括控制算法程序、巡回检测与事故处理程序、数据处理与信息管理程序、人机交互程序、公共服务程序以及必要的数据库系统等。

1.3 计算机控制系统的典型应用形式

计算机控制系统有许多不同的应用形式，这与具体的被控过程特性和控制目的密切相关，对于不同的被控过程和不同的控制要求，采用不同的控制方案，从而构成了不同形式的计算机控制系统。从计算机控制系统的发展历程与实际应用角度看，主要有以下几类典型的应用形式。

1.3.1 数据采集与操作指导系统

数据采集与操作指导系统的结构如图 1.4 所示。在这种应用形式下，计算机不直接参与过程控制，即计算机的输出不直接控制被控对象。计算机主要用于对被控过程的现场状态进行实时数据采集和处理，然后进行必要的集中记录、显示、报警或打印输出，即对现场状况集中监视，并为操作人员提供操作指导信息。操作人员根据这些结果去改变调节器的给定值或直接操作执行机构，以达到控制的目的。

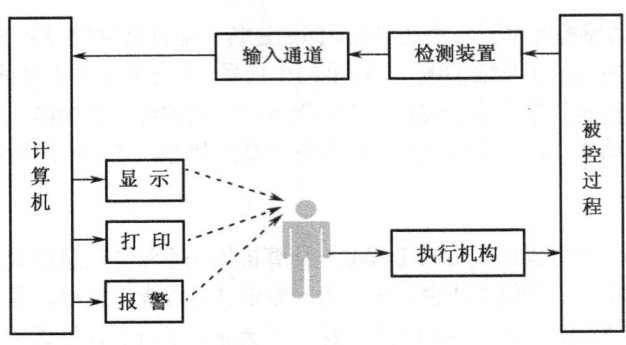

图 1.4 数据采集与操作指导系统

作为计算机在控制系统应用的初级形式,数据采集与操作指导系统具有结构简单、控制灵活、安全等优点,但由于需要人工操作,其速度受到一定限制,一般只适合于慢过程的监控。

随着计算机及数据处理与决策技术的发展,这种初级的计算机控制形式的有关概念与应用领域已得到了很大的拓展,仍然是当前计算机控制系统中一种十分重要的典型应用形式,如各种形式的需要人工干预的监控中心等,其本质上仍是数据采集与操作指导系统。

1.3.2 直接数字控制系统

直接数字控制(Direct Digital Control,DDC)系统是计算机应用于工业过程控制最普遍的一种形式,其一般结构如图 1.5 所示。计算机通过检测单元对一个或多个过程参数进行巡回检测,并经过输入通道将检测数据输入计算机,计算机按照一定的控制规律进行运算,得到相应的控制信息,并通过输出通道去控制执行机构,从而使系统的被控参数达到期望的要求。

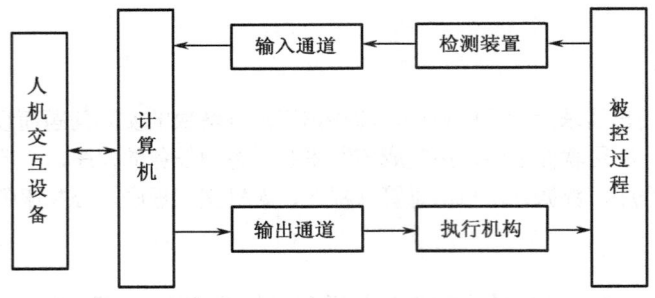

图 1.5 直接数字控制系统

DDC 系统是典型的计算机闭环控制系统,并可实现多回路控制,同时,只要通过改变算法程序还可实现较复杂的控制规律,如串级控制、前馈控制、非线性控制、最优控制、自适应控制等。

由于在 DDC 系统中计算机直接参与控制过程,因此要求计算机系统具有较好的实时性与可靠性。

1.3.3 监督计算机控制系统

对于普通的 DDC 系统,其控制参数(包括控制规律与相关参数取值)都是事先设定好的,在一次具体的控制过程中是不能被修改的,这对于一些变化比较大的复杂被控过程而言,是难以取得满意的控制效果的。在监督计算机控制(Supervisory Computer Control,SCC)系统中,通过一台专用的监督计算机,根据原始工艺信息与现场采集的其他相关参数,结合描述被控过程的数学模型,计算出生产过程的最优设定值,再将设定值输送给具体的控制单元(如模拟调节器或 DDC 系统),由控制单元控制生产过程，从而使生产过程始终处于最优工作状态。在 SCC 中，设定值（即控制规律与相关参数）可以根据当前被控过程的状态与工艺要求，由监督计算机自动进行调整，因此，SCC 对于变化比较复杂的过程具有较好的适应能力。

根据所采用的控制单元的不同，SCC 系统有两种不同的结构形式。

1. SCC + 模拟调节器

如图 1.6 所示，在该系统结构中，监督计算机对被控过程的参数进行巡回检测，并按一定的数学模型对生产状况进行分析，计算出控制系统的最优设定值，再送入模拟调节器，由模拟调节器完成具体的控制任务。而当监督计算机发生故障时，可由模拟调节器独立完成操作。

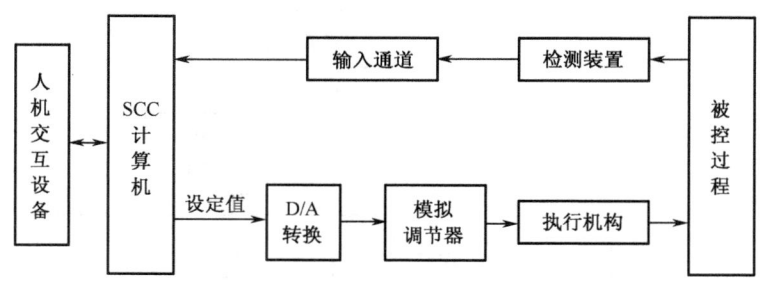

图 1.6　SCC + 模拟调节器控制系统

2. SCC + DDC

如图 1.7 所示，在此系统结构中，SCC 与 DDC 组成了一个二级控制系统，一级为监督控制级 SCC，其作用是完成被控过程现场状况的分析与最优参数的计算，并输出最优设定值给直接控制级 DDC，由 DDC 直接控制被控过程。在这种结构中，当两级计算机中任何一级发生故障时，均可由另一级暂时替代而独立完成工作，从而提高了系统的可靠性。

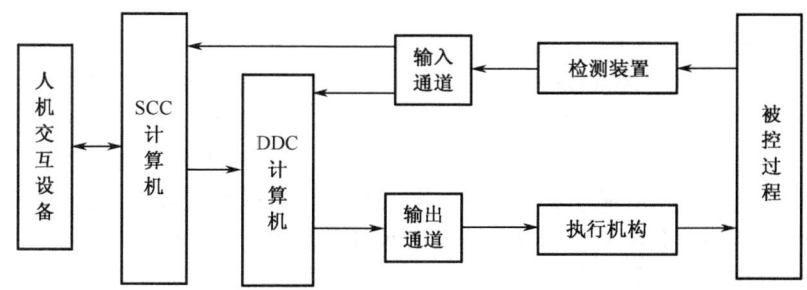

图 1.7　SCC + DDC 控制系统

1.3.4　计算机分级分布式控制系统

以上的数据采集与操作指导系统、直接数字控制与监督计算机控制均采用集中型结构，即一台计算机控制（或检测）尽可能多的控制回路，实现集中检测、集中控制、集中管理。随着计算机与控制理论的不断发展，计算机控制系统的规模也在不断扩大，集中型已难以适应这类需求，于是出现了采用多台计算机构成的分级分布式控制系统。集散控制系统（Total Distributed Control System，TDCS），也称分布式控制系统（Distributed Control System，DCS），是分级分布式控制的一类典型应用形式，如图 1.8 所示。这类系统采用分级分散型控制原理、集中操作、分级管理、分散控制、综合协调的设计原则，将系统由下至上分为现场分布式控制级、过程控制集中监控级、生产管理级及企业经营管理级等，各级之间通过高速通信通道相互连接，传递信息，协调工作。其中，现场分布式控制级由分布于被控过程的各现场控制站构成，直接对被控过程的相关参数进行检测与控制；集中监控级主要负责生产过程的集中监视与优化控制；生产管理级主要根据上级下达的任务与本部门生产的具体情况，制定具体的生产计划、工作安排、人员与物料调配及监控级的协调等；企业经营管理级负责企业长期规划与生产计划、销售计划，将任务分解给下属部门，并对来自下级的各类数据进行分析，实行全局总调度。可见，分级分布式控制系统能较好地适应生产过程综合自动化的发展需求。

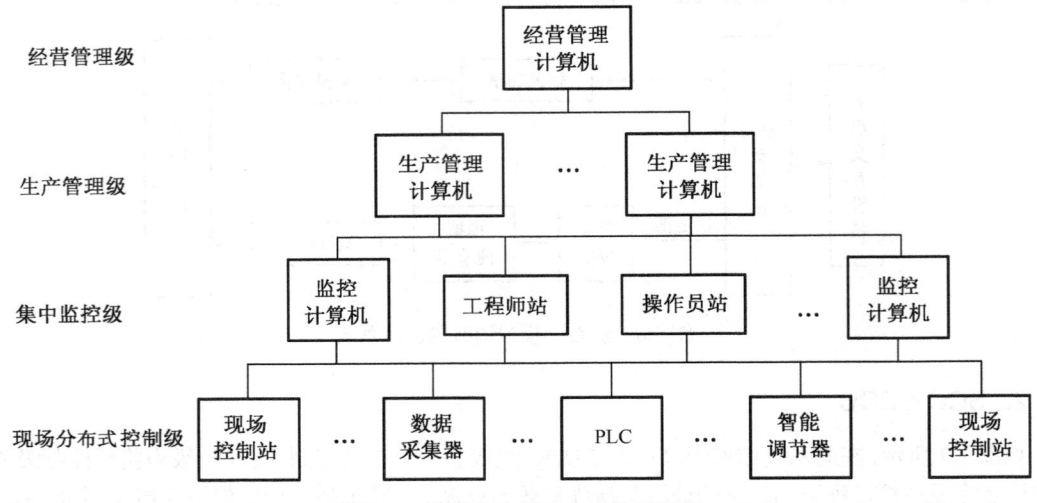

图 1.8 计算机分级分布式控制系统

1.3.5 数据采集与监督控制系统

如果说 DCS 是集中式直接数字控制面向分布式复杂控制任务的发展结果，那么数据采集与监督控制（Supervisory Control And Data Acquisition，SCADA）系统则是由数据采集与操作指导系统面向分布距离较远、生产单位分散的数据采集与监督控制任务而产生的一类以计算机为基础的自动化监控系统。也就是说，SCADA 系统是对分布距离远、生产单位分散的生产系统进行数据采集、集中监视和分散控制的一种计算机控制系统，它可以实现远程数据采集、设备控制、测量、参数调节以及各类信号报警等各项功能，其核心是对现场信息进行远程检测与采集，并集中监视，同时进行必要的远程控制或报警处理。SCADA 系统的一般组成结构示意图如图 1.9 所示。主要包括远程终端单元（Remote Terminal Unit，RTU）、通信网络系统及中央主站系统等。中央主站系统一般由性能先进的计算机与服务器构成，一个庞大的主站系统通常包括众多工作站与多个服务器，如工程师站、生产调度站、各种监控工作站、实时数据库服务器、历史数据库服务器以及 Web 服务器等。通信网络系统是 SCADA 系统中连接远程终端与中央主站的重要桥梁，其具体构成根据具体应用背景或环境具有多种不同的形式，如有线的有音频、载波、光纤、电力载波通信等，无线的有电台、微波、卫星通信等，还有基于计算机网络的形式，如常见的互联网（Internet）与移动无线网 GPRS 网络等。RTU 一般由通信处理模块、各种数据采集模块与各种数据量（模拟量、开关量等）输出模块等构成。

与 DCS 相比，SCADA 系统主要强调对分布距离较远的现场设备与系统进行远程数据采集与集中监视功能，而 DCS 强调的是对复杂被控对象的分散控制功能，其分布距离常局限于车间或工厂内部。但随着技术的发展，这两类控制系统具有越来越多的相似之处，常常可以合二为一。

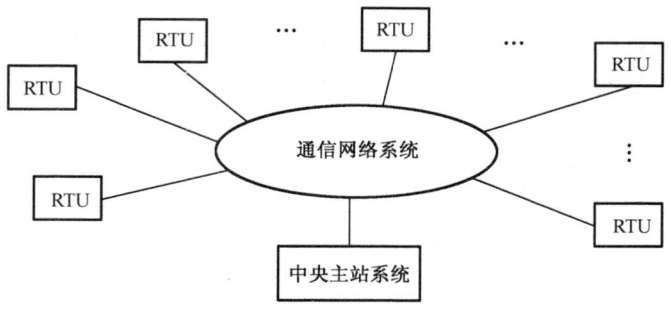

图 1.9　SCADA 系统一般组成结构示意图

1.3.6　现场总线控制系统

现场总线控制系统（Fieldbus Control System，FCS）是在 DCS 基础上发展起来的一种高级形式，其核心是引入了现场总线。现场总线是连接过程控制现场各种智能设备（包括各种检测仪表与执行装置）与中央监控室之间的全数字、开放式双向通信网络，是一种专门面向工业控制现场的实时、高可靠性数据传输网络。目前国际上流行的现场总线标准有多种，包括 CAN、ProfiBus、HART、FF、LONWORKS 等，它们各有其重点应用领域。

FCS 中的现场智能设备为具有标准协议现场总线接口的数字化多功能仪表，采用总线供电，具有本质安全性，一般具备良好的互换性与互操作性。

与传统的 DCS 比较，FCS 主要改变了现场控制层的结构，摒弃了传统 DCS 中的相对集中现场控制站，而将其化整为零，分散于各种现场仪表与现场设备，并通过现场总线构成相应的控制回路，实现了真正的分散控制，图 1.10 所示是一个简单的现场总线控制系统结构示意图。

以上简要介绍了几类较为典型计算机控制系统，但这并不是一种严格的分类，具体的应用形式还与其具体应用背景和需求有关，比如计算机集成制造系统（Computer Integrated Manufacturing System，CIMS）是针对计算机在制造业管控一体化应用中的一种专门形式，它进一步强化了任务调度、企业生产经营管理等功能。

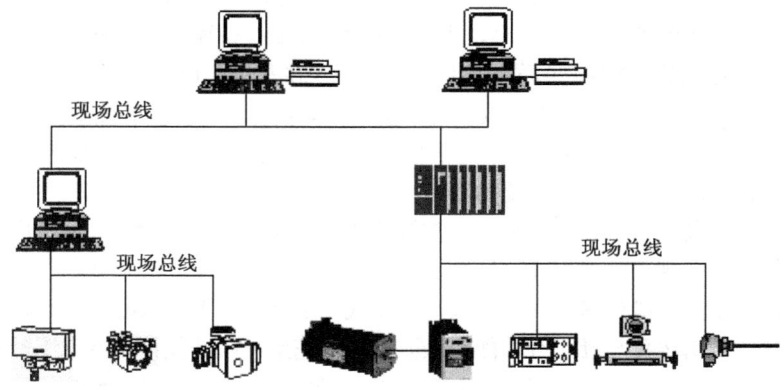

图 1.10　现场总线控制系统

1.4 计算机控制系统的发展概况

计算机控制系统是自动控制理论与计算机技术相结合的产物,它的发展自然离不开控制理论与计算机技术的发展。特别是计算机及其相关技术,对计算机控制系统的发展进程与发展趋势具有重要的影响。

1.4.1 计算机控制系统的发展历程

计算机控制系统的产生与发展是与计算机技术的发展密不可分的,随着20世纪40年代中期数字计算机的问世,经历50年代至60年代的计算机实用阶段,到70年代初微型机的诞生,计算机控制的发展也大致经历了三个阶段,即开创与实验阶段、推广应用阶段与全面发展阶段。

20世纪50年代初至60年代中期是计算机控制开创与实验阶段。20世纪50年代初,利用计算机首先在化工生产中实现了自动测量与数据处理。1954年出现了计算机开环控制系统。1959年在美国得克萨斯州的一家炼油厂诞生了第一套计算机闭环控制系统——聚合装置计算机控制系统。1960年美国孟山都公司的氨厂实现了计算机监督控制。1962年孟山都公司的乙烯工厂在线运行了工业控制中的第一个直接数字控制(DDC)系统。

DDC的出现引起了学术界与产业界对计算机技术与计算机控制技术的极大关注,从而促进了计算机控制理论的研究与发展。到20世纪60年代中期,DDC技术有了很大发展,计算机厂家与用户一起制定了DDC系统技术指标,并对各种控制算法及采样周期选择等问题进行了广泛的研究,使DDC的基本理论框架逐步成熟。

20世纪60年代中期至70年代初期,以DDC为主的计算机控制进入逐步推广应用阶段。随着DDC相关理论的日趋成熟,结合当时的小型计算机技术的发展,使得计算机控制在工业过程控制中的应用得到较快发展。一些计算机厂商生产出了各种类型的适合于工业过程控制的小型计算机,由于其体积小、速度快、可靠性高和价格便宜,因此,对于较小的工程项目也能利用计算机来控制。由于经济与技术上的原因,这个时期的计算机控制系统主要采用集中型控制结构。

随着1972年微型计算机的出现,计算机控制系统也进入一个崭新的发展阶段。由于微型计算机的价格更加便宜、体积更小,因此以微型计算机为核心的DDC系统得到普遍应用。20世纪70年代中期,随着微处理器技术的发展,特别是以单片微型计算机为代表的多功能微控制器的出现,促使了以微控制器为基础的分散型计算机控制系统的诞生,将这些分散的控制器通过数据网络实现集中管理,即发展为集散控制系统(即DCS)。到20世纪80年代中后期,集散控制系统得到了快速发展与应用,特别是随着20世纪90年代网络技术的迅猛发展,DCS得到了更为广泛的应用,并占据了工业控制领域的主导地位。

20世纪80年代逐渐兴起的计算机集成制造系统(CIMS)技术,旨在通过采用信息技术实现集成制造,以提高企业的生产效率与竞争能力,是信息技术、管理技术与制造技术密切结合的产物。CIMS的理念与应用对现代制造技术产生了重要的影响。

传统工业自动化系统一般有两类控制,即常规的闭环控制(如PID调节)和继电逻辑控制。前面主要讨论了计算机取代常规控制器构成的计算机控制系统。而微型计算机与微电子技术的发展同样对传统的继电逻辑控制带来了深刻影响。20世纪70年代,以微处理器为核心,通过存储于存储器中的程序,实现开关量的逻辑运算与延时等功能,从而构成了完全可以替代传统继电逻辑控制的可编程逻辑控制器(Programmable Logic Controller,PLC)。PLC技术很快便在工业控制中获得了巨大的成功,并得到飞速发展,现今的PLC已经远远超越了传统的继电逻辑控制功能,并具备各种常规控制、复杂控制与网络功能等。

在制造业的机床加工领域有一类重要的控制技术称为数值控制（Numerical Control）技术，其概念诞生得比计算机还早许多。数值控制通过数值计算方法确定加工轨迹的所有中间点的坐标，从而确定坐标进给路线。早期的数值控制是将事先计算好的坐标进给路线指令制成磁带或穿孔纸带的形式输入控制系统，从而实现对加工轨迹的控制。随着计算机技术的发展，将计算机与数值控制直接在线结合起来，形成了计算机数值控制（Computer Numerical Control，CNC），计算机不仅用于加工路线的在线计算，同时还直接参与控制，完成各种复杂的控制功能，并随着计算机与控制技术的发展而不断发展。CNC已成为数控加工机床的一种重要支撑技术。

近年来，随着计算机与网络技术的迅速发展，基于网络的计算机控制技术正受到普遍关注。基于网络的控制系统致力于采用统一的网络协议与结构模型，实现由单一的封闭网络到开放式网络，由基于局域网的控制到基于广域网的控制，相关研究取得了积极成果，并已有不少成功应用案例。

1.4.2 计算机控制系统的发展趋势

随着计算机技术、网络技术、控制技术等的飞速发展，计算机控制已经由最初的主要面向工业控制领域逐渐延伸到社会生产与生活的各个领域，计算机控制技术不仅是现代计算机技术与控制技术的重要内容，而且正在成为现代社会的一种重要支撑技术。目前，计算机控制系统主要有以下几个发展趋势。

1. 嵌入式控制系统普遍应用

各种嵌入式芯片与嵌入式软件技术的发展，为计算机控制在人们日常生活、工农业生产过程和军事应用等各个领域中的普遍应用提供了更好的技术条件。嵌入式控制系统将一个以微型计算机为核心的计算机控制系统嵌入到一个具体的应用系统中，作为该应用系统所固有的一个有机组成部分，一般具备成本低、体积小、功能完备、速度快、功耗低、可靠性好等特点。这类嵌入式控制系统在各种智能家电、智能仪器设备中应用最为普遍。针对各类典型应用开发的各种嵌入式控制系统标准模块将为其更为广泛的应用奠定坚实的基础。同时，这类嵌入式控制单元还可作为其他复杂控制系统的基本控制单元。

2. 可编程逻辑控制器的功能更为精细与强大

可编程逻辑控制器（PLC）作为一类较为成熟的专业级控制设备，已经在制造业及其他流程控制中得到普遍应用。随着相关技术的进步与应用需求，PLC已经不再局限于原有的逻辑控制功能，还具备较为完善的数据处理、故障自诊断、PID运算及联网等功能，在功能上更为精细与强大，其模块化的结构特点使其可以适应不同形式的应用，从而大大拓展了PLC的应用范围。因此，PLC不仅可以作为专业级的控制设备应用于各类控制系统中，还将作为一类重要的通用控制单元，应用于各种大规模的复杂控制系统中。

3. 现场总线控制系统趋于标准化

随着实际应用需求中控制规模的不断扩大，集散型控制结构已经得到普遍认可和广泛应用。但传统的分布式控制系统（DCS）一般是一个相对封闭与专业的控制系统，其通用性还不是很理想。同时，传统的DCS在现场级也还没有真正做到彻底分散，其安全性与可靠性仍然有一定限制。在传统DCS基础上发展起来的现场总线控制系统（FCS），利用现场总线技术，使得传统DCS中控制站的部分功能可以向下分散到现场级各个控制与检测单元中，从而减轻了控制站的负担，使得控制站可以专门负责执行复杂的高层次控制算法。现场总线控制系统已经成为并将继续作为工业控制中的主要应用形式。

尽管目前仍然还是多种现场总线标准并存，但制定相对单一且开放的现场总线标准，形成真正的开放式互联控制系统一直就是控制业界追求的目标。

4．网络控制系统日臻成熟

随着互联网技术的高度发展，基于网络的控制系统（简称网络控制系统）正在受到普遍关注。网络控制系统是以网络为媒介对被控对象实施远程检测、远程控制、远程操作的一种新兴计算机控制系统。在网络控制系统中，上层的管理决策、任务调度、优化控制等可以方便地与各种现场设备连接在一起，从而实现全系统的整体自动化与性能优化。在一些人不易操作或无法到达的场合，如强辐射、高热、易燃易爆、深海等环境下作业，可以通过基于网络的遥控方式实现有效的控制。此外，网络控制系统还可用于一些特殊的远程控制场合，如医疗领域的远程病理诊断、专家会诊、远程手术等。近年来，随着无线传感器网络（Wireless Sensor Network，也称物联网，即 The Internet of Things）技术的兴起与发展，更为网络控制系统注入了新的技术与内容。可以预见，在不久的将来，随着相关技术的发展与进步，基于网络的控制系统将被广泛用于社会生产与日常生活的各个领域之中。

除上述几个主要发展趋势之外，以计算机集成制造系统（CMIS）为代表的实现企业经营管理与生产控制综合优化的相关技术与理念，也将得到进一步深化发展与广泛应用。

同时，上述几个方面也是相互关联、互为支撑的，在一个大规模的综合自动化系统中，往往可能包含以上所有方面的内容。

1.5　计算机控制系统的理论与设计问题

从概念上讲，计算机控制系统是从常规的连续控制系统基础上通过计算机的参与而得到的，连续控制系统的相关理论与方法在某些情况下也可用于计算机控制系统的分析与设计，但计算机控制系统也有许多特殊问题是常规的连续控制理论无法解决的，因此需要有计算机控制系统的相关理论与方法。

1.5.1　计算机控制系统的理论问题

计算机控制系统由计算机及其相应的一些信号变换与接口装置取代了原来连续控制系统中的常规控制器，其被控过程本身是一个连续的过程，通过采样过程将连续时间信号离散化，即构成所谓的采样控制系统。一般情况下，当采样时间间隔足够小时，该系统可以与其相应的连续控制系统相当。因此，已经发展得比较成熟的连续控制系统理论自然成为计算机控制系统分析与设计的一个重要基础。但是，由于采样过程及离散信号处理的存在，使得计算机控制系统并不能与原来的连续控制系统完全等价，所产生的一些新问题也是一般连续控制系统理论难以解决的，需要探讨离散时间信号系统的相关理论。

采样过程的存在是采样控制系统的重要特征，它可能会带来一些特殊问题，如假频现象、差拍现象等，这些都必须依据信号采样理论才能得以解释。因此，信号采样理论是理解离散时间系统出现的某些特殊现象的真正基础。

采样与采样周期对计算机控制系统的性能具有重要影响。一个原本完全稳定的连续控制系统，采用计算机控制后，其稳定性可能下降，甚至变得不稳定；一个状态完全可控的连续控制系统，若采样周期取得不合适，则可能会变得不可控。同时，一个稳定的连续控制系统进入到无误差的稳态所需的时间，理论上时间 t 应趋于无穷，即需要有足够长的调节时间，而在计算机控制系统中则可以进行有限拍控制，即在有限个采样周期内结束过渡过程，进入稳态。这些也需要由建立在信号采样理论基础上的 z 变换理论才能得以分析和解释。

在不含纯滞后环节的连续系统中,模拟信号的传递可以认为是瞬时完成的,即系统的输出反映同一时刻输入的响应。而计算机控制系统中,由于 A/D 转换、计算机运算、D/A 转换均需要花费一定的时间,因此系统某时刻的输出,实际上不是当前时刻输入的响应,这就是所谓的"计算机信号时延"。计算机信号时延对系统性能会有一定影响。此外,计算机控制系统还存在一个有限字长的问题,它们也会引起一些特殊现象,如量化效应、极限环振荡等,这些则需要依据数字系统的相关理论才能进行有效分析与处理。

综上所述,尽管计算机控制系统的某些特性可以用连续控制系统理论解释,但还有很多现象是不能用连续系统理论加以分析和解释的,还必须依据其他相关的理论。除连续控制系统理论之外,在这里,计算机控制系统理论主要还包括以信号采样与 z 变换为基础的采样系统理论,以及与计算机及数字信号相关的数字系统理论。

1.5.2 计算机控制系统的设计问题

由于计算机控制系统是一个混合信号系统,同时,连续控制系统理论又相对比较成熟,因此计算机控制系统的设计方法也可分为两大类,即基于连续系统理论的设计方法与离散域直接设计方法。

基于连续系统理论的设计方法,是把计算机控制系统视为一个连续系统,基于连续控制系统理论设计与数字控制器(数字控制算法)等价的连续控制器(如图 1.11 所示),然后采用相应的一些离散化的方法将该等价连续控制器离散化(即数字化),以便于计算机实现。这种离散化将会产生误差,并与采样周期的大小有关,所以这种方法是一种近似实现方法。由于连续域的设计方法已比较成熟,所以该方法是比较常用的一种设计方法。

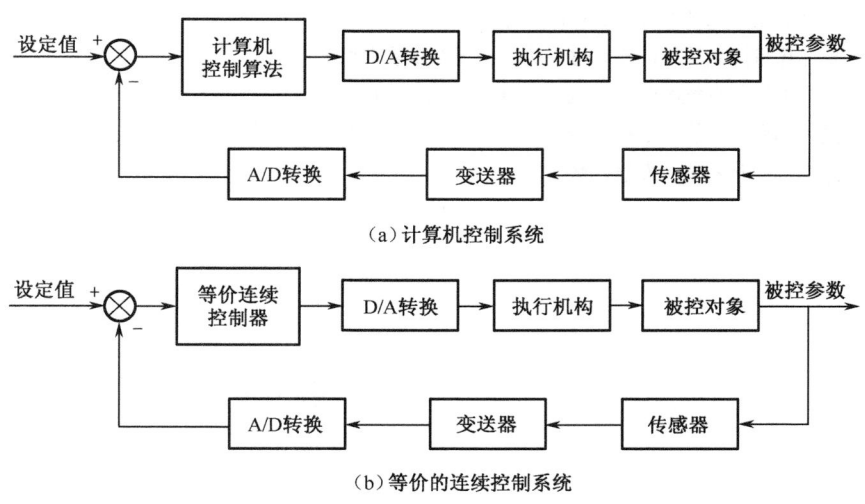

图 1.11 基于连续系统理论的数字控制器设计

离散域直接设计方法,是把计算机控制系统视为一种离散时间信号系统,先将系统中所有连续部分离散化,然后直接在离散域进行设计,得到相应的数字控制器,并在计算机中实现。这种方法是一种较为准确的设计方法,无须再对控制器进行近似离散化,因而日益受到人们重视。

另外,从设计中使用的数学描述方法不同,还可分为基于 z 传递函数的经典设计方法与基于系统离散状态空间描述的状态空间设计方法。

以上关于计算机控制系统的理论与设计问题也正是构成本书的主要内容,即本书将主要讨论以常规反馈控制结构为主的计算机控制系统的相关理论分析与设计方法。

本 章 小 结

计算机控制系统是以计算机及其相应的输入/输出信号变换装置和控制算法取代常规控制系统中的控制器而构成的一类控制系统。其中控制过程包括实时数据采集、实时数据处理与决策及实时控制三个基本步骤,且三个步骤按顺序循环执行。

计算机控制系统直接参与实际被控过程的控制,要求具备较好的实时性,即系统的数据采集、处理与决策及输出控制均要求在一个较短的时间内完成,否则系统将失去有效的控制作用。

常用的计算机控制系统形式包括数据采集与操作指导系统、直接数字控制(DDC)系统、监督计算机控制系统(SCC)、集散控制系统(DCS)、数据采集与监督控制(SCADA)系统与现场总线控制系统(FCS)等多种典型类型,每种形式各有其特点与适用范围。

计算机控制系统不仅涉及经典的连续控制理论,还涉及离散系统理论与数字系统理论,特别是涉及采样系统理论,这些理论形成了计算机控制系统的基本理论框架。

由于计算机控制系统的被控过程通常为连续过程,因此计算机控制系统的设计方法也可分为基于连续系统理论的设计方法和基于离散系统理论的直接设计方法两大类。

习题与思考题

1.1 什么是计算机控制系统?它与连续控制系统有何区别?
1.2 简述计算机控制系统的控制过程的基本步骤。
1.3 什么是计算机控制系统的实时性?为什么要强调实时性?
1.4 简述计算机控制系统的硬件组成及各部分的基本功能。
1.5 计算机控制系统一般有哪些典型应用形式?各有何特点?
1.6 简述计算机控制系统的发展趋势。

第 2 章　计算机控制系统的信号变换

计算机控制系统一般是由模拟部件和数字部件共同组成的混合系统，其信号具有多种不同形式，其中，最基本的信号形式就是通常所称的模拟信号与数字信号。这两种信号之间的变换过程也较为复杂，并对系统的性能有着直接影响。本章将分析计算机控制系统中模拟信号与数字信号之间的变换过程，并重点讨论其中的信号采样与信号恢复过程中的相关问题。

2.1　模数变换与数模变换

对于连续控制系统，不论是被控对象还是控制器，其各点信号在时间上和幅值上都是连续的，即对应于模拟信号。在计算机控制系统中，如图 2.1 所示，其被控对象（包括与之相连的执行机构与检测装置）通常为模拟部件，其输入/输出信号均为模拟信号，而控制器则为数字计算机，其输入/输出信号均为数字信号。因此，要实现计算机控制系统中模拟部件与数字部件之间的信号联系，就必然涉及模/数（即 A/D）转换与数/模（即 D/A）转换。A/D 转换与 D/A 转换是计算机控制系统中重要的信号变换形式，本节将对 A/D 与 D/A 转换过程做简要分析。

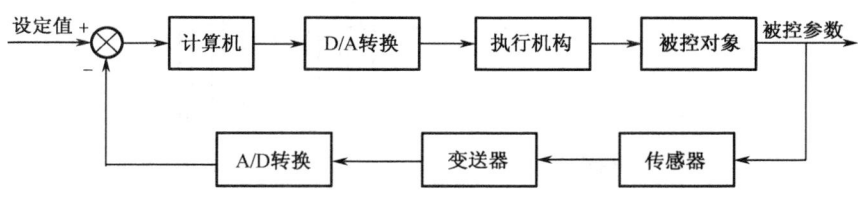

图 2.1　计算机控制系统结构图

2.1.1　信号类型

对信号类型的区分，需要从时间与幅值两个方面来衡量。

从时间上考虑，将在时间轴上任何时刻都一直存在的信号称为连续时间信号，而把在时间轴上断续出现（即只在各个离散时刻点上存在）的信号称为离散时间信号。

从幅值上考虑，将幅值在某一区间内连续变化（即幅值可在该区间内取任意值）的信号称为模拟量，将幅值在某一区间内断续阶跃变化（即只对应该区间的一些离散值）的信号称为离散量，而将幅值用一定位数的二进制编码形式表示的离散量称为数字量。

基于上述两方面考虑，通常意义下的模拟信号即定义为在时间上连续存在、幅值上也连续变化的信号，而数字信号即定义为时间上离散、幅值上以二进制编码表示的信号。

应该指出，模拟信号是连续时间信号的特殊情况。通常，也将连续时间信号简称为"连续信号"，并用以代替"模拟信号"，但严格来说，二者并不完全同义。

而介于模拟信号与数字信号之间，还存在其他不同的信号类型，这将在接下来对 A/D 转换器与 D/A 转换器的分析中见到。

2.1.2 A/D 转换器

A/D 转换器是一种将连续时间模拟信号变换成离散时间数字编码信号的装置。通常，A/D 转换器要一次完成以下 3 种变换：采样-保持、量化和编码，其变换框图如图 2.2 所示。

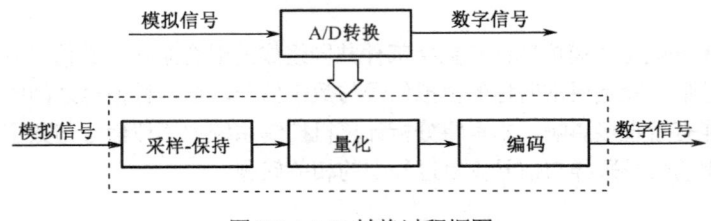

图 2.2 A/D 转换过程框图

1. 采样-保持

采样是抽取连续时间信号在离散时刻瞬时值序列的过程，是对连续的模拟输入信号，按一定的时间间隔 T（即采样周期）进行采样，从而变成时间上离散、幅值上等于采样时刻输入信号值的脉冲序列，即离散时间模拟信号，如图 2.3(b)所示。

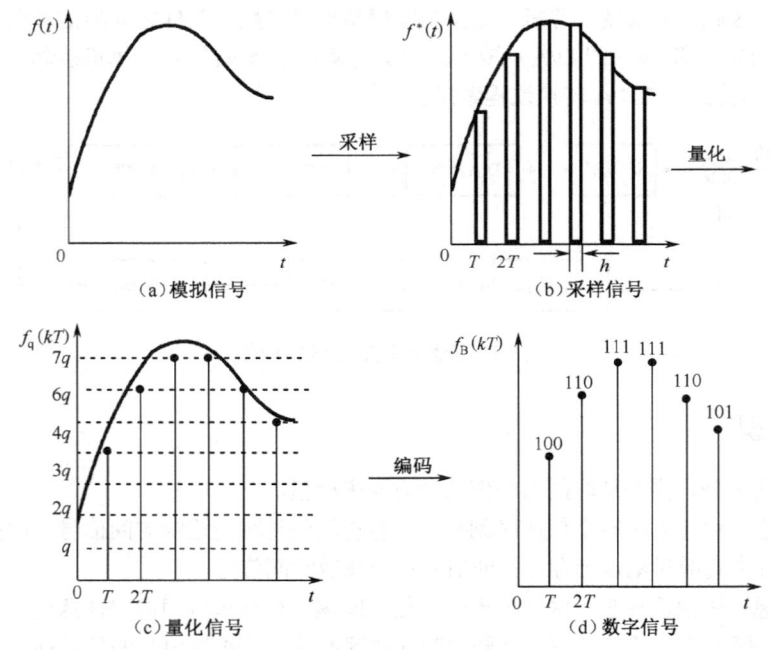

图 2.3 A/D 转换过程的信号变化

完成信号采样变换的装置称为采样器或采样开关。当采样时间忽略不计时，采样过程可用一个理想的采样开关表示，该开关每隔 1 个采样周期闭合 1 次，又瞬时打开，即该开关从断开到闭合以及从闭合到断开的时间均为零，这就是所谓的理想采样过程。

虽然并不存在理想采样开关，但实际采样开关一般为电子开关，其动作时间极短，远小于采样周期和被控对象的时间常数，因此可以近似简化为理想采样开关。

保持是对每个采样时刻的采样值保持一定的时间 h，以便 A/D 转换。由于 A/D 转换总需要一定的时间，为了减少在变换过程中信号变化带来的影响，采样后的信号应保持一定的时间，直至 A/D 转换完成。

采样过程是将连续时间信号变为离散时间信号的过程，即将时间上连续存在的信号变成时有时无的断续信号，这个过程涉及信号的有、无问题，因而是 A/D 转换中的本质问题。

2．量化

经过采样之后的采样信号在时间上是离散信号，但幅值上仍为连续的模拟量，即 $f(t)$ 经采样得到的采样信号 $f^*(t)$ 在采样时刻的幅值 $f(kT)$ 仍为连续的模拟量。为了将其变换为一定位数的二进制数码，必须对 $f(kT)$ 进行整量化处理，即用最小量化单位 q 的整数倍来表示 $f(kT)$ 的幅值，这个过程称为量化过程。这样，可以精确取值的模拟量 $f(kT)$ 只能用 $f_q(kT)$ 来近似表示。因此，$f(kT)$ 与 $f_q(kT)$ 之间是有差异的，显然，量化单位 q 越小，它们之间的差异也越小。这样，经过整量化之后，$f_q(kT)$ 即成为时间上和幅值上均离散的离散分层信号，如图 2.3(c)所示。

3．编码

编码是将整量化后的分层信号变换为一定位数的二进制数码形式，即表示成数字信号形式，如图 2.3(d)所示。编码只是信号表示形式的改变，因此，可将它视为无误差的等效变换过程。

2.1.3 D/A 转换器

D/A 转换器是将数字编码信号转换为相应的时间上连续的模拟信号的变换装置。从功能的角度看，可将 D/A 转换器视为解码器与保持器的组合，如图 2.4 所示。

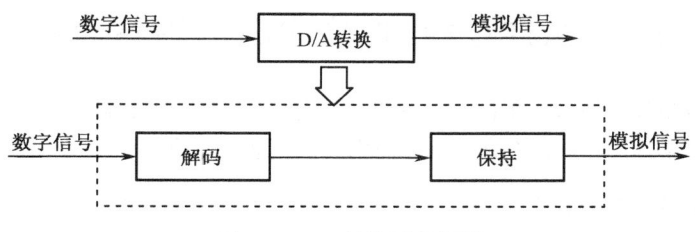

图 2.4 D/A 转换过程框图

解码器的功能是把数字量转换为幅值等于该数字量的模拟脉冲信号 $f_p(kT)$（电压或电流信号），如图 2.5(b)所示。保持器的作用则是将解码后的模拟脉冲信号保持规定的时间，从而使时间上离散的信号变为时间上连续的信号。通常，保持当前信号在 1 个采样周期内不变，这样的保持器称为零阶保持器（Zero-Order Holder，ZOH）。采用零阶保持器得到的信号是一个时间上连续的、幅值上为阶梯状的信号，如图 2.5(c)所示。因此，D/A 转换器得到的信号并不是严格意义下的模拟信号。只有当系统采样周期足够小，而且 D/A 转换的位数又足够高时，才可认为 D/A 输出的就是时间上与幅值上均连续的模拟信号。

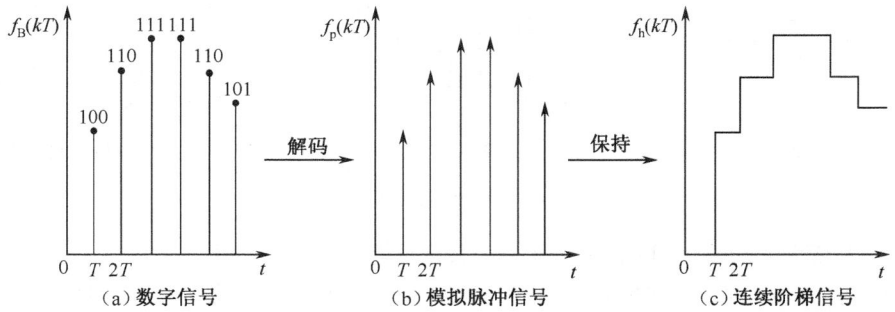

图 2.5 D/A 转换过程的信号变化

在实际系统中，由于 D/A 转换器的结构不同，可能是如图 2.4 所示的先解码后保持结构（即模拟量保持结构），也可能是先保持后解码方案（即数字量保持结构）。

通过对 D/A 转换过程的分析可知，解码器也只是信号形式的变换，可视为无误差的等效变换；而保持器则将离散时间信号变成了连续时间信号，涉及信号的有、无问题。

2.1.4　A/D 转换与 D/A 转换对系统性能的影响

通过以上对 A/D 转换与 D/A 转换过程的简单分析，可得出如下结论。

在 A/D 转换与 D/A 转换中，最重要的是采样、量化和保持等三个变换过程。编码与解码只是信号表现形式的改变，其变换过程可视为无误差的等效变换，因此在系统的分析中可以略去。

采样将连续时间信号变换为离散时间信号，保持将离散时间信号恢复成连续时间信号，这是涉及采样间隔中信号的有、无问题，是影响系统传递特性的问题，因而是本质问题，在系统分析与设计中是必须考虑的。

量化是将模拟信号按最小量化单位进行整量化，量化将使信号产生误差并影响系统的特性。当量化单位 q 很小时，信号量化特性的影响也很小，因而在系统的初步分析与设计中可暂时不予考虑。

综上所述，在 A/D 转换与 D/A 转换中，采样与保持对系统性能有着直接影响，量化精度也会影响到系统的性能。在接下来的几节中，将分别对信号采样、信号恢复（即保持）及量化过程进行分析。

2.2　采样过程的数学描述及特性分析

采样过程是计算机控制系统（采样控制系统）中的一个关键环节，对系统性能有着重要影响。本节将从采样过程的数学描述着手，对采样信号的相关特性进行讨论。

2.2.1　采样过程的一般描述

信号采样是通过采样开关（即采样器）来完成的，如图 2.6(a)所示。当采样开关具有瞬时闭合并断开的特性时，称为理想采样过程。实际采样开关是不能瞬时断开的，因此采样所得的脉冲有一定的宽度 τ，τ 称为采样时间，图 2.6(b)所示是对阶跃输入的实际采样信号，其中单个脉冲具有一定的宽度。

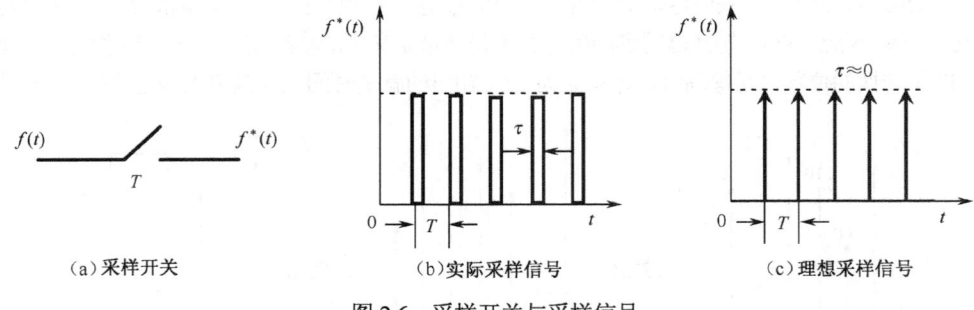

(a) 采样开关　　(b) 实际采样信号　　(c) 理想采样信号

图 2.6　采样开关与采样信号

采样开关相邻两次闭合之间的时间间隔称为采样周期，一般用 T 表示。

相应地，将 $f_s = 1/T$ 称为采样频率，单位为 Hz；而 $\omega_s = 2\pi f_s = 2\pi/T$，称为采样角频率，单位为 rad/s，一般也简称为采样频率。

通常，采样时间τ 远小于采样周期 T，并可近似认为$\tau \approx 0$，即对应于理想采样过程，如图 2.6(c)所示。因此，为简单起见，以下均将采样过程近似为理想采样过程来讨论。

如果整个采样过程中采样周期固定不变，这种采样称为均匀采样；如果采样周期是变化的，称为非均匀采样；若采样周期是随机变化的，则称为随机采样。如果整个系统中各个采样器的采样周期均相同，这种系统称为单采样速率系统；如果各个采样器的采样周期不相同，则称为多采样速率系统。本书只讨论单速率均匀采样系统。

2.2.2　采样开关的数学描述

为了分析采样系统，采样开关必须用数学方法来描述，为此，先引入δ 函数，其定义为

$$\begin{cases} \int_{-\infty}^{+\infty} \delta(t)\mathrm{d}t = 1 \\ \delta(t) = \begin{cases} \infty & t = 0 \\ 0 & t \neq 0 \end{cases} \end{cases} \tag{2.1}$$

δ 函数也称为单位脉冲函数，其图形表示如图 2.7 所示，表示在 $t=0$ 处，有一个宽度为零、幅值为无穷大、强度为 1 的脉冲。

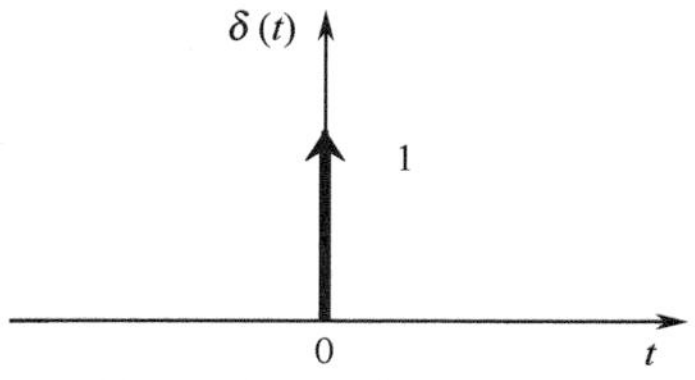

图 2.7　δ 函数的图形表示

在 $t=t_0$ 处出现的单位脉冲可定义为

$$\begin{cases} \int_{-\infty}^{+\infty} \delta(t-t_0)\mathrm{d}t = 1 \\ \delta(t-t_0) = \begin{cases} \infty & t = t_0 \\ 0 & t \neq t_0 \end{cases} \end{cases} \tag{2.2}$$

由上述定义可见，该函数除自变量为零以外的其他点的函数值都为零，且在整个定义域上积分值为 1。严格来说δ 函数不是一般意义下的函数，因为满足上述条件的函数是不存在的。

δ 函数有一个重要性质，即筛选性质，其数学描述为

$$\begin{aligned} &\int_{-\infty}^{+\infty} f(t)\delta(t)\mathrm{d}t = f(0) \\ &\int_{-\infty}^{+\infty} f(t)\delta(t-t_0)\mathrm{d}t = f(t_0) \end{aligned} \tag{2.3}$$

δ 函数的另一个重要性质是乘法性质，即

$$\begin{aligned} &f(t)\delta(t) = f(0)\delta(t) \\ &f(t)\delta(t-t_0) = f(t_0)\delta(t-t_0) \end{aligned} \tag{2.4}$$

即相乘的结果仍是一个脉冲，而其幅值变成了$f(0)$或$f(t_0)$。

事实上，式（2.3）与式（2.4）才是δ 函数比较严格的数学定义。可见，δ 函数不是通常意义下的函数，而是广义函数，这类函数不由自变量取值对应的函数值来定义，而由它对另一个函数（即测试函数）的作用效果来定义。

由于以上δ 函数是在连续时间域定义的，为了描述采样开关及采样信号这类离散信号，与上述概念类似，进一步引入离散单位脉冲函数，记为$\delta(nT)$，其中 n 为整数，为了使其具有与式（2.3）和式（2.4）类似的性质以及处理上的方便，将离散单位脉冲函数定义为

$$\delta(nT) = \begin{cases} 1 & n = 0 \\ 0 & n \neq 0 \end{cases} \tag{2.5}$$

相应地，有

$$\delta(nT-kT)=\begin{cases}1 & n=k\\ 0 & n\neq k\end{cases} \quad (2.6)$$

为方便表示，通常也将离散脉冲信号简记为 $\delta(t-kT)$，此时，它的主要含义是代表脉冲的作用时刻，而其作用强度则由相应的测试函数来确定。

理想采样开关闭合又瞬时断开一次，相当于在该时刻作用一个单位脉冲，而采样开关周期性通断，相当于作用一系列的单位脉冲，因此，理想采样开关用 δ 函数可表示为

$$\begin{aligned}\delta_T(t)&=\sum_{k=-\infty}^{+\infty}\delta(t-kT)\\ &=\cdots+\delta(t+kT)+\cdots+\delta(t+2T)+\delta(t+T)+\delta(t)+\delta(t-T)+\delta(t-2T)+\cdots+\delta(t-kT)+\cdots\end{aligned} \quad (2.7)$$

其特性如图 2.8 所示。

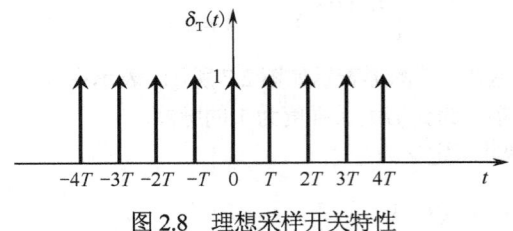

图 2.8　理想采样开关特性

2.2.3　采样信号的时域描述

建立了采样开关的数学描述后，采样信号 $f^*(t)$ 则可视为被采样信号 $f(t)$ 经过采样开关而获得的输出信号，其时域描述可表示为

$$f^*(t)=f(t)\delta_T(t)=f(t)\sum_{k=-\infty}^{+\infty}\delta(t-kT) \quad (2.8)$$

此时，采样器可视为一个脉冲调制器，采样过程可视为一个脉冲调制过程，其中输入 $f(t)$ 为调制信号，而单位脉冲序列即为载波，如图 2.9 所示。

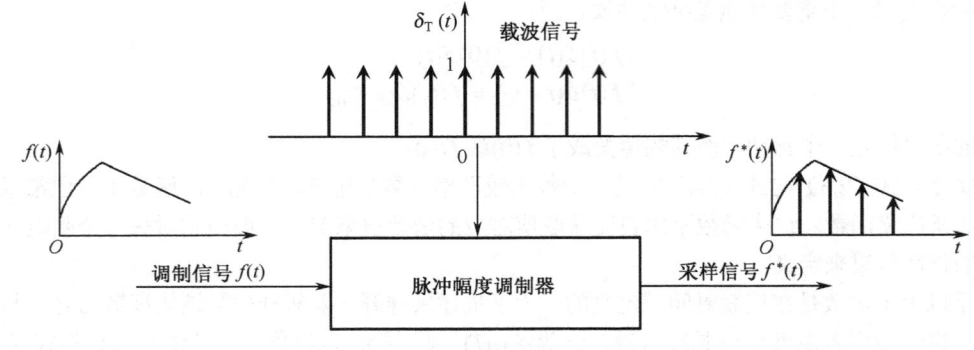

图 2.9　采样的脉冲调制过程

由于 $f(t)$ 只在脉冲发生时刻（即 kT 时刻）才被采样，同时，对于大多数情况，$f(t)$ 在 $t<0$ 时都等于零，因此，式（2.8）也可写为

$$f^*(t) = \sum_{k=0}^{+\infty} f(kT)\delta(t-kT) \tag{2.9}$$

式（2.9）即为采样信号的时域表达式。

2.2.4 采样信号的频域描述与频域特性

为了分析采样信号的频域特性，需要将其时域描述变换到频域。对于式（2.8）中的周期性单位脉冲序列 $\delta_T(t)$，可以展开为复数形式的傅里叶级数，即

$$\delta_T(t) = \sum_{k=-\infty}^{+\infty} C_k e^{jk\omega_s t}; \quad \omega_s = 2\pi/T \tag{2.10}$$

式中，$C_k = \dfrac{1}{T}\int_{-\frac{T}{2}}^{\frac{T}{2}} \delta_T(t)e^{-jk\omega_s t}dt$。

根据 δ 函数的筛选性质，可得

$$\begin{aligned}C_k &= \frac{1}{T}\int_{-\frac{T}{2}}^{\frac{T}{2}} \delta_T(t)e^{-jk\omega_s t}dt = \frac{1}{T}\int_{-\frac{T}{2}}^{\frac{T}{2}} \delta(t)e^{-jk\omega_s t}dt \\ &= \frac{1}{T}\int_{-\infty}^{+\infty} \delta(t)e^{-jk\omega_s t}dt = \frac{1}{T}e^{-jk\omega_s t}\bigg|_{t=0} = \frac{1}{T}\end{aligned} \tag{2.11}$$

可见，无论 k 为何值，其傅里叶系数 C_k 恒为 $1/T$。将其代入式（2.10），得

$$\delta_T(t) = \frac{1}{T}\sum_{k=-\infty}^{+\infty} e^{jk\omega_s t} \tag{2.12}$$

将式（2.12）代入式（2.8），得

$$f^*(t) = f(t)\delta_T(t) = f(t)\cdot\frac{1}{T}\sum_{k=-\infty}^{+\infty} e^{jk\omega_s t} = \frac{1}{T}\sum_{k=-\infty}^{+\infty} f(t)e^{jk\omega_s t} \tag{2.13}$$

设 $f(t)$ 的傅里叶变换为 $F(j\omega)$，$F(j\omega)$ 即为 $f(t)$ 的频谱。对式（2.13）描述的采样信号 $f^*(t)$ 做傅里叶变换，有

$$F^*(j\omega) = F[f^*(t)] = \frac{1}{T}\sum_{k=-\infty}^{+\infty} F[f(t)e^{jk\omega_s t}] \tag{2.14}$$

由傅里叶变换位移定理，可得

$$F^*(j\omega) = \frac{1}{T}\sum_{k=-\infty}^{+\infty} F(j\omega - jk\omega_s) \tag{2.15}$$

式（2.15）即采样信号的频谱表达式。

由式（2.15）可知，采样信号的频谱 $F^*(j\omega)$ 与被采样的连续信号的频谱 $F(j\omega)$ 之间有十分密切的联系。设连续信号频谱带宽是有限的，且 ω_m 为其最高频率，在不同采样频率 ω_s 下，采样信号频谱与原连续信号频谱的关系如图 2.10 所示，图中只画出了幅频谱。

结合式（2.15），可以得到 $F^*(j\omega)$ 与 $F(j\omega)$ 的基本关系：

（1）当 $k=0$ 时，$F^*(j\omega) = \dfrac{1}{T}F(j\omega)$，该频谱称为采样信号的主频谱，它正比于原连续信号的频谱，只是幅值为原来的 $1/T$。

(2) 当 $k \neq 0$ 时，派生出以 ω_s 为周期的高频频谱分量，称为辅频谱或旁带，这些频谱的形状与主频谱相同，只是在频率轴上以 ω_s 为周期，以主频谱为中心向频率轴两端做频移，如图 2.10(b) 所示。

(3) 若原连续信号的频谱带宽有限，而采样频率 $\omega_s \geqslant 2\omega_m$，则采样后的辅频谱与主频谱不会重叠，如图 2.10(b) 和(c)所示；反之，当 $\omega_s < 2\omega_m$ 时，各频谱之间就会出现重叠现象，如图 2.10(d) 所示。

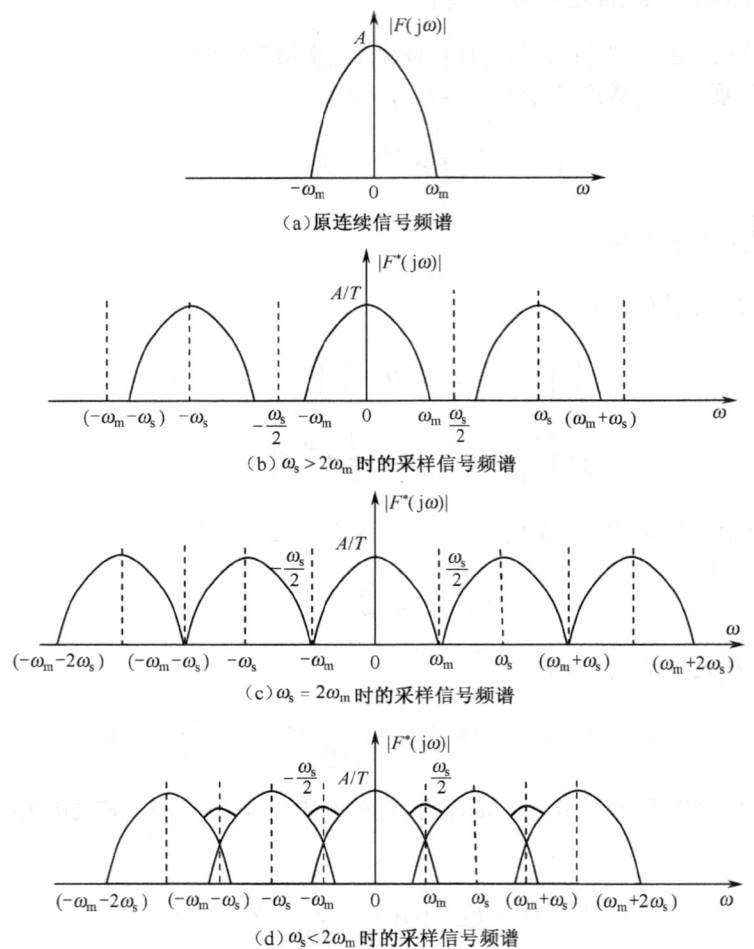

图 2.10　原连续信号频谱与采样信号频谱

2.2.5　采样定理

由以上采样信号的频谱分析可知，采样信号的频谱除了与原连续信号成比例的主频谱外，还派生出无限多个以 ω_s 为周期的高频频谱分量。如果这些周期性频谱分量是相互分离的，则可以通过一个理想的低通滤波器把所有的高频频谱分量去掉，只保留主频谱，再乘以 T，这样就从采样信号中获取了原连续信号的频谱。但是，如果这些周期性频谱分量是相互交叠的，这种交叠使采样信号的频谱与原连续信号频谱相比发生很大差别，以至于无法利用理想的低通滤波器得到原连续信号的频谱，这种现象称为频率混叠。

当连续信号的带宽是有限的，即 ω_m 为信号中的最高频率，如果 $\omega_s < 2\omega_m$ 时，则会产生严重的频率混叠，如图 2.11 所示。

显然，频率 $\omega_N = \omega_s/2$ 是关键参数，称为奈奎斯特频率或折叠频率。若连续信号的最高频率超过这个频率，则混叠现象必然发生，即超过 $\omega_s/2$ 的高频分量会折叠到低频段来。

此外，若连续信号的频谱是无限带宽的，此时无论怎样提高采样频率，频率混叠都将发生。

综合以上分析可知，采样频率的选择将直接关系到能否从采样信号中获取原连续信号的特征。香农（Shannon）采样定理则定量地给出了采样频率的选择原则。

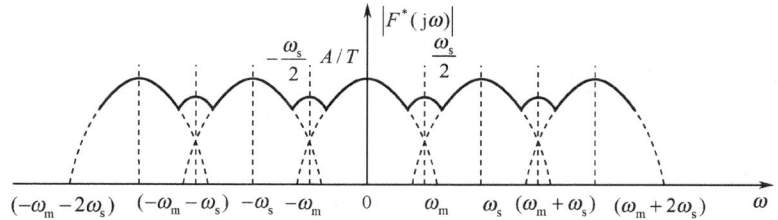

图 2.11 频率混叠现象

采样定理：如果连续信号具有有限带宽，其最高频率分量为 ω_m，当采样频率 $\omega_s \geq 2\omega_m$ 时，原连续信号可以由其采样信号唯一确定，亦即可以从采样信号中无失真地恢复原连续信号。

如果采样频率不满足采样定理，在频域将产生频率混叠现象，而在时域，则会出现假频现象，即由于采样频率过低，采样间隔内丢失的信息太多，使得对一个高频信号采样的结果看起来像一个低频信号。由式（2.15）可知，幅值相同、频率分别为 ω 与 $\omega \pm k\omega_s$（$k = 1, 2, 3, \cdots$）的正弦信号，以频率 ω_s 采样后，所得到的采样信号的幅值将是一样的。例如，用 1 Hz 的采样频率分别对两个幅值相同、频率分别为 0.1 Hz 和 1.1 Hz 的两个正弦信号采样，所得的采样信号是一样的，如图 2.12 所示。

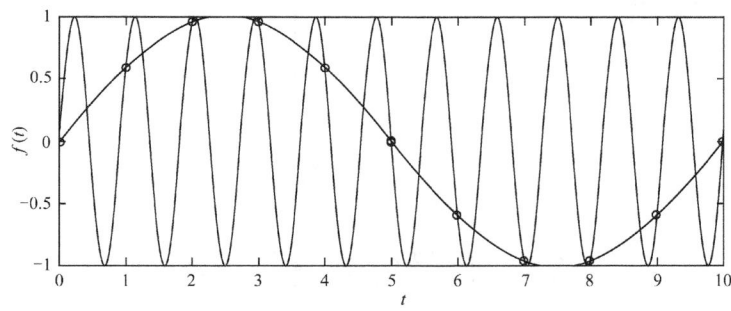

图 2.12 假频现象

上述频率混叠与假频现象表明，如果不满足采样定理，一个高频信号经采样后变成了低频信号。在计算机控制系统中，若有用信号（通常都为低频信号）中混杂有高频干扰信号，而采样频率相对于高频干扰信号频率往往不满足采样定理，这样经采样后，高频干扰信号将变为低频信号混杂在有用信号中，即高频信号的频谱被折叠到低频有用信号频谱中，而无法再进行分离。

为避免出现上述现象，当有用信号中混杂有高频干扰信号，而采样频率又不能按高频干扰信号的频率来选取时，则需要在信号进行采样之前加入一个模拟的低通滤波器，称为前置滤波器，以滤除连续信号中包括高频干扰在内的高于 $\omega_s/2$ 的频谱分量，从而避免采样后出现频率混叠现象，如图 2.13 所示。

上面讨论的加在采样开关之前的前置滤波器是一个在 $\omega_s/2$ 频率处具有锐截止的理想低通滤波器，但它在物理上是无法实现的。实际采用的模拟式低通滤波器不具备这样的理想低通特性，但经过仔细设计，完全可以达到抗频率混叠和滤除高频干扰的效果。

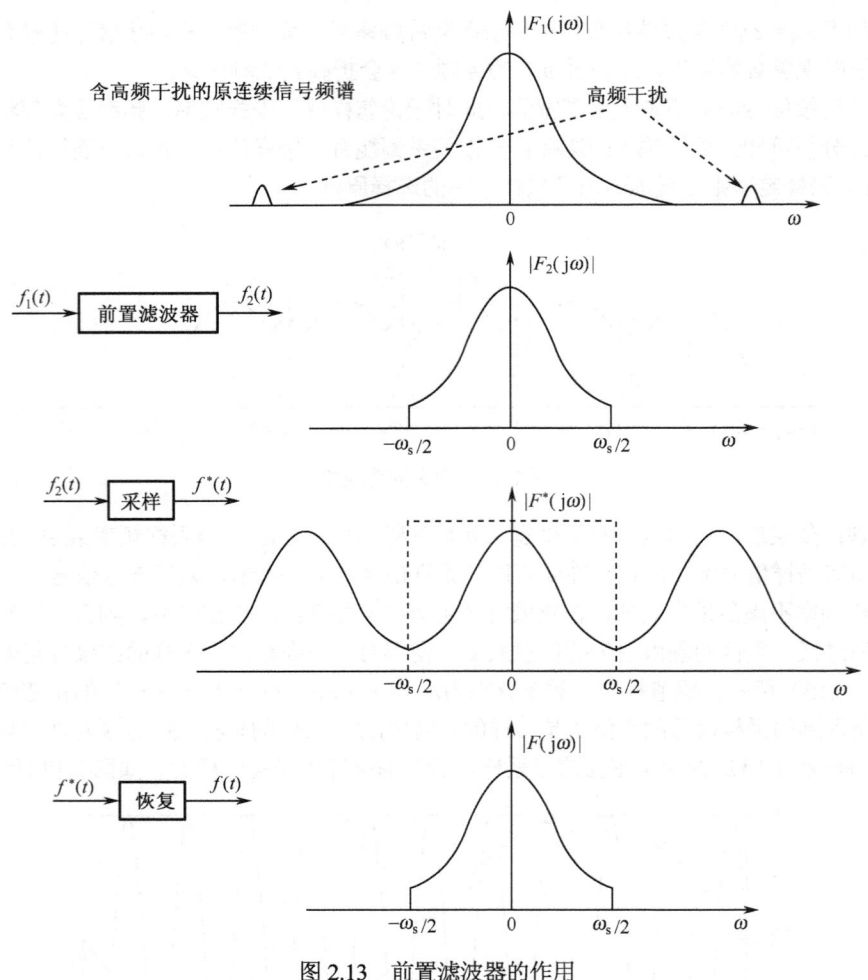

图 2.13 前置滤波器的作用

2.3 信号的恢复与重构

连续时间信号经过采样之后变成一个离散时间信号。从信息论的角度讲,信号的恢复是指如何由采样信号还原成原来的连续时间信号。而从计算机控制系统而言,则是将计算机输出的数字信号(即离散时间信号)变换成相应的连续时间信号。尽管二者的出发点不完全相同,但其基本理论是一致的,即都基于信号采样理论来讨论。本节将分别研究信号的理想恢复过程和实际的信号恢复与重构方法。

2.3.1 信号的理想恢复过程

采样信号的恢复过程从时域来说,就是通过离散的采样值求出连续的时间函数;从频域来说,就是要除去采样信号中附加的高频频谱分量,而保留主频谱分量。

由采样定理及其相关分析可知,当采样频率满足采样定理的要求时,能够从采样信号的频谱中完全保留主频谱分量而同时去掉附加频谱分量的滤波器是如图 2.14 所示的理想低通滤波器,其频率特性为

$$H(j\omega) = \begin{cases} T, & |\omega| \leqslant \omega_s/2 \\ 0, & |\omega| > \omega_s/2 \end{cases} \quad (2.16)$$

这样，采样信号经过上述理想滤波器后的输出为

$$Y(j\omega) = F^*(j\omega)H(j\omega) = \frac{1}{T}F(j\omega) \cdot T = F(j\omega) \quad (2.17)$$

采样信号的频域恢复过程如图 2.15 所示。

但是，上述理想的低通滤波器在物理上是不可实现的。因为它的脉冲响应为

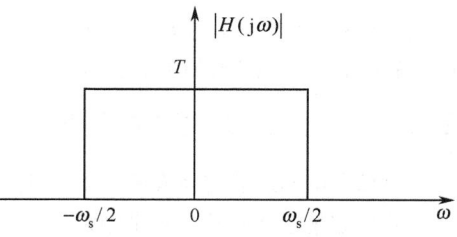

图 2.14 理想低通滤波器频率特性

$$h(t) = F^{-1}[H(j\omega)] = \frac{1}{2\pi}\int_{-\infty}^{\infty} H(j\omega)e^{j\omega t}d\omega = \frac{1}{2\pi}\int_{-\omega_s/2}^{\omega_s/2} Te^{j\omega t}d\omega = \frac{T}{2\pi} \cdot \frac{e^{j\omega t}}{jt}\bigg|_{-\omega_s/2}^{\omega_s/2}$$

$$= \frac{T}{2\pi jt}(e^{j\omega_s t/2} - e^{-j\omega_s t/2}) = \frac{\sin(\omega_s t/2)}{\omega_s t/2} = \frac{\sin(\pi t/T)}{\pi t/T} \quad (2.18)$$

其响应曲线如图 2.16 所示。$h(t)$ 是在 $t=0$ 时刻加入的单位脉冲输入产生的响应，但由图可知，该响应在 $t<0$ 时就已经有响应存在，这不符合物理上的因果关系。

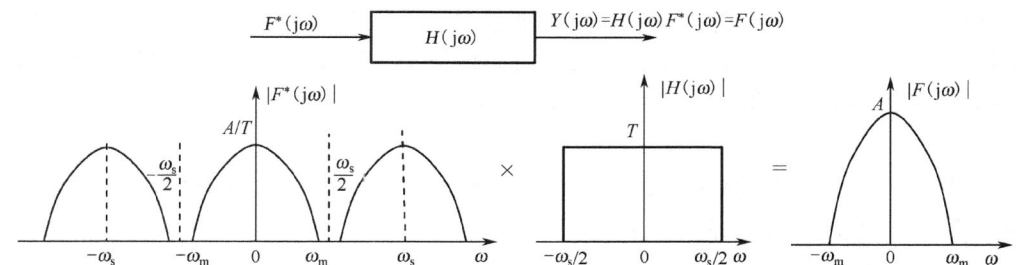

图 2.15 采样信号的频域恢复

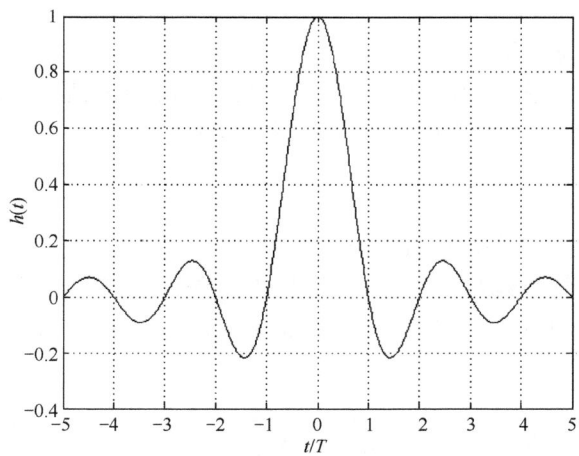

图 2.16 理想低通滤波器的脉冲响应

从时域来看，所恢复的连续信号也可用卷积表示为

$$f(t) = \int_{-\infty}^{\infty} f(\tau)\sum_{k=-\infty}^{\infty}\delta(\tau-kT)h(t-\tau)d\tau = \sum_{k=-\infty}^{\infty} f(kT)\frac{\sin[(t-kT)\pi/T]}{(t-kT)\pi/T} \quad (2.19)$$

由式（2.19）可见，信号 $f(t)$ 在 t 时刻的恢复值既要用到过去采样值，也要用到未来采样值，因而这种理想的低通滤波器不仅在物理上难以实现，同时还会引入延迟，无法用于控制系统。

2.3.2 信号的非理想重构过程

物理上可实现的信号恢复只能以现在及过去时刻的采样值为基础来重构相邻采样时刻之间的信息。若已知某连续信号在 kT 时刻的采样值为 $f(kT)$，将连续信号 $f(t)$ 在该采样点邻域内展开成泰勒级数为

$$f(t) = f(kT) + f'(kT)(t-kT) + \frac{1}{2!}f''(kT)(t-kT)^2 + \cdots, kT \leq t < (k+1)T \tag{2.20}$$

其中，$f'(kT), f''(kT), \cdots$ 为 $f(t)$ 在 kT 处的各阶导数，它们可以由当前与过去时刻的采样值来估计，例如，一阶导数可用一阶差分来估计，即

$$f'(kT) \approx \{f(kT) - f[(k-1)T]\}/T \tag{2.21}$$

同理，二阶导数可近似表示为

$$f''(kT) \approx \{f'(kT) - f'[(k-1)T]\}/T$$
$$\approx \{f(kT) - 2f[(k-1)T] + f[(k-2)T]\}/T^2 \tag{2.22}$$

由此可见，导数的阶次越高，所需的时间延迟越多。由式（2.20）可知，其级数项取得越多，相应的估计精度就越高，但所需的导数阶次也越高。而时间延迟的增加对反馈系统的稳定性有严重影响。因此，通常只取式（2.20）的前几项来重构信号。例如，只取等式右端第 1 项来估计，即

$$f(t) \approx f(kT), kT \leq t < (k+1)T \tag{2.23}$$

由于式（2.23）只使用了级数的零阶项，所以称为零阶外推插值，又称为零阶保持器（简称 ZOH）。如果使用式（2.20）右端前两项之和来估计，即

$$f(t) \approx (kT) + f'(kT)(t-kT)$$
$$\approx f(kT) + \frac{f(kT) - f[(k-1)T]}{T}(t-kT), kT \leq t < (k+1)T \tag{2.24}$$

则称为一阶外推插值或一阶保持。

但是，在实际的物理系统中，除零阶保持器外，其他形式的保持器都难以实现，且阶数越高，延迟越多。故实际的信号重构一般都是用零阶保持器来实现的。

2.3.3 零阶保持器

在实际信号的重构中，零阶保持器是一种最常用的保持器，即将前一个采样时刻 kT 的采样值恒定不变地保持到下一个采样时刻 $(k+1)T$。在计算机控制系统中，计算机输出的数字信号经 D/A 解码后就是按零阶保持器的方式将脉冲信号恢复成阶梯状的连续时间信号的，如图 2.17 所示。

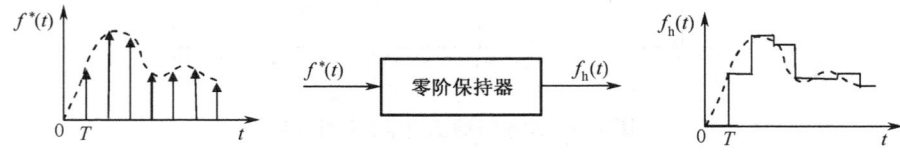

图 2.17 零阶保持器的输出信号

式（2.23）是零阶保持器的时域表达式，为了分析零阶保持器的频域特性，需要用到其频域描述或传递函数。

由零阶保持器的时域特性,可以认为,在单位脉冲信号的作用下,零阶保持器的脉冲响应 $g_h(t)$ 如图 2.18 所示。而该脉冲响应又可视为阶跃函数 $1(t)$ 与 $1(t-T)$ 组合而成,即

$$g_h(t) = 1(t) - 1(t-T) \tag{2.25}$$

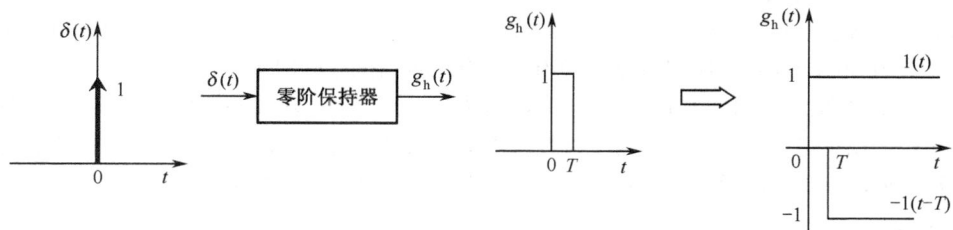

图 2.18 零阶保持器的脉冲响应

对式(2.25)取拉氏变换,可得零阶保持器的传递函数

$$G_h(s) = \frac{1-e^{-sT}}{s} \tag{2.26}$$

令 $s = j\omega$,可得零阶保持器的频率特性为

$$G_h(j\omega) = \frac{1-e^{-j\omega T}}{j\omega} = T\frac{\sin(\omega T/2)}{\omega T/2}e^{-j\omega T/2} \tag{2.27}$$

其幅频特性为

$$|G_h(j\omega)| = T\left|\frac{\sin(\omega T/2)}{\omega T/2}\right| = \frac{2\pi}{\omega_s}\left|\frac{\sin(\omega T/2)}{\omega T/2}\right| \tag{2.28}$$

其相频特性为

$$\theta_h(\omega) = \arg\frac{\sin(\omega T/2)}{\omega T/2} - \frac{\omega T}{2} = \arg\frac{\sin(\pi\omega/\omega_s)}{\pi\omega/\omega_s} - \frac{\pi\omega}{\omega_s} \tag{2.29}$$

由式(2.29)可知,在频率 $\omega = k\omega_s$($k = 1, 2, \cdots$)的前后,$\sin(\pi\omega/\omega_s)$ 值的符号将发生变化,相当于在这些频率处相频特性将产生-180°(或+180°)的相位变化,这里假定为-180°的相位移。如图 2.19 所示为零阶保持器的频率特性。由图可见,零阶保持器的特性类似于低通滤波器,但是与理想低通滤波器相比,又有较大差别。零阶保持器并没有理想滤波器在 $\omega_s/2$ 处锐截止的特性,而是有无穷多个截止频率,且截止频率为采样频率的整数倍。在 $0 \sim \omega_s$ 内,幅值随 ω 的增加而衰减,而在 $\omega = \omega_s/2$ 时,幅值为 $0.632T$。此外,零阶保持器还允许采样信号的高频分量通过,不过其幅值则是逐级大为衰减的。从相频特性看,零阶保持器是一个相位滞后环节,其相位滞后的大小与信号频率 ω 及采样周期 T 成正比。

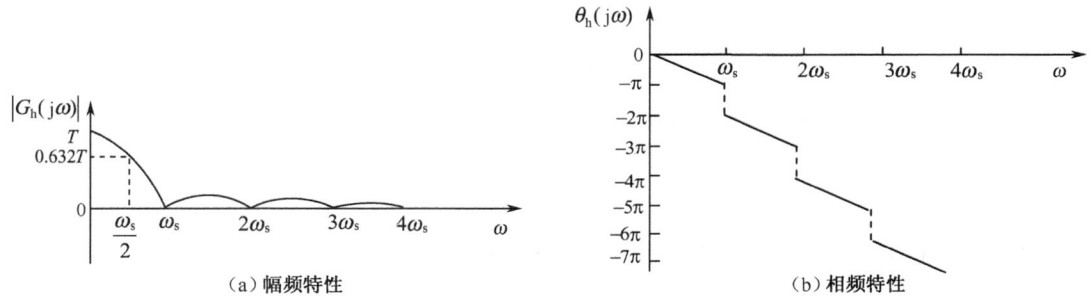

图 2.19 零阶保持器的频率特性

2.3.4 后置滤波

由零阶保持器的频率特性可知，零阶保持器在进行低通滤波的同时，还在一定程度上允许高频分量通过，这具体表现为零阶保持器的输出信号为阶梯状的信号，该信号相当于在期望的连续平滑信号的基础上叠加了一个频率与采样频率成正比的高频噪声。当采样周期较大时，该高频噪声的幅值也较大。

对于计算机控制系统，零阶保持器的输出信号将连接到执行机构或被控对象。若高频噪声的幅值较大，即对应于阶梯状的保持信号的阶梯较大，而执行机构及被控对象的惯性又偏小，则可能引起执行机构的高频抖动，造成机械磨损。为了减轻或消除高频噪声对系统的影响，应在零阶保持器后面串联一个模拟低通滤波器，即后置滤波器，用以消除由零阶保持器引起的高频噪声，如图 2.20 所示。

图 2.20 后置滤波的功能

上述后置低通滤波器的引入将给系统带来一定的相位滞后，会影响系统的稳定性。为了克服这个不足，可以在系统的适当位置串入一个超前环节，或在设计控制器时就将这个相位滞后考虑进去，从而修改控制的参数加以补偿。

如果高频噪声不是很严重，而执行机构及被控对象本身的惯性又比较大，依靠系统本身的惯性已能将高频噪声滤除，这就不需要再加后置滤波器了。

2.4 信号的量化

对于计算机控制系统，其数字信号与模拟信号的相互变换过程中，除了上述信号采样过程与信号恢复（即保持）过程对系统性能具有重要影响之外，采样信号的量化也会对性能产生一定的影响。本节仅对量化的一般概念进行简要介绍，有关量化特性与量化效应将在第 11 章详细讨论。

采样信号的量化是将幅值上可连续取值的模拟量以最小量化单位 q 的整数倍的形式表示成离散量，所以也称为整量化。在 A/D 转换中，这个经整量化处理的离散量再通过适当的二进制编码形式表示，就成为数字量。

对于 A/D 转换器，其量化过程中使用的量化单位由 A/D 转换器的二进制位数决定，量化单位为其最低有效位所代表的物理量。一般地，设 A/D 转换器的变换结果为 n 位二进制无符号数，其输入模拟量的最小值为 0，最大值为 x_m，则其量化单位为

$$q = \frac{x_m}{2^n - 1} \tag{2.30}$$

当二进制有效位数 n 足够高时，式（2.30）也可近似为

$$q \approx \frac{x_m}{2^n} \tag{2.31}$$

设 x 为待量化的模拟量，其量化结果为 x_q，则量化过程可表示为

$$x_q = \left[\frac{x}{q}\right] \tag{2.32}$$

式中符号[ ]表示将计算结果取整。按对尾数的不同处理，量化取整有两种方法。一种是截尾取整，即对凡是小于 q 的尾数一律忽略不计；另一种为舍入取整，即把大于或等于 $q/2$ 的尾数都当成 1 个 q 处理，而对小于 $q/2$ 的尾数则忽略不计。由此可得出如图 2.21 所示的两种不同的量化特性。

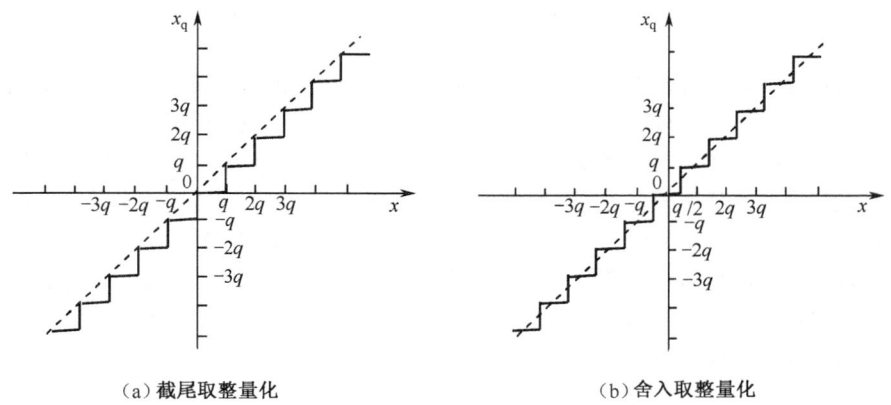

（a）截尾取整量化　　　　　　　　（b）舍入取整量化

图 2.21　量化特性

由于量化结果是以量化单位 q 的整数倍来表示的，而实际的模拟量未必正好是 q 的整数倍，因此，整量化之后的离散量与原来的模拟量之间将存在一定的偏差 ε，这种偏差称为量化误差。上述两种不同量化取整方式对应的量化误差如图 2.22 所示，即截尾取整量化误差在区间$[0, q]$内变化，而舍入取整量化误差则在区间$[-q/2, +q/2]$内变化。显然，A/D 转换的有效位数 n 越高，量化单位就越小，相应的量化精度也就越高。

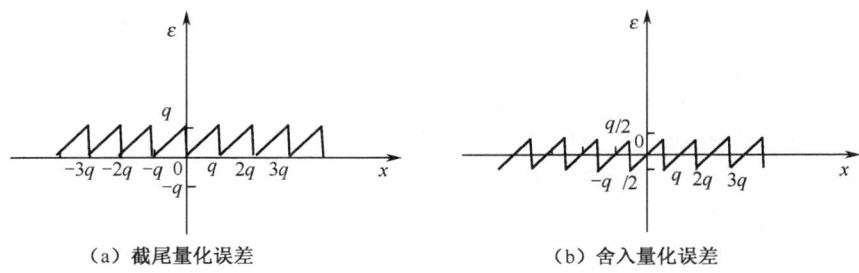

（a）截尾量化误差　　　　　　　　（b）舍入量化误差

图 2.22　量化误差

这里主要讨论 A/D 转换过程中的量化问题。其实，在计算机控制系统中，在参数的数字量表示、计算机数值运算及数字信号输出时的 D/A 转换也同样存在量化问题。这类问题量化的概念与 A/D 转换的量化概念是相同的，它们都是由数字量表示的有限字长引起的。

本 章 小 结

计算机控制系统是存在离散数字信号和连续模拟信号等多种信号形式的混合信号系统，以 A/D 转换与 D/A 转换构成了计算机控制系统的信号变换核心。

A/D 转换一般包括采样、量化与编码三个过程，而 D/A 转换一般相当于解码器与保持器的组合。编码与解码可以认为是误差的等效变换过程，对系统性能的影响可以忽略；采样与保持过程则涉及采样时刻之间信号的有、无问题，因而是本质问题，需要重点考虑；量化过程将产生量化误差并可能由此导致量化效应，对系统性能也有一定影响，在量化精度比较高的情况下，系统初步设计时可以暂时不考虑量化误差的影响。

采样是将连续时间信号变换成离散时间信号的过程，采样的目的就是要通过离散的采样值来获取原连续信号的全部信息，基于此，要求采样频率必须至少高于2倍被采样信号带宽，这就是采样定理给出的结论。

如果采样频率不满足采样定理，则可能产生频率混叠及假频现象。要避免假频现象，采样频率就必须满足采样定理。而对于含有高频分量或高频噪声的信号，要避免采样引起的频率混叠，则需要在采样之前加入一个模拟的前置低通滤波器，将高于奈奎斯特频率（$\omega_s/2$）的频率分量尽量滤除。

信号的恢复就是将采样信号通过一个理想的低通滤波器，取出其基本频谱分量。但这个理想滤波器在物理上是不能实现的，实际信号恢复通常采用零阶保持器来重构信号，即在下一个采样值到来之前维持当前采样值不变，从而将采样信号变换为时间上连续的阶梯状信号。零阶保持器是一个近似的低通滤波器，同时也允许一定的高频分量通过，但其幅值却被大大衰减了，零阶保持器的引入还会产生一定的相位滞后和高频噪声。对于高频噪声，有时可以加入一个后置的低通滤波器加以平滑。

习题与思考题

2.1 计算机控制系统中一般存在哪些不同的信号形式？

2.2 什么是采样定理，请简要论述。

2.3 什么是采样信号中的频率混叠现象与假频现象？应如何避免？

2.4 已知连续信号 $f_1(t) = \cos t$ 和 $f_2(t) = \cos 4t$，若分别取采样频率 $\omega_s = 2, 4, 8$（rad/s），试分别求出在以上采样频率下对应的采样信号 $f_1(kT)$ 与 $f_2(kT)$（画图表示），并对采样结果进行比较。

2.5 什么是零阶保持器？试推导其传递函数。为什么计算机控制系统中一般均采用零阶保持器，而不采用高阶保持器？

2.6 已知连续信号 $f(t) = a\sin\omega t$，分别以采样频率 $\omega_s = 4\omega$ 和 $\omega_s = 10\omega$ 进行采样后，再以零阶保持器恢复成连续信号，试分别画出对应的恢复信号，并对结果进行比较。

2.7 简述计算机控制系统中后置滤波的主要作用。

2.8 在 A/D 转换中，什么是量化与量化误差？

第3章 计算机控制系统的数学描述

为了深入研究计算机控制系统,首先应解决其数学描述和分析工具问题。本章是学习计算机控制系统课程的基础。本章将首先给出计算机控制系统的数学工具——z 变换;在此基础上,分别介绍线性离散时间系统的差分方程、z 传递函数及状态空间描述。

3.1 z 变换理论

拉普拉斯变换(拉氏变换)是分析线性连续系统的重要数学工具,其作用在于把描述连续系统的微分方程转化为 s 域的代数方程,从而简化连续系统的分析与设计;而本节要介绍的 z 变换则是分析线性离散时间系统的一个重要数学工具,其作用在于将描述离散时间系统的差分方程转化为 z 域的代数方程,从而简化离散系统的研究。

3.1.1 z 变换的定义

连续信号 $f(t)$ 经采样周期为 T 的采样开关采样后,采样信号 $f^*(t)$ 可表示为

$$f^*(t) = f(0)\delta(t) + f(T)\delta(t-T) + f(2T)\delta(t-2T) + \cdots = \sum_{k=0}^{\infty} f(kT)\delta(t-kT) \tag{3.1}$$

对式(3.1)求拉氏变换,可得

$$F^*(s) = f(0) + f(T)\mathrm{e}^{-sT} + f(2T)\mathrm{e}^{-2sT} + \cdots = \sum_{k=0}^{\infty} f(kT)\mathrm{e}^{-kTs} \tag{3.2}$$

式(3.2)中,因复变量 s 含在指数 e^{-kTs} 中,e^{-kTs} 是超越函数,不便于分析,因此引入一个新变量 z,令

$$z = \mathrm{e}^{Ts} \tag{3.3}$$

代入式(3.2),并将 $F^*(s)$ 记为 $F(z)$,则

$$F(z) = f(0) + f(T)z^{-1} + f(2T)z^{-2} + \cdots = \sum_{k=0}^{\infty} f(kT)z^{-k} \tag{3.4}$$

式(3.4)即为采样信号 $f^*(t)$ 的 z 变换定义,$f(kT)z^{-k}$ 的物理意义是:$f(kT)$ 表征采样脉冲的幅值,z 的幂次表征采样脉冲出现的时刻。习惯上将 z 变换记为

$$F(z) = Z[f^*(t)] \tag{3.5}$$

可看出,它是变量 z 的幂级数形式,有利于问题的简化和分析。

从式(3.4)可看出,对于两个连续信号 $f_1(t)$ 和 $f_2(t)$,如果它们的采样信号 $f_1^*(t) = f_2^*(t)$,则有 $f_1(kT) = f_2(kT)$,$k=0,1,2,\cdots$,因此有 $F_1(z) = F_2(z)$;反之,若 $F_1(z) = F_2(z)$,则有 $f_1^*(t) = f_2^*(t)$。这表明在 z 变换的过程中,实际上仅仅涉及的是 $f(t)$ 在采样瞬间的状态,因此 $F(z)$ 只是采样函数 $f^*(t)$ 的 z 变换,而不是连续函数 $f(t)$ 的 z 变换。有时为了方便起见,也记 $Z[f^*(t)]$ 为 $Z[f(t)]$,但后者指的是先将 $f(t)$ 采样后得 $f^*(t)$,再求 $f^*(t)$ 的 z 变换。

3.1.2 z 变换的方法

常用的 z 变换方法包括级数求和法、部分分式法与留数计算法等。

1. 级数求和法

级数求和法实际上是根据 z 变换的定义式（3.4）来求一个函数的时域表达式的 z 变换，下面就以一些典型信号为例来说明。

例 3.1 求单位脉冲函数 $f(kT) = \delta(kT) = \begin{cases} 1 & k=0 \\ 0 & k \neq 0 \end{cases}$ 的 z 变换。

解 由 z 变换的定义有

$$F(z) = \sum_{k=0}^{\infty} f(kT)z^{-k} = 1$$

例 3.2 求单位阶跃函数 $f(t) = 1(t) = \begin{cases} 1 & t \geq 0 \\ 0 & t < 0 \end{cases}$ 的 z 变换。

解 由 z 变换的定义有

$$F(z) = \sum_{k=0}^{\infty} f(kT)z^{-k} = \sum_{k=0}^{\infty} z^{-k} = 1 + z^{-1} + z^{-2} + \cdots = \frac{1}{1-z^{-1}}$$

例 3.3 求单位斜坡函数 $f(t) = \begin{cases} t & t \geq 0 \\ 0 & t < 0 \end{cases}$ 的 z 变换。

解 根据 z 变换的定义有

$$F(z) = \sum_{k=0}^{\infty} f(kT)z^{-k} = \sum_{k=0}^{\infty} kTz^{-k} = T\sum_{k=0}^{\infty} kz^{-k} \tag{3.6}$$

由例 3.2 可知，$\sum_{k=0}^{\infty} z^{-k} = \frac{1}{1-z^{-1}}$，将该等式两边对 z^{-1} 求导，可得 $\sum_{k=0}^{\infty} k(z^{-1})^{k-1} = \frac{1}{(1-z^{-1})^2}$，再同乘以 z^{-1} 有

$$\sum_{k=0}^{\infty} k(z^{-1})^k = \frac{z^{-1}}{(1-z^{-1})^2}$$

将上式代入式（3.6），有

$$F(z) = T\sum_{k=0}^{\infty} kz^{-k} = \frac{Tz^{-1}}{(1-z^{-1})^2} = \frac{Tz}{(z-1)^2}$$

例 3.4 求指数函数 $f(t) = \begin{cases} e^{-at} & t \geq 0 \\ 0 & t < 0 \end{cases}$ 的 z 变换。

解 由 z 变换的定义得到

$$F(z) = \sum_{k=0}^{\infty} f(kT)z^{-k} = \sum_{k=0}^{\infty} e^{-akT}z^{-k} = \sum_{k=0}^{\infty} (e^{-aT}z^{-1})^k = \frac{1}{1-e^{-aT}z^{-1}}$$

值得一提的是，指数函数的 z 变换在下面要讲的部分分式法中经常用到。

由以上例子可看出，级数求和法实际上是根据一个函数的时域表达，得到 z 域的无穷级数表达，其和则为所求函数的 z 变换。表 3.1 给出了一些常用函数的 z 变换结果。

表 3.1 常用 z 变换表

$F(s)$	$f(t)$	$f(kT)$ 或 $f(k)$	$F(z)$
1	$\delta(t)$	$\delta(kT)=\begin{cases}1 & k=0\\ 0 & k\neq 0\end{cases}$	1
e^{-nTs}	$\delta(t-nT)$	$\delta(kT-nT)=\begin{cases}1 & k=n\\ 0 & k\neq n\end{cases}$	z^{-n}
$\dfrac{1}{s}$	$1(t)$	$1(kT)$	$\dfrac{1}{1-z^{-1}}$
$\dfrac{1}{s+a}$	e^{-at}	$(e^{-aT})^k$	$\dfrac{1}{1-e^{-aT}z^{-1}}$
		a^k	$\dfrac{1}{1-az^{-1}}$
$\dfrac{1}{s^2}$	t	kT	$\dfrac{Tz^{-1}}{(1-z^{-1})^2}$
$\dfrac{2}{s^3}$	t^2	$(kT)^2$	$\dfrac{T^2 z^{-1}(1+z^{-1})}{(1-z^{-1})^3}$
$\dfrac{1}{(s+a)^2}$	te^{-at}	$kT(e^{-aT})^k$	$\dfrac{Te^{-aT}z^{-1}}{(1-e^{-aT}z^{-1})^2}$
		ka^k	$\dfrac{az^{-1}}{(1-az^{-1})^2}$
$\dfrac{1}{s(s+a)}$	$1-e^{-at}$	$1-(e^{-aT})^k$	$\dfrac{(1-e^{-aT})z^{-1}}{(1-z^{-1})(1-e^{-aT}z^{-1})}$
$\dfrac{\omega}{s^2+\omega^2}$	$\sin\omega t$	$\sin\omega kT$	$\dfrac{z^{-1}\sin\omega T}{1-2z^{-1}\cos\omega T+z^{-2}}$
$\dfrac{s}{s^2+\omega^2}$	$\cos\omega t$	$\cos\omega kT$	$\dfrac{1-z^{-1}\cos\omega T}{1-2z^{-1}\cos\omega T+z^{-2}}$

2. 部分分式法

在实际应用中，常常会遇到由已知连续信号的拉氏变换求其对应采样信号 z 变换的情况，而部分分式方法就是求这类问题 z 变换的方法之一。部分分式法通过 s 域和时域关系以及 z 域和时域关系来建立 s 域与 z 域之间的对应关系。设连续函数 $f(t)$ 的拉氏变换 $F(s)$ 为有理函数，且极点个数为 n，求其 z 变换的做法是：先将 $F(s)$ 写成部分分式之和的形式，即

$$F(s)=\sum_{i=1}^{n}\frac{a_i}{s-s_i} \tag{3.7}$$

然后，由拉氏反变换得出

$$f(t)=\sum_{i=1}^{n}a_i e^{s_i t} \tag{3.8}$$

对于上式的每一项，都可以利用指数函数信号经采样离散化后的指数脉冲序列的 z 变换写出它所对应的 z 变换：

$$F(z)=\sum_{i=1}^{n}\frac{a_i z}{z-e^{s_i T}}=\sum_{i=1}^{n}\frac{a_i}{1-e^{s_i T}z^{-1}} \tag{3.9}$$

式中，T 为采样周期。

观察上面三个式子，可知实际上，在根据 $F(s)$ 求 $F(z)$ 时，可将 $F(s)$ 写成部分分式之和的形式，求出 a_i 和 s_i，然后利用式（3.9）直接得到所对应的 $F(z)$，而不必去求 $f(t)$。值得一提的是，在工程计算中，常用部分分式法求取 z 变换。

例 3.5 已知 $F(s) = \dfrac{1}{s(s+1)}$，求 $F(z)$。

解 首先将 $F(s)$ 写成部分分式之和的形式：

$$F(s) = \frac{1}{s(s+1)} = \frac{1}{s} - \frac{1}{s+1}$$

对照式（3.7），得到 $a_1 = 1$，$s_1 = 0$，$a_2 = -1$，$s_2 = -1$。再根据式（3.9），可得

$$F(z) = \frac{1}{1-z^{-1}} - \frac{1}{1-\mathrm{e}^{-T}z^{-1}} = \frac{(1-\mathrm{e}^{-T})z^{-1}}{(1-z^{-1})(1-\mathrm{e}^{-T}z^{-1})}$$

例 3.6 已知 $F(s) = \dfrac{1}{s^2(s+1)}$，求 $F(z)$。

解 先设

$$F(s) = \frac{1}{s^2(s+1)} = \frac{a_1}{s} + \frac{a_2}{s^2} + \frac{a_3}{s+1} \tag{3.10}$$

其中 a_1，a_2，a_3 为待定系数。

将式（3.10）同乘 $(s+1)$，得到

$$\frac{1}{s^2} = \frac{a_1(s+1)}{s} + \frac{a_2(s+1)}{s^2} + a_3 \tag{3.11}$$

令 $s = -1$，可得 $a_3 = 1$。

同理，将式（3.10）同乘 s^2，再令 $s = 0$，得到 $a_2 = 1$。

将 $a_3 = 1$ 及 $a_2 = 1$ 代入式（3.10），求得 $a_1 = -1$。因此有

$$F(s) = \frac{1}{s^2} - \frac{1}{s} + \frac{1}{s+1} \tag{3.12}$$

查 z 变换表 3.1 得到

$$F(z) = Z[F(s)] = \frac{Tz^{-1}}{(1-z^{-1})^2} - \frac{1}{1-z^{-1}} + \frac{1}{1-\mathrm{e}^{-T}z^{-1}}$$

$$= \frac{(T+\mathrm{e}^{-T}-1)z^{-1} + (1-\mathrm{e}^{-T}-T\mathrm{e}^{-T})z^{-2}}{(1-z^{-1})^2(1-\mathrm{e}^{-T}z^{-1})}$$

3. 留数计算法

留数计算法是根据连续函数 $f(t)$ 的拉氏变换 $F(s)$ 求其对应采样信号 z 变换 $F(z)$ 的另一种方法。用留数计算法求取 z 变换，对有理函数和无理函数都是有效的，计算公式如下：

$$\begin{aligned}
F(z) &= \sum_{i=1}^{N} \mathrm{Res}\left[F(s)\frac{1}{1-\mathrm{e}^{sT}z^{-1}}\right]_{s=s_i} \\
&= \sum_{i=1}^{N_1}\left[(s-s_i)F(s)\frac{1}{1-\mathrm{e}^{sT}z^{-1}}\right]_{s=s_i} + \sum_{i=N_1+1}^{N}\frac{1}{(r_i-1)!}\left[\frac{\mathrm{d}^{r_i-1}}{\mathrm{d}s^{r_i-1}}(s-s_i)^{r_i}F(s)\frac{1}{1-\mathrm{e}^{sT}z^{-1}}\right]_{s=s_i}
\end{aligned} \tag{3.13}$$

式中，$s_i(i=1,2,\cdots,N_1)$ 为 $F(s)$ 的 N_1 个单极点，$s_i(i=N_1+1, N_1+2, \cdots, N)$ 为 $F(s)$ 的 $(N-N_1)$ 个阶数分别为 r_i 的重极点，$\mathrm{Res}[\cdot]_{s=s_i}$ 为极点 $s=s_i$ 处的留数。

例 3.7 已知 $F(s)=\dfrac{1}{s(s+1)}$，求 $F(z)$。

解 由式（3.13），可得

$$\begin{aligned}
F(z) &= \mathrm{Res}\left[\frac{1}{s(s+1)}\frac{1}{1-\mathrm{e}^{sT}z^{-1}}\right]_{s=0,-1}\\
&= \left[s\frac{1}{s(s+1)}\frac{1}{1-\mathrm{e}^{sT}z^{-1}}\right]_{s=0} + \left[(s+1)\frac{1}{s(s+1)}\frac{1}{1-\mathrm{e}^{sT}z^{-1}}\right]_{s=-1}\\
&= \frac{1}{1-z^{-1}} - \frac{1}{1-\mathrm{e}^{-T}z^{-1}}\\
&= \frac{(1-\mathrm{e}^{-T})z^{-1}}{(1-z^{-1})(1-\mathrm{e}^{-T}z^{-1})}
\end{aligned}$$

对照例 3.5 可看出，该计算结果与用部分分式法的计算结果一致。

例 3.8 已知 $F(s)=\dfrac{1}{(s+1)^2}$，求 $F(z)$。

解 这里需要注意 $F(s)$ 具有二重极点 $s_{1,2}=-1$，根据式（3.13），有

$$\begin{aligned}
F(z) &= \mathrm{Res}\left[\frac{1}{(s+1)^2}\frac{1}{1-\mathrm{e}^{sT}z^{-1}}\right]_{s=-1}\\
&= \frac{1}{(2-1)!}\frac{\mathrm{d}}{\mathrm{d}s}\left[(s+1)^2\frac{1}{(s+1)^2}\frac{1}{1-\mathrm{e}^{sT}z^{-1}}\right]_{s=-1}\\
&= \frac{T\mathrm{e}^{sT}z^{-1}}{(1-\mathrm{e}^{sT}z^{-1})^2}\bigg|_{s=-1}\\
&= \frac{T\mathrm{e}^{-T}z^{-1}}{(1-\mathrm{e}^{-T}z^{-1})^2}
\end{aligned}$$

3.1.3 z 变换的性质和定理

在分析连续系统时，拉氏变换的性质为应用拉氏变换分析系统带来了方便。与此对应，借助有关的 z 变换定理，可以使得应用 z 变换法分析计算机控制系统的问题更加方便和简单。z 变换定理通常可根据 z 变换的定义进行证明。下面介绍 z 变换的常用定理及其证明。

1. 线性定理

对任意常数 α 和 β，已知 $Z[f_1(t)]=F_1(z)$，$Z[f_2(t)]=F_2(z)$，则有

$$Z[\alpha f_1(t)+\beta f_2(t)] = \alpha F_1(z)+\beta F_2(z) \tag{3.14}$$

证明：根据 z 变换的定义以及已知条件有

$$\begin{aligned}
Z[\alpha f_1(t)+\beta f_2(t)] &= \sum_{k=0}^{\infty}[\alpha f_1(kT)+\beta f_2(kT)]z^{-k}\\
&= \alpha\sum_{k=0}^{\infty}f_1(kT)z^{-k} + \beta\sum_{k=0}^{\infty}f_2(kT)z^{-k}\\
&= \alpha F_1(z)+\beta F_2(z)
\end{aligned}$$

2. 滞后定理

设连续时间函数 $f(t)$ 的 z 变换为 $F(z)$，则有

$$Z[f(t-nT)] = z^{-n}\left[F(z) + \sum_{k=1}^{n} f(-kT)z^k\right] \tag{3.15}$$

证明：$Z[f(t-nT)] = f(-nT) + f(-nT+T)z^{-1} + \cdots + f(-T)z^{-(n-1)} + f(0)z^{-n} + f(T)z^{-(n+1)} + \cdots$

$$= z^{-n}\left[\sum_{k=-n}^{-1} f(kT)z^{-k} + f(0) + f(T)z^{-1} + f(2T)z^{-2} + \cdots\right]$$

$$= z^{-n}\left(F(z) + \sum_{k=1}^{n} f(-kT)z^k\right)$$

若 $t<0$ 时，$f(t)=0$，则有

$$Z[f(t-nT)] = z^{-n}F(z) \tag{3.16}$$

3. 超前定理

设连续时间函数 $f(t)$ 的 z 变换为 $F(z)$，则有

$$Z[f(t+nT)] = z^n\left[F(z) - \sum_{m=0}^{n-1} f(mT)z^{-m}\right] \tag{3.17}$$

证明：

$$Z[f(t+nT)] = \sum_{k=0}^{\infty} f((k+n)T)z^{-k} = z^n \sum_{k=0}^{\infty} f((k+n)T)z^{-(k+n)} \tag{3.18}$$

令 $m = k+n$，代入上式有

$$Z[f(t+nT)] = z^n \sum_{m=n}^{\infty} f(mT)z^{-m}$$

$$= z^n\left[\sum_{n=0}^{\infty} f(mT)z^{-m} - \sum_{m=0}^{n-1} f(mT)z^{-m}\right] = z^n\left[F(z) - \sum_{m=0}^{n-1} f(mT)z^{-m}\right]$$

4. 初值定理

若 $Z[f(kT)] = F(z)$，且极限 $\lim_{z\to\infty} F(z)$ 存在，则

$$f(0) = \lim_{k\to 0} f(kT) = \lim_{z\to\infty} F(z) \tag{3.19}$$

证明：

$$\lim_{z\to\infty} F(z) = \lim_{z\to\infty}\{f(0) + f(T)z^{-1} + f(2T)z^{-2} + \cdots\} = f(0)$$

5. 终值定理

设序列 $f(kT)$ 在 $k<0$ 时，$f(kT)=0$，且为收敛序列，即序列 $f(kT)$ 存在终值 $f(\infty)$，而 $f(\infty)$ 值的确定可直接由其 z 变换函数 $F(z)$ 求得，即

$$f(\infty) = \lim_{k\to\infty} f(kT) = \lim_{z\to 1}(1-z^{-1})F(z) \tag{3.20}$$

第 3 章 计算机控制系统的数学描述

证明：考虑如下两个极限序列

$$\sum_{k=0}^{n} f(kT)z^{-k} = f(0) + f(T)z^{-1} + f(2T)z^{-2} + \cdots + f(nT)z^{-n}$$

$$\sum_{k=1}^{n} f((k-1)T)z^{-k} = f(0)z^{-1} + f(T)z^{-2} + \cdots + f((n-1)T)z^{-n} = z^{-1}\sum_{k=0}^{n-1} f(kT)z^{-k}$$

进一步有

$$\lim_{z \to 1}\left\{\sum_{k=0}^{n} f(kT)z^{-k} - z^{-1}\sum_{k=0}^{n-1} f(kT)z^{-k}\right\} = \sum_{k=0}^{n} f(kT) - \sum_{k=0}^{n-1} f(kT) = f(nT) \quad (3.21)$$

对上式两边取极限，得到

$$\lim_{n \to \infty} f(nT) = \lim_{n \to \infty}\lim_{z \to 1}\left\{\sum_{k=0}^{n} f(kT)z^{-k} - z^{-1}\sum_{k=0}^{n-1} f(kT)z^{-k}\right\}$$

$$= \lim_{z \to 1}\lim_{n \to \infty}\left\{\sum_{k=0}^{n} f(kT)z^{-k} - z^{-1}\sum_{k=0}^{n-1} f(kT)z^{-k}\right\}$$

$$= \lim_{z \to 1}\{F(z) - z^{-1}F(z)\}$$

因此有 $f(\infty) = \lim_{k \to \infty} f(kT) = \lim_{z \to 1}(1-z^{-1})F(z)$。

必须指出，应用终值定理的条件是：当 $|z| \geq 1$ 时，$(1-z^{-1})F(z)$ 对 z 的所有导数均存在，即 $(1-z^{-1})F(z)$ 在单位圆上及单位圆外均无极点。若上述条件不成立，应用终值定理将得到错误的结果。

6. 复位移定理

若 $Z[f(t)] = F(z)$，则

$$Z[e^{\pm \alpha t}f(t)] = F(e^{\mp \alpha T}z) \quad (3.22)$$

式中，α 为常数或独立变量。

证明：$Z[e^{\pm \alpha t}f(t)] = \sum_{k=0}^{\infty} e^{\pm \alpha kT} f(kT)z^{-k} = \sum_{k=0}^{\infty} f(kT)(e^{\mp \alpha kT}z)^{-k} = F(e^{\mp \alpha T}z)$

7. 偏微分定理

若 $Z[f(t,a)] = F(z,a)$，a 为独立变量或常数，则有

$$Z\left[\frac{\partial f(t,a)}{\partial a}\right] = \frac{\partial F(z,a)}{\partial a} \quad (3.23)$$

证明：$Z\left[\frac{\partial f(t,a)}{\partial a}\right] = \sum_{k=0}^{\infty} \frac{\partial f(kT,a)}{\partial a} z^{-k} = \frac{\partial}{\partial a}\sum_{k=0}^{\infty} f(kT,a)z^{-k} = \frac{\partial F(z,a)}{\partial a}$

3.1.4 z 反变换

已知 z 变换函数求原来的采样函数的过程称为 z 反变换，表示为

$$f(kT) = Z^{-1}[F(z)] \quad (3.24)$$

在离散系统中引入 z 变换，是为了把描述离散系统的差分方程转换为 z 域的代数方程，从而得到离散系统的 z 传递函数，再用 z 反变换求出离散系统的时间响应。应当注意，在 3.1.1 节中 z 变换只是建立

了 $f^*(t)$ 或 $f(kT)$ 与 $F(z)$ 之间的一一对应关系，那么 $F(z)$ 经过 z 反变换所得到的也只是 $f(t)$ 在采样时刻的值 $f(kT)$。

z 反变换，即由 $F(z)$ 求 $f^*(t)$ 或 $f(kT)$ 主要有三种方法：长除法、部分分式法和留数计算法。

1．长除法

长除法也称为幂级数展开法，这种方法是根据函数 $f(t)$ 的 z 变换表达式 $F(z)$，利用长除法将 $F(z)$ 的分子除以分母（分母和分子都必须写成 z^{-k} 的降幂形式），得到 $F(z)$ 按 $z^{-k}(k=0,1,2,\cdots)$ 降幂排列的级数展开式，然后对每一项进行反变换。

设 $F(z)$ 的一般形式为

$$F(z) = \frac{b_0 z^m + b_1 z^{m-1} + \cdots}{a_0 z^n + a_1 z^{n-1} + \cdots} \tag{3.25}$$

按长除法规则，可以求出 $F(z)$ 按 z^{-k} 降幂排列的级数展开式

$$F(z) = c_0 z^0 + c_1 z^{-1} + c_2 z^{-2} + \cdots \tag{3.26}$$

显然，根据 z 变换的定义式（3.4）可知，级数中 z^{-k} 的系数，就是时间序列中的 $f(kT)$ 的值，即

$$f(kT) = c_k \tag{3.27}$$

而采样信号 $f^*(t)$ 为

$$f^*(t) = c_0 \delta(t) + c_1 \delta(t-T) + c_2 \delta(t-2T) + \cdots \tag{3.28}$$

虽然长除法以序列的形式给出了 $f(0), f(T), f(2T), \cdots$ 的数值，但是从一组 $f(kT)$ 值中很难求出一般项表达式。

例 3.9 已知 $F(z) = \dfrac{10z}{(z-1)(z-2)}$，用长除法求 $f^*(t)$。

解 $F(z) = \dfrac{10z}{(z-1)(z-2)} = \dfrac{10z^{-1}}{1-3z^{-1}+2z^{-2}}$

$$\begin{array}{r} 10z^{-1} + 30z^{-2} \\ 1-3z^{-1}+2z^{-2} \overline{\smash{\big)}\, 10z^{-1}} \\ \underline{10z^{-1} - 30z^{-2} + 20z^{-3}} \\ 30z^{-2} - 20z^{-3} \\ \underline{30z^{-2} - 90z^{-3} + 60z^{-4}} \\ \cdots \end{array}$$

$$f^*(t) = 0 + 10\delta(t-T) + 30\delta(t-2T) + \cdots$$

2．部分分式法

在 z 变换的工程计算中常用部分分式法求取 z 变换，与此对应，z 反变换中，也常用部分分式法。由于连续时间信号 $f(t)$ 大部分是由基本信号组合而成的，而基本信号的 z 变换可以借助于 z 变换表得到。因此可以将 $F(z)$ 分解为对应于基本信号的部分分式，再查表来求得其 z 反变换。考虑到基本信号的 z 变换都带有因子 z，所以，先将 $F(z)$ 除以 z，然后将 $F(z)/z$ 分解为部分分式，分解后，各项再乘以因子 z 之后查表分别求其 z 反变换。

例 3.10 已知 $F(z) = \dfrac{10z}{(z-1)(z-2)}$，用部分分式法求 $f^*(t)$。

解 首先将 $F(z)/z$ 展开成部分分式

$$\frac{F(z)}{z} = \frac{10}{(z-1)(z-2)} = \frac{-10}{z-1} + \frac{10}{z-2}$$

所以

$$F(z) = -10 \cdot \frac{z}{z-1} + 10 \cdot \frac{z}{z-2}$$

又

$$Z^{-1}\left[\frac{z}{z-1}\right] = 1, \qquad Z^{-1}\left[\frac{z}{z-2}\right] = 2^k$$

所以
$$f(kT) = 10(-1 + 2^k), \ k = 0, 1, 2, \cdots$$

$$f^*(t) = \sum_{k=0}^{\infty} 10(-1 + 2^k)\delta(t - kT)$$

这个结果与例 3.9 一致，并且用部分分式法得到的 z 反变换可得到采样函数的一般项的表达式 $f(kT)$。

3. 留数计算法

若 $f(t)$ 的 z 变换为 $F(z)$，则

$$\begin{aligned}
f(kT) &= \sum_{i=1}^{N} \text{Res}[F(z)z^{k-1}]_{z=z_i} \\
&= \sum_{i=1}^{N_1}\left[(z-z_i)F(z)z^{k-1}\right]_{z=z_i} + \sum_{i=N_1+1}^{N} \frac{1}{(r_i-1)!}\left[\frac{\mathrm{d}^{r_i-1}}{\mathrm{d}z^{r_i-1}}(z-z_i)^{r_i}F(z)z^{k-1}\right]_{z=z_i}
\end{aligned} \qquad (3.29)$$

式中，$z_i(i=1,2,\cdots,N_1)$ 为 $F(z)$ 的 N_1 个单极点；$z_i(i=N_1+1, N_1+2, \cdots, N)$ 为 $F(z)$ 的 $N-N_1$ 个阶数分别为 r_i 的重极点；$\text{Res}[\cdot]_{z=z_i}$ 为极点 $z=z_i$ 处的留数。用上式可求得采样函数的一般项系数 $f(kT)$，从而得到 $f^*(t)$。

例 3.11 已知 $F(z) = \dfrac{10z}{(z-1)(z-2)}$，用留数法求 $f^*(t)$。

解
$$\begin{aligned}
f(kT) &= \sum_{i=1}^{2} \text{Res}\left[\frac{10z^k}{(z-1)(z-2)}\right]_{z=1,2} \\
&= \left[(z-1)\frac{10z^k}{(z-1)(z-2)}\right]_{z=1} + \left[(z-2)\frac{10z^k}{(z-1)(z-2)}\right]_{z=2} \\
&= 10(-1 + 2^k)
\end{aligned}$$

所以 $f^*(t) = \sum\limits_{k=0}^{\infty} 10(-1 + 2^k)\delta(t - kT),\ k = 0, 1, 2, \cdots$。

应当指出，当 $F(z)$ 的 z 有理分式中分母含有 $z^q(q \geqslant 0)$ 因子时，用留数法式（3.29）计算出 $f(kT)$ 的表达式，只适合 $k \geqslant q+1$ 的情况，而不能表示 $k \leqslant q$ 时刻的序列值 $f(kT)$。此时，$f(0), f(T), \cdots, f(qT)$ 的值应由初值定理确定或由长除法确定，或令 $k = 0, \cdots, k = q$ 再用式（3.29）来计算。这是因为，对于这样的 $F(z)$，$f(0) \neq 0$，当 $k \leqslant q$ 时，式（3.29）中的被积函数为 $F(z)z^{-1}$，它比 $k \geqslant q+1$ 的被积函数 $F(z)z^{k-1}$ 多一个 $z=0$ 的极点，所以 $f(kT)$ 在 $k \leqslant q$ 和 $k \geqslant q+1$ 时应分别计算。

由初值定理及长除法均可以推断，当 $F(z)$ 的分母阶次 n 和分子阶次 m 相同时，$F(z)$ 对应的初始序列应为一个有界常数。当 $n-m=d>0$ 时，相应时间序列 $f(kT)$ 的前 d 项均为 0，即 $f(0)=f(T)=\cdots=f((d-1)T)=0$。现举例说明这种情况。

例 3.12 已知 $F(z)=\dfrac{10}{(z-1)(z-2)}$，用留数法求 $F(z)$ 的反变换。

解
$$F(z)z^{k-1}=\frac{10z^{k-1}}{(z-1)(z-2)}$$

由此可以看出，当 $k=0$ 时，有
$$F(z)z^{k-1}=\frac{10}{z(z-1)(z-2)}$$

即含有 3 个单极点，$z_1=0, z_2=1, z_3=2$。但是，当 $k\geqslant 1$ 时，有
$$F(z)z^{k-1}=\frac{10z^{k-1}}{(z-1)(z-2)}$$

则只有 2 个单极点，$z_1=1, z_2=2$。因此应分别求 $f(0)$ 以及 $f(kT)(k\geqslant 1)$。即
$$f(kT)=\sum_{i=1}^{3}\mathrm{Res}[F(z)z^{k-1}]_{z=z_i}$$
$$=\left[z\frac{10}{z(z-1)(z-2)}\right]_{z=0}+\left[(z-1)\frac{10}{z(z-1)(z-2)}\right]_{z=1}+\left[(z-2)\frac{10}{z(z-1)(z-2)}\right]_{z=2}$$
$$=5+(-10)+5=0$$

而 $k\geqslant 1$ 时的 $f(kT)$ 计算如下：
$$f(0)=\sum_{i=1}^{2}\mathrm{Res}[F(z)z^{k-1}]_{z=z_i}$$
$$=\left[(z-1)\frac{10z^{k-1}}{(z-1)(z-2)}\right]_{z=1}+\left[(z-2)\frac{10z^{k-1}}{z(z-1)(z-2)}\right]_{z=2}$$
$$=-10+10\cdot 2^{k-1}=10(2^{k-1}-1), k=1,2,\cdots$$

因此，可以得到 $f(kT)$ 为
$$f(kT)=\begin{cases}0, & k=0\\ 10(2^{k-1}-1), & k\geqslant 1\end{cases}$$

3.1.5 广义 z 变换

前面的讨论的 z 变换可称为普通 z 变换，普通 z 变换只反映采样点上的信息，并不能反映采样点之间的信息，但在计算机控制系统中，采样点间的信息往往也是需要的。为此，可将普通 z 变换做适当的扩展，形成广义 z 变换。广义 z 变换可以反映采样点间的信息。广义 z 变换在计算机控制系统分析中也是很有用的，既可以用来计算计算机控制系统输出在采样时刻之间的任意时刻的数值，也可以用来处理被控对象带有非采样周期整数倍的延迟。

广义 z 变换分为超前型和滞后型两种，如图 3.1 所示的曲线 b 和 c 所示。

曲线 b 和 c 可以认为是曲线 a 分别经过超前环节和滞后环节得到的。超前环节和滞后环节是假想

的,是为了求得采样点间的信息所做的辅助手段。当然,如果实际中确实存在超前环节和滞后环节,那么广义 z 变换也同样适合。

1. 超前情况

设信号 $f(t)$ 的拉氏函数为 $F(s)$,其超前型信号 $f(t+\alpha T)$ 的拉氏变换定义为

$$F(s,\alpha) \triangleq F(s)e^{\alpha Ts} = L[f(t+\alpha T)], \quad 0<\alpha<1$$

若要取 $f(t+\alpha T)$ 在采样点上的值,则有 z 变换

$$F(z,\alpha) \triangleq Z[F(s,\alpha)] = Z[F(s)e^{\alpha Ts}]$$
$$= Z[f(t+\alpha T)] = \sum_{k=0}^{\infty} f(kT+\alpha T)z^{-k}, \quad 0<\alpha<1$$

2. 滞后情况

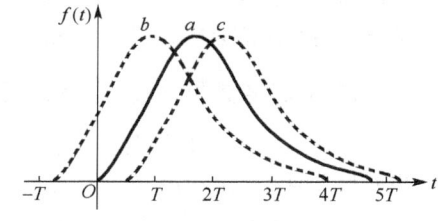

图 3.1 信号的超前型和滞后型

设信号 $f(t)$ 的拉氏函数为 $F(s)$,其滞后型信号 $f(t-qT)$ 的拉氏变换定义为

$$F(s,q) \triangleq F(s)e^{-qTs} = L[f(t-qT)], \quad 0<q<1$$

设 $\beta = 1-q$,则 $0<\beta<1$,上式可定义为

$$F(s,\beta) \triangleq F(s)e^{-(1-\beta)Ts} = L[f(t-(1-\beta)T)], \quad 0<\beta<1$$

若要取 $f(t-qT)$ 在采样点上的值,则有 z 变换

$$F(z,\beta) \triangleq Z[F(s,\beta)] = Z[F(s)e^{-(1-\beta)Ts}] = Z[f(t+\beta T-T)]$$
$$= z^{-1}Z[f(t+\beta T)] = z^{-1}\sum_{k=0}^{\infty} f(kT+\beta T)z^{-k}, \quad 0<\beta<1$$

可见超前型和滞后型广义 z 变换在本质上没有区别,实际应用可采取任何一种形式。

例 3.13 求 $f(t) = e^{-at}$ 的广义 z 变换。

解
$$f(kT+\beta T) = e^{-a(kT+\beta T)}, \quad k=0,1,2,\cdots \quad 0<\beta<1$$

$$F(z,\beta) = z^{-1}\sum_{k=0}^{\infty} e^{-a(kT+\beta T)}z^{-k} = z^{-1}e^{-\beta aT}\sum_{k=0}^{\infty} e^{-akT}z^{-k} = \frac{e^{-a\beta T}z^{-1}}{1-e^{-aT}z^{-1}}$$

常用函数的广义 z 变换在表 3.2 中给出。

表 3.2 常用函数的广义 z 变换表

$F(s)$	$f(t)$	$F(z,\beta)$
1	$\delta(t)$	0
e^{-nTs}	$\delta(t-nT)$	$z^{\beta-1-n}$
$\dfrac{1}{s}$	$1(t)$	$\dfrac{1}{z-1}$
$\dfrac{1}{s+a}$	e^{-at}	$\dfrac{e^{-a\beta T}}{z-e^{-aT}}$
$\dfrac{1}{s^2}$	t	$\dfrac{\beta T}{z-1}+\dfrac{T}{(z-1)^2}$
$\dfrac{2}{s^3}$	t^2	$T^2\left[\dfrac{\beta^2}{z-1}+\dfrac{2\beta+1}{(z-1)^2}+\dfrac{2}{(z-1)^3}\right]$

3.2 线性定常离散系统的差分方程

系统的数学描述通常可分为基于系统输入输出变量描述与基于系统状态变量描述两大类，对于连续系统而言，其输入输出描述在时域体现为微分方程描述，在频域则主要体现为传递函数描述。与连续系统的微分方程描述相对应，对于离散系统，其时域的输入输出描述则体现为差分方程描述。此处仅讨论线性定常离散系统的差分方程描述。

3.2.1 线性定常离散系统差分方程的一般形式

对于单输入单输出离散系统，差分方程由其输出序列 $y(kT)$ 与输入序列 $r(kT)$ 之间的关系式所构成。为书写方便，常用 $y(k)$ 表示 $y(kT)$，用 $r(k)$ 表示 $r(kT)$。在某一采样时刻的输出量 $y(k)$ 不但与当前时刻的输入量 $r(k)$ 有关，通常也与该时刻之前的输入量 $r(k-1)$，$r(k-2)$，$\cdots$，$r(k-m)$ 以及该时刻之前的输出量 $y(k-1)$，$y(k-2)$，$\cdots$，$y(k-n)$ 有关。对线性离散系统而言，其后向差分方程的一般形式为

$$y(k)+a_1 y(k-1)+\cdots+a_n y(k-n)=b_0 r(k)+b_1 r(k-1)+\cdots+b_m r(k-m) \tag{3.30}$$

其前向差分方程的一般形式为

$$\begin{aligned} &y(k+n)+a_1 y(k+n-1)+\cdots+a_{n-1} y(k+1)+a_n y(k) \\ &= b_0 r(k+m)+b_1 r(k+m-1)+\cdots+b_{m-1} r(k+1)+b_m r(k) \end{aligned} \tag{3.31}$$

从上述定义可以看出，前向差分所采用的是当前时刻未来的采样值，而后向差分所采用的是当前时刻过去的采样值，所以在实际工程应用中，后向差分方程用得更为广泛一些。对于线性定常离散系统而言，式（3.30）与式（3.31）中的系数均为常系数，即为线性定常差分方程。

3.2.2 线性定常差分方程的求解

线性定常差分方程的解法有多种，其中，常用的包括迭代法与 z 变换法等。所谓迭代法，是指根据差分方程的初始条件或边界条件，逐步求出后面的未知项。由此得出的解为非闭合解。用 z 变换法解线性定常差分方程类似于利用拉氏变换解微分方程，思路是利用 z 变换将线性定常差分方程变换成以 z 为变量的代数方程，求此代数方程的解，再取 z 反变换，即为差分方程的解。

将前向差分方程转换成 z 域的代数方程时，常用到 z 变换的超前定理；将后向差分方程转换成 z 域的代数方程时，常用到 z 变换的滞后定理。下面以一个后向差分方程为例，说明用迭代法和 z 变换法求解差分方程的方法。

例 3.14 已知差分方程 $y(k)-5y(k-1)+6y(k-2)=r(k)$，其中输入 $r(k)=\begin{cases}0, k<0 \\ 1, k \geqslant 0\end{cases}$，试用迭代法求出零初始条件下的输出序列 $y(k)$，$k=0,1,\cdots,5$。

解 将 $k=0$ 代入差分方程，得

$$y(0)=r(0)+5y(-1)+6y(-2)=r(0)=1$$

将 $k=1$ 代入差分方程，得

$$y(1)=r(1)+5y(0)+6y(-1)=r(1)+5y(0)=6$$

以此类推，分别将 $k=2,3,4,5$ 代入差分方程，可得 $y(2)=25$，$y(3)=90$，$y(4)=301$，$y(5)=966$。

例 3.15 试用 z 变换法解例 3.14 的差分方程。

解 对差分方程 $y(k)-5y(k-1)+6y(k-2)=r(k)$ 两边取 z 变换，并应用滞后定理，得

$$Y(z) - 5z^{-1}Y(z) + 6z^{-2}Y(z) = R(z) = \frac{z}{z-1}$$

进一步，可得

$$(1 - 5z^{-1} + 6z^{-2})Y(z) = \frac{z}{z-1}$$

因此，有

$$Y(z) = \frac{1}{1 - 5z^{-1} + 6z^{-2}} \frac{z}{z-1} = \frac{z^2}{z^2 - 5z + 6} \frac{z}{z-1}$$

将上式两边同除以 z，得

$$\frac{Y(z)}{z} = \frac{z^2}{(z-1)(z-2)(z-3)} = \frac{0.5}{z-1} - \frac{4}{z-2} + \frac{4.5}{z-3}$$

所以

$$Y(z) = 0.5\frac{z}{z-1} - 4\frac{z}{z-2} + 4.5\frac{z}{z-3}$$

查 z 变换表，进行反变换得

$$y(k) = 0.5 - 4(2)^k + 4.5(3)^k \qquad k = 0, 1, 2, \cdots$$

另外，可分别令 $k = 0, 1, 2, \cdots, 5$，得到 $y(0)$, $y(1)$, $y(2)$, $\cdots$, $y(5)$ 的值与例 3.14 用迭代法算出的一致。

3.3　z 传递函数

如前所述，基于拉氏变换的传递函数是连续系统的输入输出描述中的重要形式，也是对连续系统进行分析和设计系统的有力工具。类似地，在研究线性定常离散系统的性能时，要使用基于 z 变换的 z 传递函数这个概念。

3.3.1　z 传递函数的概念

定义 z 传递函数为：在零初始条件下，线性定常离散系统输出量的 z 变换与输入量的 z 变换之比，也称为 z 传递函数，即

$$G(z) = \frac{Y(z)}{R(z)} \qquad (3.32)$$

对于采样系统，其输入为采样信号，但输出一般仍为连续信号，此时便假想在输出端虚设一个采样开关，从而变成离散系统。由此，根据式（3.32）可以给出单输入单输出离散系统的框图，如图 3.2 所示。

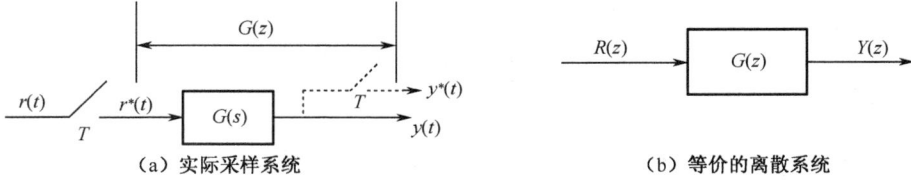

（a）实际采样系统　　　　　　　　　　（b）等价的离散系统

图 3.2　单输入单输出离散系统框图

3.3.2 z 传递函数与差分方程的关系

对于同一个线性定常离散系统，既可以用差分方程描述，也可以用 z 传递函数描述。根据 z 传递函数的定义及差分方程的求解方法可知，差分方程与 z 传递函数之间可以相互转换。已知一个 n 阶线性定常离散系统的差分方程，在零初始条件下，取其 z 变换即可得到该系统的 z 传递函数。设系统的差分方程如式（3.30）所示，则零初始条件下的 z 变换为

$$(1 + a_1 z^{-1} + \cdots + a_n z^{-n}) Y(z) = (b_0 + b_1 z^{-1} + \cdots + b_m z^{-m}) R(z) \tag{3.33}$$

由此可得 z 传递函数

$$G(z) = \frac{Y(z)}{R(z)} = \frac{b_0 + b_1 z^{-1} + \cdots + b_m z^{-m}}{1 + a_1 z^{-1} + \cdots + a_n z^{-n}} = \frac{b_0 z^n + b_1 z^{n-1} + \cdots + b_m z^{n-m}}{z^n + a_1 z^{n-1} + \cdots + a_n} \tag{3.34}$$

反之，通过对 z 传递函数取 z 反变换，则可得到其对应的差分方程描述。

在式（3.34）中，记其分母多项式为 $\Delta(z) = z^n + a_1 z^{n-1} + \cdots + a_n$，称为系统的特征多项式，相应地，令 $\Delta(z) = 0$，即得到方程

$$\Delta(z) = z^n + a_1 z^{n-1} + \cdots + a_n = 0$$

该方程称为系统的特征方程，其相关概念与连续系统类似。

3.3.3 开环 z 传递函数

z 传递函数和 s 传递函数的定义具有相似性，因此在进行结构图的简化时，两者有许多相似之处。但在计算机控制系统中，采样开关处于系统环路中的不同位置时，将使得 z 传递函数也截然不同。在以下分析中，设系统全部初始条件为零，同一离散系统的采样开关的采样周期 T 相同，且为同步动作。

（1）串联环节的 z 传递函数

串联环节的 z 传递函数的结构有两种情况，一种是两个串联环节之间无采样开关，另一种则为两个串联环节之间有采样开关，分别如图 3.3 和图 3.4 所示。

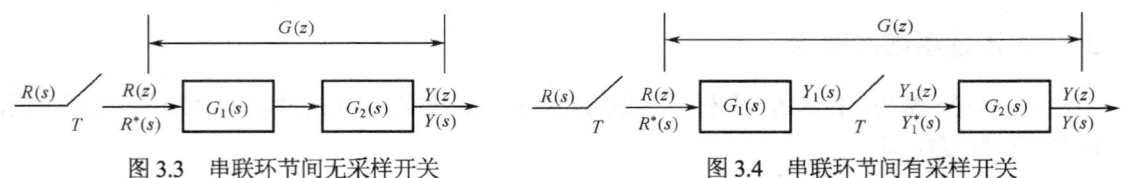

图 3.3　串联环节间无采样开关　　　　　　图 3.4　串联环节间有采样开关

对于如图 3.3 所示系统，输出的拉氏变换式为

$$Y(s) = R^*(s) G_1(s) G_2(s)$$

在 3.3.1 节中，曾提到通常会在输出端假想存在一个采样开关，则有

$$Y^*(s) = R^*(s) [G_1(s) G_2(s)]^*$$

则输出的 z 变换为

$$Y(z) = R(z) Z[G_1(s) G_2(s)]$$

对应的 z 传递函数为

$$G(z) = \frac{Y(z)}{R(z)} = Z[G_1(s) G_2(s)] = G_1 G_2(z)$$

上式中 $G_1 G_2(z)$ 表示先将串联环节 s 传递函数 $G_1(s)$ 与 $G_2(s)$ 相乘后，再求 z 变换的过程。

对于如图 3.4 所示的系统有

$$G_1(z) = \frac{Y_1(z)}{R(z)} \text{ 和 } G_2(z) = \frac{Y(z)}{Y_1(z)}$$

系统 z 传递函数为

$$G(z) = \frac{Y(z)}{R(z)} = \frac{Y_1(z)}{R(z)} \frac{Y(z)}{Y_1(z)} = G_1(z)G_2(z)$$

上式表明串联环节间含有采样开关的 z 传递函数为每个环节 z 变换的乘积。

应该指出，一般来说，$G_1G_2(z) \neq G_1(z)G_2(z)$。由此可看出采样开关对 z 传递函数的影响是非常大的，应引起注意。

上述关系可以推广到 n 个环节串联起来的情况。如果系统由 n 个环节串联而成，且各串联环节之间无采样开关时，应将这些串联环节视为一个整体，其 s 传递函数为 $G(s) = G_1(s)G_2(s)\cdots G_n(s)$，再对 $G(s)$ 求 z 变换，得到 $G(z)$，即

$$G(z) = Z[G_1(s)G_2(s)\cdots G_n(s)] = G_1G_2\cdots G_n(z) \tag{3.35}$$

如果串联环节间有同步采样开关，总的 z 传递函数为各串联环节 z 传递函数之积

$$G(z) = G_1(z)G_2(z)\cdots G_n(z) \tag{3.36}$$

例 3.16 已知 $G_1(s) = \dfrac{1}{s+a}$，$G_2(s) = \dfrac{1}{s+b}$，求串联环节两种情况下的 z 传递函数。

解 当 $G_1(s)$ 与 $G_2(s)$ 之间无采样开关时，

$$G(s) = G_1(s)G_2(s) = \frac{1}{(s+a)(s+b)}$$

此时，z 传递函数为

$$G(z) = Z\left[\frac{1}{(s+a)(s+b)}\right] = \frac{1}{b-a}\left[\frac{z}{z-e^{-aT}} - \frac{z}{z-e^{-bT}}\right] = \frac{e^{-aT} - e^{-bT}}{b-a} \frac{z}{(z-e^{-aT})(z-e^{-bT})}$$

$G_1(s)$ 与 $G_2(s)$ 之间有采样开关时，

$$G(z) = G_1(z)G_2(z) = \frac{z}{z-e^{-aT}} \frac{z}{z-e^{-bT}} = \frac{z^2}{(z-e^{-aT})(z-e^{-bT})}$$

（2）含零阶保持器的 z 传递函数

含有零阶保持器的开环系统如图 3.5 所示，图中零阶保持器的 s 传递函数为 $G_h(s) = \dfrac{1-e^{-Ts}}{s}$，$G_o(s)$ 为系统其他连续部分的 s 传递函数。下面介绍如何求图 3.5 所示系统的 z 传递函数。

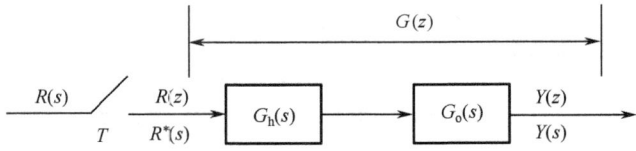

图 3.5 含有零阶保持器的开环系统

由图 3.5 可得

$$G(z) = Z\left[\frac{1-e^{-sT}}{s} \cdot G_o(s)\right] = Z\left[(1-e^{-sT})\frac{G_o(s)}{s}\right] = Z[(1-e^{-sT})G_1(s)] \tag{3.37}$$

式中，$G_1(s) = \dfrac{G_o(s)}{s}$。考察函数

$$X_1(s) = e^{-Ts} G_1(s) \tag{3.38}$$

该函数对应的时域表达式为

$$x_1(t) = \int_0^t g_0(t-\tau)g_1(\tau)d\tau \tag{3.39}$$

式中，$g_0(t) = L^{-1}[e^{-Ts}] = \delta(t-T)$，$g_1(t) = L^{-1}[G_1(s)]$，所以有 $x_1(t) = \int_0^t \delta(t-T-\tau)g_1(\tau)d\tau = g_1(t-T)$，那么 $X_1(s)$ 的 z 变换为 $X_1(z) = z^{-1}G_1(z)$，对照式（3.37）和式（3.38），可知

$$G(z) = Z\left[\dfrac{1-e^{-sT}}{s} G_o(s)\right] = (1-z^{-1})Z\left[\dfrac{G_o(s)}{s}\right] \tag{3.40}$$

在计算机控制系统中经常要求如图 3.5 所示系统的开环 z 传递函数，因此对其 z 变换结果式（3.40）应给予足够重视。

（3）并联环节的 z 传递函数

对于两个环节并联的离散系统，采样开关在总输入端和采样开关在每一个环节的输入端，总的 z 传递函数是相同的，如图 3.6 所示。

图 3.6(a)和(b)所示的输出的拉氏变换均为

$$Y(s) = Y_1(s) + Y_2(s) = R^*(s)[G_1(s) + G_2(s)]$$

因此有

$$Y^*(s) = R^*(s)[G_1(s) + G_2(s)]^* = R^*(s)G_1^*(s) + R^*(s)G_2^*(s)$$

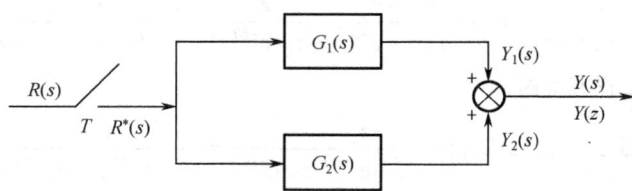

（a）采样开关在总输入端的并联环节

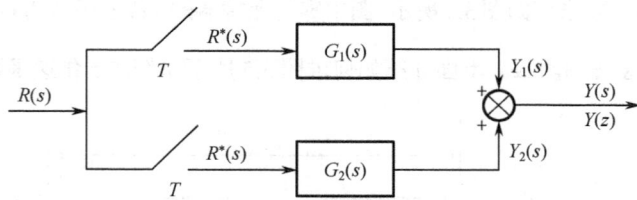

（b）采样开关在各个环节的输入端的并联环节

图 3.6　两个并联环节的结构图

输出的 z 变换为

$$Y(z) = R(z)G_1(z) + R(z)G_2(z)$$

并联环节的 z 传递函数为

$$G(z) = \frac{Y(z)}{R(z)} = G_1(z) + G_2(z)$$

上述关系也可以推广到 n 个环节并联时，设采样开关在总输入端或各环节输入端，则其 z 传递函数为

$$G(z) = G_1(z) + G_2(z) + \cdots + G_n(z)$$

3.3.4 闭环 z 传递函数

闭环 z 传递函数与开环 z 传递函数一样，受采样开关个数和位置影响很大。若闭环系统的输入信号未被采样，则闭环 z 传递函数写不出来，只能写出输出的 z 变换。在这里，为讨论方便，引入独立环节的概念，即在采样系统或计算机控制系统中，两个相邻采样开关之间的环节称为一个独立环节。求取闭环 z 传递函数的情况比较复杂，下面举例说明 z 传递函数的求取方法。

例 3.17 设离散系统如图 3.7 所示，求该系统的闭环误差 z 传递函数及其闭环 z 传递函数。

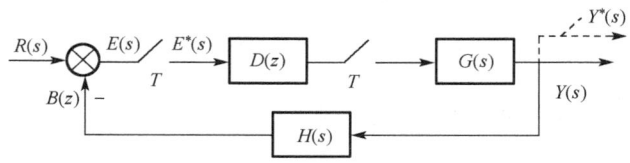

图 3.7 例 3.17 离散系统结构图

解 误差通道有采样开关，则输入与反馈信号均被采样:

$$E(z) = R(z) - B(z)$$

其中 $B(z) = Z[G(s)H(s)]E(z) = GH(z)E(z)D(z)$，因此有

$$E(z) = R(z) - GH(z)E(z)D(z)$$

故

$$E(z) = \frac{R(z)}{1 + GH(z)D(z)}$$

输出

$$Y(z) = E(z)D(Z)G(z) = \frac{R(z)D(z)G(z)}{1 + GH(z)D(z)}$$

系统的闭环误差 z 传递函数为

$$\Phi_e(z) = \frac{E(z)}{R(z)} = \frac{1}{1 + GH(z)D(z)}$$

系统的闭环脉冲函数为

$$\Phi(z) = \frac{Y(z)}{R(z)} = \frac{G(z)D(z)}{1 + GH(z)D(z)}$$

由以上闭环 z 传递函数的推导结果可知，系统输出的 z 变换的分子是前向通道（包括输入 $R(s)$）所有独立环节的 z 变换的乘积，分母是闭环回路所有独立环节的 z 变换加 1。在计算采样系统的 z 传递函数时，必须以独立环节为计算 z 传递函数的最小单位。闭环系统的输出 z 变换的一般表达式为

$$Y(z) = \frac{\text{前向通道所有独立环节 } z \text{ 变换的乘积}}{1 + \text{闭环回路中所有独立环节 } z \text{ 变换的乘积}} \tag{3.41}$$

上式中，输入 $R(s)$ 也被视为一个独立环节。实际上，若输入信号被采样，即 $R(z)$ 存在，则可写出闭环 z 传递函数，否则不能写出。

3.3.5 计算机控制系统的输出响应计算

如果已知计算机控制系统的输出的 z 变换 $Y(z)$，那么，对 $Y(z)$ 进行 z 反变换，就可获得系统的响应 $y^*(t)$。要注意的是，计算机控制系统的响应是 $y^*(t)$，而非 $y(t)$。下面分别以一个开环系统和一个闭环系统为例，来说明如何求计算机控制系统的响应。

例 3.18 设一个开环计算机控制系统如图 3.8 所示，其中输入 $r(t)=1(t)$，采样周期 $T=1s$，控制器 $D(z)=0.632$，$G(s)=\dfrac{1}{s+1}$。求该系统的输出响应。

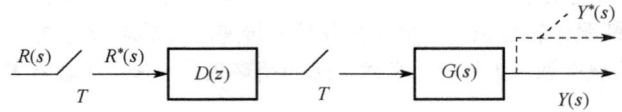

图 3.8　例 3.18 计算机控制系统结构图

解 根据已知，可得 $R(z)=Z[1(t)]=\dfrac{z}{z-1}$，且有

$$G(z)=Z[G(s)]=Z\left[\dfrac{1}{s+1}\right]=\dfrac{1}{1-e^{-T}z^{-1}}=\dfrac{1}{1-0.368z^{-1}}$$

则输出的 z 变换为

$$Y(z)=R(z)D(z)G(z)=\dfrac{1}{1-z^{-1}}\cdot 0.632\cdot \dfrac{1}{1-0.368z^{-1}}=\dfrac{-0.368}{1-0.368z^{-1}}+\dfrac{1}{1-z^{-1}}$$

该系统的响应为

$$y(kT)=1-0.368^{k+1},\ k=0,1,2,\cdots$$

例 3.19 设一个闭环的计算机控制系统如图 3.9 所示，其中输入 $r(t)=1(t)$，采样周期满足 $e^{-10T}=0.5$，控制器 $D(z)=10$，求该系统的输出响应。

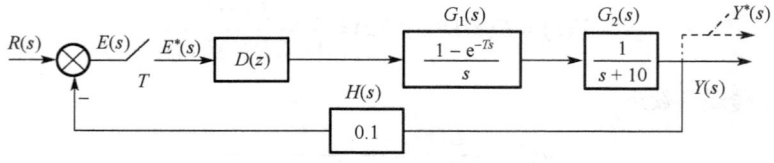

图 3.9　例 3.19 离散系统结构图

解 根据已知，可得 $R(z)=Z[1(t)]=\dfrac{z}{z-1}$，且有

$$Y(z)=\dfrac{D(z)G_1G_2(z)R(z)}{1+D(z)G_1G_2(z)H(z)}=\dfrac{10\cdot Z\left[\dfrac{1-e^{-Ts}}{s}\dfrac{1}{s+10}\right]Z[1(t)]}{1+Z\left[0.1\dfrac{1-e^{-Ts}}{s}\dfrac{10}{s+10}\right]}=\dfrac{\dfrac{1-e^{-10T}}{z-e^{-10T}}\dfrac{z}{z-1}}{1+\dfrac{0.1(1-e^{-10T})}{z-e^{-10T}}}$$

$$=\dfrac{0.5z}{(z-0.45)(z-1)}=\dfrac{10}{11}\left[\dfrac{z}{z-1}-\dfrac{z}{z-0.45}\right]$$

系统的响应输出为

$$y(kT) = \frac{10}{11}(1 - 0.45^k), \ k = 0, 1, 2, \cdots$$

3.4 离散状态空间描述

对应于连续系统的状态空间描述,为进行离散系统的状态空间分析,需引入离散系统的状态空间模型。在离散系统状态空间法中,采用以下的离散状态方程和离散输出方程所组成的离散系统状态空间模型对离散系统进行描述。

$$\begin{cases} \boldsymbol{x}((k+1)T) = \boldsymbol{A}(kT)\boldsymbol{x}(kT) + \boldsymbol{B}(kT)\boldsymbol{u}(kT) \\ \boldsymbol{y}(kT) = \boldsymbol{C}(kT)\boldsymbol{x}(kT) + \boldsymbol{D}(kT)\boldsymbol{u}(kT) \end{cases}$$

其中 $\boldsymbol{x}(kT)$,$\boldsymbol{u}(kT)$ 和 $\boldsymbol{y}(kT)$ 分别为 n 维的状态向量、p 维的输入向量和 q 维的输出向量;$\boldsymbol{A}(kT)$,$\boldsymbol{B}(kT)$,$\boldsymbol{C}(kT)$ 和 $\boldsymbol{D}(kT)$ 分别为 $n \times n$ 维的系统矩阵、$n \times p$ 维的输入矩阵、$q \times n$ 维的输出矩阵和 $q \times p$ 维的直接传输矩阵。

离散系统状态空间模型的意义:

(1) 状态方程为一阶差分方程组,它表示了系统在 $(k+1)T$ 采样时刻的状态 $x((k+1)T)$ 与 kT 采样时刻的状态 $x(kT)$ 以及输入 $u(kT)$ 之间的关系,描述的是系统动态特性,刻画了输入对系统状态变量的动态变化的影响。

(2) 输出方程为代数方程组,它表示了在 kT 采样时刻,系统输出 $y(kT)$ 与状态变量 $x(kT)$ 以及输入 $u(kT)$ 之间的关系,描述的是输出与系统内部的状态变量的关系。

(3) 线性离散系统状态空间模型中的各矩阵的意义与连续系统一致。

为书写方便,常将离散系统状态空间模型中的 T 省去,写为如下形式:

$$\begin{cases} \boldsymbol{x}(k+1) = \boldsymbol{A}(k)\boldsymbol{x}(k) + \boldsymbol{B}(k)\boldsymbol{u}(k) \\ \boldsymbol{y}(k) = \boldsymbol{C}(k)\boldsymbol{x}(k) + \boldsymbol{D}(k)\boldsymbol{u}(k) \end{cases}$$

与线性定常连续系统类似,线性定常离散系统的状态空间模型为

$$\begin{cases} \boldsymbol{x}(k+1) = \boldsymbol{A}\boldsymbol{x}(k) + \boldsymbol{B}\boldsymbol{u}(k) \\ \boldsymbol{y}(k) = \boldsymbol{C}\boldsymbol{x}(k) + \boldsymbol{D}\boldsymbol{u}(k) \end{cases}$$

线性定常离散系统状态空间模型的结构图如图 3.10 所示。

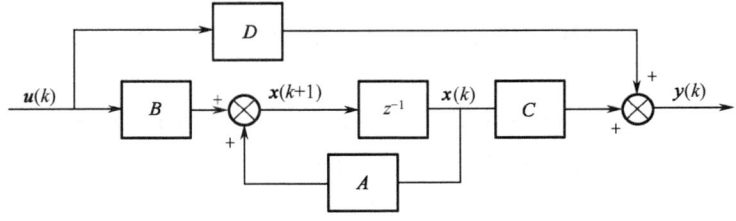

图 3.10 线性定常离散系统状态空间模型结构图

3.4.1 线性定常离散系统的状态空间模型的建立

为了用基于状态空间描述的方法设计数字控制器,离散系统的状态空间模型是应该首先得到的。

这里主要考虑的是线性定常离散系统。通常有两种途径可以得到离散系统的状态方程：由差分方程建立离散状态方程；由 z 传递函数建立状态方程。

1. 由差分方程建立离散状态方程

（1）差分方程不含输入函数的高阶差分，即差分方程的形式为

$$y(k+n) + a_{n-1}y(k+n-1) + \cdots + a_1 y(k+1) + a_0 y(k) = bu(k) \tag{3.42}$$

选择状态变量，令

$$\begin{cases} x_1(k) = y(k) \\ x_2(k) = y(k+1) \\ \cdots \\ x_n(k) = y(k+n-1) \end{cases} \tag{3.43}$$

由式（3.42）及式（3.43），可得

$$\begin{aligned} x_1(k+1) &= x_2(k) \\ x_2(k+1) &= x_3(k) \\ &\cdots \\ x_n(k+1) &= -a_0 x_1(k) - a_1 x_2(k) - \cdots - a_{n-1} x_n(k) + bu(k) \end{aligned}$$

以及

$$y(k) = x_1(k)$$

写成矩阵形式的状态空间描述为

$$\begin{bmatrix} x_1(k+1) \\ x_2(k+1) \\ \vdots \\ x_n(k+1) \end{bmatrix} = \begin{bmatrix} 0 & 1 & 0 & \cdots & 0 \\ 0 & 0 & 1 & \cdots & 0 \\ \vdots & \vdots & \vdots & \ddots & \\ 0 & 0 & 0 & & 1 \\ -a_0 & -a_1 & -a_2 & \cdots & -a_{n-1} \end{bmatrix} \begin{bmatrix} x_1(k) \\ x_2(k) \\ \vdots \\ x_n(k) \end{bmatrix} + \begin{bmatrix} 0 \\ 0 \\ \vdots \\ b \end{bmatrix} u(k)$$

$$y(k) = \begin{bmatrix} 1 & 0 & \cdots & 0 \end{bmatrix} \begin{bmatrix} x_1(k) \\ x_2(k) \\ \vdots \\ x_n(k) \end{bmatrix}$$

（2）差分方程包含输入函数的高阶差分，即对于如下的单输入单输出 n 阶差分方程描述的线性离散系统

$$\begin{aligned} &y(k+n) + a_{n-1} y(k+n-1) + \cdots + a_1 y(k+1) + a_0 y(k) \\ &= b_n u(k+n) + b_{n-1} u(k+n-1) + \cdots + b_0 u(k) \end{aligned} \tag{3.44}$$

选择状态变量，令

$$\begin{cases} x_1(k) = y(k) - h_0 u(k) \\ x_2(k) = x_1(k+1) - h_1 u(k) \\ \cdots \\ x_n(k) = x_{n-1}(k+1) - h_{n-1} u(k) \end{cases} \tag{3.45}$$

且有 $x_n(k+1) = -a_0 x_1(k) - a_1 x_2(k) - \cdots - a_{n-1} x_n(k) + h_n u(k)$，其中待定系数 $h_0, h_1, \cdots, h_n$ 的计算公式为

$$\begin{cases} h_0 = b_n \\ h_1 = b_{n-1} - a_{n-1} h_0 \\ h_2 = b_{n-2} - a_{n-1} h_1 - a_{n-2} h_0 \\ \cdots \\ h_n = b_0 - a_{n-1} h_{n-1} - \cdots - a_1 h_1 - a_0 h_0 \end{cases}$$

由式（3.44）及式（3.45）可得

$$x_1(k+1) = x_2(k) + h_1 u(k)$$
$$x_2(k+1) = x_3(k) + h_2 u(k)$$
$$\cdots$$
$$x_{n-1}(k+1) = x_n(k) + h_{n-1} u(k)$$
$$x_n(k+1) = -a_0 x_1(k) - a_1 x_2(k) - \cdots - a_{n-1} x_n(k) + h_n u(k)$$

写成状态方程描述，有

$$\begin{bmatrix} x_1(k+1) \\ x_2(k+1) \\ \vdots \\ x_n(k+1) \end{bmatrix} = \begin{bmatrix} 0 & 1 & 0 & \cdots & 0 \\ 0 & 0 & 1 & \cdots & 0 \\ \vdots & \vdots & \vdots & \ddots & \vdots \\ 0 & 0 & 0 & \cdots & 1 \\ -a_0 & -a_1 & -a_2 & \cdots & -a_{n-1} \end{bmatrix} \begin{bmatrix} x_1(k) \\ x_2(k) \\ \vdots \\ x_n(k) \end{bmatrix} + \begin{bmatrix} h_1 \\ h_2 \\ \vdots \\ h_n \end{bmatrix} u(k)$$

$$y(k) = \begin{bmatrix} 1 & 0 & \cdots & 0 \end{bmatrix} \begin{bmatrix} x_1(k) \\ x_2(k) \\ \vdots \\ x_n(k) \end{bmatrix} + h_0 u(k)$$

例 3.20 将以下系统的差分方程转换为状态空间模型：

$$y(k+2) + 5y(k+1) + 6y(k) = u(k+2) + 2u(k+1) + u(k)$$

解 由差分方程可知 $a_1 = 5, a_0 = 6, b_2 = 1, b_1 = 2, b_0 = 1$，选取状态变量，令

$$\begin{cases} x_1(k) = y(k) - h_0 u(k) \\ x_2(k) = x_1(k+1) - h_1 u(k) \end{cases} \text{且 } x_2(k+1) = -6x_1(k) - 5x_2(k) + h_2 u(k)$$

其中待定系数 h_0, h_1, h_2 的计算公式为

$$\begin{cases} h_0 = b_2 = 1 \\ h_1 = b_1 - a_1 h_0 = 2 - 5 \times 1 = -3 \\ h_2 = b_0 - a_1 h_1 - a_0 h_0 = 1 - 5 \times (-3) - 6 \times 1 = 10 \end{cases}$$

因此系统的状态空间描述为

$$\begin{bmatrix} x_1(k+1) \\ x_2(k+1) \end{bmatrix} = \begin{bmatrix} 0 & 1 \\ -6 & -5 \end{bmatrix} \begin{bmatrix} x_1(k) \\ x_2(k) \end{bmatrix} + \begin{bmatrix} -3 \\ 10 \end{bmatrix} u(k)$$

$$y(k) = \begin{bmatrix} 1 & 0 \end{bmatrix} \begin{bmatrix} x_1(k) \\ x_2(k) \end{bmatrix} + u(k)$$

2. 由 z 传递函数建立离散状态方程

根据离散系统的 z 传递函数建立状态方程，通常采用串行法、并行法、直接法、嵌套法等。下面以下述 z 传递函数为例，分别用串行法、并行法、直接法和嵌套法等建立其相应的状态方程：

$$G(z) = \frac{Y(z)}{U(z)} = \frac{z^2 - 0.2z - 0.5}{z^2 - 0.7z + 0.06} \tag{3.46}$$

（1）串行法

串行法又称迭代法，当 $G(z)$ 的零、极点都已知时，用这种方法比较方便。因此，在串行法中，先将 z 传递函数 $G(z)$ 表示成零、极点的形式：

$$G(z) = \frac{Y(z)}{U(z)} = 1 + \frac{0.5z - 0.56}{(z-0.1)(z-0.6)} = 1 + \frac{0.5}{z-0.1} \cdot \frac{z-1.12}{z-0.6}$$

对应的框图如图 3.11 所示。

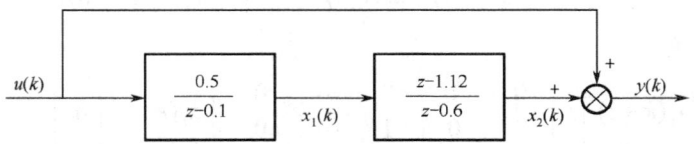

图 3.11　串行法状态方程框图

根据框图，可得到状态变量具有如下关系：

$$\begin{cases} X_1(z) = \dfrac{0.5}{z-0.1} U(z) \\ X_2(z) = \dfrac{z-1.12}{z-0.6} X_1(z) \end{cases}$$

做变换，可得到

$$\begin{cases} zX_1(z) = 0.1X_1(z) + 0.5U(z) \\ zX_2(z) = 0.6X_2(z) + zX_1(z) - 1.12X_1(z) = -1.02X_1(z) + 0.6X_2(z) + 0.5U(z) \end{cases}$$

对应的差分方程为

$$\begin{cases} x_1(k+1) = 0.1x_1(k) + 0.5u(k) \\ x_2(k+1) = -1.02x_1(k) + 0.6x_2(k) + 0.5u(k) \end{cases}$$

对应的状态方程的矩阵形式为

$$\begin{bmatrix} x_1(k+1) \\ x_2(k+1) \end{bmatrix} = \begin{bmatrix} 0.1 & 0 \\ -1.02 & 0.6 \end{bmatrix} \begin{bmatrix} x_1(k) \\ x_2(k) \end{bmatrix} + \begin{bmatrix} 0.5 \\ 0.5 \end{bmatrix} u(k)$$

再由框图，可得输出方程为

$$y(k) = x_2(k) + u(k)$$

写成矩阵形式为

$$y(k) = \begin{bmatrix} 0 & 1 \end{bmatrix} \begin{bmatrix} x_1(k) \\ x_2(k) \end{bmatrix} + u(k)$$

（2）并行法

并行法又称部分分式法，首先要将 $G(z)$ 表示成部分分式和的形式。将式（3.46）进行部分分式展开得

$$G(z) = \frac{Y(z)}{U(z)} = 1 + \frac{0.5z - 0.56}{(z-0.1)(z-0.6)} = 1 + \frac{1.02}{z-0.1} + \frac{-0.52}{z-0.6}$$

于是有

$$Y(z) = U(z) + \frac{1.02}{z-0.1}U(z) + \frac{-0.52}{z-0.6}U(z)$$

状态方程框图如图 3.12 所示。根据框图，可得到状态变量具有如下关系

$$\begin{cases} X_1(z) = \dfrac{1.02}{z-0.1}U(z) \\ X_2(z) = \dfrac{-0.52}{z-0.6}U(z) \end{cases}$$

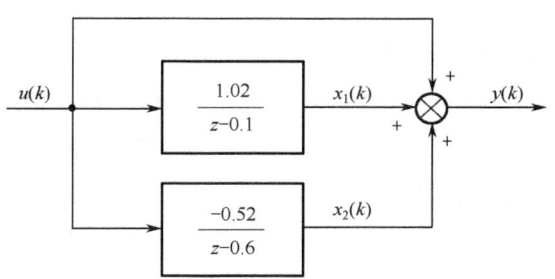

图 3.12 并行法状态方程框图

做变换，可得到

$$\begin{cases} zX_1(z) = 0.1X_1(z) + 1.02U(z) \\ zX_2(z) = 0.6X_2(z) - 0.52U(z) \end{cases}$$

对应的差分方程为

$$\begin{cases} x_1(k+1) = 0.1x_1(k) + 1.02u(k) \\ x_2(k+1) = 0.6x_2(k) - 0.52u(k) \end{cases}$$

对应的状态方程的矩阵形式为

$$\begin{bmatrix} x_1(k+1) \\ x_2(k+1) \end{bmatrix} = \begin{bmatrix} 0.1 & 0 \\ 0 & 0.6 \end{bmatrix} \begin{bmatrix} x_1(k) \\ x_2(k) \end{bmatrix} + \begin{bmatrix} 1.02 \\ -0.52 \end{bmatrix} u(k)$$

再由框图，可得输出方程为

$$y(k) = x_1(k) + x_2(k) + u(k)$$

写成矩阵形式为

$$y(k) = \begin{bmatrix} 1 & 1 \end{bmatrix} \begin{bmatrix} x_1(k) \\ x_2(k) \end{bmatrix} + u(k)$$

（3）直接法

用直接法求状态方程不用求出 $G(z)$ 的零、极点。先将式（3.46）写成如下形式：

$$G(z) = \frac{Y(z)}{U(z)} = 1 + \frac{0.5z^{-1} - 0.56z^{-2}}{1 - 0.7z^{-1} + 0.06z^{-2}}$$

令

$$W(z) = \frac{U(z)}{1 - 0.7z^{-1} + 0.06z^{-2}}$$

则

$$Y(z) = (0.5z^{-1} - 0.56z^{-2})W(z) + U(z)$$

进一步可得

$$\begin{cases} W(z) = 0.7z^{-1}W(z) - 0.06z^{-2}W(z) + U(z) \\ Y(z) = 0.5z^{-1}W(z) - 0.56z^{-2}W(z) + U(z) \end{cases}$$

选择状态变量

$$\begin{cases} X_1(z) = z^{-1}W(z) \\ X_2(z) = z^{-2}W(z) = z^{-1}X_1(z) \end{cases}$$

因此有

$$\begin{cases} zX_1(z) = W(z) = 0.7z^{-1}W(z) - 0.06z^{-2}W(z) + U(z) = 0.7X_1(z) - 0.06X_2(z) + U(z) \\ zX_2(z) = X_1(z) \end{cases}$$

对应的差分方程为

$$\begin{cases} x_1(k+1) = 0.7x_1(k) - 0.06x_2(k) + u(k) \\ x_2(k+1) = x_1(k) \end{cases}$$

状态方程的矩阵形式为

$$\begin{bmatrix} x_1(k+1) \\ x_2(k+1) \end{bmatrix} = \begin{bmatrix} 0.7 & -0.06 \\ 1 & 0 \end{bmatrix} \begin{bmatrix} x_1(k) \\ x_2(k) \end{bmatrix} + \begin{bmatrix} 1 \\ 0 \end{bmatrix} u(k)$$

输出方程为

$$y(k) = 0.5x_1(k) - 0.56x_2(k) + u(k)$$

输出方程的矩阵形式为

$$y(k) = \begin{bmatrix} 0.5 & -0.56 \end{bmatrix} \begin{bmatrix} x_1(k) \\ x_2(k) \end{bmatrix} + u(k)$$

（4）嵌套法

将 z 传递函数转化为状态方程的方法中，不用求出 $G(z)$ 的零、极点的方法还有嵌套法。将式（3.46）的 $G(z)$ 改写为

$$G(z) = \frac{Y(z)}{U(z)} = \frac{1 - 0.2z^{-1} - 0.5z^{-2}}{1 - 0.7z^{-1} + 0.06z^{-2}}$$

则

$$Y(z) - 0.7z^{-1}Y(z) + 0.06z^{-2}Y(z) = U(z) - 0.2z^{-1}U(z) - 0.5z^{-2}U(z)$$

$Y(z)$ 可写为

$$\begin{aligned} Y(z) &= U(z) - 0.06z^{-2}Y(z) - 0.5z^{-2}U(z) - 0.2z^{-1}U(z) + 0.7z^{-1}Y(z) \\ &= U(z) + z^{-1}\left\{-0.2U(z) + 0.7Y(z) + z^{-1}\left[-0.5U(z) - 0.06Y(z)\right]\right\} \end{aligned}$$

选择状态变量，令

$$\begin{cases} X_1(z) = z^{-1}\left[-0.5U(z) - 0.06Y(z)\right] \\ X_2(z) = z^{-1}\left[-0.2U(z) + 0.7Y(z) + X_1(z)\right] \end{cases} \quad (3.47)$$

因此有

$$Y(z) = U(z) + X_2(z) \quad (3.48)$$

将式（3.48）代入式（3.47），得到

$$\begin{cases} X_1(z) = z^{-1}\left[-0.06X_2(z) - 0.56U(z)\right] \\ X_2(z) = z^{-1}\left[X_1(z) + 0.7X_2(z) + 0.5U(z)\right] \end{cases} \quad (3.49)$$

对应的框图如图3.13所示。

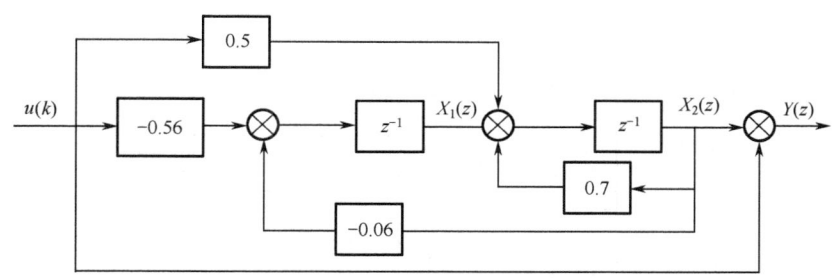

图3.13 嵌套法状态方程框图

由式（3.49）可得

$$\begin{cases} zX_1(z) = -0.06X_2(z) - 0.56U(z) \\ zX_2(z) = X_1(z) + 0.7X_2(z) + 0.5U(z) \end{cases}$$

所对应的差分方程为

$$\begin{cases} x_1(k+1) = -0.06x_2(k) - 0.56u(k) \\ x_2(k+1) = x_1(k) + 0.7x_2(k) + 0.5u(k) \end{cases}$$

输出方程为

$$y(k) = x_2(k) + u(k)$$

写成矩阵形式为

$$\begin{bmatrix} x_1(k+1) \\ x_2(k+1) \end{bmatrix} = \begin{bmatrix} 0 & -0.06 \\ 1 & 0.7 \end{bmatrix} \begin{bmatrix} x_1(k) \\ x_2(k) \end{bmatrix} + \begin{bmatrix} -0.56 \\ 0.5 \end{bmatrix} u(k)$$

$$y(k) = \begin{bmatrix} 0 & 1 \end{bmatrix} \begin{bmatrix} x_1(k) \\ x_2(k) \end{bmatrix} + u(k)$$

将 z 传递函数转化为状态方程，除上述方法外，还有可控标准型、可观标准型等方法，此处不再赘述。

以上介绍了两种方法求取状态方程：一种是由差分方程求得状态空间描述，另一种是由 z 传递函数求取状态方程。实际上，系统的 z 传递函数描述与其差分描述具有很简单的对应关系。若已知系统的 z 传递函数，可直接由 z 传递函数求得状态方程，也可先转化为差分方程，再由差分方程得到状态方程，只不过前者显得更简单直接而已；或者，若已知系统的差分方程，可直接根据差分方程求得状态方程，也可先转化为 z 传递函数，再求得状态方程。因此说，不管是由差分方程求取状态方程，还是由 z 传递函数求取状态方程，本质上并无区别。

3.4.2 连续状态方程的离散化

一个完整的计算机控制系统，是由离散部分和连续部分组成的混合系统。计算机控制系统的连续部分，除被控对象外，还包括零阶保持器。关于离散部分的状态方程的求取，上一节已经做过介绍。被控对象的输入信号 $u(t)$ 是数字控制器的输出通过零阶保持器形成的连续阶梯信号。$u(t)$ 在相邻两个

采样时刻之间等于常数,若只关心连续部分在各采样时刻的输出状态,可列写连续部分的离散状态方程,从而和系统中离散部分的状态方程统一。

1. 连续部分的离散状态方程

设连续对象的状态方程为

$$\dot{x}(t) = Fx(t) + Gu(t) \\ y(t) = Cx(t) + Du(t) \tag{3.50}$$

在对象前加上零阶保持器,构成广义对象,如图 3.14 所示。

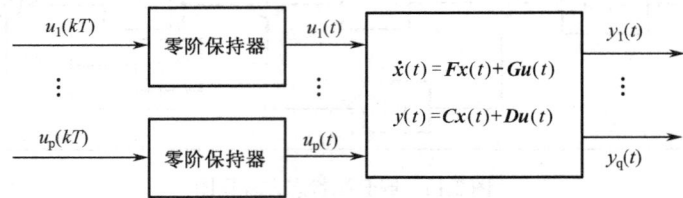

图 3.14 广义对象

对连续状态方程求解可得

$$x(t) = e^{F(t-t_0)}x_0 + \int_{t_0}^{t} e^{F(t-\tau)}Gu(\tau)d\tau$$

式中 t_0 为初始时刻,设 $t_0 = kT$,$t = (k+1)T$,由零阶保持器的性质可得 $u(\tau) \equiv u(kT)$,因此上式可改写为

$$x[(k+1)T] = e^{FT}x(kT) + \int_{kT}^{(k+1)T} e^{F[(k+1)T-\tau]}Gd\tau u(kT)$$

对上式右边的积分项做变量代换 $(k+1)T - \tau = t$,可得系统的状态方程

$$x[(k+1)T] = e^{FT}x(kT) + \int_0^T e^{Ft}Gdt u(kT) = A(T)x(kT) + B(T)u(kT)$$

式中,

$$A(T) = e^{FT}, B(T) = \int_0^T e^{Ft}dt G$$

显然,它们均与采样周期 T 有关,是 T 的函数矩阵。但当采样周期 T 为恒值时,则 $A(T)$ 和 $B(T)$ 就是常数矩阵。

系统的输出方程可由式(3.50)求出:

$$y(kT) = Cx(kT) + Du(kT)$$

2. 系统矩阵 $A(T)$ 的求解

定常离散系统的系统矩阵 $A(T) = e^{FT}$ 可以利用级数展开法、拉普拉斯变换法等来求解。

(1)级数展开法

系统矩阵 $A(T) = e^{FT}$ 可表示为无穷级数之和,可按照精度要求截取计算项数 L:

$$A(T) = e^{FT} = I + FT + (FT)^2/2! + (FT)^3/3! + \cdots \\ = \sum_{i=0}^{\infty} \frac{(FT)^i}{i!} \approx \sum_{i=0}^{L} \frac{(FT)^i}{i!}$$

为便于计算机实现，将上式改写为嵌套形式

$$A(T) \approx I + FT\left\{I + \frac{FT}{2}\left[I + \frac{FT}{3}\left(I + \cdots + \frac{FT}{L-1}\left(I + \frac{FT}{L}\right)\right)\right]\right\}$$

（2）拉普拉斯变换法

已知

$$(sI - F)\left(\frac{I}{s} + \frac{F}{s^2} + \frac{F^2}{s^3} + \cdots\right) = \left(I + \frac{F}{s} + \frac{F^2}{s^2} + \frac{F^3}{s^3} + \cdots\right) - \left(\frac{F}{s} + \frac{F^2}{s^2} + \frac{F^3}{s^3} + \cdots\right) = I$$

因此可得

$$(sI - F)^{-1} = \left(\frac{I}{s} + \frac{F}{s^2} + \frac{F^2}{s^3} + \cdots\right)$$

由拉普拉斯反变换得

$$L^{-1}[(sI - F)^{-1}] = I + Ft + \frac{(Ft)^2}{2!} + \frac{(Ft)^3}{3!} + \cdots = e^{Ft} = A(t)$$

所以

$$A(T) = A(t)|_{t=T} = L^{-1}[(sI - F)^{-1}]|_{t=T}$$

例 3.21 求以下连续系统的离散化状态方程：

$\dot{x} = Fx + gu$，其中 $F = \begin{bmatrix} 0 & 1 \\ -2 & -3 \end{bmatrix}$，$g = \begin{bmatrix} 0 \\ 1 \end{bmatrix}$，设 $T = 1\text{s}$。

解 采用拉普拉斯变换法：

$$(sI - F)^{-1} = \begin{bmatrix} s & -1 \\ 2 & s+3 \end{bmatrix}^{-1} = \frac{1}{(s+1)(s+2)}\begin{bmatrix} s+3 & 1 \\ -2 & s \end{bmatrix}$$

求拉氏反变换

$$e^{Ft} = L^{-1}[(sI - F)^{-1}] = \begin{bmatrix} 2e^{-t} - e^{-2t} & e^{-t} - e^{-2t} \\ -2e^{-t} + 2e^{-2t} & -e^{-t} + 2e^{-2t} \end{bmatrix}$$

系统矩阵为

$$A(T) = L^{-1}[(sI - F)^{-1}]|_{t=T} = \begin{bmatrix} 2e^{-T} - e^{-2T} & e^{-T} - e^{-2T} \\ -2e^{-T} + 2e^{-2T} & -e^{-T} + 2e^{-2T} \end{bmatrix} = \begin{bmatrix} 0.6004 & 0.2325 \\ -0.4651 & -0.0972 \end{bmatrix}$$

通过积分可求 $B(T)$：

$$B(T) = \int_0^T e^{F\tau} G\, d\tau = \int_0^T \begin{bmatrix} e^{-\tau} - e^{-2\tau} \\ -e^{-\tau} + 2e^{-2\tau} \end{bmatrix} d\tau = \begin{bmatrix} \frac{1}{2} - e^{-T} + \frac{1}{2}e^{-2T} \\ e^{-T} - e^{-2T} \end{bmatrix}$$

因为采样周期 $T = 1$，所以有

$$B(T)|_{T=1} = \begin{bmatrix} 0.1998 \\ 0.2325 \end{bmatrix}$$

离散状态方程为

$$x(k+1) = \begin{bmatrix} 0.6004 & 0.2325 \\ -0.4651 & -0.0972 \end{bmatrix} x(k) + \begin{bmatrix} 0.1998 \\ 0.2325 \end{bmatrix} u(k)$$

3.4.3 计算机控制系统的闭环状态方程

整个计算机控制系统如图 3.15 所示，列写整个系统的状态方程，可通过求取系统的数字部分、广义对象部分及反馈部分的状态方程，然后消去中间变量，整理得到闭环状态方程。下面以一个离散系统为例，介绍闭环状态方程的列写。

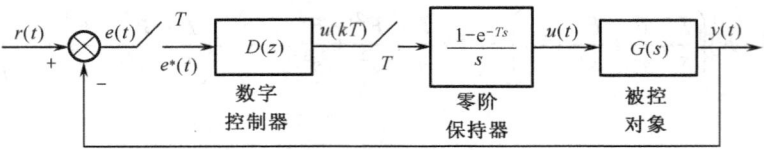

图 3.15　例 3.22 系统结构图

例 3.22　闭环系统如图 3.15 所示，设 $D(z) = \dfrac{U(z)}{E(z)} = \dfrac{1.58z - 0.58}{z + 0.419}$，采样周期 $T = 1\text{s}$，连续对象为 $G(s) = \dfrac{1}{s(s+1)}$，求其状态方程。

解　（1）数字部分

已知 $D(z) = \dfrac{U(z)}{E(z)} = \dfrac{1.58z - 0.58}{z + 0.419} = 1.58 + \dfrac{-1.242z^{-1}}{1 + 0.419z^{-1}}$，由直接法，令 $W(z) = \dfrac{E(z)}{1 + 0.419z^{-1}}$，选取状态变量 $X_3(z) = z^{-1}W(z)$，可以得出

$$x_3(k+1) = -0.419x_3(k) + e(k)$$
$$u(k) = -1.242x_3(k) + 1.58e(k)$$

（2）广义对象部分

被控对象

$$G(s) = \dfrac{1}{s(s+1)}$$

其相应的连续状态方程为

$$\begin{bmatrix} \dot{x}_1 \\ \dot{x}_2 \end{bmatrix} = \begin{bmatrix} 0 & 1 \\ 0 & -1 \end{bmatrix} \begin{bmatrix} x_1 \\ x_2 \end{bmatrix} + \begin{bmatrix} 0 \\ 1 \end{bmatrix} u(t)$$

$$y(t) = \begin{bmatrix} 1 & 0 \end{bmatrix} \begin{bmatrix} x_1 \\ x_2 \end{bmatrix}$$

因此有

$$(s\boldsymbol{I} - \boldsymbol{F})^{-1} = \begin{bmatrix} s & -1 \\ 0 & s+1 \end{bmatrix}^{-1} = \begin{bmatrix} \dfrac{1}{s} & \dfrac{1}{s} - \dfrac{1}{s+1} \\ 0 & \dfrac{1}{s+1} \end{bmatrix}$$

$$e^{Ft} = L^{-1}[(s\boldsymbol{I} - \boldsymbol{F})^{-1}] = \begin{bmatrix} 1 & 1 - e^{-t} \\ 0 & e^{-t} \end{bmatrix}$$

系统矩阵为

$$\boldsymbol{A}(T) = e^{Ft}\big|_{t=T} = \begin{bmatrix} 1 & 0.632 \\ 0 & 0.368 \end{bmatrix}$$

$$B(T) = \int_0^T e^{Ft}G dt = \int_0^T \begin{bmatrix} 1-e^{-t} \\ e^{-t} \end{bmatrix} dt = \begin{bmatrix} T-1+e^{-T} \\ 1-e^{-T} \end{bmatrix} = \begin{bmatrix} 0.368 \\ 0.632 \end{bmatrix}$$

广义对象的离散状态方程为

$$\begin{bmatrix} x_1(k+1) \\ x_2(k+1) \end{bmatrix} = \begin{bmatrix} 1 & 0.632 \\ 0 & 0.368 \end{bmatrix} \begin{bmatrix} x_1(k) \\ x_2(k) \end{bmatrix} + \begin{bmatrix} 0.368 \\ 0.632 \end{bmatrix} u(k)$$

$$y(k) = \begin{bmatrix} 1 & 0 \end{bmatrix} \begin{bmatrix} x_1(k) \\ x_2(k) \end{bmatrix}$$

（3）反馈部分

$$e(k) = r(k) - y(k) = r(k) - x_1(k)$$

将三部分综合起来，消去中间变量，可得闭环系统状态方程

$$\begin{bmatrix} x_1(k+1) \\ x_2(k+1) \\ x_3(k+1) \end{bmatrix} = \begin{bmatrix} 0.419 & 0.632 & -0.458 \\ -1 & 0.368 & -0.785 \\ -1 & 0 & -0.419 \end{bmatrix} \begin{bmatrix} x_1(k) \\ x_2(k) \\ x_3(k) \end{bmatrix} + \begin{bmatrix} 0.581 \\ 1 \\ 1 \end{bmatrix} r(k)$$

$$y(k) = \begin{bmatrix} 1 & 0 & 0 \end{bmatrix} \begin{bmatrix} x_1(k) \\ x_2(k) \\ x_3(k) \end{bmatrix}$$

本 章 小 结

本章介绍了计算机控制系统的基本数学工具——z 变换的相关知识，包括 z 变换的定义、z 变换的方法、z 反变换的方法以及 z 变换的常用性质等。在此基础上，本章重点介绍了计算机控制系统常用的几种数学描述方法，其中包括差分方程、z 传递函数及离散系统状态方程。需要注意的有以下几点：

（1）如同微分方程是描述连续系统的基本方法一样，差分方程是描述离散系统的基本方法，但使用差分方程来分析离散系统并不方便。

（2）z 传递函数是一种常用的描述计算机控制系统的方法。要特别注意采样开关对 z 传递函数的影响。深刻理解 z 传递函数的意义。

（3）要理解和掌握差分方程、z 传递函数与状态方程的相互转换。

习题与思考题

3.1 求下列函数的 z 变换。

(1) $f(t) = 1 - e^{-t}$

(2) $f(t) = te^{-t}$

(3) $f(kT) = 0.3^k, k = 0, 1, 2, \cdots$

(4) $F(s) = \dfrac{1}{s(s+2.5)}$

(5) $F(s) = \dfrac{1}{s^2(s+2)}$

(6) $F(s) = \dfrac{1-e^{-Ts}}{s} \dfrac{1}{s(s+1)}$

3.2 求下列函数的 z 反变换。

(1) $F(z) = \dfrac{z}{z-0.4}$

(2) $F(z) = \dfrac{0.5}{z(z-1)(z-0.6)}$

（3） $F(z) = \dfrac{5}{z(z+0.2)}$ 　　　　（4） $F(z) = \dfrac{z^2}{(z-1)(z-2)}$

（5） $F(z) = \dfrac{1}{(z-1)^2}$ 　　　　（6） $F(z) = \dfrac{z+2}{(z-2)z^2}$

3.3 求下列函数的初值和终值。

（1） $F(z) = \dfrac{1}{1-z^{-1}}$ 　　　　（2） $F(z) = \dfrac{z+5}{z^2+4z+3}$

（3） $F(z) = \dfrac{0.8z^2}{(z-1)(z^2-0.416z+0.208)}$ 　　　　（4） $F(z) = \dfrac{z^2(z^2+z+1)}{(z^2-0.8z+1)(z^2+z+0.8)}$

3.4 求解下列差分方程。

（1） $y(k) - 0.3y(k-1) = r(k)$，设输入 $r(k) = \begin{cases} 0 & k<0 \\ 0.6^k & k=0,1,2,\cdots \end{cases}$ 以及 $k<0$ 时，$y(k)=0$。

（2） $y(k) + 3y(k-1) + 2y(k-2) = r(k) + r(k-1)$，设输入 $r(k) = \begin{cases} 0 & k<0 \\ (-2)^k & k=0,1,2,\cdots \end{cases}$ 以及 $k<0$ 时，$y(k)=0$。

3.5 求题图 3.5 的 z 传递函数 $G(z) = \dfrac{Y(z)}{R(z)}$，设 $G_1(s) = \dfrac{1}{s+1}$，$G_1(s) = \dfrac{1}{s+2}$

3.6 求题图 3.6 的闭环 z 传递函数 $\Phi(z) = \dfrac{Y(z)}{R(z)}$。

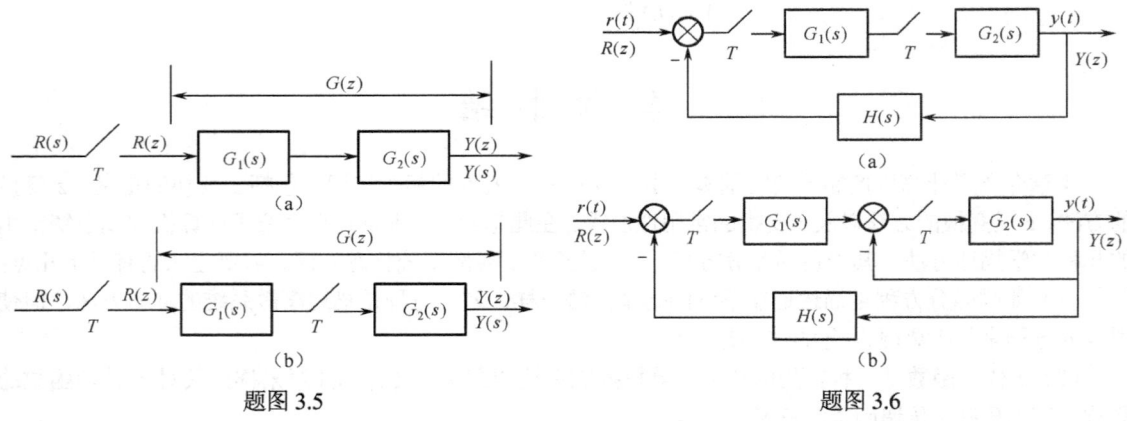

题图 3.5　　　　　　　　　　题图 3.6

3.7 已知系统结构题如图 3.7 所示，已知 $D(s) = \dfrac{1}{s}$，$G(s) = \dfrac{1}{s+1}$，$H(s) = 2$，试求其闭环脉冲传递函数 $\Phi(z)$。

3.8 某单位反馈数字控制系统如题图 3.8 所示，$D(z) = \dfrac{1-0.368z^{-1}}{1-z^{-1}}$，$G(z) = \dfrac{0.6z^{-1}}{1-0.368z^{-1}}$，试求其在单位阶跃输入 $r(t) = 1(t)$ 时系统的输出响应的终值。

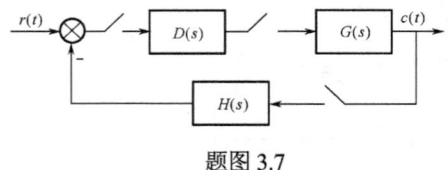 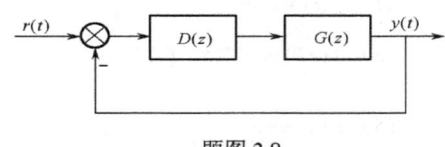

题图 3.7　　　　　　　　　　题图 3.8

3.9 求下述系统的状态空间表达式。

（1） $y(k+2) + y(k+1) + 0.16y(k) = u(k+1) + u(k+2)$

（2） $y(k+3)+4y(k+2)+2y(k+1)+5y(k)=u(k)$

3.10 设某系统的 z 传递函数为 $G(z)=\dfrac{Y(z)}{U(z)}=\dfrac{z^2+1.1z+0.099}{z^2+z+0.09}$，试用并行法、串行法、直接法、嵌套法建立其状态空间表达式。

3.11 已知连续状态方程 $\dot{\boldsymbol{x}}=\boldsymbol{F}\boldsymbol{x}+\boldsymbol{g}u$，其中 $\boldsymbol{F}=\begin{bmatrix}0 & 1\\ 0 & -2\end{bmatrix}$，$\boldsymbol{g}=\begin{bmatrix}0\\ 1\end{bmatrix}$，设 $T=1$，求离散化的状态空间表达式。

3.12 闭环系统如图 3.14 所示，设 $D(z)=\dfrac{U(z)}{E(z)}=\dfrac{z-0.368}{0.632z+0.264}$，采样周期 $T=1$，连续对象为 $G(s)=\dfrac{1}{s(s+1)}$，求其闭环状态方程。

第 4 章 计算机控制系统的经典分析方法

与连续控制系统的经典分析方法相对应，计算机控制系统的经典分析方法主要指基于 z 传递函数的分析方法。这类方法将计算机控制系统表示为用 z 传递函数描述的线性定常离散时间系统，依据 z 传递函数的相关理论和方法对系统的性能进行分析。

一个计算机控制系统要想正常工作，首先需要满足稳定性的要求，同时还需要满足动态性能指标和稳态性能指标的要求，这样才能在实际生产中应用。本章主要基于 z 传递函数，研究计算机控制系统稳定性、动态响应特性、稳态性质及频率特性的分析方法。

4.1 计算机控制系统的稳定性分析

系统的稳定性是控制系统的最重要的性质之一，它是保证系统能正常工作的首要条件。分析或设计一个控制系统，首先要关注的就是稳定性问题。

离散时间系统稳定性的概念与连续时间系统的一样。在经典控制理论中，稳定性是指系统在扰动作用下偏离原平衡点，当扰动作用消失以后，系统恢复到原平衡状态的性能。若在扰动作用消失以后，系统能恢复到原平衡状态，则称系统是稳定的；若不能恢复到原平衡状态，则称系统是不稳定的。系统的稳定性是系统的固有特性，它与扰动作用的形式无关，只取决于系统本身的结构和参数。

必须指出，在控制理论中应用最为普遍的稳定性概念是李亚普洛夫稳定性定义，上述稳定性概念其实是李亚普洛夫意义下渐近稳定的另一种表述，在经典控制理论中，简称稳定。

在对线性定常连续控制系统的稳定性进行分析时，主要的判断依据是考察系统闭环传递函数的极点是否都在 s 平面的左半部。与此对应，在分析线性定常离散控制系统的稳定性时，主要考察系统闭环 z 传递函数的极点分布。因为复变量 z 和 s 的关系式为 $z = e^{Ts}$，所以 z 平面中的极点、零点位置与 s 平面中的极点、零点位置是有一定的对应关系的。值得注意的是，z 平面中的极点、零点位置还与采样周期有关，它们的位置将随采样周期 T 的变化而发生改变。

4.1.1 s 平面与 z 平面的关系

已经知道，s 平面与 z 平面的映射关系为 $z = e^{sT}$。设在 s 平面上有一个极点 $s = \sigma + j\omega$，映射到 z 平面后，该极点为

$$z = e^{(\sigma+j\omega)T} = e^{\sigma T} \cdot e^{j\omega T} = e^{\sigma T} \angle (\omega T + 2\pi k), \quad k = 0, \pm 1, \pm 2, \cdots$$

由上式可见，s 平面中频率相差采样频率 $\omega_s = 2\pi / T$ 的整数倍的零、极点都被映射到 z 平面中的同一位置。这意味着每一个 z 值，对应着无限个 s 值。

如果 $\sigma = 0$，$|z|=1$；$\sigma < 0$，$|z|<1$；$\sigma > 0$，$|z|>1$。这表明：s 平面的虚轴映射为 z 平面的单位圆，s 左半平面映射在 z 平面的单位圆内，右半平面则映射在 z 平面的单位圆外。

由于 $|z|=e^{\sigma T}$，$\angle z = \theta = \omega T$，当 ω 从 $-\infty$ 变到 ∞ 时，z 的幅角 $\angle z = \theta = \omega T$ 也从 $-\infty$ 变到 ∞。讨论 s 平面中虚轴上一个代表点，令 $\sigma = 0$，相当于取 s 平面的虚轴，当 ω 从 $-\infty$ 变到 ∞ 时，映射到 z 平面的轨迹是以原点为圆心的单位圆。只是当代表点沿虚轴从 $-\omega_s / 2$ 移到 $\omega_s / 2$ 时，z 平面上的相应点沿单位圆从 $-\pi$ 逆时针变化到 π，正好转了一圈；而当代表点在虚轴上从 $\omega_s / 2$ 移到 $3\omega_s / 2$ 时，z 平面上的相应点又将逆时针沿单位圆转过一圈，以此类推。由此可见，可以把 s 平面划分为无穷多条平行于实

轴的周期带，如图4.1所示，其中从$-\omega_s/2$到$\omega_s/2$的周期带称为主带，其余的周期带称为旁带。s平面上的主带与旁带，将重复映射在整个z平面上。

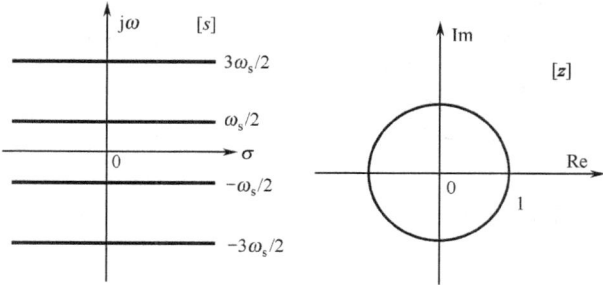

图4.1 s平面中的周期带与z平面中相对应的单位圆

例4.1 如图4.2所示，在s平面有三个点，分别为$s_1=-1, s_{2,3}=-1\pm j10$。若$\omega_s=10$，试求它们映射在$z$平面上的点。

解 由s平面与z平面的映射关系可得

$$z_1 = e^{s_1 T} = e^{-1\times 2\pi/10} = 0.533\angle 0$$
$$z_2 = e^{s_2 T} = e^{(-1+j10)\times 2\pi/10} = 0.533\angle 2\pi$$
$$z_3 = e^{s_3 T} = e^{(-1-j10)\times 2\pi/10} = 0.533\angle -2\pi$$

映射到z平面的点如图4.3所示。

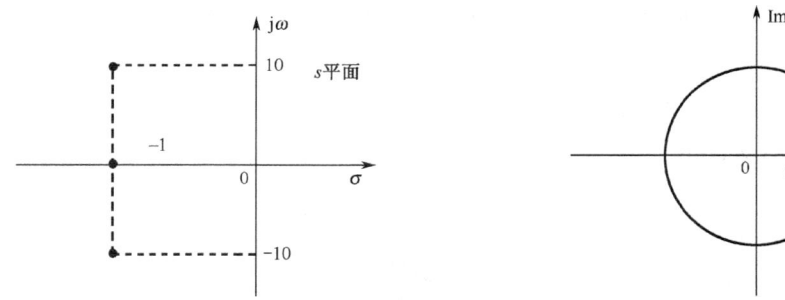

图4.2 例4.1中s平面上点的分布图　　图4.3 例4.1中s平面上的点映射到z平面的分布图

从该例可以看出，s平面实部相同而虚部相差ω_s的整数倍的点，均映射为z平面上的同一点。

在s平面进行分析时，s平面上的一些特殊位置或区域有着明确的物理含义，对线性连续系统的分析和设计非常有用。下面就其中几种较为常用的情况研究其与z平面上的映射关系。

1. 等σ线（等衰减）映射

s平面上的等σ垂线，映射到z平面上的轨迹，是以原点为圆心、以$|z|=e^{\sigma T}$为半径的圆。由于s平面上的虚轴映射为z平面上的单位圆，所以左半s平面上的等σ线映射为z平面上的在单位圆内的同心圆；右半s平面上的等σ线映射为z平面上的同心圆，在单位圆外，如图4.4所示。

2. 等ω线（等频率）映射

在采样周期T确定的情况下，s平面上的等ω水平线，映射到z平面上的轨迹，是一簇从原点出发的射线，其相角$\angle z=\omega T$，以实轴正方向为基准，如图4.5所示。

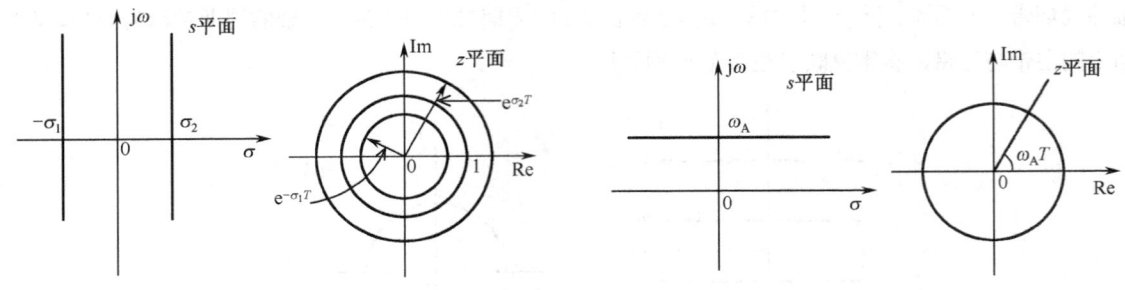

图 4.4 等衰减轨迹的映射　　　　　图 4.5 等频率轨迹的映射

3. 等阻尼 ξ 线映射

s 平面上的等阻尼 ξ 线可用式 $s = -\xi\omega_n + j\omega_n\sqrt{1-\xi^2} = -\xi\omega_n + j\omega_d$ 描述，式中 $\omega_d = \omega_n\sqrt{1-\xi^2}$。映射到 z 平面为

$$z = e^{Ts} = \exp(-\xi\omega_n T + j\omega_d T) = \exp\left(-\frac{2\pi\xi}{\sqrt{1-\xi^2}}\frac{\omega_d}{\omega_s} + j2\pi\frac{\omega_d}{\omega_s}\right)$$

因此，

$$|z| = \exp\left(-\frac{2\pi\xi}{\sqrt{1-\xi^2}}\frac{\omega_d}{\omega_s}\right), \quad \angle z = 2\pi\frac{\omega_d}{\omega_s}$$

所以，随着 ω_d 增加，z 的幅值减小而幅角线性增大，在平面中的轨迹变为如图 4.6 所示的对数螺旋线。

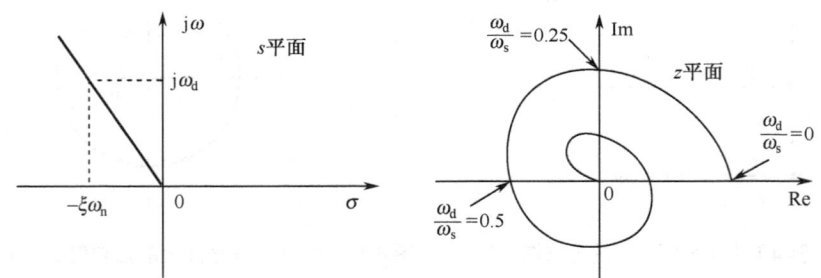

图 4.6 等阻尼频率轨迹的映射

4.1.2 线性离散系统的稳定条件

线性定常连续系统的渐近稳定性的充分必要条件是，闭环传递函数的极点都在 s 平面的左半部分，或者说闭环特征根实部均小于零，则该系统是稳定的。系统的稳定性是由闭环特征根决定的。同样，对于线性定常离散系统，可根据其闭环系统 z 传递函数的极点分布情况来判断系统的稳定性。

根据稳定性的概念，考察系统的稳定性可以通过分析系统的脉冲响应来确定。设线性定常离散系统的闭环 z 传递函数为 $\Phi(z)$，其单位脉冲响应就对应于该闭环 z 传递函数的 z 反变换，显然，$\Phi(z)$ 的极点对其响应特性具有重要影响。对于线性定常系统，系统的输出响应是系统各个极点所对应响应分量的线性叠加，因此，可以通过分析 $\Phi(z)$ 中不同类型极点所对应的响应模态，然后综合得到系统的稳定性条件。

(1) $\Phi(z)$ 中相异的实数极点

对于 $\Phi(z)$ 中相异的实数极点，仅需取其中一个为例讨论即可，设该极点对应的输出分量的 z 变换为

$$Y_i(z) = \frac{c_i z}{z - p_i}$$

其单位脉冲响应序列为

$$y_i(k) = c_i (p_i)^k \tag{4.1}$$

当 $|p_i| < 1$，即该极点在 z 平面单位圆内时，则

$$\lim_{k \to \infty} y_i(k) = \lim_{k \to \infty} c_i (p_i)^k = 0$$

即该极点所对应的响应模态是稳定的。当 $p_i = 1$，即该极点在 z 平面单位圆上时，则

$$\lim_{k \to \infty} y_i(k) = \lim_{k \to \infty} c_i (p_i)^k = c_i$$

而当 $p_i = -1$ 时，其对应的响应则为正负交替的等幅脉冲序列，即 $|p_i| = 1$ 所对应的响应模态是李亚普洛夫意义下稳定的，此时也称临界稳定。而当 $|p_i| > 1$，即该极点位于 z 平面单位圆外时，则

$$\lim_{k \to \infty} y_i(k) = \lim_{k \to \infty} c_i (p_i)^k = \infty$$

即该极点所对应的响应模态是不稳定的。

(2) $\Phi(z)$ 中相异的复数极点

当 $\Phi(z)$ 中存在复数极点时，必然以共轭成对的形式出现。设其中一对共轭复数极点为

$$p_i, p_{i+1} = |p_i| e^{\pm j\theta_i}$$

则这对极点对应的输出分量的 z 变换可表示为

$$Y_i(z) = \frac{c_i z}{z - p_i} + \frac{c_{i+1} z}{z - p_{i+1}} \quad,\text{且 } c_i, c_{i+1} = |c_i| e^{\pm j\varphi_i}$$

其相应的单位脉冲响应序列为

$$\begin{aligned} y_i(k) &= Z^{-1}\left[\frac{c_i z}{z - p_i} + \frac{c_{i+1} z}{z - p_{i+1}}\right] = c_i p_i^k + c_{i+1} p_{i+1}^k \\ &= |c_i| e^{j\varphi_i} |p_i|^k e^{j\theta_i k} + |c_i| e^{-j\varphi_i} |p_i|^k e^{-j\theta_i k} \\ &= |c_i| \cdot |p_i|^k (e^{j(k\theta_i + \varphi_i)} + e^{-j(k\theta_i + \varphi_i)}) = 2|c_i| \cdot |p_i|^k \cos(k\theta_i + \varphi_i) \end{aligned} \tag{4.2}$$

可见，整个响应呈余弦振荡，但其振幅的变化趋势由 $|p_i|$ 决定。当 $|p_i| < 1$，即 p_i 在 z 平面单位圆内时，对应的响应模态是稳定的；当 $|p_i| > 1$，即 p_i 在 z 平面单位圆外时，对应的响应模态是不稳定的；当 $|p_i| = 1$，即 p_i 在 z 平面单位圆上时，对应的响应模态是临界稳定的。

(3) $\Phi(z)$ 中的多重极点

不失一般性，设 $\Phi(z)$ 中含有一个两重极点，则与该两重极点对应的输出分量的 z 变换可表示为

$$Y_i(z) = \frac{c_{i1} z}{z - p_i} + \frac{c_{i2} p_i z}{(z - p_i)^2}$$

其单位脉冲响应序列为

$$y_i(k) = c_{i1} (p_i)^k + c_{i2} k (p_i)^k$$

显然，当该两重极点位于 z 平面单位圆内时，对应的响应模态是稳定的，在单位圆外时，其对应的响应模态是不稳定的。当其位于单位圆上时，有

$$\lim_{k \to \infty} y_i(k) = \lim_{k \to \infty}[c_{i1}(p_i)^k + c_{i2}k(p_i)^k] = \lim_{k \to \infty}[c_{i1} + c_{i2}k] = \infty$$

即该响应模态也是不稳定的。

由于线性定常离散系统的脉冲响应就是系统各个闭环极点对应响应分量的线性叠加，因此，通过以上对不同极点类型的响应模态的分析，可以得出如下结论：

线性定常离散系统稳定的充分必要条件是：系统的闭环 z 传递函数的所有极点（即闭环特征根）均位于 z 平面的单位圆内。

只要在单位圆上有重极点或在单位圆外有一个以上的极点，系统就是不稳定的。若在单位上有非重极点，则系统是临界稳定的，但在经典控制理论中，临界稳定也属于不稳定，因为这种临界稳定在工程上并不适用。

4.1.3 线性离散系统稳定性的判断

通过以上分析，确定了线性离散系统稳定的充分必要条件是系统的全部闭环特征根均在 z 平面的单位圆内。因此，通过求出系统特征方程的根，便可直接判断系统的稳定性，也可以不直接求解特征方程，而根据特征方程的根与系数的关系来间接判断系统的稳定性。

1．直接求特征方程的根判别稳定性

一种比较直接的判断稳定性的方法是，将系统闭环特征根求出来，检查系统特征根是否都在 z 平面的单位圆内，如果是，则系统是稳定的；否则，只要有一个根在单位圆上或单位圆外，系统就是不稳定的。

例 4.2 某数字控制系统结构图如图 4.7 所示，已知采样周期 $T = 1\text{s}$，数字控制器 $D(z) = K$，试分别分析 $K = 1$ 和 $K = 3$ 时闭环系统的稳定性。

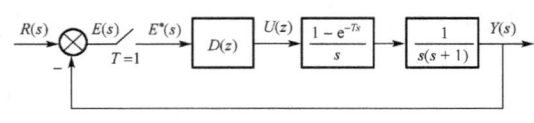

图 4.7 例 4.2 系统结构图

解 系统广义对象为

$$G(z) = (1 - z^{-1})Z\left[\frac{1}{s^2(s+1)}\right]$$

$$= \frac{0.368z + 0.264}{(z-1)(z-0.368)}$$

相应的闭环 z 传递函数为

$$\Phi(z) = \frac{D(z)G(z)}{1 + D(z)G(z)} = \frac{K(0.368z + 0.264)}{z^2 + (0.368K - 1.368)z + (0.264K + 0.368)}$$

系统闭环特征方程为

$$\Delta(z) = z^2 + (0.368K - 1.368)z + (0.264K + 0.368) = 0$$

当 $K = 1$ 时，
$$\Delta(z) = z^2 - z + 0.632 = 0$$

解得 $z_{1,2} = 0.5 \pm \text{j}0.618$。显然，两个根均在单位圆内，故系统稳定。

当 $K = 3$ 时，
$$\Delta(z) = z^2 - 0.264z + 1.16 = 0$$

解得 $z_{1,2} = 0.132 \pm \text{j}1.07$。显然，两个根均在单位圆外，故系统不稳定。

例 4.2 为二阶系统，直接求特征根还比较容易，但对于高阶系统，要直接求出特征根就比较麻烦，此时需要用其他方法来判别系统的稳定性。

2. 修正的劳斯判据

连续系统中的劳斯（Routh）稳定性判据，实质上是用其闭环特征方程的系数来判断系统的特征根是否都在左半 s 平面的方法。而线性离散系统的稳定性需要确定系统特征方程的根是否都在 z 平面的单位圆内，因此在 z 域中不能直接套用劳斯判据。如果把 z 平面再映射到 s 平面，则离散系统的特征方程又将成为 s 的超越方程。因此，引入一种新的坐标变换，将 z 平面变换到 w 平面，使得 z 平面的单位圆内部映射到 w 平面的左半平面。这种变换，通常称为 w 变换。

w 变换式为

$$z = \frac{w+1}{w-1} \tag{4.3}$$

或

$$w = \frac{z+1}{z-1} \tag{4.4}$$

式（4.3）与式（4.4）表明，复变量 z 与 w 互为线性变换，故 w 变换又称双线性变换。下面讨论双线性变换下 z 与 w 的映射情况。令

$$z = x + jy, \quad w = u + jv$$

将 $z = x + jy$ 代入式（4.4），得

$$w = u + jv = \frac{x+1+jy}{x-1+jy} = \frac{(x^2+y^2-1)-j2y}{(x-1)^2+y^2}$$

显然

$$u = \frac{(x^2+y^2)-1}{(x-1)^2+y^2}$$

由于上式的分母 $(x-1)^2 + y^2$ 始终为正，因此可得

① $u = 0$ 等价为 $x^2 + y^2 = 1$，表明 w 平面的虚轴对应于 z 平面的单位圆周；
② $u < 0$ 等价为 $x^2 + y^2 < 1$，表明左半 w 平面对应于 z 平面单位圆内的区域；
③ $u > 0$ 等价为 $x^2 + y^2 > 1$，表明右半 w 平面对应于 z 平面单位圆外的区域。

z 平面和 w 平面的这种对应关系，如图 4.8 所示。

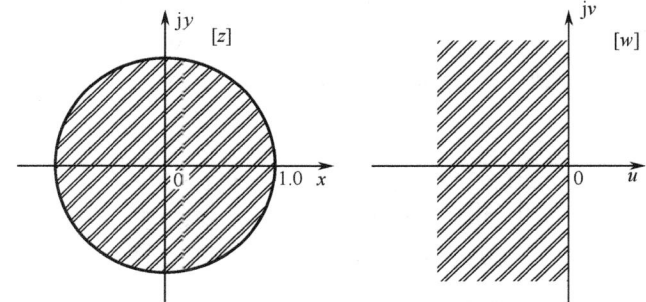

图 4.8 z 平面与 w 平面的对应关系

经过 w 变换之后，将原特征方程 $\Delta(z) = 0$ 变换为 $\Delta(w) = 0$，判别系统所有闭环特征根是否位于 z 平面的单位圆内，就转换为判别方程 $\Delta(w) = 0$ 的所有根是否位于左半 w 平面。后一种情况正好与在 s

平面上应用劳斯稳定性判据的情况一样，从而可以在 w 域直接应用劳斯判据，故称之为修正的劳斯稳定判据。

例 4.3 设某离散控制系统的特征方程为
$$\Delta(z) = 45z^3 - 117z^2 - 119z - 39 = 0$$
试判别该系统的稳定性。

解 先进行 w 变换
$$\Delta(w) = \Delta(z)|_{z=\frac{w+1}{w-1}} = 45\left(\frac{w+1}{w-1}\right)^3 - 117\left(\frac{w+1}{w-1}\right)^2 - 119\left(\frac{w+1}{w-1}\right) - 39 = 0$$

化简得
$$40w^3 + 2w^2 + 2w + 1 = 0$$

列出劳斯阵列

w^3	40	2
w^2	2	1
w^1	-18	0
w^0	1	0

根据劳斯判据，第一列数值符号变换两次，$\Delta(w)$ 在 w 右半平面有两个根，即该系统有两个根在单位圆外，因此系统不稳定。

例 4.4 数字控制系统结构图如例 4.2（如图 4.7 所示），数字控制器 $D(z) = K$，为保证系统闭环稳定，数字控制器的比例系数 K 的取值范围是多少？

解 在例 4.2 中已求得系统的特征方程为
$$\Delta(z) = z^2 + (0.368K - 1.368)z + (0.264K + 0.368) = 0$$

令 $z = \frac{w+1}{w-1}$，进行 w 变换并化简得
$$0.632Kw^2 + (1.264 - 0.528K)w + (2.736 - 0.104K) = 0$$

列劳斯矩阵有

w^2	$0.632K$	$2.736 - 0.104K$
w^1	$1.264 - 0.528K$	0
w^0	$2.736 - 0.104K$	0

欲使系统稳定，则有
$$\begin{cases} 0.632K > 0 & \Rightarrow K > 0 \\ 1.264 - 0.528K > 0 & \Rightarrow K < 2.39 \\ 2.736 - 0.104K > 0 & \Rightarrow K < 26.3 \end{cases}$$

取其交集，可得确保系统稳定 K 的取值范围为 $0 < K < 2.39$。

3. 朱利稳定性判据

与修正的劳斯判据不同，朱利（Jury）判据是直接根据线性离散系统闭环特征方程的系数，判别

其根是否位于 z 平面上的单位圆内，从而判断系统是否稳定。这是一个在数学上直接判断线性离散系统特征方程的根的模值是否小于 1（即在单位圆内）的判据。

设线性定常离散系统的特征方程为

$$\Delta(z) = a_0 z^n + a_1 z^{n-1} + \cdots + a_{n-1} z + a_n = 0 \quad (4.5)$$

式中 $a_0 > 0$。构造朱利阵列如表 4.1 所示。

表 4.1 朱利阵列

	a_0	a_1	$\cdots$	a_{n-2}	a_{n-1}	a_n	
$-$	a_n	a_{n-1}	$\cdots$	a_2	a_1	a_0	$\times \dfrac{a_n}{a_0}$
	b_0	b_1	$\cdots$	b_{n-2}	b_{n-1}		
$-$	b_{n-1}	b_{n-2}	$\cdots$	b_1	b_0		$\times \dfrac{b_{n-1}}{b_0}$
	c_0	c_1	$\cdots$	c_{n-2}			
$-$	c_{n-2}	c_{n-3}	$\cdots$	c_0			$\times \dfrac{c_{n-2}}{c_0}$
	$\vdots$	$\cdots$	$\vdots$				
	l_0	l_1					
$-$	l_1	l_0					$\times \dfrac{l_1}{l_0}$
	m_0						

表中，第 1 行是特征方程系数按 z 的降幂顺序排列，第 2 行是第 1 行的倒序排列，从第 3 行开始，所有奇数行元素由前两行计算得到，如第 i 行第 j 列元素用以下公式计算：

第(i–2)行 j 列元素–第(i–1)行 j 列元素 ×

前两行末列元素之商

而所有偶数行则是前一行元素的倒序排列，也就是说，

$$b_0 = a_0 - a_n \times \frac{a_n}{a_0}, \ldots, b_k = a_k - a_{n-k} \times \frac{a_n}{a_0}, \ldots, b_{n-1} = a_{n-1} - a_1 \times \frac{a_n}{a_0}$$

$$c_0 = b_0 - b_{n-1} \times \frac{b_{n-1}}{b_0}, \ldots, c_k = b_k - b_{n-k-1} \times \frac{b_{n-1}}{b_0}, \ldots, c_{n-2} = b_{n-2} - b_1 \times \frac{b_{n-1}}{b_0}$$

$$\cdots$$

$$m_0 = l_0 - l_1 \times \frac{l_1}{l_0}$$

则线性定常离散系统稳定的充要条件为，朱利表中所有奇数行第一列元素均大于零，即满足

$$\begin{cases} a_0 > 0 \\ b_0 > 0 \\ c_0 > 0 \\ \vdots \\ l_0 > 0 \\ m_0 > 0 \end{cases}$$

时，方程的全部特征根位于 z 平面单位圆内，对应的系统是稳定的。若其中有小于零的元素，则其小于零的元素个数即等于特征根在 z 平面单位圆外的个数。

例 4.5 已知系统的特征方程为 $\Delta(z) = z^3 + 2z^2 + 2z + 0.5 = 0$，试判断其稳定性。

解 构造朱利阵列如下：

	1	2	2	0.5	
$-$	0.5	2	2	1	$\times \dfrac{0.5}{1}$
	0.75	1	1		
$-$	1	1	0.75		$\times \dfrac{1}{0.75}$
	-0.583	-0.333			
$-$	-0.333	-0.583			$\times \dfrac{0.333}{0.583}$
	-0.393				

由朱利表可知，其奇数行首列元素有两个小于零，故系统不稳定，且有 2 个根位于 z 平面单位圆外。直接求解特征方程可得 $z_1 = 0.352, z_{2,3} = 0.824 \pm j0.861$，可见有一对共轭复根位于 z 平面单位圆外。

朱利判据还给出了 n 阶线性离散系统特征方程的解均位于 z 平面单位圆内的必要条件，即

$$\begin{cases} \Delta(z)|_{z=1} > 0 \\ (-1)^n \Delta(z)|_{z=-1} > 0 \end{cases} \tag{4.6}$$

因此，判断系统稳定性可用如下步骤：

（1）判断必要条件是否成立，若不成立，则系统不稳定；

（2）若必要条件成立，再构造朱利表进一步判断。

例 4.6 已知系统的特征方程为 $\Delta(z) = z^3 + 0.48z + 0.2 = 0$，试判断其稳定性。

解 检验必要条件

$$\Delta(1) = 1 + 0.48 + 0.2 = 1.68 > 0$$

$$(-1)^n \Delta(-1) = (-1)^3 (-1 - 0.48 + 0.2) = 1.28 > 0$$

满足系统稳定的必要条件。再构造朱利阵列如下：

$$\begin{array}{rrrrr}
 & 1 & 0 & 0.48 & 0.2 \\
- & 0.2 & 0.48 & 0 & 1 \quad \times \dfrac{0.2}{1} \\
\hline
 & 0.96 & -0.096 & 0.48 & \\
- & 0.48 & -0.096 & 0.96 & \quad \times \dfrac{0.48}{0.96} \\
\hline
 & 0.72 & -0.048 & & \\
- & -0.048 & 0.72 & & \quad \times \dfrac{-0.048}{0.72} \\
\hline
 & 0.717 & & &
\end{array}$$

朱利阵列奇数行首列元素均大于零，故系统稳定。直接求解特征方程可得 $z_1 = -0.337$，$z_{2,3} = 0.169 \pm j0.752$，即三个根均位于 z 平面单位圆内。

需要说明的是，在朱利判据中，若必要条件满足，且朱利表前面 n 个奇数行首列元素均大于零，则最后一行元素必大于零（如例 4.6 中的情况），即系统必是稳定的，因此，这种情况下仅需要计算到倒数第 3 行第一个元素即可。

4. 二阶线性离散系统的稳定判据

设二阶线性离散控制系统的特征多项式为

$$\Delta(z) = z^2 + a_1 z + a_2$$

即第一项系数 $a_0 = 1$，这样的多项式也称为首一多项式。此时，系统稳定的必要条件为

$$\begin{cases} \Delta(1) > 0 \\ \Delta(-1) > 0 \end{cases}$$

构造朱利阵列如下：

$$\begin{array}{rrrrr}
 & 1 & a_1 & a_2 & \\
- & a_2 & a_1 & 1 & \quad \times \dfrac{a_2}{1} \\
\hline
 & 1-a_2^2 & & &
\end{array}$$

为使系统稳定，只需满足 $1-a_2^2>0$。由此可推得 $a_2^2<1$，即 $|a_2|<1$，这等价于 $|\Delta(0)|<1$。由此可得二阶线性定常离散系统稳定的充要条件的简便形式：

$$\begin{cases} |\Delta(0)|<1 \\ \Delta(1)>0 \\ \Delta(-1)>0 \end{cases} \quad (4.7)$$

也就是说，对于二阶线性定常离散控制系统，若式（4.7）成立，则系统稳定。利用式（4.7），有

$$\begin{cases} |\Delta(0)|=|a_2|<1 \\ \Delta(1)=1+a_1+a_2>0 \\ \Delta(-1)=1-a_1+a_2>0 \end{cases}$$

以 a_1、a_2 分别为横坐标与纵坐标，则二阶线性定常离散系统稳定条件是其特征方程的系数 a_1、a_2 须在如图 4.9 所示的倒三角形内部取值。

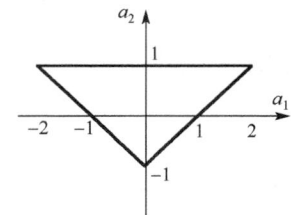

图 4.9 二阶系统参数稳定区域

例 4.7 某计算机控制系统结构图如图 4.10 所示，已知采样周期 $T=1\mathrm{s}$，数字控制器 $D(z)=K$，试求使系统稳定的 K 值范围。

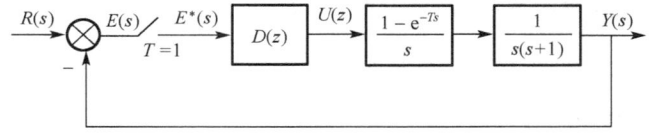

图 4.10 例 4.7 计算机控制系统结构图

解 在例 4.2 中已求得系统的特征方程为

$$\Delta(z)=z^2+(0.368K-1.368)z+(0.264K+0.368)=0$$

该系统为二阶系统，为使系统稳定，须满足二阶离散系统稳定的充要条件：

（1） $|\Delta(0)|=|0.264K+0.368|<1$，即 $-1<0.264K+0.368<1$，解得 $-5.18<K<2.39$；

（2） $\Delta(1)=1+(0.368K-1.368)+(0.264K+0.368)>0$，即 $0.632K>0$，解得 $K>0$；

（3） $\Delta(-1)=1-(0.368K-1.368)+(0.264K+0.368)>0$，即 $-0.104K+2.736>0$，解得 $K<26.3$。

综合起来，得到系统稳定时 K 值范围为

$$0<K<2.39$$

与例 4.4 所得到的结果一致。

4.1.4 采样周期对计算机控制系统稳定性的影响

系统的稳定性是系统的固有特性，与系统输入信号的形式无关，主要取决于系统的结构与参数。具体地讲，连续系统的稳定性取决于系统的开环增益、闭环极点、传输延迟等。对于计算机控制系统而言，除了以上几个影响系统稳定性的因素外，采样周期与零阶保持器均对系统的稳定性有重要影响。由于零阶保持器的滞后特性取决于采样周期的大小，其对系统稳定性的影响归根结底还是取决于采样周期对系统的影响，因此，这里重点研究采样周期对计算机控制系统稳定性的影响。为简单起见，下面以一阶对象的计算机控制系统为例进行分析。

例 4.8 已知计算机控制系统结构图如图 4.11 所示，其中数字控制器 $D(z)=K$，试分析其采样周期 T 与闭环系统的稳定性的关系。

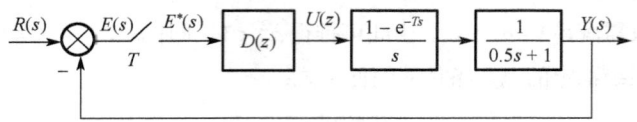

图 4.11 例 4.8 计算机控制系统结构图

解 系统开环 z 传递函数为

$$D(z)G(z) = K(1-z^{-1}) \cdot Z\left[\frac{1}{s(0.5s+1)}\right] = \frac{K(1-e^{-2T})}{z-e^{-2T}}$$

系统闭环 z 传递函数为

$$\Phi(z) = \frac{D(z)G(z)}{1+D(z)G(z)} = \frac{K(1-e^{-2T})}{z+K(1-e^{-2T})-e^{-2T}}$$

对应的特征方程为

$$\Delta(z) = z + K(1-e^{-2T}) - e^{-2T} = 0$$

即特征根为

$$z_1 = e^{-2T} - K(1-e^{-2T})$$

为使系统稳定,该特征根必须位于 z 平面单位圆内,即

$$\left|K(1-e^{-2T})-e^{-2T}\right| < 1$$

可得 $-1 < K < (1+e^{-2T})/(1-e^{-2T})$

当 $T = 1s$ 时,有 $-1 < K < 1.31$

当 $T = 0.1s$ 时,有 $-1 < K < 10.0$

当 $T = 0.01s$ 时,有 $-1 < K < 100$

可见,当采样周期减小时,系统稳定的 K 值将增大,反之,K 的稳定取值范围将减小,也就是说,随着采样周期的增加,系统的稳定性将下降。而对于结构如图 4.12 所示原连续系统,只要 $K > 0$,则系统是完全稳定的,而对应的计算机控制系统则不然。

如果数字控制器比例系数 K 一定,为使系统稳定,系统的采样周期须满足

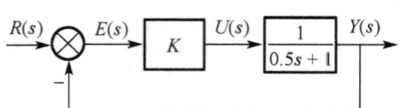

图 4.12 例 4.8 对应的连续系统结构图

$$0 < T < -\frac{1}{2}\ln\frac{K-1}{K+1}$$

当 $K = 2$ 时,有 $0 < T < 0.549$

当 $K = 5$ 时,有 $0 < T < 0.203$

当 $K = 15$ 时,有 $0 < T < 0.067$

可见,随着 K 的增大,所允许的采样周期减小,即在 K 一定时,系统的采样周期必须足够小,才能保证系统的稳定性。

从上面的分析可以看出,对一个原来稳定的计算机控制系统,增大采样周期 T,当 T 超过一定值时,系统就会从稳定状态变为不稳定。因此,对于计算机控制系统,采样周期 T 是影响稳定性的重要参数,一般说来,减少采样周期 T 值时,可使系统稳定性增强。但需要指出的是,对于计算机控制系统,缩短采样周期就意味着需要增加计算机运算速度,且当采样周期减小到一定程度后,对改善动态性能无多大意义,所以应当合理选择采样周期。

对于线性定常连续系统，一阶、二阶闭环系统理论上总是稳定的，即系统的稳定性与系统开环增益无关。而通过例4.8和例4.4可见，对同样的一阶或二阶连续被控对象加上采样开关与零阶保持器，变成计算机控制系统后，其稳定性就与开环增益密切相关，即开环增益不能太大，且与采样周期有关。也就是说，一般情况下，对同样的连续对象，采用同样的控制规律构成计算机控制系统，其系统的稳定程度（或稳定裕量）不如原连续系统。

4.2 计算机控制系统稳态误差分析

通常，对连续控制系统的要求简言为"稳、快、准"，其中"准"是针对稳态误差而言的。连续系统中关于稳态误差的定义及计算方法，在一定的条件下可推广到计算机控制系统中。

4.2.1 离散系统稳态误差的定义

连续系统的误差信号通常定义为单位反馈系统给定输入信号 $r(t)$ 与系统输出信号 $y(t)$ 的差值，即

$$e(t) = r(t) - y(t) \tag{4.8}$$

稳态误差即为上述误差的终值，即

$$e_{ss} = \lim_{t \to \infty} e(t) \tag{4.9}$$

连续系统中误差及稳态误差的定义可以推广到离散控制系统中，不同的是，离散控制系统的稳态误差只针对离散采样点而言。因此，离散系统的误差定义为

$$e^*(t) = r^*(t) - y^*(t) \tag{4.10}$$

稳态误差定义则为

$$e_{ss}^* = \lim_{t \to \infty} e^*(t) = \lim_{k \to \infty} e(kT) \tag{4.11}$$

4.2.2 线性定常离散系统稳态误差的计算

与连续系统类似，计算线性定常离散控制系统的稳态误差可以采用两种方法：一种是建立在 z 变换终值定理基础上的计算方法，直接求出系统的稳态误差；另一种是从系统误差传递函数出发的静态误差系数法。

1. 由终值定理直接求稳态误差

如图4.13所示的单位反馈计算机控制系统闭环误差 z 传递函数为

$$\Phi_e(z) = \frac{E(z)}{R(z)} = \frac{1}{1 + D(z)G(z)} \tag{4.12}$$

由此可得

$$E(z) = \Phi_e(z) R(z) = \frac{1}{1 + D(z)G(z)} \cdot R(z) \tag{4.13}$$

如果闭环系统是稳定的，即 $(1-z^{-1}) \cdot E(z)$ 中不含 z 平面单位圆上与单位圆外的极点时，则根据终值定理，系统在采样时刻的稳态误差为

$$e_{ss}^* = \lim_{z \to 1}(1-z^{-1}) \cdot E(z) = \lim_{z \to 1}(1-z^{-1}) \cdot \frac{1}{1 + D(z)G(Z)} \cdot R(z) \tag{4.14}$$

式（4.14）表明，线性定常计算机控制系统的稳态误差，不仅与系统本身的结构和参数有关，还与输入信号的形式有关。对于输入信号形式，在进行稳态误差分析时，通常以单位阶跃信号、单位速度信号、单位加速度信号等三种典型信号加以讨论，下面举例说明。

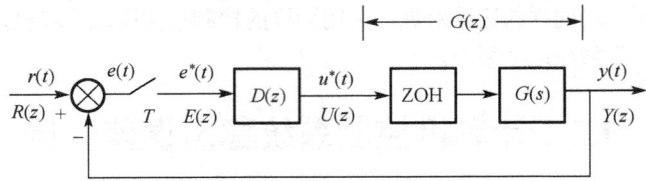

图 4.13　单位反馈计算机控制系统

例 4.9　某计算机控制系统结构图如图 4.14 所示，已知采样周期 $T=1\mathrm{s}$，数字控制器 $D(z)=2$，试分别求系统在单位阶跃输入、单位速度输入和单位加速度输入下的稳态误差。

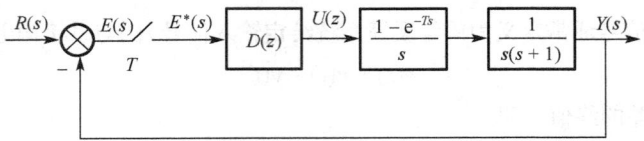

图 4.14　例 4.9 计算机控制结构图

解　在例 4.2 中求得广义对象为 $G(z)=\dfrac{0.368z+0.264}{(z-1)(z-0.368)}$，则系统的闭环误差 z 传递函数为

$$\Phi_e(z)=\frac{E(z)}{R(z)}=\frac{1}{1+D(z)G(z)}=\frac{(z-1)(z-0.368)}{z^2-0.632z+0.896}$$

即系统闭环特征方程为 $\Delta(z)=z^2-0.632z+0.896=0$

由二阶系统稳定判据

$$\begin{cases}|\Delta(0)|=0.896<1\\ \Delta(1)=1-0.632+0.896>0\\ \Delta(-1)=1+0.632+0.896>0\end{cases}$$

故系统稳定，因此可以用终值定理求稳态误差。对于单位阶跃输入信号 $r(t)=1(t)$，其 z 变换为 $R(z)=\dfrac{1}{1-z^{-1}}$，则系统稳态误差为

$$e_{ss}^*=\lim_{z\to 1}(1-z^{-1})\cdot E(z)=\lim_{z\to 1}(1-z^{-1})\cdot\Phi_e(z)\cdot R(z)=\lim_{z\to 1}(1-z^{-1})\cdot\frac{(z-1)(z-0.368)}{z^2-0.632z+0.896}\cdot\frac{1}{1-z^{-1}}=0$$

对于单位速度输入信号 $r(t)=t$，其 z 变换为 $R(z)=\dfrac{Tz}{(z-1)^2}$，则系统稳态误差为

$$e_{ss}^*=\lim_{z\to 1}(1-z^{-1})\cdot E(z)=\lim_{z\to 1}(1-z^{-1})\cdot\Phi_e(z)\cdot R(z)=\lim_{z\to 1}(1-z^{-1})\cdot\frac{(z-1)(z-0.368)}{z^2-0.632z+0.896}\cdot\frac{z}{(z-1)^2}=0.5$$

对于单位加速度输入信号 $r(t)=\dfrac{1}{2}t^2$，其 z 变换为 $R(z)=\dfrac{T^2(z+1)z}{2(z-1)^3}$，则系统稳态误差为

$$e_{ss}^*=\lim_{z\to 1}(1-z^{-1})\cdot E(z)=\lim_{z\to 1}(1-z^{-1})\cdot\Phi_e(z)\cdot R(z)=\lim_{z\to 1}(1-z^{-1})\cdot\frac{(z-1)(z-0.368)}{z^2-0.632z+0.896}\cdot\frac{(z+1)^2}{2(z-1)^3}=\infty$$

2. 静态误差系数法

从上述分析可知,系统的稳态误差不仅与系统本身的结构和参数有关,也与输入信号的形式有关。为此,针对三种不同的典型输入信号的稳态误差分析,引入了相应的静态误差系数概念。为以下分析方便起见,认为这里分析的系统均满足稳定条件,即满足应用终值定理的条件。

(1) 输入信号为单位阶跃函数时的稳态误差

对于单位阶跃输入 $r(t)=1(t)$,有 $R(z)=\dfrac{1}{1-z^{-1}}$,其稳态误差为

$$e_{ss}^* = \lim_{z\to 1}(1-z^{-1})\cdot \frac{1}{1+D(z)G(z)}\cdot \frac{1}{(1-z^{-1})} = \lim_{z\to 1}\frac{1}{1+D(z)G(z)} = \frac{1}{1+K_p}$$

其中,$K_p = \lim\limits_{z\to 1} D(z)G(z)$,为静态位置误差系数。显然,$K_p$ 增大,稳态误差将减小。

对"0"型系统,开环传递函数 $D(z)G(z)$ 在 $z=1$ 处无极点,即不含积分环节,K_p 为有限值,所以稳态误差为一个恒定的有限值。

对"Ⅰ"型系统,开环传递函数 $D(z)G(z)$ 在 $z=1$ 处有一个极点,即含有一个积分环节,K_p 为无穷大,所以稳态误差为0。

对于高于"Ⅰ"型的系统,开环传递函数 $D(z)G(z)$ 在 $z=1$ 处有多个极点,即含有多个积分环节,K_p 为无穷大,所以稳态误差为0。

综合起来有如下结论:若输入信号为阶跃函数,对单位反馈系统,采样时刻无稳态误差的条件是系统前向通道中至少含有一个积分环节,这样的系统也称为位置无差系统。

(2) 输入信号为单位速度函数时的稳态误差

对于单位速度输入 $r(t)=t$,有 $R(z)=\dfrac{Tz}{(z-1)^2}$,其稳态误差为

$$e_{ss}^* = \lim_{z\to 1}(1-z^{-1})\cdot \frac{1}{1+D(z)G(z)}\cdot \frac{Tz}{(z-1)^2} = \lim_{z\to 1}\frac{T}{(z-1)+(z-1)D(z)G(z)} = \frac{1}{\dfrac{1}{T}\lim\limits_{z\to 1}(z-1)D(z)G(z)} = \frac{1}{K_v}$$

其中,$K_v = \dfrac{1}{T}\lim\limits_{z\to 1}(z-1)D(z)G(z)$,为静态速度误差系数。在速度输入条件下,"0"型系统的静态速度误差系数 $K_v=0$,所以 $e_{ss}^*\to\infty$;"Ⅰ"型系统的 K_v 为有限值,即存在常值速度误差;"Ⅱ"型和"Ⅱ"型以上系统,稳态误差为零。

(3) 输入信号为单位加速度函数时的稳态误差

对于单位加速度输入 $r(t)=\dfrac{1}{2}t^2$,有 $R(z)=\dfrac{T^2(z+1)}{2(z-1)^3}$,其稳态误差为

$$e_{ss}^* = \lim_{z\to 1}(1-z^{-1})\cdot \frac{1}{1+D(z)G(z)}\cdot \frac{T^2(z+1)z}{2(z-1)^3} = \frac{1}{\dfrac{1}{T^2}\lim\limits_{z\to 1}(z-1)^2 D(z)G(z)} = \frac{1}{K_a}$$

其中,$K_a = \dfrac{1}{T^2}\lim\limits_{z\to 1}(z-1)^2 D(z)G(z)$,为静态加速度误差系数。输入为加速度函数时,对"Ⅱ"型以下的系统,稳态误差为无穷大。"Ⅱ"型系统的 K_a 为常值,存在非零常值的稳态误差。"Ⅱ"型以上的系统,稳态误差则为零。

3. 计算机控制系统稳态误差小结

静态误差系数计算式为

位置误差系数 $\quad K_p = \lim_{z \to 1} D(z)G(z)$

速度误差系数 $\quad K_v = \dfrac{1}{T}\lim_{z \to 1}(z-1)D(z)G(z)$

加速度误差系数 $\quad K_a = \dfrac{1}{T^2}\lim_{z \to 1}(z-1)^2 D(z)G(z)$

下面给出"0"型、"Ⅰ"型和"Ⅱ"型系统在三种典型输入下的稳态误差，如表 4.2 所示。

表 4.2 计算机控制系统的稳态误差

e_{ss}^*	$r(t)=1(t)$	$r(t)=t$	$r(t)=t^2/2$
"0"型系统	$1/(1+K_p)$	∞	∞
"Ⅰ"型系统	0	$1/K_v$	∞
"Ⅱ"型系统	0	0	$1/K_a$

关于系统稳态误差的几点说明：

（1）系统的稳态误差只能在系统稳定的前提下求得，如果系统不稳定，也就无所谓稳态误差；

（2）稳态误差为无限大并不等于系统不稳定，它只表明该系统不能跟踪所输入的信号，即存在较大的跟踪误差；

（3）这里所讨论的稳态误差只涉及由系统结构及外部输入所决定的原理误差，并不是由系统元件精度所引起的；

（4）对计算机控制系统，由于 A/D 转换及 D/A 转换器字长有限，也将在一定程度上带来附加的稳态误差；

（5）以上稳态误差分析是针对单位反馈的，对于非单位反馈，其稳态误差的定义与连续系统类似。

例 4.10 某计算机控制系统结构图如图 4.14 所示，设采样周期 $T=0.2\text{s}$，数字控制器 $D(z)=2$，试分别求系统在单位阶跃输入、单位速度输入和单位加速度输入下的稳态误差。

解 系统的广义对象为

$$G(z) = (1-z^{-1})Z\left[\dfrac{1}{s^2(s+1)}\right] = \dfrac{0.019z + 0.017}{(z-1)(z-0.819)}$$

系统的开环 z 传递函数为

$$D(z)G(z) = \dfrac{0.038z + 0.034}{(z-1)(z-0.819)}$$

由此可得系统闭环特征方程为

$$\Delta(z) = (z-1)(z-0.819) + 0.038z + 0.034 = 0$$

即

$$\Delta(z) = z^2 - 1.781z + 0.853 = 0$$

由二阶系统稳定判据，得

$$\begin{cases} |\Delta(0)| = 0.853 < 1 \\ \Delta(1) = 1 - 1.781 + 0.853 > 0 \\ \Delta(-1) = 1 + 1.781 + 0.853 > 0 \end{cases}$$

故系统是稳定的。先求出静态误差系数：

静态位置误差系数为

$$K_p = \lim_{z \to 1} D(z)G(z) = \lim_{z \to 1} \dfrac{0.038z + 0.034}{(z-1)(z-0.819)} = \infty$$

静态速度误差系数为

$$K_v = \frac{1}{T}\lim_{z \to 1}(z-1)D(z)G(z) = \frac{1}{0.2} \cdot \lim_{z \to 1}(z-1)\frac{0.038z + 0.034}{(z-1)(z-0.819)} = 2$$

静态加速度误差系数为

$$K_a = \frac{1}{T^2}\lim_{z \to 1}(z-1)^2 D(z)G(z) = \frac{1}{0.2^2} \cdot \lim_{z \to 1}(z-1)^2 \frac{0.038z + 0.034}{(z-1)(z-0.819)} = 0$$

所以，不同输入信号作用下的稳态误差如下：

单位阶跃输入信号作用下 $\quad e_{ss} = \dfrac{1}{1+K_p} = 0$

单位速度输入信号作用下 $\quad e_{ss} = \dfrac{1}{K_v} = \dfrac{1}{2} = 0.5$

单位加速度输入信号作用下 $\quad e_{ss} = \dfrac{1}{K_a} = \infty$

4.2.3 干扰作用下的稳态误差

计算机控制系统除了给定的输入信号以外，还可能存在一定形式的干扰信号，这些也会对系统稳态误差产生影响，因此需要计算干扰信号作用下的稳态误差。令给定输入信号为零，系统此时的输出 $y_n^*(t)$ 由扰动产生，则误差为

$$e^*(t) = -y_n^*(t) \tag{4.15}$$

在具体分析干扰信号产生的误差时，需要考虑其作用点的具体位置。不失一般性，这里仅以扰动信号 $N(s)$ 作用点在被控对象上，且作用点把被控对象分为两部分加以讨论，如图 4.15 所示。

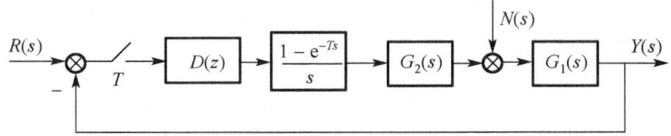

图 4.15 存在干扰信号的计算机控制系统

系统输出的 z 变换为

$$Y_N(z) = \frac{NG_1(z)}{1+D(z)G(z)} \tag{4.16}$$

应用终值定理，可得干扰作用下的稳态误差为

$$e_{ssN}^* = \lim_{z \to 1}(1-z^{-1})E(z) = -\lim_{z \to 1}(1-z^{-1})Y_N(z) \tag{4.17}$$

在实际控制系统中，给定输入和干扰信号可能是同时存在的。根据线性系统的叠加原理，可分别求出系统在给定输入作用下的稳态误差值和干扰作用下的稳态误差值，然后把二者相加，即得到系统在给定输入、干扰共同作用下的稳态误差。

4.2.4 A/D 转换器对稳态误差的影响

本节前面讨论的稳态误差只是系统的结构（放大系数和积分环节等）以及外界输入作用所决定的

误差，称为原理误差。实际上，系统各个元件的精度也可能会引起稳态误差。这里仅讨论 A/D 转换器对系统稳态误差的影响。

例如 8 位 A/D 转换器（单极性），其分辨率为

$$q = \frac{1}{2^n} = \frac{1}{2^8} = 0.0039$$

当 A/D 输入小于 0.0039 时，A/D 则处于非灵敏区而输出为零。

对于单位反馈系统，若 $r(t) = 1(t)$，由于 A/D 的死区，当输出 $y(t) > 0.9961$ 时，其误差信号 $e(t)$ 将进入 A/D 的死区，从而 $e(t)$ 的转换结果为零，此时存在稳态误差 $e_{ss}^* = 0.0039$。但这不是由系统原理引起的误差，而是系统部件的非灵敏区造成的。

4.2.5 采样周期对稳态误差的影响

为了考察采样周期对稳态误差的影响，分析如图 4.16 所示的连续控制系统及其对应的计算机控制系统。图中连续被控对象的传递函数一般式为

$$G_0(s) = \frac{K}{s^v} G(s) \tag{4.18}$$

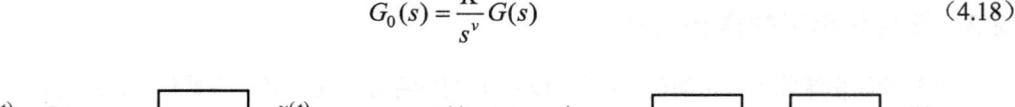

（a）连续系统　　　　　　　　（b）对应的计算机控制系统

图 4.16　连续控制系统和对应的计算机控制系统

式中 $G(s)$ 为 s 的多项式，且不含积分环节。根据连续系统理论可知，图 4.16(a)所示的连续系统的系统类型与误差系数的关系如表 4.3 所示。

表 4.3　图 4.16(a)所示系统的稳态误差

系统类型	K_p	K_v	K_a
0	K	0	0
I	∞	K	0
II	∞	∞	K

图 4.16(b)所示计算机控制系统的开环传递函数为

$$G(z) = Z\left[\frac{1-e^{-sT}}{s} \cdot G_0(s)\right]$$

$$= (1-z^{-1}) \cdot Z\left[\frac{KG(s)}{s^{v+1}}\right]$$

$$= (1-z^{-1}) \cdot Z\left[\frac{K}{s^{v+1}} + \frac{K_1}{s^v} + \cdots + \frac{K_v}{s} + \text{非积分环节各项}\right]$$

这里，对 $\dfrac{KG(s)}{s^{v+1}}$ 进行部分分式分解时，$\dfrac{1}{s^{v+1}}$ 项的系数必为 K。

对 "0" 型系统，$v = 0$

$$G(z) = (1-z^{-1}) \cdot Z\left[\frac{K}{s} + 非积分环节各项\right]$$

$$= (1-z^{-1}) \cdot \left[\frac{Kz}{z-1} + 非积分环节各项\right]$$

由此可得计算机控制系统的误差系数为

$$K_p = \lim_{z \to 1} G(z) = \lim_{z \to 1}(1-z^{-1})\frac{Kz}{z-1} = K$$

$$K_v = \frac{1}{T}\lim_{z \to 1}(z-1)G(z) = 0$$

$$K_a = \frac{1}{T^2}\lim_{z \to 1}(z-1)^2 G(z) = 0$$

对"I"型系统，$v=1$

$$G(z) = (1-z^{-1}) \cdot Z\left[\frac{K}{s^2} + \frac{K_1}{s} + 非积分环节各项\right]$$

$$= (1-z^{-1})\left[\frac{KTz}{(z-1)^2} + \frac{K_1 z}{z-1} + 非积分环节各项\right]$$

误差系数为

$$K_p = \lim_{z \to 1} G(z) = \infty$$

$$K_v = \frac{1}{T}\lim_{z \to 1}(z-1)G(z) = \frac{1}{T}\lim_{z \to 1}(z-1)(1-z^{-1})\frac{KTz}{(z-1)^2} = K$$

$$K_a = \frac{1}{T^2}\lim_{z \to 1}(z-1)^2 G(z) = 0$$

类似地，也可求得"II"型系统的误差系数

$$K_p = K_v = \infty \qquad K_a = K$$

与原连续控制系统的误差系数比较，二者完全一致，而与采样周期 T 无关。尽管计算机控制系统的稳态误差系数的计算公式中包含了采样周期 T，但实际计算时公式中的 T 正好与系统开环 z 传递函数的 T 相对消，因此稳态误差与采样周期 T 无关。比较例 4.9 与例 4.10 的结果可知，二者采样周期不同（分别为 1 s 和 0.2 s），但稳态误差的结果却是一致的。

需要说明的是，以上结论只对含有零阶保持器的计算机控制系统成立，其他情况不一定能完全对消 T。事实上，只要是被控对象为连续对象的计算机控制系统，原则上都包含了零阶保持器。

4.3 计算机控制系统的响应特性分析

与连续控制系统一样，计算机控制系统的响应特性分析也包括动态响应和稳态响应的分析。动态响应是系统从初始状态到接近稳态的响应过程，即过渡过程。通常，系统的动态性能指标由系统的阶跃响应来度量，包括延迟时间 t_d、上升时间 t_r、峰值时间 t_p、调节时间 t_s、最大超调量 $\sigma\%$ 等，其定义均与连续系统一致，这里不再赘述。需要注意的是，尽管动态性能指标的定义与连续系统相同，但在 z 域分析时，只能针对采样时刻的值，而在采样间隔内，系统的状态并不能被表示出来，因此不能精确描述和表达采样系统的真实特性。在采样周期较大时，尤其如此。系统的稳态响应是指时间 $t \to \infty$ 时系统的输出响应状态。一般认为输出进入稳态值附近±5%或±2%的范围内就可以表明动态过程已经结束。

与连续控制系统一样，计算机控制系统的闭环极点的分布情况对系统响应特性具有重要影响，因此，通过极点分布情况估计系统响应也是分析计算机控制系统响应特性的重要手段。

4.3.1 计算机控制系统的阶跃响应分析

计算机控制系统的动态响应特性通常研究系统在单位阶跃信号输入下的过渡过程特性。因此，可以通过求解系统的单位阶跃响应序列而求得其响应特性指标。如果已知计算机控制系统在阶跃输入下输出的 z 变换 $Y(z)$，那么对 $Y(z)$ 进行 z 反变换，就可以得到动态响应序列 $y(kT)$，从而确定其动态性能指标。在系统稳定的前提下，其稳态响应的值则可用终值定理求得。

例 4.11 已知某计算机控制系统如图 4.17 所示，设采样周期 $T=1\text{s}$，试分析当数字控制器分别为 $D(z)=1$ 和 $D(z)=2$ 时系统的单位阶跃响应特性。

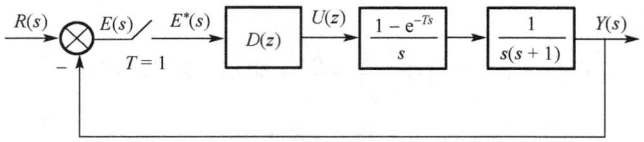

图 4.17 某计算机控制系统结构图

解 广义对象为

$$G(z) = Z\left[\frac{1-\mathrm{e}^{-Ts}}{s^2(s+1)}\right] = \frac{0.368z^{-1}(1+0.717z^{-1})}{(1-z^{-1})(1-0.368z^{-1})}$$

当 $D(z)=1$ 时，系统的闭环 z 传递函数为

$$\Phi(z) = \frac{D(z)G(z)}{1+D(z)G(z)} = \frac{0.368z^{-1}+0.264z^{-2}}{1-z^{-1}+0.632z^{-2}}$$

系统闭环极点为 $z_{1,2}=0.5\pm\mathrm{j}0.618$，模为 $|z_1|=|z_2|=0.7949$，因此系统是稳定的。

系统的输出的 z 变换为

$$\begin{aligned}
Y(z) &= \Phi(z)R(z) \\
&= \frac{0.368z^{-1}+0.264z^{-2}}{1-2z^{-1}+1.632z^{-2}-0.632z^{-3}} \\
&= 0.368z^{-1}+z^{-2}+1.4z^{-3}+1.4z^{-4}+1.147z^{-5}+0.895z^{-6}+0.802z^{-7}+0.868z^{-8}+0.993z^{-9}+ \\
&\quad 1.077z^{-10}+1.081z^{-11}+1.032z^{-12}+0.981z^{-13}+0.961z^{-14}+0.973z^{-15}+0.997z^{-16}+\cdots
\end{aligned}$$

由此可得到从 $k=0$ 开始的输出响应 $y(kT)$ 时间序列为

$$\{0, 0.368, 1, 1.4, 1.4, 1.147, 0.895, 0.802, 0.868, 0.993, 1.077, 1.081, 1.032, 0.981, 0.961, 0.973, 0.997, \cdots\}$$

从上述数据及如图 4.18 所示的阶跃响应曲线可以看出，系统在单位阶跃输入作用下的过渡过程具有衰减振荡的形式，系统是稳定的。其上升时间约小于 $2T$，即约小于 2s；其超调量约为 40%，且峰值出现在第三、四个采样时刻之间，即峰值时间约为 3.5s；约经过 12 个采样周期结束过渡过程，即调节时间约为 12s；系统输出稳态值将趋于 1，即稳态误差为 0。如果利用终值定理，可求得

$$\lim_{t\to\infty}y(t)=\lim_{z\to 1}(1-z^{-1})[Y(z)]=\lim_{z\to 1}(1-z^{-1})\frac{0.368z^{-1}+0.264z^{-2}}{1-2z^{-1}+1.632z^{-2}-0.632z^{-3}}$$

$$=\lim_{z\to 1}(1-z^{-1})\frac{0.368z^{-1}+0.264z^{-2}}{(1-z^{-1})(1-z^{-1}+0.632z^{-2})}=1$$

因此，根据终值定理，也可以得出输出的稳态值为 1。

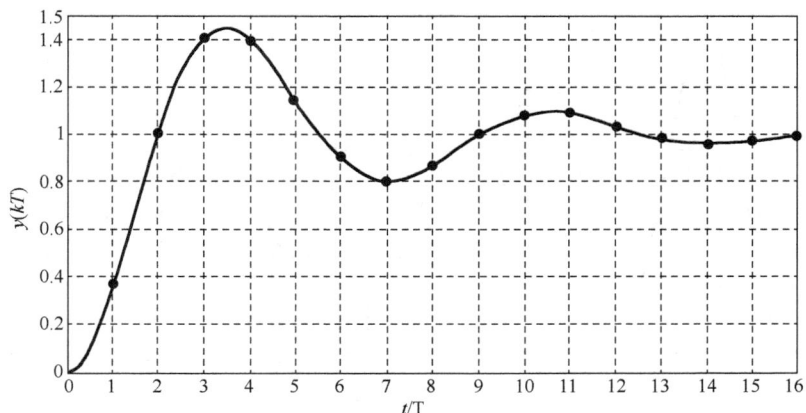

图 4.18 例 4.11 阶跃响应曲线（$D(z)=1$）

当 $D(z)=2$ 时，系统的闭环 z 传递函数为

$$\Phi(z) = \frac{D(z)G(z)}{1+D(z)G(z)} = \frac{0.736z^{-1}+0.528z^{-2}}{1-0.632z^{-1}+0.896z^{-2}}$$

系统闭环极点为 $z_{1,2}=0.316\pm 0.892\mathrm{j}$，模为 $|z_1|=|z_2|=0.9463$，因此系统是稳定的。

系统的输出的 z 变换为

$$\begin{aligned}
Y(z) &= \Phi(z)R(z) \\
&= \frac{0.736z^{-1}+0.528z^{-2}}{1-1.632z^{-1}+1.528z^{-2}-0.896z^{-3}} \\
&= 0.736z^{-1}+1.729z^{-2}+1.697z^{-3}+0.787z^{-4}+0.241z^{-5}+0.711z^{-6}+1.497z^{-7}+ \\
&\quad 1.574z^{-8}+0.917z^{-9}+0.434z^{-10}+0.717z^{-11}+1.328z^{-12}+1.462z^{-13}+0.998z^{-14}+ \\
&\quad 0.585z^{-15}+0.740z^{-16}+1.208z^{-17}+1.364z^{-18}+1.044z^{-19}+0.702z^{-20}+0.772z^{-21} \\
&\quad +1.123z^{-22}+1.282z^{-23}+1.068z^{-24}+0.790z^{-25}+\cdots
\end{aligned}$$

由此可得到从 $k=0$ 开始的输出响应 $y(kT)$ 时间序列为

{0, 0.736, 1.729, 1.697, 0.787, 0.241, 0.710, 1.497, 1.574, 0.917, 0.434, 0.717, 1.328, 1.462, 0.998, 0.585, 0.734, 1.208, 1.364, 1.044, 0.702, 0.772, 1.123, 1.282, 1.068, 0.790,⋯}

从响应序列及如图 4.19 所示的阶跃响应曲线可以看出，系统在单位阶跃输入作用下的过渡过程具有衰减振荡的形式，系统总体上是稳定的。其上升时间约 1.5T，即响应相对加快，但振荡增大，超调量也很大，接近 90%，且峰值出现在第二、三个采样时刻之间，即峰值时间约为 2.5 s；调节时间也大为增加。如果利用终值定理，可求得

$$\begin{aligned}
\lim_{t\to\infty} y(t) &= \lim_{z\to 1}(1-z^{-1})[Y(z)] = \lim_{z\to 1}(1-z^{-1})\frac{0.736z^{-1}+0.528z^{-2}}{1-1.632z^{-1}+1.528z^{-2}-0.896z^{-3}} \\
&= \lim_{z\to 1}(1-z^{-1})\frac{0.736z^{-1}+0.528z^{-2}}{(1-z^{-1})(1-0.632z^{-1}+0.896z^{-2})} = 1
\end{aligned}$$

即系统输出稳态值仍将趋于 1，稳态误差为 0。

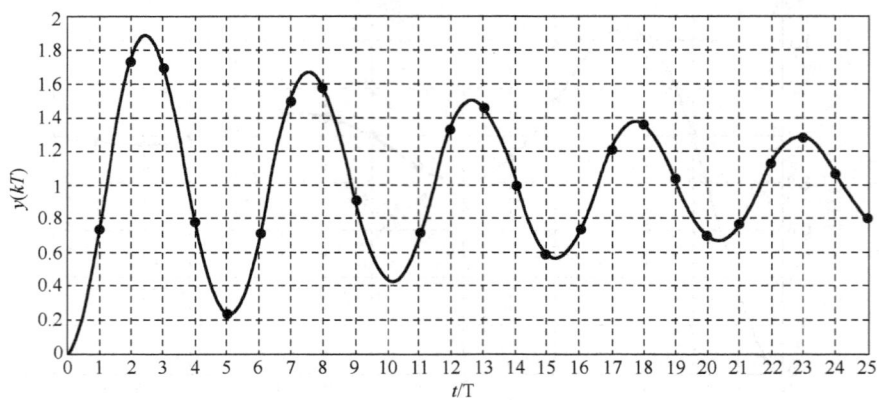

图 4.19 例 4.11 阶跃响应曲线（$D(z) = 2$）

由例 4.11 可以看出，增大数字控制器的比例系数，系统响应会加快，但振荡和调节时间也相应增加，如果再进一步增大数字控制器比例系数，系统还将趋于不稳定。事实上，增大比例系数，导致了系统的闭环极点的模值也增大，由单位圆内逐步向单位圆周靠近，并超出单位圆，因此极点的位置分布也将直接影响系统的响应特性，下一节将讨论这个问题。

4.3.2 系统闭环极点分布与响应特性

除了通过求系统阶跃响应序列分析计算机控制系统的响应特性外，还可以通过系统闭环极点的分布情况来定性估计系统的响应特性。

设线性定常离散系统的闭环 z 传递函数为

$$\Phi(z) = \frac{M(z)}{N(z)}$$

对于单位阶跃输入序列，系统输出量的 z 变换可表示为

$$Y(z) = \Phi(z)R(z) = \frac{M(z)}{N(z)} \cdot \frac{z}{z-1} = \frac{c_0 z}{z-1} + \frac{M'(z)}{N(z)}$$

其中 $c_0 = \Phi(1)$ 对应于闭环系统的稳态增益。$Y(z)$ 的 z 反变换可表示为

$$y(kT) = Z^{-1}\left[\frac{c_0 z}{z-1} + \frac{M'(z)}{N(z)}\right] = c_0 1(kT) + Z^{-1}\left[\frac{M'(z)}{N(z)}\right] = \Phi(1)1(kT) + Z^{-1}\left[\frac{M'(z)}{N(z)}\right] \tag{4.19}$$

上式中，第一项 $\Phi(1)1(kT)$ 通常称为系统阶跃响应的稳态项，而其他部分则是与系统闭环极点密切相关的暂态响应。因此，只要弄清了闭环各个极点所对应的响应模态，就可对系统的响应特性做出定性分析。在 4.2 节中，从极点与系统稳定性关系的角度给出了不同类型极点对应脉冲响应的基本形式，在此基础上，下面进一步研究闭环极点的具体分布位置与其对应的脉冲响应特性。

（1）$\Phi(z)$ 中相异实数极点

设极点 p_i 位于实轴上，将 4.2 节得到的其对应脉冲响应式（4.1）重写如下：

$$y_i(kT) = c_i(p_i)^k \tag{4.20}$$

此时，存在以下情况：

① 若 $p_i > 1$，脉冲响应为单调发散脉冲序列；

② 若 $p_i = 1$，脉冲响应为等值脉冲序列；

③ 若 $0 < p_i < 1$，脉冲响应为单调衰减脉冲序列；
④ 若 $-1 < p_i < 0$，脉冲响应为正负交替的收敛脉冲序列；
⑤ 若 $p_i = -1$，脉冲响应为正负交替的等值脉冲序列；
⑥ 若 $p_i < -1$，脉冲响应为正负交替的发散脉冲序列；
⑦ 特别地，若 $p_i = 0$，脉冲响应为单个脉冲。

系统闭环特征根为实数根时，系统脉冲响应示意图如图4.20所示。

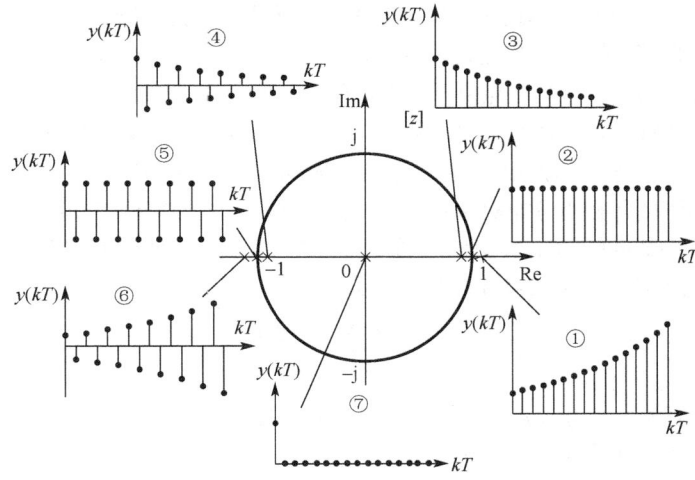

图 4.20　闭环极点为实数时的脉冲响应示意图

（2）$\Phi(z)$ 中相异复数极点

设 $p_i, p_{i+1} = |p_i| e^{\pm j\theta_i}$ 为一对共轭复数极点，将在 4.2 节得到的其对应脉冲响应式（4.2）重写如下：

$$y_i(kT) = c_i p_i^k + c_{i+1} p_{i+1}^k = 2|c_i| \cdot |p_i|^k \cos(k\theta_i + \varphi_i) \tag{4.21}$$

其中 $c_i, c_{i+1} = |c_i| e^{\pm j\varphi_i}$。可以看出，共轭复数极点对应的脉冲响应以余弦规律振荡，振荡频率 θ_i/T 与共轭极点的幅角有关，且幅角 θ_i 越大，振荡频率越高。脉冲响应的幅值与 $|p_i|^k$ 成正比。$|p_i| > 1$ 时，为发散振荡；$|p_i| = 1$ 时，为等幅振荡；$|p_i| < 1$ 时，为衰减振荡。系统闭环极点为共轭复数时，系统脉冲响应示意图如图 4.21 所示。

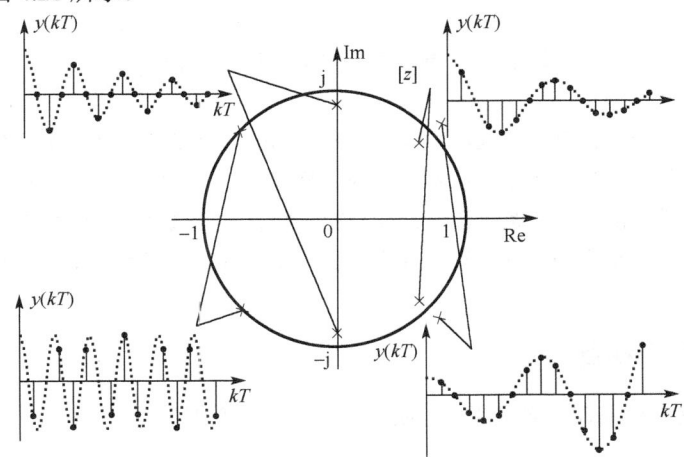

图 4.21　闭环极点为共轭复数时的脉冲响应示意图

当系统闭环极点中含有多重极点时，除单位圆上的多重极点将导致发散的脉冲响应外，其他分布情况的响应特性与上述对应位置的实数或共轭复数极点基本类似。

通过以上分析，可以看出线性定常离散系统的闭环极点分布与系统的响应特性之间存在重要联系。

当闭环极点分布在 z 平面的单位圆上或单位圆外时，该极点对应的响应模态是等幅或发散脉冲序列，即系统不稳定。

当闭环极点分布在 z 平面的单位圆内时，其对应的响应模态为衰减脉冲序列，而且极点越接近 z 平面原点，响应序列衰减越快，即系统的动态响应越快。反之，极点越接近单位圆周，响应序列衰减越慢，系统过渡过程时间越长。当极点位于 z 平面的单位圆内正实轴时，幅角为零，为单调衰减脉冲序列，当极点位于负实轴时，幅角为 π，振荡频率最高，为 π/T，即其输出响应为正负交替振荡脉冲序列。特别地，当极点在 z 平面的原点处，脉冲响应的时间最短，即对应为一个单脉冲。

综上所述，考虑到闭环极点分布对系统响应特性的影响，在计算机控制系统设计时，应该尽量选择极点位于 z 平面单位圆的右半圆内，且尽量靠近原点，并与正实轴夹角要尽量小。

例 4.12 已知某数字控制系统的闭环传递函数为

$$\Phi(z) = \frac{0.4z(z-0.7)}{(z-0.4)(z-0.5)(z-0.6)}$$

试分析系统在单位阶跃输入信号作用下的动态响应与稳态值。

解 其在阶跃输入下输出量的 z 变换为

$$Y(z) = \Phi(z)R(z) = \frac{0.4z(z-0.7)}{(z-0.4)(z-0.5)(z-0.6)} \cdot \frac{z}{z-1}$$

$$= \frac{z}{z-1} + \frac{4z}{z-0.4} - \frac{8z}{z-0.5} + \frac{3z}{z-0.6}$$

其输出响应可表示为

$$y(kT) = 1(kT) + 4 \times 0.4^k - 8 \times 0.5^k + 3 \times 0.6^k$$

式中的第一项为稳态项，后三项为暂态项，且此三个极点均为正实轴且较靠近原点的极点，具有比较快的单调衰减特性。因此，该数字控制系统的阶跃响应为：从零逐渐开始上升，经过 $2T \sim 3T$ 的上升过程，系统将很快进入稳态，其稳态值为 1。

4.4　z 平面根轨迹分析法

根轨迹法是一种图解法，是在已知控制系统开环 z 传递函数的零、极点分布的情况下，研究系统的某个或某些参数（通常是开环增益）从零变化到无穷大时，系统的闭环 z 传递函数的极点在 z 平面的分布曲线。也就是说，根轨迹是系统闭环特征根随系统有关参数（如开环增益）的变化轨迹。根轨迹法主要用于对 z 平面中希望的位置配置主导极点进行试探性定性设计，继而再用数字仿真来改善闭环系统的性能。

4.4.1　z 平面根轨迹绘制

如图 4.22 所示的单位反馈计算机闭环控制系统，其特征方程为

$$1 + D(z)G(z) = 0 \tag{4.22}$$

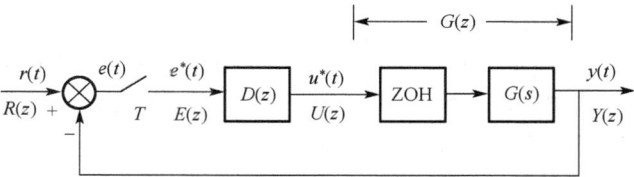

图 4.22 单位反馈计算机控制系统

根轨迹上任一点为系统闭环特征根，因此应满足

$$D(z)G(z) = \frac{K(z-z_1)(z-z_2)\cdots(z-z_m)}{(z-p_1)(z-p_2)\cdots(z-p_n)} = -1 \quad (4.23)$$

式中，z_i，$i=1,2,\cdots,m$，p_j，$j=1,2,\cdots,n$ 分别是系统的开环零极点。因为 z 平面为复平面，幅值条件和相角条件分别为

$$\frac{K\prod_{i=1}^{m}|z-z_i|}{\prod_{i=1}^{n}|z-p_i|} = 1 \quad (4.24)$$

$$\sum_{i=1}^{m}\angle(z-z_i) - \sum_{i=1}^{n}\angle(z-p_i) = (2k+1)\pi, \quad k=0,\pm1,\pm2,\cdots \quad (4.25)$$

如果复平面上某点 z^* 满足相角条件，则该点一定为闭环传递函数的特征根，对应该特征根的开环增益 K^* 应通过幅值条件求得，即 $K^* = \dfrac{\prod_{i=1}^{n}|z^*-p_i|}{\prod_{i=1}^{m}|z^*-z_i|}$。

从幅值条件和相角条件可以看出：z 平面上的根轨迹方程与 s 平面上的根轨迹方程完全相同，绘制方法也基本相同，但应注意 z 平面上的稳定边界是单位圆而不是一条直线。以下是绘制根轨迹的规则：

（1）根轨迹起始于开环极点，终止于开环零点。根轨迹有 n 条开始于开环极点，m 条终止于开环零点，$n-m$ 条归于无穷处。

（2）归于无穷处的 $n-m$ 条根轨迹的渐近线的角度 φ_a 为

$$\varphi_a = \frac{(2k+1)\pi}{n-m}, \quad k=0,\pm1,\pm2,\cdots \quad (4.26)$$

（3）渐近线与实轴的交点 σ 为

$$\sigma = \frac{\sum_{i=1}^{n}p_i - \sum_{i=1}^{m}z_i}{n-m} \quad (4.27)$$

（4）根轨迹关于实轴对称。

（5）根轨迹在实轴上的分布。可以这样来确定根轨迹在实轴上的分布：位于实轴上的开环零极点将实轴分成了几段，如果某段右侧实极点和实零点个数之和为奇数，则该段为根轨迹，否则就不是根轨迹。

（6）根轨迹的分离点和汇合点。分离点与汇合点不是位于实轴上就是以共轭复数对形式出现。如果某段根轨迹位于相邻两个开环极点之间,则该段根轨迹上至少存在一个分离点;如果某段根轨迹位于相邻两个开环零点之间(一个零点可位于无穷远处),该段根轨迹上至少存在一个汇合点;如果某段根轨迹位于实轴上一个开环极点和一个开环零点(零点可位于无穷远处),则该段根轨迹不存在分离点也不存在汇合点。分离点或汇合点 z_0 的计算公式为

$$\sum_{i=1}^{n}\frac{1}{z_0-p_i}=\sum_{i=1}^{m}\frac{1}{z_0-z_i} \qquad (4.28)$$

(7)根轨迹与虚轴的交点。设根轨迹与虚轴的交点 $z_i = \mathrm{j}w$,应满足 $1+D(\mathrm{j}w)G(\mathrm{j}w)=0$,由式

$$\begin{cases} \mathrm{Re}[1+D(\mathrm{j}w)G(\mathrm{j}w)]=0 \\ \mathrm{Im}[1+D(\mathrm{j}w)G(\mathrm{j}w)]=0 \end{cases}$$

可求得根轨迹与虚轴的交点及对应的开环增益。

4.4.2 z 平面根轨迹分析

用根轨迹法分析闭环系统的稳定性,不但可以确定某个参数(如开环增益)下系统的稳定性,而且可知道闭环极点的具体位置,同时,还可以给出参数变化时闭环极点的变化趋势,因此,用根轨迹来分析参数对系统稳定性的影响是很直观的。

例 4.13 计算机控制系统的结构图如图 4.22 所示。设采样周期 $T=1\,\mathrm{s}$,广义对象 z 传递函数为

$$G(z)=\frac{z(z+0.046)(z+1.13)}{(z-1)(z-0.135)(z-0.018)}$$

数字控制器为

$$D(z)=\frac{K(z-0.135)(z-0.018)(z-0.67)}{(z-1)(z+0.046)(z+0.713)}$$

试绘制系统的根轨迹,并确定系统临界稳定时的 K 值。

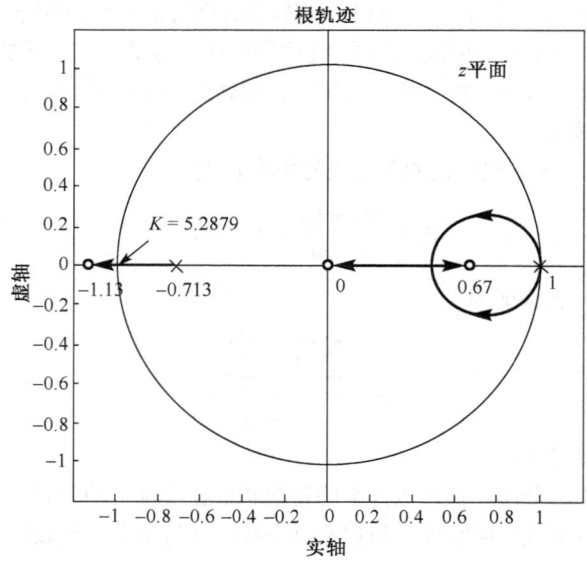

图 4.23 例 4.13 系统根轨迹图

解 系统的开环传递函数为

$$D(z)G(z) = \frac{Kz(z+1.13)(z-0.67)}{(z-1)^2(z+0.713)}$$

可见系统的开环零点为 $z_1=0, z_2=0.67, z_3=-1.13$，而开环极点为 $p_{1,2}=1, p_2=-0.713$。则根据根轨迹绘制规则可绘制闭环系统相应的根轨迹如图 4.23 所示。闭环系统临界稳定时其相应的临界放大系数可由根轨迹与 z 平面单位圆的交点求得，为 $K=5.2879$。

4.5 线性定常离散系统的频率特性分析法

线性定常连续系统有一个基本特性，即当输入为正弦信号时，系统输出稳态响应将是同一频率的正弦信号，但其幅值和相位取决于系统的结构和参数。线性定常离散系统同样具有这个基本特性。计算机控制系统是将其线性定常连续被控对象离散化后就成为线性定常离散系统，因此也能用频率特性法分析系统的性能。在连续系统中，频率特性分析法是应用频率特性研究线性系统的一种经典方法。连续系统的频率特性是指在正弦信号作用下，系统的稳态输出与输入的复数比随正弦信号频率变化的特性。此定义同样适用于表征为线性定常离散系统的计算机控制系统，只是对应的输入/输出信号均为离散值。

在连续系统中，某一个环节的频率特性为

$$G(j\omega) = G(s)\big|_{s=j\omega}$$

将线性定常离散系统的开环 z 传递函数 $G(z)$ 中的复数变量 z 用 $e^{j\omega T}$ 代替，便可得到线性离散系统的频率特性，即

$$G(e^{j\omega T}) = G(z)\big|_{z=e^{j\omega T}} \tag{4.29}$$

线性离散系统的频率特性相当于考察其 z 传递函数在 z 沿单位圆变化时的特性，可以通过极坐标法和对数频率特性法进行分析。

4.5.1 线性定常离散系统频率特性绘制方法

频率特性的数学表达式可为极坐标、直角坐标和指数坐标三种形式，它们之间的关系为

$$\begin{aligned}G(e^{j\omega T}) &= \big|G(e^{j\omega T})\big|\angle G(e^{j\omega T}) \\ &= U(\omega) + jV(\omega) \\ &= M(\omega)e^{j\varphi(\omega)}\end{aligned}$$

频率特性的求取计算方法有数值计算法和几何作图法。

1. 数值计算法

例 4.14 已知连续环节传递函数为 $G(s)=\dfrac{1}{2s+1}$，其离散化后相应的 z 传递函数为

$$G(z) = Z\left[\frac{1-e^{-sT}}{s} \cdot \frac{1}{2s+1}\right] = \frac{1-e^{-0.5T}}{z-e^{-0.5T}}$$

设采样周期为 $T=1\text{s}$，试求其频率特性。

解 连续环节频率特性为

$$G(j\omega) = \frac{1}{j2\omega+1} = \frac{1}{\sqrt{4\omega^2+1}} \angle -\arctan(2\omega)$$

离散环节的频率特性为

$$G(e^{j\omega T}) = \frac{(1-e^{-0.5T})}{e^{j\omega T}-e^{-0.5T}} = \frac{0.3935}{e^{j\omega T}-0.6065} = \frac{0.3935}{[\cos\omega - 0.6065]+j\sin\omega}$$

因此, 可以得到幅值为

$$\left|G(e^{j\omega T})\right| = \frac{0.3935}{\sqrt{(\cos\omega-0.6065)^2+\sin^2\omega}}$$

由于

$$G(e^{j\omega T}) = \frac{0.3935}{(\cos\omega-0.6065)^2+\sin^2\omega}\left[(\cos\omega-0.6065)-j\sin\omega\right]$$

$$= \frac{0.3935}{(\cos\omega-0.6065)^2+\sin^2\omega}\left[\left(\cos\left(\frac{\omega}{\omega_s}2\pi\right)-0.6065\right)-j\sin\left(\frac{\omega}{\omega_s}2\pi\right)\right]$$

可以看出相角以 ω_s 为周期不断重复, 这里给出 $0\sim\omega_s$ 的表达式:

$$\angle G(e^{j\omega T}) = \begin{cases} -\arccos\dfrac{\cos\left(\dfrac{\omega}{\omega_s}2\pi\right)-0.6065}{\sqrt{\left(\cos\left(\dfrac{\omega}{\omega_s}2\pi\right)-0.6065\right)^2+\sin^2\left(\dfrac{\omega}{\omega_s}2\pi\right)}} & 0<\omega\leqslant\dfrac{\omega_s}{2} \\ \arccos\dfrac{\cos\left(\dfrac{\omega}{\omega_s}2\pi\right)-0.6065}{\sqrt{\left(\cos\left(\dfrac{\omega}{\omega_s}2\pi\right)-0.6065\right)^2+\sin^2\left(\dfrac{\omega}{\omega_s}2\pi\right)}} & \dfrac{\omega_s}{2}<\omega\leqslant\omega_s \end{cases}$$

幅频特性和相频特性分别如图 4.24(a)和(b)所示。

可见, 离散系统的频率特性与相应的连续系统有较大不同, 连续系统随频率的增加, 幅频特性趋于 0, 相频特性趋于-90°; 而离散系统随频率的变化, 其频率特性以 ω_s 为周期不断重复。

2. 几何作图法

若系统的 z 传递函数的零极点已知, 则系统的频率特性可表示为

$$G(e^{j\omega T}) = \frac{K^*\prod_{i=1}^{m}(e^{j\omega T}-z_i)}{\prod_{j=1}^{n}(e^{j\omega T}-p_j)}$$

为讨论方便, 设系统具有一个实零点, 两个复数极点, 零极点分布如图 4.25 所示, 并设 $K^*=1$, 即

$$G(e^{j\omega T}) = \frac{e^{j\omega T}-z}{(e^{j\omega T}-p_1)(e^{j\omega T}-p_2)}$$

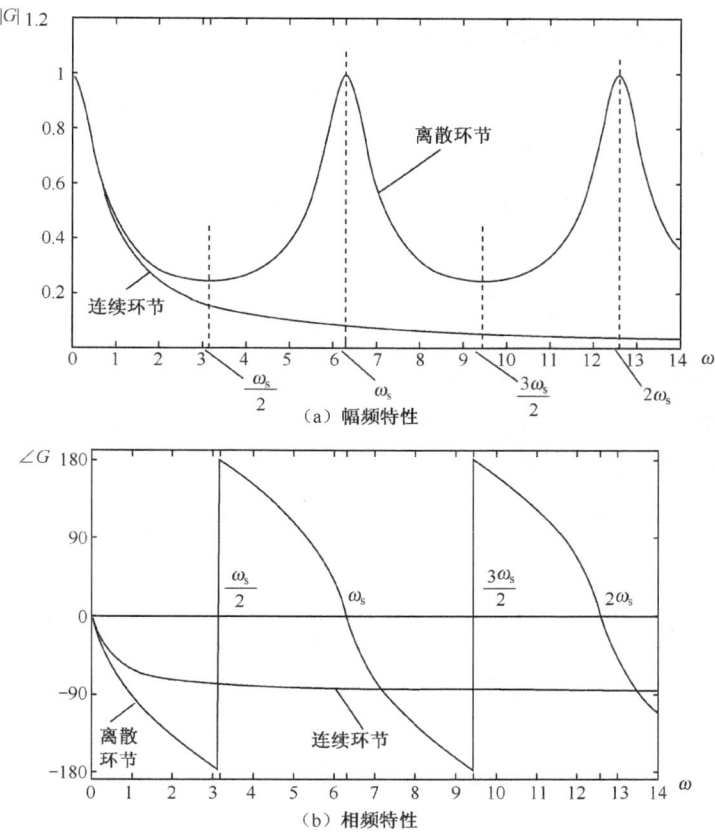

图 4.24 例 4.14 的幅频特性与相频特性

$G(\mathrm{e}^{\mathrm{j}\omega T})$ 分子或分母中的每一个因子，当 ω 取定一个值时，都对应 z 平面的一个向量。如因子 $(\mathrm{e}^{\mathrm{j}\omega T}-z)$ 可以用由 z 指向 $\mathrm{e}^{\mathrm{j}\omega T}$ 的向量来表示，其模值、相角分别为 r 和 φ，于是有

$$|G(\mathrm{e}^{\mathrm{j}\omega T})| = \frac{\left|\mathrm{e}^{\mathrm{j}\omega T}-z\right|}{\left|(\mathrm{e}^{\mathrm{j}\omega T}-p_1)(\mathrm{e}^{\mathrm{j}\omega T}-p_2)\right|} = \frac{r}{l_1 \cdot l_2}$$

$$\angle = G(\mathrm{e}^{\mathrm{j}\omega T})$$
$$= \angle(\mathrm{e}^{\mathrm{j}\omega T}-z) - \left[\angle(\mathrm{e}^{\mathrm{j}\omega T}-p_1) + \angle(\mathrm{e}^{\mathrm{j}\omega T}-p_2)\right]$$
$$= \varphi - (\varphi_1 + \varphi_2)$$

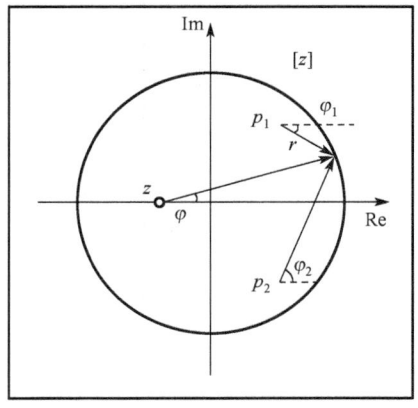

图 4.25 几何作图法求频率特性

所谓几何作图法，就是当 $\mathrm{e}^{\mathrm{j}\omega T}$ 移动时，根据图中向量幅值与相角的变化估算频率特性。当 ω 从 0 变化到 $\dfrac{\omega_\mathrm{s}}{2} = \dfrac{\pi}{T}$ 时，$\mathrm{e}^{\mathrm{j}\omega T}$ 从 z 平面的点 $(1,0)$ 沿单位圆上半周移动到点 $(-1,0)$，相应得到系统的频率特性。$G(\mathrm{e}^{\mathrm{j}\omega T})$ 是以 $\omega_\mathrm{s} = \dfrac{2\pi}{T}$ 为周期的周期函数，并且幅频特性 $|G(\mathrm{e}^{\mathrm{j}\omega T})|$ 为 ω 的偶函数，$\angle G(\mathrm{e}^{\mathrm{j}\omega T})$ 为 ω 的奇函数。由此可知，离散系统频率特性只需计算 $0 \sim \dfrac{\omega_\mathrm{s}}{2}$ 区段。

4.5.2 线性定常离散系统频率特性分析方法

线性定常离散系统的频率特性分析法主要有以下两种：极坐标图法和对数频率特性法。

1. 极坐标图法

如果将线性定常离散系统频率特性写成实部加虚部的形式：

$$G(e^{j\omega T}) = U(\omega) + jV(\omega) \tag{4.30}$$

可在以实轴为横轴、虚轴为纵轴的复平面上绘制幅相频率特性曲线，然后应用奈氏稳定判据，进行计算机控制系统稳定性的分析。奈氏判据为：若线性定常离散系统开环 z 传递函数无单位圆外的极点，则系统闭环稳定的充要条件为开环幅相频率特性曲线在 $G(e^{j\omega T})$ 平面上不包围 $(-1, j0)$ 点；若开环 z 传递函数有 N 个单位圆外的极点，则系统闭环稳定的充要条件为当 ω 从 $0 \sim \omega_s$ 变化时，开环频率特性 $G(e^{j\omega T})$ 在 $G(e^{j\omega T})$ 平面上逆时针包围 $(-1, j0)$ 点 N 次。

例 4.15 设单位反馈系统开环传递函数为 $G(z) = \dfrac{k(z+1)}{(z-1)(z-0.242)}$。设采样周期 $T = 0.1$ 秒，试绘制系统的奈氏图，并分析系统的稳定性。

解 根据题意，可算出系统稳定时的开环增益范围为 $0 < k < 0.758$，绘制给定的计算机控制系统的奈氏图，如图 4.26 所示。由图可知，当 $k = 0.198$ 时，曲线不包围 $(-1, j0)$ 点，由于开环传递函数中不含单位圆外的极点，故闭环是稳定的；当 $k = 0.758$ 时，曲线穿过 $(-1, j0)$ 点，故闭环处于临界稳定；当 $k = 1$ 时，曲线包围了 $(-1, j0)$ 点，故闭环不稳定。

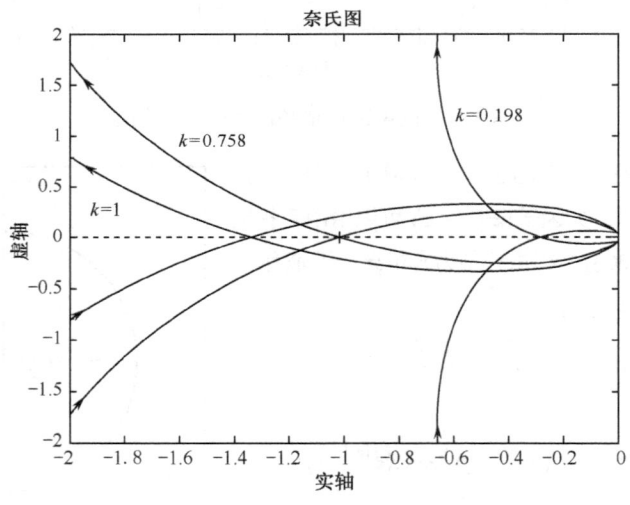

图 4.26 例 4.15 系统奈氏图

2. 对数频率特性法

线性定常计算机控制系统的频率特性是 ω 的周期函数，求取较复杂，也不便于直接进行对数频率特性分析。由 4.1 节可知，双线性变换可以将 z 平面的单位圆映射为 w 平面的虚轴，而且由于 w 平面与 s 平面有类似的对应关系，因此如果在分析计算机控制系统的频率特性时，先进行双线性变换，则可以运用与连续系统相同的频率分析法来进行计算机控制系统的分析。

若已知计算机控制系统的开环 z 传递函数 $G(z)$，对其作 $z-w$ 双线性变换，即

$$z = \frac{1+w}{1-w} \tag{4.31}$$

得到开环 w 传递函数

$$G(w) = G(z)\big|_{z=\frac{1+w}{1-w}} \tag{4.32}$$

再令 $w = \mathrm{j}v$，让复数变量 w 沿着 w 平面的虚轴由 $v = -\infty$ 变到 $v = +\infty$，这里的 v 称为虚拟频率或伪频率。开环频率特性为

$$G(\mathrm{j}v) = G(w)\big|_{w=\mathrm{j}v} \tag{4.33}$$

根据计算机控制系统的伯德图，判断系统稳定性的判据是：若计算机控制系统无单位圆外的开环极点，则闭环稳定的充要条件是开环对数频率特性在大于 0 dB 的频域内，开环相频特性穿越-180°线的正负穿越次数相等；若开环系统存在 N 个单位圆外的极点，则闭环稳定的充要条件是开环对数频率特性在大于 0 dB 的频域内，开环相频特性穿越-180°线的正穿越次数减去负穿越次数等于 $N/2$。

例 4.16 某计算机控制系统的开环 z 传递函数同例 4.15，试绘制系统在 $k = 0.198$ 时的伯德图，并分析系统的稳定性。

解 因为系统的开环传递函数为

$$G(z) = \frac{0.198(z+1)}{(z-1)(z-0.242)}$$

令 $z = \dfrac{1+w}{1-w}$，得到

$$G(w) = \frac{0.261(1-w)}{w(1+1.639w)}$$

将 $w = \mathrm{j}v$ 代入上式，得

$$G(\mathrm{j}v) = \frac{0.261(1-\mathrm{j}v)}{\mathrm{j}v(1+1.639\mathrm{j}v)}$$

根据上式可画出相应虚拟频率的伯德图，如图 4.27 所示。例 4.16 所示计算机控制系统是稳定的。相位裕量 γ 约为 53.8°，增益裕量为 11.7 dB。

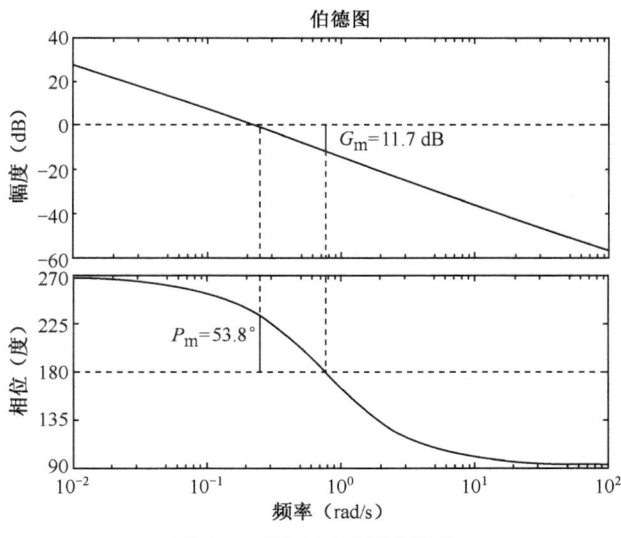

图 4.27　例 4.16 系统伯德图

本 章 小 结

本章介绍了计算机控制系统的分析方法，包括稳定性、动态特性和稳态精度等方面的分析。解释了稳定性的概念，给出了判断稳定性的几种常用方法，如修正的劳斯判据、朱利判据等；讨论了采样周期与开环增益对计算机控制系统稳定性的影响；对稳态误差的定义及计算方法做了详细介绍；分析了计算机控制系统的响应特性；给出了计算机控制系统的根轨迹分析与频率分析方法。

计算机控制系统分析是进行系统设计时必须解决的问题。学习本章，要特别注意以下几点：

（1）重点掌握 s 平面与 z 平面的映射关系。这种映射关系分析方法在本课程中是重要而有效的分析方法，如第 5 章的各种离散化方法、第 6 章的频域设计方法（w 变换法）等方法中均得到了应用，因此掌握这种分析方法对后面的学习是很有益处的。

（2）要牢记计算机控制系统稳定性的判据：计算机控制系统的稳定条件是所有闭环极点均在单位圆内。要清楚地了解，由连续系统变换得到的计算机控制系统，其稳定性比原连续系统要差，如果采样周期过大，甚至会变得不稳定。另外，稳定性的判断方法也需熟练掌握。

（3）要了解计算机控制系统稳态误差的定义，稳态误差的计算方法包括 z 变换终值定理法和静态系数法。

（4）了解系统的输出响应特性；掌握根轨迹分析方法在计算机控制系统中的应用；学会频率特性分析方法，如利用奈氏图和伯德图进行分析。

习题与思考题

4.1 试用修正劳斯判据判定下列方程的根的分布情况。

（1）$z^2 - 1.5z + 0.9 = 0$

（2）$z^3 - 3z^2 + 2z - 0.5 = 0$

（3）$z^3 - 5z^2 - 0.25z - 1.25 = 0$

4.2 已知计算机控制系统的闭环特征多项式如下：

（1）$\Delta(z) = z^2 - z + 0.632$

（2）$\Delta(z) = z^3 + 3.5z^2 + 3.5z + 1$

（3）$\Delta(z) = 3z^4 + z^3 - z^2 - 2z + 1$

试用朱利判据判断闭环系统的稳定性。

4.3 设计算机控制系统结构图如题图 4.3(a)所示，其中采样周期 $T = 1$ s，$a = 2$，数字控制器 $D(z) = K$，其对应的原连续控制系统如题图 4.3(b)所示。

（1）当 $K = 5$ 时，试分析该计算机控制系统与其对应的原连续系统的稳定性；

（2）试求该计算机控制系统稳定时 K 的取值范围。

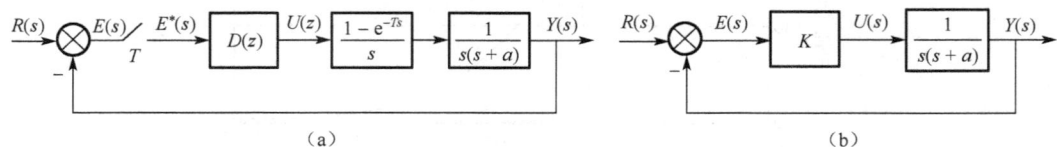

题图 4.3

4.4 分析由下式描述的离散系统的稳定性：
$$y(k) - 0.8y(k-1) - 0.61y(k-2) + 0.67y(k-3) - 0.12y(k-4) = r(k)$$
式中，$r(k)$ 与 $y(k)$ 分别是系统的输入与输出。

4.5 设单位负反馈计算机控制系统的开环 z 传递函数为
$$G(z) = \frac{Kz^{-1}}{(1-0.5z^{-1})(1-z^{-1})}$$
试确定系统稳定时 K 的范围。

4.6 已知计算机控制系统结构图如题图 4.3(a) 所示，其中 $a = 2$，数字控制器 $D(z) = K$，设采样周期 $T = 0.2$ s，试分析系统稳定时 K 的取值范围。

4.7 某计算机控制系统结构图如题图 4.7 所示，数字控制器 $D(z) = K$，采样周期 $T = 0.1$ s。试分别求 $K = 2$ 和 $K = 5$ 时系统的单位阶跃响应序列 $y(kT)$ 及稳态值，并估计其相应的动态性能指标。

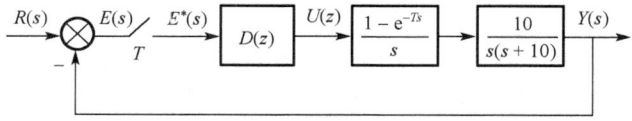

题图 4.7

4.8 已知某计算机控制系统的闭环传递函数为
$$\Phi(z) = \frac{0.42z(z-0.75)}{(z-0.3)(z-0.5)(z-0.7)}$$
试求系统的单位阶跃响应，并由系统闭环极点的分布情况估计其响应特性。

4.9 计算机控制系统结构图如题图 4.7 所示，采样周期 $T = 0.1$ s，数字控制器 $D(z) = 2$，输入信号 $r(t) = 1(t) + t$，试求闭环系统的稳态误差。

4.10 已知某计算机控制系统结构图如题图 4.10 所示，$a = 2$，采样周期 $T = 0.5$ s，数字控制器 $D(z) = 1$，试分别求系统在单位阶跃、单位速度和单位加速度输入信号作用下的误差系数与稳态误差。

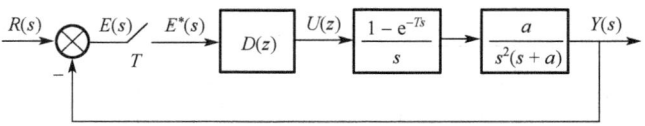

题图 4.10

4.11 已知单位负反馈开环 z 传递函数为 $G(z) = \dfrac{K(z+0.5)}{z(z-0.5)(z^2-z+0.5)}$，试绘制系统的根轨迹，并分析系统的稳定性。

4.12 设单位负反馈系统的开环 z 传递函数为 $G(z) = \dfrac{0.368(z+0.722)}{(z-1)(z-0.368)}$，采样周期 $T = 1$ s，试绘制伯德图，判断系统的稳定性，如果稳定，求出增益裕量和相位裕量。

第 5 章 基于连续系统理论的数字控制器设计

由于绝大多数计算机控制系统中的被控对象本身都是连续的被控过程,而连续控制系统的设计已经形成了一套系统、成熟和实用的设计方法,因此,在设计计算机控制系统时,也经常使用基于连续系统理论的设计方法,即先通过连续系统理论设计出与计算机控制系统中的数字控制器等价的连续控制器,然后再通过适当的方法将其离散化而得到数字控制器。本章将对这种方法的基本原理及相关的离散化方法进行讨论。

5.1 基于连续系统理论的数字控制器设计基本原理

基于连续系统理论的数字控制器设计方法是先将计算机控制系统视为一个连续系统,用连续系统相关的设计方法设计闭环系统的等价模拟控制器,然后再将该模拟控制器进行离散化得到数字控制器,因此,也称为连续域离散化设计方法。

5.1.1 连续域离散化设计基本思想

典型的计算机控制系统的简化结构图如图 5.1 所示。该简化结构图中,被控对象、传感器等合在一起构成广义对象 $G(s)$,而数字控制部分包括数字控制器 $D(z)$ 以及相应的 A/D 与 D/A 转换器,其中数字控制器 $D(z)$ 即对应于由计算机编程实现的控制算法,而控制系统设计的目的就是求得满足系统性能要求的数字控制器 $D(z)$。连续域离散化设计,就是先将图 5.1 所示的计算机控制系统的数字控制部分视为一个整体,并等效为连续传递函数 $D_e(s)$,通过分析 $D_e(s)$ 的具体组成,即考虑到 A/D 与 D/A 转换器对系统的影响,从而用连续系统理论来设计与数字控制器 $D(z)$ 等价的连续传递函数 $D_{dc}(s)$,再将其离散化而得到数字控制算法的 z 传递函数 $D(z)$。

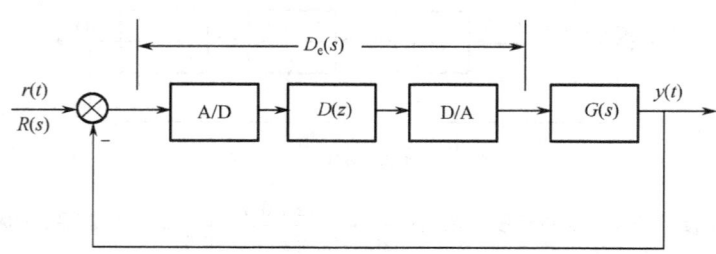

图 5.1 计算机控制系统的简化结构图

5.1.2 等效控制器 $D_e(s)$ 的数学描述

由图 5.1 可知,等效控制器 $D_e(s)$ 包括 A/D、数字控制算法 $D(z)$ 和 D/A 三个部分。

1. A/D 的传递函数

若不计量化效应,A/D 本质上可视为一个理想的采样开关,其输入 $R(s)$ 与输出 $R^*(s)$ 的频率关系表示为

$$R^*(j\omega) = \frac{1}{T}\sum_{n=-\infty}^{\infty} R(j\omega + jn\omega_s) \tag{5.1}$$

当系统具有低通特性且满足 $\omega_s \geq (4\sim 10)\omega_b$ 时，其中 ω_s 为采样角频率，ω_b 为截止频率，可取基频来近似：

$$R^*(j\omega) \approx \frac{1}{T}R(j\omega) \tag{5.2}$$

即 A/D 的传递函数可近似为

$$R^*(j\omega)/R(j\omega) \approx \frac{1}{T} \tag{5.3}$$

2. D/A 的频率特性

如第 2 章所述，D/A 可抽象为一个零阶保持器，由于采样频率远大于闭环带宽，零阶保持器也只工作在低频段，其频率特性可近似表示为

$$G_{h0}(j\omega) = T \cdot \frac{\sin(\omega T/2)}{\omega T/2} \cdot e^{-j\omega T/2} \approx T e^{-j\omega T/2} \tag{5.4}$$

即幅频可近似为常值 T，相频近似为一个纯滞后环节。

3. 数字控制算法 $D(z)$

设待设计的数字控制算法为 $D(z)$，其相应频率特性可用 $D(e^{j\omega T})$ 来表示。

将以上三个部分综合起来，可得等效控制器 $D_e(s)$ 的频率特性为

$$D_e(j\omega) \approx \frac{1}{T} \cdot D(e^{j\omega T}) \cdot T e^{-j\omega T/2} = D(e^{j\omega T})e^{-j\omega T/2} \tag{5.5}$$

滞后环节为 A/D 和 D/A 的近似，反映了零阶保持器的相位滞后特性。

设 $D_{dc}(s)$ 为数字控制算法的等效连续传递函数，则等效连续控制器的传递函数为

$$D_e(s) = \frac{1}{T}D_{dc}(s)Te^{-sT/2} = D_{dc}(s)e^{-sT/2} \tag{5.6}$$

实际设计时，$e^{-sT/2}$ 有时也可取为如下的一阶或二阶近似：

$$e^{-sT/2} \approx \frac{1}{1+\frac{sT}{2}} \quad \text{或} \quad e^{-sT/2} \approx \frac{1}{1+\frac{sT}{2}+\frac{(sT)^2}{8}}$$

将等效控制器的传递函数 $D_e(s)$ 视为数字控制算法 $D_{dc}(s)$ 和滞后环节 $e^{-sT/2}$ 的串联，同时，考虑到采样对系统的影响，一般需加前置滤波器，则简化结构图如图 5.2 所示。

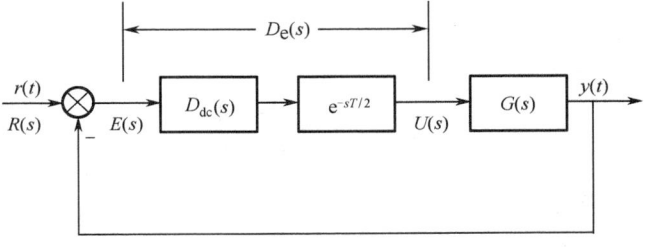

图 5.2　等效设计简化结构图

图中，$G(s)$ 是将被控对象、执行机构、传感器、前置滤波器等合在一起构成的广义对象传递函数。

5.1.3 数字控制器的设计步骤

由以上对 $D_e(s)$ 的分析可知,数字控制器的设计归结为:根据系统性能指标的要求,用连续系统理论设计与数字控制器等效的模拟控制器 $D_{dc}(s)$,然后再离散化。

需要指出的是,如果将原来的连续控制系统的模拟调节器 $D_{ac}(s)$ 直接离散化得到 $D(z)$,设频率特性完全等效,即 $D_{ac}(j\omega) = D(e^{j\omega T})$,则对应的数字控制系统比原连续系统性能差。这是因为数字控制系统的等效控制器为

$$D_e(j\omega) = D(e^{j\omega T})e^{-j\omega T/2} = D_{ac}(j\omega)e^{-j\omega T/2}$$

可见,其等效控制器比原控制器多了一个相位滞后环节,频率特性会下降。

在采样周期很小时,滞后环节的影响也会较小,此时也可将原系统的连续控制器直接近似等效。

综合起来,可得到基于连续系统理论的数字控制器设计的一般步骤:

(1) 根据系统的性能指标要求,选择采样频率,并设计抗混叠的前置滤波器;

(2) 考虑零阶保持器的相位滞后,根据性能指标的要求和连续域设计方法,设计与数字控制算法等效的连续传递函数 $D_{dc}(s)$;

(3) 选择合适的离散化方法,将 $D_{dc}(s)$ 离散化,得到 $D(z)$,并使二者尽量等效;

(4) 检验系统闭环性能,如指标满足,进行下一步,否则重新改进设计,包括选择更合适的离散化方法、提高采样频率、修正连续域设计等;

(5) 将 $D(z)$ 变为数字算法(即差分方程形式),并进行计算机编程实现。

5.2 连续控制器的离散化方法

连续域离散化设计的核心思想是把数字控制部分视为一个整体,其输入和输出都是模拟量,因而可等效为连续传递函数 $D_e(s)$,可利用连续系统的理论和方法进行分析和设计,得到与数字控制算法等价的连续控制器传递函数 $D_{dc}(s)$,然后再进行离散化求得 $D(z)$,并由计算机来实现。

最常用的表征控制器特性的主要指标有:零极点个数、阶跃响应或脉冲响应特性、稳态增益、相位与增益裕量、带宽或频率响应特性等。在大多数实际情况中,在离散化连续控制器时,一个或者多个特性是期望保留的。各种离散化方法则是建立在保留连续控制器不同的特性指标基础上的。在这里,假设 $D_{dc}(s)$ 已经得到,并简记为 $D(s)$。下面讨论几种求取 $D(z)$ 的方法。

5.2.1 脉冲响应不变法(z 变换法)

该方法要求离散控制器的脉冲响应序列等于连续控制器脉冲响应的采样值,即在采样时刻二者的脉冲响应等效。

设连续环节的传递函数为

$$D(s) = \frac{U(s)}{E(s)} = \sum_{i=1}^{n} \frac{A_i}{s+s_i}$$

单位脉冲作用下的输出响应为

$$u(t) = L^{-1}[D(s)] = \sum_{i=1}^{n} A_i e^{-s_i t}$$

对 $u(t)$ 进行等间隔采样,采样间隔为 T,得到

$$u(kT) = \sum_{i=1}^{n} A_i e^{-s_i kT}$$

对上式进行 z 变换，得到 $D(z)$

$$D(z) = Z[u(kT)] = \sum_{i=1}^{n} \frac{A_i}{1 - e^{-s_i T} z^{-1}} = Z[D(s)]$$

例 5.1 已知基于连续域理论设计的等效控制器 $D(s) = \dfrac{3}{s+2}$，设采样周期 $T = 0.01$ s，试用 z 变换法求相应的数字控制器 $D(z)$。

解
$$D(z) = Z\left[\frac{3}{s+2}\right] = \frac{3}{1 - e^{-0.02} z^{-1}}$$

相应的控制算法为

$$u(k) = 3e(k) + e^{-0.02} u(k-1)$$

可看出，数字控制器 $D(z)$ 实际上是直接对连续控制器 $D(s)$ 进行 z 变换而来，即两者之间的等效关系为

$$z = e^{sT} \tag{5.7}$$

令 $s = \sigma + j\omega$，则有 $z = re^{j\Omega} = e^{(\sigma+j\omega)T} = e^{\sigma T} e^{j\omega T}$，可得

$$\begin{cases} r = e^{\sigma T} \\ \Omega = \omega T \end{cases}$$

（1）r 与 σ 的关系

当 $\sigma = 0$（s 平面虚轴），映射为 $r = 1$（z 平面单位圆）

当 $\sigma < 0$（s 左半平面），映射为 $r < 1$（z 平面单位圆内）

当 $\sigma > 0$（s 右半平面），映射为 $r > 1$（z 平面单位圆外）

（2）ω 与 Ω 的关系

$\omega = 0$（s 平面实轴），映射为 $\Omega = 0$（z 平面正实轴）

$\omega = \omega_0$（s 平面平行于实轴的直线），映射为 $\Omega = \omega_0 T$（z 平面始于原点，幅角为 $\omega_0 T$ 的辐射线）

$\omega : -\omega_s/2 \sim \omega_s/2$（$s$ 平面为 ω_s 的一个水平带），映射为 $\Omega : -\pi \sim \pi$（z 平面幅角转了一周，覆盖整个 z 平面）

（3）脉冲响应不变法的特点

由于直接采用 z 变换，若 $D(s)$ 稳定，则 $D(z)$ 也一定稳定。但 $D(z)$ 不能完全保持 $D(s)$ 的频率响应。$D(z)$ 将 ω_s 的整数倍变换到 z 平面上同一个点的频率，因而出现了频率混叠现象。同时，由于使用 z 变换，脉冲响应不变法不具备串联性质，即

$$Z[D_1(s) \cdot D_2(s) \cdots] \neq Z[D_1(s)] \cdot Z[D_2(s)] \cdots$$

脉冲响应不变法的应用范围为：连续控制器 $D(s)$ 应较容易地分解为并联结构，$D(s)$ 的频率响应在折叠频率以上处衰减较大、较快的场合。这时，如果采样频率足够高，就可减少频率混叠影响，从而使得 $D(z)$ 的频率特性接近原连续控制器 $D(s)$。

5.2.2 阶跃响应不变法

该方法要求离散控制器和连续控制器的阶跃响应的采样值保持不变，也就是将连续控制器与零阶保持器串联，然后再进行 z 变换离散化得到数字控制器，即

$$D(z) = Z\left[\frac{1-e^{-sT}}{s} \cdot D(s)\right] \tag{5.8}$$

由于在计算机内存中，每个采样间隔内保持信号不变，相当于零阶保持器的性能，因此，采用带零阶保持器的 z 变换比脉冲响应不变法更实用一些。必须指出，这里的采样保持器是一个虚拟的数字模型，而不是实际硬件。由于这种方法加入了零阶保持器，对变换所得的离散滤波器会带来相移，当采样频率较低时，应进行补偿。

由于是做带零阶保持器的 z 变换，阶跃响应不变法具有以下特性：

(1) 若 $D(s)$ 稳定，则相应的 $D(z)$ 也稳定；

(2) $D(z)$ 和 $D(s)$ 的阶跃响应序列相同；

(3) 零阶保持器具有低通作用，频率混叠现象较脉冲响应不变法能显著减轻，离散前后频率特性畸变较小。

(4) 稳态增益不变，即

$$\lim_{s \to 0} D(s) = \lim_{z \to 1} D(z)$$

(5) 阶跃响应不变法不具备串联性质。

例 5.2 已知基于连续域理论设计的等效控制器 $D(s) = \dfrac{s}{(s+1)^2}$，设采样周期为 $T = 1\text{s}$，试用阶跃响应不变法求数字控制器 $D(z)$。

解

$$D(z) = Z\left[\frac{1-e^{-sT}}{s} \cdot \frac{s}{(s+1)^2}\right] = (1-z^{-1}) \cdot Z\left[\frac{1}{(s+1)^2}\right]$$

$$= \frac{Te^{-T}(z-1)}{(z-e^{-T})^2} = \frac{0.368(z-1)}{(z-0.368)^2}$$

5.2.3 前向差分法

对于给定的 $D(s) = \dfrac{U(s)}{E(s)} = \dfrac{1}{s}$，其对应的微分方程为 $\dfrac{du(t)}{dt} = e(t)$，以一阶前向差分代替微分，则

$$e(kT) = \left.\frac{du(t)}{dt}\right|_{t=kT} \approx \frac{u[(k+1)T] - u(kT)}{T}$$

简记为 $u(k+1) = u(k) + Te(k)$。两边取 z 变换，得

$$(z-1)U(z) = TE(z)$$

即

$$D(z) = \frac{U(z)}{E(z)} = \frac{1}{\dfrac{z-1}{T}}$$

比较 $D(s)$ 与 $D(z)$，可知对 $D(s)$ 进行前向差分变换时，将其中的 s 直接用

$$s = \frac{z-1}{T}$$

代入即可，由此可得一阶前向差分法离散化的一般公式为

$$D(z) = D(s)|_{s=\frac{z-1}{T}}$$

另外还可将 z 级数展开：$z = e^{Ts} = 1 + Ts + \dfrac{T^2s^2}{2!} + \cdots$，取一阶近似 $z \approx 1 + Ts$，也可以得到 $s = \dfrac{z-1}{T}$。

从几何上，也可以推导前向差分的变换公式。如上所述，对于积分方程

$$u(t) = \int_0^t e(t)\mathrm{d}t$$

其 s 传递函数为

$$D(s) = \frac{U(s)}{E(s)} = \frac{1}{s}$$

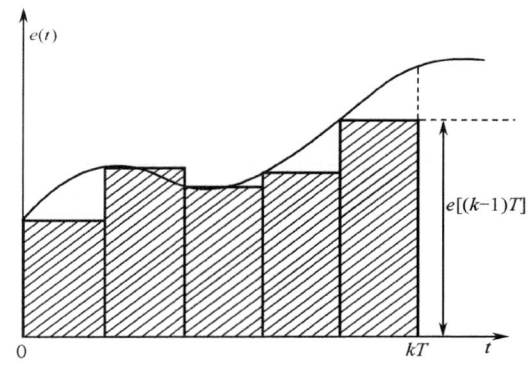

图 5.3 前向差分的面积近似

根据如图 5.3 所示的近似面积关系，即对于 $e(t)$ 的积分，相当于用矩形面积的和来近似代替 $e(t)$ 曲线下的面积，有

$$u(kT) = T\sum_{i=0}^{k-1} e(iT)$$

$$u[(k-1)T] = T\sum_{i=0}^{k-2} e(iT)$$

两式相减得

$$u(kT) - u[(k-1)T] = Te[(k-1)T]$$

两端取 z 变换，经整理得

$$D(z) = \frac{U(z)}{E(z)} = \frac{Tz^{-1}}{1-z^{-1}} = \frac{1}{\dfrac{z-1}{T}}$$

同样可以得到 $s = \dfrac{z-1}{T}$。

下面分析 s 平面与 z 平面的映射关系。令 $s = \sigma + \mathrm{j}\omega$，可得到

$$z = 1 + Ts = (1 + \sigma T) + \mathrm{j}\omega T$$

其模为

$$|z|^2 = (1+\sigma T)^2 + (\omega T)^2$$

z 域的单位圆 $|z| = 1$ 对应到 s 域为 $(1+\sigma T)^2 + (\omega T)^2 = 1$，即

$$\left(\sigma + \frac{1}{T}\right)^2 + \omega^2 = \frac{1}{T^2}$$

可见，z 平面的单位圆映射为 s 平面左半平面上的一个以点 $(-1/T, 0)$ 为圆心、以 $1/T$ 为半径的圆。因此，不是所有 $D(s)$ 的左半平面的点都映射到 z 平面单位圆内，而是只有连续控制器 $D(s)$ 位于 s 左半平面上以点 $(-1/T, 0)$ 为圆心、以 $1/T$ 为半径的圆内的极点，离散化后的 $D(z)$ 的极点才映射到 z 平面的单位圆内，如图 5.4 所示。

综合以上分析，可得前向差分离散化方法的如下特点：

（1）变换公式简单，且具有串联性（即变换与采样开关位置无关）；
（2）当采样周期 T 较大时，等效精度较差；
（3）稳态增益维持不变，即 $\lim_{s \to 0} D(s) = \lim_{z \to 1} D(z)$；
（4）$D(s)$ 稳定，经变换后，$D(z)$ 不一定稳定。

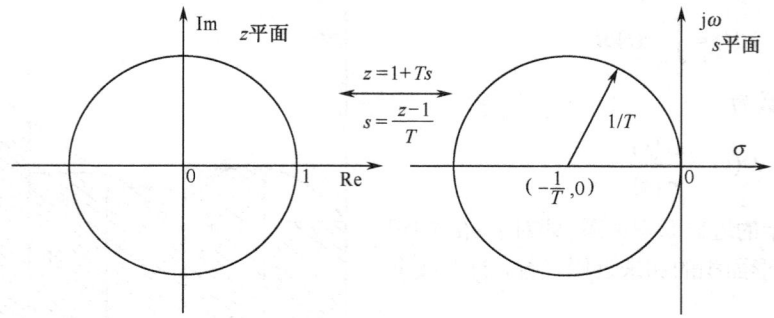

图 5.4 前向差分映射图

例 5.3 已知等效连续控制器 $D(s) = \dfrac{1}{s^2 + 4.5s + 2}$，设采样周期为 $T = 1\text{s}$，试用前向差分法求数字控制器 $D(z)$。

解

$$D(z) = \dfrac{1}{s^2 + 4.5s + 2}\bigg|_{s=\frac{z-1}{T}} = \dfrac{1}{(z-1)^2 + 4.5(z-1) + 2}$$

$$= \dfrac{1}{z^2 + 2.5z - 1.5} = \dfrac{1}{(z+3)(z-0.5)}$$

另外，可以看出，原来的等效连续控制器的极点为 $s_1 = -4$，$s_2 = -0.5$，通过前向差分得到的相应的数字控制器极点为 $z_1 = -3$，$z_2 = 0.5$。$D(s)$ 稳定，经前向差分变换后，$D(z)$ 不稳定。因为该连续控制器 $D(s)$ 存在位于 s 左半平面上以点 $(-1/T, 0)$ 为圆心、以 $1/T$ 为半径的圆外的极点，即 $s_1 = -4$。

5.2.4 后向差分法

设连续控制器为

$$D(s) = \dfrac{U(s)}{E(s)} = \dfrac{1}{s}$$

其微分方程为 $\dfrac{\mathrm{d}u(t)}{\mathrm{d}t} = e(t)$，用一阶后向差分代替微分，得

$$\dfrac{\mathrm{d}u(t)}{\mathrm{d}t} \approx \dfrac{u(k) - u(k-1)}{T} = e(k)$$

对上式做 z 变换，可得

$$D(z) = \dfrac{U(z)}{E(z)} = \dfrac{T}{1 - z^{-1}} = \dfrac{Tz}{z - 1}$$

比较 $D(s)$ 和 $D(z)$，可得后向差分离散化公式为

$$D(z) = D(s)\big|_{s=\frac{z-1}{Tz}}$$

另外，也可将 z^{-1} 做级数展开：

$$z^{-1} = \mathrm{e}^{-Ts} = 1 - Ts + \frac{T^2 s^2}{2!} - \cdots$$

取一阶近似 $z^{-1} \approx 1 - Tsz^{-1} \approx 1 - Ts$，同样可得到

$$s = \frac{1 - z^{-1}}{T} = \frac{z-1}{Tz}$$

上式即为后向差分离散化方法从 s 平面到 z 平面的映射方程。

与前向差分类似，从几何上，仍可以推导后向差分的变换公式。对于积分方程

$$u(t) = \int_0^t e(t)\mathrm{d}t$$

其 s 传递函数为

$$D(s) = \frac{U(s)}{E(s)} = \frac{1}{s}$$

根据如图 5.5 所示的近似面积关系，即对于 $e(t)$ 的积分，相当于用矩形面积的和来近似代替 $e(t)$ 曲线下的面积。

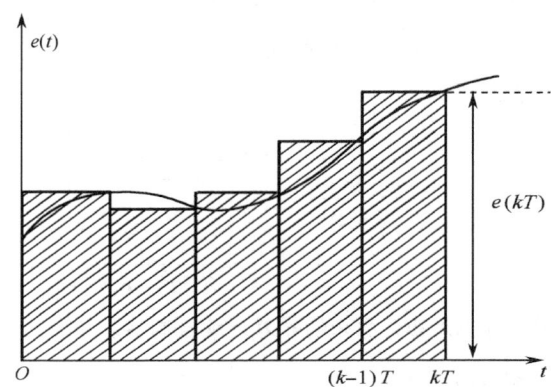

图 5.5 后向差分的面积近似

根据后向差分离散化公式，也可以分析 s 平面的稳定域映射到 z 平面的情况。由后向差分离散化公式可得

$$z = \frac{1}{1-Ts} = \frac{1}{2} + \frac{1}{2} \cdot \frac{1+Ts}{1-Ts}$$

同样，令 $s = \sigma + \mathrm{j}\omega$，进一步，可得到

$$\left|z - \frac{1}{2}\right|^2 = \frac{1}{4} \cdot \frac{(1+\sigma T)^2 + (\omega T)^2}{(1-\sigma T)^2 + (\omega T)^2}$$

由上式可见，当 $\sigma = 0$（s 平面虚轴）时，映射为 $\left|z-\frac{1}{2}\right| = \frac{1}{2}$；当 $\sigma < 0$（s 左半平面）时，映射为 $\left|z-\frac{1}{2}\right| < \frac{1}{2}$；当 $\sigma > 0$（s 右半平面）时，映射为 $\left|z-\frac{1}{2}\right| > \frac{1}{2}$。也就是说，后向差分法将 s 左半平面映射为 z 平面单位圆内以 $(1/2, 0)$ 为圆心、以 $1/2$ 为半径的一个小圆内，如图 5.6 所示。

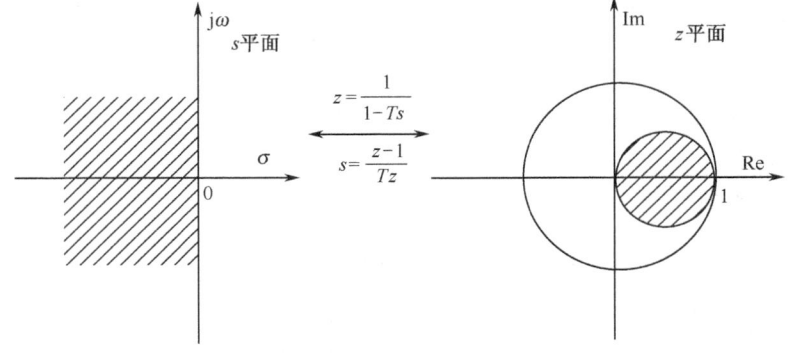

图 5.6 后向差分映射图

后向差分的特点：
(1) 映射为一一对应，频率无混叠；
(2) 若 $D(s)$ 稳定，则 $D(z)$ 一定稳定；
(3) 具有串联特性，变换前后稳态增益不变，即 $\lim_{s\to 0}D(s)=\lim_{z\to 1}D(z)$。

此外，由差分变换法得到的数字控制器的过程特性及频率特性与原连续滤波器比较有一定的失真，因此，需要较小的采样周期 T。

例 5.4 已知基于连续域理论设计的等效控制器 $D(s)=\dfrac{1}{s^2+4.5s+2}$，设采样周期为 $T=1\text{s}$，试用后向差分法求数字控制器 $D(z)$。

解

$$D(z)=\left.\frac{1}{s^2+4.5s+2}\right|_{s=\frac{z-1}{Tz}}=\frac{1}{(\frac{z-1}{z})^2+4.5(\frac{z-1}{z})+2}$$

$$=\frac{z^2}{7.5z^2-6.5z+1}=\frac{z^2}{(1.5z-1)(5z-1)}$$

另外，可以看出，原来的等效连续控制器的极点为 $s_1=-4$，$s_2=-0.5$，通过后向差分得到的相应的数字控制器极点为 $z_1=\dfrac{2}{3}$，$z_2=\dfrac{1}{5}$。$D(s)$ 稳定，经后向差分变换后，$D(z)$ 仍稳定。而如果采用前向差分，则只有连续控制器 $D(s)$ 全部极点都位于 s 左半平面上以点 $(-1/T, 0)$ 为圆心、以 $1/T$ 为半径的圆内，离散化后的 $D(z)$ 的才稳定，否则就不稳定，如例 5.3。

5.2.5 双线性变换法

一阶前向与后向差分方法都是用矩形面积之和去近似数值积分值，因此精度有限。如果采用梯形面积之和来近似数值积分将会更精确些。

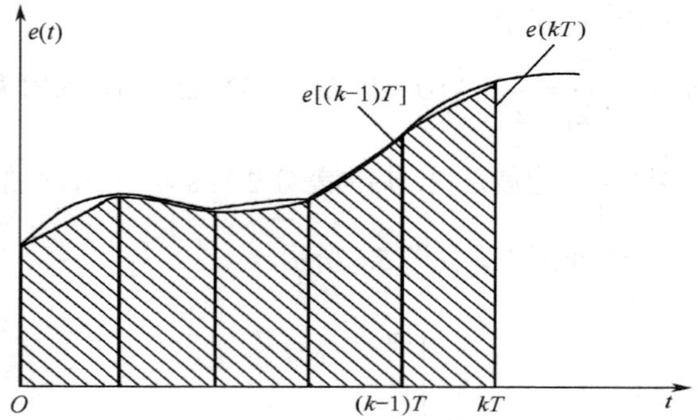

设连续控制器为

$$D(s)=\frac{U(s)}{E(s)}=\frac{1}{s}$$

则对应的控制算式为

$$u(t)=\int_0^t e(t)\mathrm{d}t$$

这是一个积分式子，如果用梯形面积近似表示数值积分值（如图 5.7 所示），则

$$u(k)=u(k-1)+\frac{T}{2}\bigl[e(k)+e(k-1)\bigr]$$

图 5.7 双线性变换的面积近似

对上式求 z 变换，得到

$$U(z)=z^{-1}U(z)+\frac{T}{2}\bigl[E(z)+z^{-1}E(z)\bigr]$$

$$D(z)=\frac{U(z)}{E(z)}=\frac{T}{2}\cdot\frac{1+z^{-1}}{1-z^{-1}}=\frac{1}{\dfrac{2}{T}\cdot\dfrac{z-1}{z+1}}$$

比较 $D(s)$ 和 $D(z)$，可得双线性变换离散化公式为

$$D(z) = D(s)\Big|_{s=\frac{2}{T}\cdot\frac{z-1}{z+1}}$$

另外，由 z 变换定义 $z = \mathrm{e}^{Ts}$，将 e^{Ts} 改写为如下形式：

$$\mathrm{e}^{Ts} = \frac{\mathrm{e}^{\frac{Ts}{2}}}{\mathrm{e}^{-\frac{Ts}{2}}}$$

然后将分子和分母同时展开成泰勒级数，取前两项，得

$$z = \frac{1+\frac{Ts}{2}}{1-\frac{Ts}{2}}$$

由上式计算出 s，也可得到双线性变换公式

$$s = \frac{2}{T}\cdot\frac{z-1}{z+1}$$

将 $s = \sigma + \mathrm{j}\omega$ 代入置换公式，得

$$z = \frac{1+\frac{Ts}{2}}{1-\frac{Ts}{2}} = \frac{\left(1+\frac{T}{2}\sigma\right)+\mathrm{j}\frac{\omega T}{2}}{\left(1-\frac{T}{2}\sigma\right)-\mathrm{j}\frac{\omega T}{2}}$$

可得变量 z 模的平方为

$$|z|^2 = \frac{\left(1+\frac{T}{2}\sigma\right)^2+\left(\frac{\omega T}{2}\right)^2}{\left(1-\frac{T}{2}\sigma\right)^2+\left(\frac{\omega T}{2}\right)^2}$$

由上式可得双线性变换方法 s 平面与 z 平面的映射关系。当 $\sigma = 0$（s 平面虚轴），有 $|z|=1$，即映射为 z 平面的单位圆；当 $\sigma < 0$（s 左半平面），则有 $|z|<1$，即映射到 z 平面的单位圆内；当 $\sigma > 0$（s 右半平面），则为 $|z|>1$，即映射到 z 平面单位圆外，如图 5.8 所示。

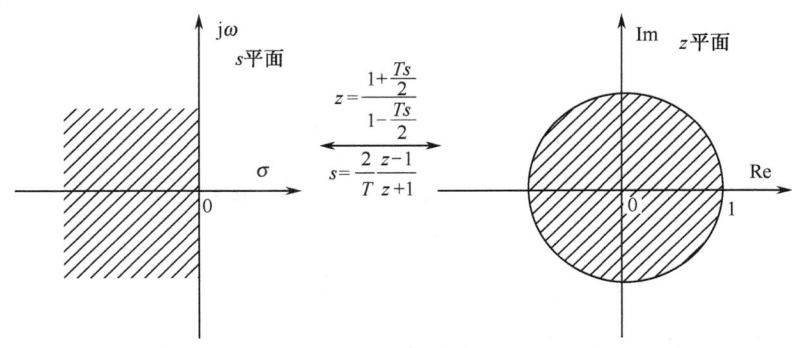

图 5.8 双线性变换的映射图

考虑频率变换，即令 $s = j\omega$ 可得

$$z = \frac{1+\dfrac{Ts}{2}}{1-\dfrac{Ts}{2}} = \frac{1+j\dfrac{\omega T}{2}}{1-j\dfrac{\omega T}{2}} = \frac{\left(1+j\dfrac{\omega T}{2}\right)^2}{1+\left(\dfrac{\omega T}{2}\right)^2} = \frac{1-\left(\dfrac{\omega T}{2}\right)^2 + j\omega T}{1+\left(\dfrac{\omega T}{2}\right)^2} = e^{j\theta}$$

其中幅角 θ 为

$$\theta = \arctan \frac{\omega T}{1-\left(\dfrac{\omega T}{2}\right)^2} = \arctan \frac{2\left(\dfrac{\omega T}{2}\right)}{1-\left(\dfrac{\omega T}{2}\right)^2} = 2\arctan \frac{\omega T}{2}$$

可知，s 平面 ω 沿虚轴从 $-\infty$ 到 $+\infty$ 变化时，将一对一地映射为 z 平面的整个单位圆周，从而不致于产生频率混叠现象。虽然双线性变换避免了混叠现象，但是 s 域角频率和 z 域角频率之间却存在非线性关系。由双线性变换后的幅角 θ 可求得其在 z 域的角频率 Ω 为

$$\Omega = \frac{\theta}{T} = \frac{2}{T} \cdot \arctan \frac{\omega T}{2}$$

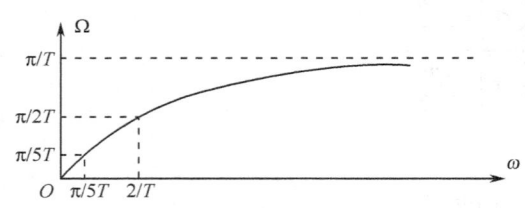

图 5.9　s 域角频率和 z 域角频率的关系

显然，s 域角频率 ω 和 z 域角频率 Ω 为非线性关系，s 域 $0 \sim \infty$ 频段压缩到 z 域的有限频段 $0 \sim \pi/T$，如图 5.9 所示。因此，当采样频率较高时，s 域和 z 域的频率在低频段近似线性关系，具有较好的保真度；而在高频段频率则发生了较大变化，即频率畸变。

综合以上分析，双线性变换离散化方法具有如下主要特点：

（1）若 $D(s)$ 稳定，则 $D(z)$ 一定稳定；

（2）双线性变换的一对一映射，保证了离散频率特性不产生频率混叠现象，但是频率轴产生了畸变；

（3）变换前后，稳态增益不变；

（4）具有串联特性，即若干个连续环节相串联，可分别对每个环节做双线性变换再相乘。

例 5.5　已知基于连续域理论设计的等效控制器 $D(s) = \dfrac{1}{s^2 + 4.5s + 2}$，设采样周期为 $T = 1\text{s}$，试用双线性变换法求数字控制器 $D(z)$。

解

$$D(z) = \frac{1}{s^2 + 4.5s + 2}\bigg|_{s=\frac{2}{T}\frac{z-1}{z+1}} = \frac{1}{\left[\dfrac{2(z-1)}{z+1}\right]^2 + 4.5\dfrac{2(z-1)}{z+1} + 2}$$

$$= \frac{(z+1)^2}{15z^2 - 4z - 3} = \frac{(z+1)^2}{(5z-3)(3z+1)}$$

另外，可以看出，原来的等效连续控制器的极点为 $s_1 = -4$，$s_2 = -0.5$，通过双线性变换得到的相应的数字控制器极点为 $z_1 = 0.6$，$z_2 = -\dfrac{1}{3}$。$D(s)$ 稳定，经双线性变换后，$D(z)$ 仍稳定。

5.2.6 预修正双线性变换法

双线性变换由于频率轴的畸变导致了频率特性畸变，如要保证变换前后某个特征频率不变，则需要采用预修正的方法来补偿频率特性的畸变，使得连续频率特性与离散频率特性在特征频率处的频率特性相等。

预修正双线性变换法的步骤如下：
（1）选取特征频率 ω_1，要求在这一频率处，离散前后幅值相同，即
$$|D(j\omega_1)| = |D(e^{j\omega_1 T})|$$

（2）计算预修正频率大小。如要求离散后特征频率仍为 ω_1，则 s 域频率应预先修正到
$$\omega_1^* = \frac{2}{T}\tan\frac{\omega_1 T}{2}$$

（3）将原连续控制器 $D(s)$ 修正为 $D(s\omega_1/\omega_1^*)$；
（4）对修正后的连续控制器做双线性变换，即 $D(z) = D(s\omega_1/\omega_1^*)\big|_{s=\frac{2}{T}\frac{z-1}{z+1}}$；

经上述变换后得到的 $D(z)$ 可以保证在特征频率 ω_1 处的幅值与 $D(s)$ 相等。

例 5.6 已知基于连续域理论设计的等效控制器
$$D(s) = \frac{1}{\left(\frac{s}{\omega_n}\right)^2 + 2\xi\left(\frac{s}{\omega_n}\right) + 1} = \frac{1}{s^2 + 0.2s + 1}$$

设采样周期为 $T = 1\,\text{s}$，通过双线性变换离散化，要求离散化前后在自然频率 $\omega_n = 1\,\text{rad/s}$ 处有相同的幅值响应。

解 依题意 $\omega_n = 1\,\text{rad/s}$ 为特征频率 ω_1，计算预修正频率 $\omega_1^* = \frac{2}{T}\tan\frac{\omega_1 T}{2} = 1.092\,\text{rad/s}$，将连续传递函数修正为

$$D(s\omega_1/\omega_1^*) = \frac{1}{\left(\frac{s}{\omega_1^*}\right)^2 + 2\xi\frac{s}{\omega_1^*} + 1} = \frac{1}{\left(\frac{s}{1.092}\right)^2 + 0.2\frac{s}{1.092} + 1} = \frac{1.1924}{s^2 + 0.218s + 1.1924}$$

对 $D(s\omega_1/\omega_1^*)$ 进行双线性变换

$$D(z) = D(s\omega_1/\omega_1^*)\big|_{s=\frac{2}{T}\frac{z-1}{z+1}} = \frac{0.2119(z+1)^2}{z^2 - 0.997z + 0.845}$$

在实际计算离散化变换时，也可以按以下公式一步完成预修正双线性变换：

$$D(z) = D(s)\big|_{s=\frac{\omega_1}{\tan(\omega_1 T/2)}\frac{z-1}{z+1}}$$

式中，ω_1 为所选定的特征频率。该公式是依据采用双线性变换离散化前后频率的非线性关系，预先对原连续传递函数进行了修正，体现在预修正变换公式里面，就是将原来变换公式中的系数 $\frac{2}{T}$ 变成了 $\frac{\omega_1}{\tan(\omega_1 T/2)}$，这样就保证了离散化前后在特征频率 ω_1 处的幅值相等。

预修正的双线性变换法本质上仍为双线性变换，因此具有双线性变换的各种特性。但由于采用了预修正的方法来补偿频率特性的畸变，可以保证在特征频率处连续频率特性与离散后频率特性相等。

5.2.7 零极点匹配法

系统的零极点位置决定了系统的性能。所谓零极点匹配法，就是将 $D(s)$ 的零极点均按照 s 域和 z 域的转换关系 $z = e^{Ts}$ ——对应地映射到 z 平面上，所以又称为匹配 z 变换法。

1. 零极点匹配变换法的步骤

（1）将 $D(s)$ 写成零极点的形式

$$D(s) = \frac{K\prod\limits_{i=1}^{m}(s+z_i)}{\prod\limits_{i=1}^{n}(s+p_i)}, \quad m \leqslant n$$

（2）将 $D(s)$ 的零极点映射到 z 平面的变换关系为 $z = e^{Ts}$：

$$D(z) = \frac{\prod\limits_{i=1}^{m}(z - e^{-z_i T})}{\prod\limits_{i=1}^{n}(z - e^{-p_i T})}(z+1)^{n-m} \cdot K$$

上式中 $(z+1)^{n-m}$ 的意义在于，若 $D(s)$ 的分子阶次 m 小于分母阶次 n，则在 $D(z)$ 的分子上加上因子 $(z+1)^{n-m}$。这是因为若 $m<n$，表面在 $s=\infty$ 处有零点，而在 z 平面上，最高的频率为 $\omega_s/2$，它对应 $z=-1$ 点。

（3）$D(z)$ 的增益 K 按稳态增益相等原则进行匹配，即 $\lim\limits_{s \to 0} D(s) = \lim\limits_{z \to 1} D(z)$。

（4）若 $D(s)$ 的分子有因子 s，则可选某特征频率处 ω_1 的幅频特性相等，即 $|D(j\omega_1)| = |D(e^{j\omega_1 T})|$ 来确定增益 K。

2. 零极点匹配变换法的特点

（1）由于零极点匹配变换是基于 z 变换进行的，所以可以保证离散化前后控制器的稳定性。同时，离散化前后控制器的频率特性的保真度也比较好。

（2）当 $D(s)$ 分子阶次比分母低时，在 $D(z)$ 分子上匹配有因子 $(z+1)$，可获得双线性变换的效果，即可防止频率混叠。

（3）零极点匹配法要求将 $D(s)$ 分解为极零点形式，且需要进行稳态增益匹配，因此工程上应用不够方便。

例 5.7 已知基于连续域理论设计的等效控制器 $D(s) = \dfrac{s}{(s+1)^2}$，设采样周期为 $T=1\text{s}$，试用零极点匹配法求离散化后的数字控制器 $D(z)$，使得 $D(s)$ 和 $D(z)$ 在速度函数输入下稳态值相等。

解 分析 $D(s)$ 的零极点，用零极点匹配可得

$$D(z) = \frac{K(z-1)(z+1)}{(z-e^{-T})^2}$$

因为 $D(s)$ 在速度信号输入下稳态值为 1，则

$$u(k) = \lim_{k \to \infty} = \lim_{z \to 1}\left[(z-1)\frac{K(z-1)(z+1)}{(z-e^{-T})^2}\frac{Tz}{(z-1)^2}\right] = 1$$

$$K = \frac{(1-e^{-1})^2}{2} = 0.1998$$

因此，离散化后数字控制器 $D(z)$ 为

$$D(z) = \frac{0.1998(z-1)(z+1)}{(z-0.368)^2}$$

5.2.8 各种离散化方法比较

以上分别讨论了各种不同的连续控制器的离散化方法及其相应的特点。作为连续域等效数字控制器设计的关键环节，重点关注的是各种离散化方法对控制器离散化前后的性能的保真度，比如稳定性、稳态增益、频率特性等。同时，从工程应用的角度考虑，也关注各种方法的适用性与方便性。下面对几种离散化方法做一个简单比较总结。

（1）阶跃响应不变法（z 变换法）的频率特性保真度较差，且容易出现频率混叠现象，只适用于离散低通或窄带滤波器。同时，由于 z 变换不具备串联特性，在工程应用上也不方便，因此实际工程中应用很少。

（2）阶跃响应不变法（带 ZOH 的 z 变换法）能自动保持稳态增益不变，且频率混叠现象较 z 变换法有所减轻，但是零阶保持器的引入，产生了新的相位滞后，一般也只能适用于低通网络。由于需要进行 z 变换，同样不具备串联特性，应用上不够方便。

（3）一阶差分变换法的变换公式较为简单，工程应用很方便。尽管等效精度不是很高，但对工业过程控制（这类过程通常具有一定惯性或滞后）等应用领域而言，其等效精度是可以接受的。其中，后向差分变换能保持离散化前后稳定性，应用更多一些，而前向差分法则有可能将一个稳定的 $D(s)$ 变成不稳定的 $D(z)$。

（4）双线性变换法等效精度较高，并能自动维持离散化前后的稳定性与稳态增益不变，同时，在 $\omega_s/2$ 频率范围以内，变换前后的频率保真度较好，但在高频段会产生一定的频率畸变，因此比较适合于离散有限带宽的低通滤波网络。双线性变换法具有串联特性，工程应用较为方便，因而是应用最为普遍的一种离散化方法。

（5）预修正双线性变换法除具备双线性变换的一般特性之外，还对指定频率点的频率特性具备很高的保真度，因此适用于某些对指定频率点频率特性要求较高的场合，如要求陷波器的频率维持不变等。

（6）零极点匹配法保持了 s 域与 z 域的零极点映射关系，其稳定性和频率特性的保真度都比较好，但是零极点匹配法要求分解零极点，并要进行增益匹配，在应用上不太方便，一般也只应用于一些对性能要求较高的场合。

综上所述，在实际应用时，需要根据各种离散化方法的不同特点，结合具体系统的性能要求，具体问题具体分析，从中找到合适的离散化方法。

必须指出，以上所有离散化方法的等效性能均与采样周期密切相关，一般而言，采样周期越小，等效性能越好，反之，则等效性能明显下降，这在差分变换法中尤为明显。这表明，在使用连续域理论等效设计数字控制器时，为保证设计的等效精度，通常要求足够高的采样频率，这就意味着对计算机系统的运算速度与处理能力要求较高。这是这类设计方法的主要不足。

5.3　数字控制器设计举例

在 5.1 和 5.2 节中，分别介绍了基于连续系统理论设计数字控制器的基本原理、步骤以及相应的离散化方法，下面通过一个位置随动系统的设计举例说明这种方法的具体设计过程。

例 5.8 要设计一个位置随动系统（即希望被控对象的输出跟随参考输入的变化），已知连续被控对象电机的近似传递函数为

$$G_o(s) = \frac{4}{s(s+2)}$$

拟采用计算机控制，要求系统具有以下性能指标：

（1）稳态速度误差系数 $K_v \geq 10$；

（2）阶跃响应时的超调量 $\sigma\% < 10\%$，调节时间 $t_s < 1.5\text{ s}$（±5%以内），峰值时间 $t_p < 1.2\text{ s}$。

试用基于连续系统理论的方法设计该数字控制器。

解 （1）考察由被控对象直接构成位置随动系统的性能

由被控对象构成的连续位置随动系统如图 5.10 所示，其闭环传递函数为

$$\Phi(s) = \frac{Y(s)}{R(s)} = \frac{G_o(s)}{1+G_o(s)} = \frac{4}{s^2+2s+4}$$

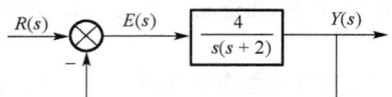

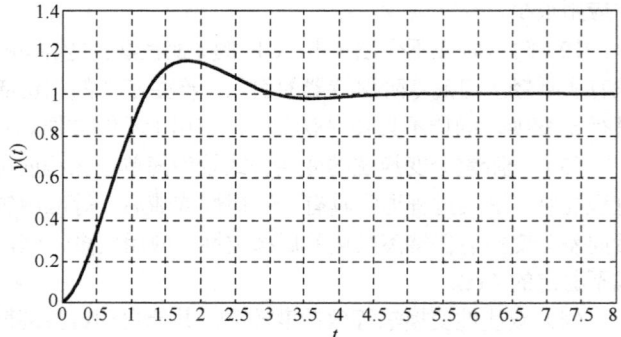

图 5.10　由被控对象直接构成的随动系统　　　图 5.11　原随动系统阶跃响应曲线

这是一个典型的二阶振荡系统，阻尼比 $\zeta = 0.5$，自然频率 $\omega_n = 2$。根据二阶振荡系统时间响应表达式可求得超调量

$$\sigma\% = 100\% \times e^{-\pi\zeta/\sqrt{1-\zeta^2}} = 16.3\%$$

峰值时间

$$t_p = \frac{\pi}{\omega_n\sqrt{1-\zeta^2}} = 1.8\text{ s}$$

调节时间

$$t_s \approx \frac{3.5}{\zeta\omega_n} = 3.5\text{ s}$$

其阶跃响应曲线如图 5.11 所示，由图可知实际调节时间 $t_s = 2.8\text{ s}$。

系统的稳态速度误差系数

$$K_v = \lim_{s \to 0} sG(s) = \lim_{s \to 0} s \cdot \frac{4}{s(s+2)} = 2$$

与系统设计所要求的性能指标比较可见，如图 5.10 所示的位置随动系统如果不加校正装置，则系统的动态性能与稳态性能均不能满足指标要求。

（2）选择采样周期

图 5.10 所示的原闭环系统的频带宽度约为 $\omega_b = 2.88\,\text{rad/s}$，选择的采样频率应远大于这个闭环带宽，现选择采样周期 $T = 0.1\,\text{s}$，即 $\omega_s = 2\pi/T = 62.8\,\text{rad/s}$，远大于 ω_b。

同时，为简化设计，假定系统不存在频率超过 $\omega_s/2$ 的高频噪声，因此可以不考虑加入抗频率混叠的前置滤波器。

（3）连续域等效设计

如果采用计算机控制，如 5.1 节所述，考虑到 A/D 与 D/A 转换器对系统的影响，其近似传递函数可表示为

$$G_{\text{AD}}(s) \approx \frac{1}{1+\frac{Ts}{2}} = \frac{1}{0.05s+1}$$

将 $G_{\text{AD}}(s)$ 与原连续被控对象一起构成广义连续被控对象

$$G(s) = G_{\text{AD}}(s)G_o(s) = \frac{1}{0.05s+1} \cdot \frac{4}{s(s+2)}$$

设数字控制器的等效连续传递函数为 $D_{\text{dc}}(s)$，于是，设计问题归结为以 $G(s)$ 为广义被控对象，根据给定的性能指标要求，在连续域内设计校正网络 $D_{\text{dc}}(s)$。该数字控制系统在连续域内的等效结构图如图 5.12 所示。

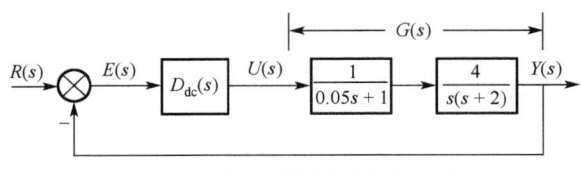

图 5.12　连续域设计等效结构图

从原系统的性能参数与期望的性能指标可以看出，该系统既需要改善动态响应的快速性，又需要较大程度提高稳态速度误差系数，因此可以采用滞后-超前校正。按照连续系统频域法设计原理，可求得校正网络为

$$D_{\text{dc}}(s) = \frac{6(s+0.2)(s+1.2)}{(s+0.03)(s+6)}$$

需要说明的是，在连续域设计时，该校正网络的具体参数并不唯一，只要满足性能指标要求即可。

（4）等效连续控制器的离散化

由上述校正网络的频率特性可知，相对于采样频率而言，其关键频率（转折频率）点都在低频段，且高频部分幅频特性是平坦的，因而可采用双线性变换进行离散化求得 $D(z)$，即

$$D(z) = D_{\text{dc}}(s)\Big|_{s=\frac{2}{T}\frac{z-1}{z+1}} = \frac{4.93(z-0.98)(z-0.887)}{(z-0.997)(z-0.538)}$$

（5）闭环检验

由以上所设计的数字控制器 $D(z)$ 构成的计算机控制系统如图 5.13 所示。通过在 MATLAB 中进行数字仿真，得到系统的阶跃响应曲线如图 5.14 的曲线 b 所示，与校正前的曲线 a 进行比较，可见其动态性能得到了明显改善，其中超调量 $\sigma\% = 6.6\%$，峰值时间 $t_p = 0.8\,\text{s}$，调节时间 $t_s = 1\,\text{s}$，均满足设计要求。

关于稳态性能，须考察稳态速度误差系数 K_v，由图 5.13 可得计算机控制系统的广义对象为

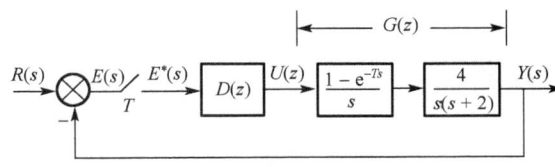

图 5.13　例 5.8 计算机控制系统

$$G(z) = Z\left[\frac{1-e^{-Ts}}{s} \cdot \frac{4}{s(s+2)}\right] = \frac{0.019z+0.018}{(z-1)(z-0.819)}$$

则有

$$K_v = \frac{1}{T}\lim_{z \to 1}(z-1)D(z)G(z) = \frac{1}{0.1}\lim_{z \to 1}(z-1) \cdot \frac{4.93(z-0.98)(z-0.887)}{(z-0.997)(z-0.538)} \cdot \frac{0.019z+0.018}{(z-1)(z-0.819)} = 16.4$$

可见稳态性能也满足要求。故所设计的数字控制器 $D(z)$ 是合理的。

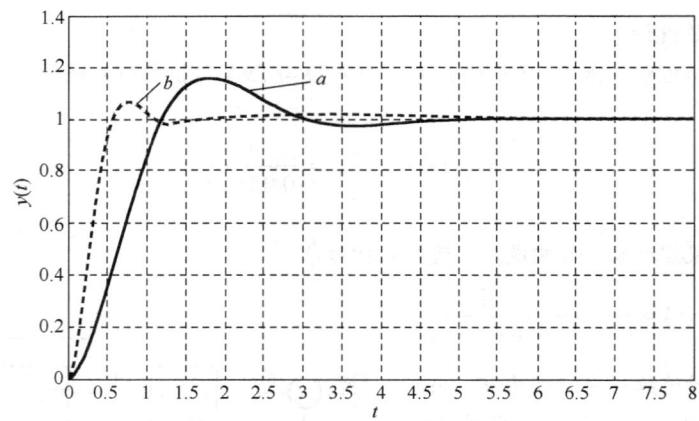

图 5.14 例 5.8 阶跃响应曲线

（6）数字控制器 $D(z)$ 的算法实现

将以上设计得到的 $D(z)$ 转化为差分形式，即由

$$D(z) = \frac{U(z)}{E(z)} = \frac{4.93(z-0.98)(z-0.887)}{(z-0.997)(z-0.538)} = \frac{4.93 - 9.204z^{-1} + 4.285z^{-2}}{1 - 1.535z^{-1} + 0.536z^{-2}}$$

可得

$$u(k) = 4.93e(k) - 9.204e(k-1) + 4.285e(k-2) + 1.535u(k-1) - 0.536u(k-2)$$

该差分算式即可由计算机编程实现。

例 5.8 较为完整地反映了基于连续系统理论设计数字控制器的具体过程。需要说明的是，考虑到离散化过程的参数偏差或性能差异，在连续域设计时一般要留有一定的裕量，以便离散化后的数字控制系统满足要求。同时必须指出，在连续域等效设计步骤中的等效连续广义对象 $G(s)$ 的构成也尤为重要，它需要反映 A/D、D/A 转换器及前置滤波器（如果存在的话）等对系统的影响，以便将这种影响在控制器的设计中予以考虑。显然，这种影响是与采样周期密切相关的，在本例中，采样周期 $T = 0.1$ s，相对于系统带宽而言，该采样周期已足够小，因而上述环节对系统的影响不是很大。但是当增大采样周期，同时在设计时又没有考虑 A/D、D/A 变换器等影响，其设计结果所得到的实际系统性能将与期望指标相差较大，对此读者可自行验证。

5.4 数字 PID 控制

在工程实际中，应用最为广泛的调节器控制规律为闭环系统误差的比例、积分、微分控制，简称 PID 控制，又称 PID 调节。PID 控制器问世至今已有 70 多年的历史，它以其结构简单、稳定性好、工作可靠、参数调整方便而成为工业控制的主要技术之一。当被控对象的结构和参数不能完全掌握，或得不到精确的数学模型，控制理论的其他技术难以采用，系统控制器的结构和参数必须依靠经验和现场调试来确定时，应用 PID 控制技术较为方便。即当不完全了解一个系统和被控对象，或不能通过有效的测量手段来获得系统参数时，则较为适合用 PID 控制技术。PID 控制，实际应用中也常有 PI 和 PD 控制。随着计算机的发展，PID 控制很容易通过编制计算机程序实现。由于软件的灵活性，PID 算法可以得到修正和完善，因此数字 PID 具有更好的灵活性和适用性。

5.4.1 PID 控制的基本形式及数字化

由系统的给定值 r 与实际输出值 y 得到控制偏差 $e = r - y$，以偏差的比例、积分、微分运算的线性组合构成控制量，从而改变系统的调节品质，这就形成了 PID 调节系统，其控制结构如图 5.15 所示。

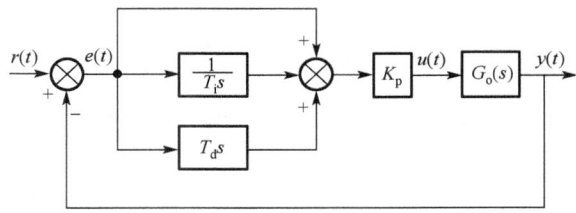

图 5.15 连续 PID 控制系统

连续 PID 控制器的微分方程为

$$u(t) = K_p \left[e(t) + \frac{1}{T_i} \int_0^t e(t) \mathrm{d}t + T_d \frac{\mathrm{d}e(t)}{\mathrm{d}t} \right] \tag{5.9}$$

式中，K_p 为比例系数，T_i 为积分时间常数，T_d 为微分时间常数。对上式取拉氏变换，得

$$U(s) = K_p \left[E(s) + \frac{E(s)}{T_i s} + T_d s E(s) \right] \tag{5.10}$$

PID 控制器的传递函数为

$$D(s) = \frac{U(s)}{E(s)} = K_p \left(1 + \frac{1}{T_i s} + T_d s \right) \tag{5.11}$$

将连续 PID 控制器以一定的离散化方法离散后，即可得到对应的数字 PID 算法。在这里，假设采样周期 T 足够小，因此存在如下的近似关系：

$$\begin{cases} u(t) \approx u(k) \\ e(t) \approx e(k) \\ \int_0^t e(t)\mathrm{d}t \approx \sum_{j=0}^{k} e(j) \cdot T = T \sum_{j=0}^{k} e(j) \\ \dfrac{\mathrm{d}e(t)}{\mathrm{d}t} \approx \dfrac{e(k) - e(k-1)}{T} \end{cases} \tag{5.12}$$

整理后得到

$$u(k) = K_p \left\{ e(k) + \frac{T}{T_i} \sum_{j=0}^{k} e(j) + \frac{T_d}{T} [e(k) - e(k-1)] \right\} \tag{5.13}$$

该算法称为位置式数字 PID 控制算法。将式（5.11）用后向差分法进行离散化，得到 PID 控制器的 z 传递函数

$$D(z) = \frac{U(z)}{E(z)} = K_p \left[1 + \frac{T}{T_i} \frac{1}{1-z^{-1}} + T_d \frac{(1-z^{-1})}{T} \right] \tag{5.14}$$

式（5.14）中，令 $K_i = K_p \dfrac{T}{T_i}$，即积分系数；$K_d = K_p \dfrac{T_d}{T}$，即微分系数，则有

$$D(z) = \frac{U(z)}{E(z)} = K_p + K_i \frac{1}{1-z^{-1}} + K_d(1-z^{-1})$$

离散 PID 控制系统如图 5.16 所示。

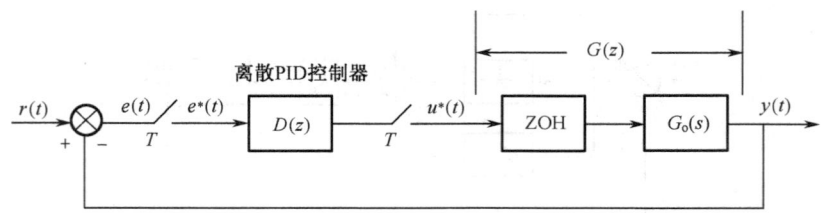

图 5.16　离散 PID 控制系统

不同类型的 PID 控制器，其结构、原理各不相同，但是基本控制规律只有三个：比例（P）控制、积分（I）控制和微分（D）控制。这几种控制规律可以单独使用，但是更多场合是组合使用。如比例（P）控制、比例积分（PI）控制、比例微分（PD）控制和比例积分微分（PID）控制等。

（1）比例（P）控制

单独的比例控制也称"有差控制"，只要系统的实际输出与给定输入有偏差，控制器就有输出，其值与偏差成比例关系，偏差越大控制器输出越大。实际应用中，比例系数 K_p 的大小应视具体情况而定，加大比例系数 K_p，可以减小稳态误差，但 K_p 过大时，系统的动态性能会下降，引起系统输出量振荡，甚至导致闭环系统不稳定。单纯的比例控制适用于扰动不大、滞后较小、负荷变化小、要求不高、允许有一定余差存在的场合。工业生产中比例控制规律使用较为普遍。

（2）比例积分（PI）控制

比例控制规律是基本控制规律中最基本的、应用最普遍的一种，其最大优点就是控制及时、迅速，只要有偏差产生，控制器立即产生控制作用。但是，不能最终消除稳态误差的缺点限制了它的单独使用。消除稳态误差的办法是在比例控制的基础上加上积分控制作用。积分控制器的输出与偏差对时间的积分成正比。这里的"积分"指的是"积累"的意思。积分控制器的输出不仅与偏差的大小有关，而且还与偏差存在的时间有关。只要偏差存在，输出就会不断累积（输出值越来越大或越来越小），一直到偏差为零，累积才会停止。所以，积分控制可以消除稳态误差。积分控制规律又称无差控制规律。积分时间常数的大小表征了积分控制作用的强弱。积分时间常数 T_i 越小，控制作用越强；反之，控制作用越弱。积分控制虽然能消除余差，但它存在着控制不及时的缺点。因为积分输出的累积是渐进的，其产生的控制作用总是落后于偏差的变化，不能及时有效地克服干扰的影响，难以使控制系统稳定下来。所以，实用中一般不单独使用积分控制，而是和比例控制作用结合起来，构成比例积分控制。这样取二者之长，互相弥补，既有比例控制作用的迅速及时，又有积分控制作用消除稳态误差的能力。因此，比例积分控制可以实现较为理想的过程控制。比例积分控制器是目前应用最为广泛的一种控制器，多用于工业生产中液位、压力、流量等控制系统。积分作用的引入，会使系统稳定性变差。对于有较大惯性滞后的控制系统，要尽量避免使用。

（3）比例微分（PD）控制

比例积分控制对于时间滞后的被控对象使用不够理想。所谓"时间滞后"，是指：当被控对象受

到扰动作用后，被控变量没有立即发生变化，而是有一个时间上的延迟，比如容量滞后，此时比例积分控制显得迟钝、不及时。为此，人们设想：能否根据偏差的变化趋势来做出相应的控制动作呢？犹如有经验的操作人员，既可根据偏差的大小来改变阀门的开度（比例作用），又可根据偏差变化的速度大小来预计将要出现的情况，提前进行过量控制，"防患于未然"。这就是具有"超前"控制作用的微分控制规律。微分控制器输出的大小取决于偏差变化的速度。微分输出只与偏差的变化速度有关，而与偏差的大小及偏差存在与否无关。如果偏差为一固定值，不管多大，只要不变化，则输出的变化一定为零，控制器没有任何控制作用。微分时间常数 T_d 越大，微分输出维持的时间就越长，因此微分作用越强；反之则越弱。微分控制作用的特点是：动作迅速，具有超前调节功能，可有效改善被控对象有较大时间滞后的控制品质；但是它不能消除稳态误差，尤其是对于恒定偏差输入时，根本就没有控制作用。因此，不能单独使用微分控制规律。比例和微分作用结合，比单纯的比例作用更快。尤其是对容量滞后大的对象，可以减小偏差的幅度，节省控制时间，显著改善控制质量。

（4）比例积分微分（PID）控制

最为理想的控制当属比例—积分—微分控制规律。它集三者之长，既有比例作用的及时迅速，又有积分作用的消除稳态误差的能力，还有微分作用的超前控制功能。当偏差阶跃出现时，微分立即大幅度动作，抑制偏差的这种跃变；比例也同时起消除偏差的作用，使偏差幅度减小，由于比例作用是持久和起主要作用的控制规律，因此可使系统比较稳定；而积分作用是慢慢把稳态误差克服掉。只要三个作用的控制参数选择得当，便可充分发挥三种控制规律的优点，得到较为理想的控制效果。

5.4.2 数字 PID 控制算法

常见的数字 PID 控制算法包括位置式 PID 算法与增量式 PID 算法两种基本形式。

1. 位置式 PID 算法

式（5.13）表示的控制算法提供了执行机构的位置 $u(k)$（如阀门开度），即输出值与阀门开度一一对应，所以称为位置式 PID 控制算法，此算法一般适用于执行装置无记忆功能的场合。

$$u(k) = K_p \left\{ e(k) + \frac{T}{T_i} \sum_{j=0}^{k} e(j) + \frac{T_d}{T} [e(k) - e(k-1)] \right\}$$

这是控制算法的一种非递推公式。按照上式计算 $u(k)$ 不仅需要本次与上次的偏差的采样值 $e(k)$ 和 $e(k-1)$，而且还需要用到 $e(0)$ 到 $e(k)$ 的所有值。当 k 值很大时，要占用很大内存，且要花费计算机的大量时间去计算，这是位置式 PID 的不方便之处。位置式 PID 算法控制原理图如图 5.17 所示。

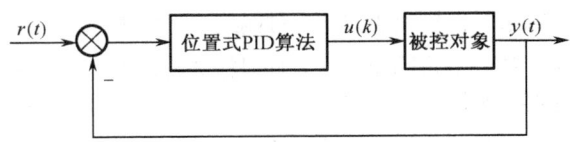

图 5.17 位置式 PID 算法控制原理图

2. 增量式 PID 算法

根据式（5.13）可写出 $k-1$ 次控制量为

$$u(k-1) = K_p \left\{ e(k-1) + \frac{T}{T_i} \sum_{j=0}^{k-1} e(j) + \frac{T_d}{T} [e(k-1) - e(k-2)] \right\} \quad (5.15)$$

用 $u(k)$ 减去 $u(k-1)$，并令 $\Delta u(k) = u(k) - u(k-1)$，得

$$\Delta u(k) = K_p \left\{ e(t) - e(k-1) + \frac{T}{T_i} e(k) + \frac{T_d}{T} [e(k) - 2e(k-1) + e(k-2)] \right\} \quad (5.16)$$
$$= K_p [e(k) - e(k-1)] + K_p \frac{T}{T_i} e(k) + K_p \frac{T_d}{T} [e(k) - 2e(k-1) + e(k-2)]$$

利用积分系数 $K_i = K_p \dfrac{T}{T_i}$ 以及微分系数 $K_d = K_p \dfrac{T_d}{T}$，有

$$\Delta u(k) = K_p [e(k) - e(k-1)] + K_i e(k) + K_d [e(k) - 2e(k-1) + e(k-2)] \quad (5.17)$$

式（5.17）即为增量式 PID 算法。

由式（5.17）可见，增量式 PID 算法每次计算的只是一个控制增量，所需要的存储单元不多，不随 k 值变化，同时，其运算量也相对较少。如果执行机构本身具有记忆功能，即可将该控制增量直接接入执行机构；如果执行机构不具备记忆功能，则需要在算法中引入"记忆功能"，即引入变量 $u(k-1)$，在此基础上加上控制增量 $\Delta u(k)$，即为加在执行机构上的全部控制量 $u(k)$。

5.5 数字 PID 控制改进算法

标准 PID 位置式算法中，积分项作用过大时会出现积分饱和，微分项和比例控制作用过大时会出现微分饱和，都将使执行机构进入非线性区，从而使系统出现过大的超调量，产生振荡现象，动态品质下降。但数字 PID 控制可以充分发挥计算机运算速度快、逻辑判断功能强、编制程序灵活等优势，对标准的数字 PID 算法进行一系列改进，当然主要是对积分项和微分项进行改进，从而克服以上两种饱和现象，使系统具有较好的动态指标。

5.5.1 抗积分饱和算法

积分饱和现象是位置式 PID 算法中常见的问题，积分饱和对系统性能具有一定的负面影响，因此需要在算法上进行必要的改进。

1. 积分饱和的原因及影响

控制系统在开工、停工或大幅度改变给定值时，系统会出现较大的偏差，不可能在短时间内消除，PID 算法中积分项就会一直对偏差进行积累计算，使得控制量 $u(k)$ 的计算值很大。然而在实际控制系统中，控制变量因受执行元件机械和物理性能的约束，其实际取值有一定的限制，如控制变量必须限制在某个范围之内，即 $u_{min} \leqslant u \leqslant u_{max}$，有时候，对控制量的变化率也有限制，如 $|\dot{u}| \leqslant \dot{u}_{max}$。若计算得到的控制量超出了上述范围，系统实际执行的不是控制量的计算值，而是控制量的边界值，使得系统进入饱和区，控制达不到预期的效果，由此将引起不期望的效应，即产生所谓的"饱和效应"。位置式算法中引起计算饱和的主要是积分运算，故称为"积分饱和"。

图 5.18 为某 PI 调节系统在启动时的仿真曲线图，从图中可看出出现积分饱和现象（曲线 b）与理想情况（曲线 a）之间的差异。对曲线 b，由于控制量受到限制，其最大值只能取 u_{max}，而控制量的计算值在系统启动时超出了这个限制，而只能取最大值而非计算值，因此输出 y 的增长速度比理想情况（也就是控制量不受约束的情况）要慢，即偏差 $e = r - y$ 要比理想情况下持续更长时间保持正值，从而使积分有较大的积累，也就是说控制量的计算值越来越大。当输出 y 超过给定的输入 r^* 后，开始出现负偏差，本来控制量应该减少，但由于积分的累积造成控制量的计算值较大，因此还要经过一段时间 τ 后控制量的计算值才能低于 u_{max}，即退出饱和区，从而使系统出现较大的超调。

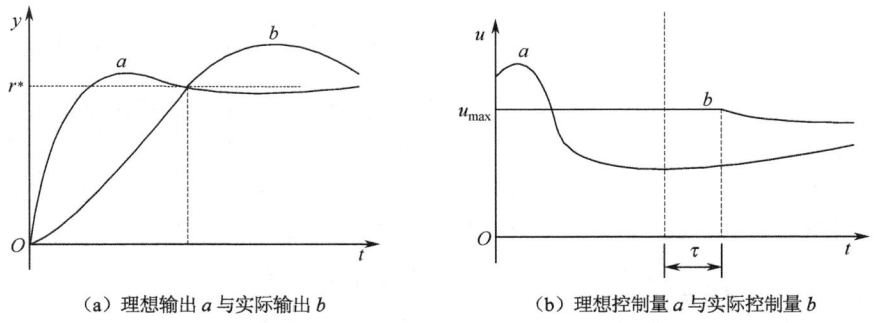

(a) 理想输出 a 与实际输出 b　　　　　(b) 理想控制量 a 与实际控制量 b

图 5.18　位置式 PID 算法的积分饱和现象

2. 抗积分饱和算法

有许多克服积分饱和的方法，这里介绍常用的两种方法：积分分离法和遇限削弱法。

(1) 积分分离算法

积分控制的主要作用就是减少或消除静态误差，改善稳态品质，而代价是降低了系统的快速性。因此，积分分离算法的思想是：当被控量与给定值的偏差大于某个规定的门限值时，不进行积分，以避免饱和及超调量过大；当被控量接近设定值时，才引入积分作用，以消除偏差，提高控制精度。积分分离法将位置式算法（5.13）改写为

$$u(k) = K_\mathrm{p}\left\{e(k) + \alpha \frac{T}{T_\mathrm{i}}\sum_{j=0}^{k}e(j) + \frac{T_\mathrm{d}}{T}[e(k)-e(k-1)]\right\} \tag{5.18}$$

式中 $\alpha = \begin{cases} 1 & |e(k)| \leqslant \varepsilon \\ 0 & |e(k)| > \varepsilon \end{cases}$　$\varepsilon > 0$，ε 为规定的门限值。在实际系统中，门限值可通过实验整定。引入积分分离后，控制量不易进入饱和区，即使进入了，也能较快退出，改善了系统的性能。

(2) 遇限削弱算法

积分分离方法是根据偏差的大小来决定是否修正 $u(k)$，而遇限削弱方法是根据前一个时刻 $u(k-1)$ 的大小来决定是否将当前偏差计入积分项，从而修正当前时刻的控制量。一旦控制量 $u(k-1)$ 的计算值进入饱和区，将执行削弱积分项的运算，而不执行增大积分项的运算，使之向退饱和方向发展。具体的方法为

若 $u(k-1) \geqslant u_{\max}$，$e(k) \geqslant 0$ 则不进行积分累加；$e(k) < 0$ 则进行积分累加。

若 $u(k-1) \leqslant u_{\min}$，$e(k) \leqslant 0$ 则不进行积分累加；$e(k) > 0$ 则进行积分累加。

5.5.2　微分算法的改进

除积分饱和现象外，在标准 PID 算法中，其微分作用在有些情况下也未必能达到所期望的效果。

1. 标准 PID 算法中微分作用的局限性

在这里，考虑数字微分调节器的输出

$$u_\mathrm{d}(k) = \frac{K_\mathrm{p}T_\mathrm{d}}{T}[e(k)-e(k-1)] \tag{5.19}$$

设偏差 $e(k)$ 为单位阶跃序列，即 $e(k)=1(k)$，则可以得到

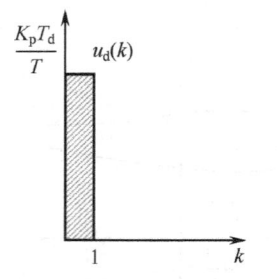

图 5.19 标准的 PID 调节器的微分项
的输出曲线（偏差为阶跃序列）

$$u_d(0) = \frac{K_p T_d}{T}, \quad u_d(1) = u_d(2) = u_d(3) = \cdots = 0$$

可见，标准的数字 PID 调节器中的微分作用只在第一个采样周期里起作用，并且通常会使得 $u_d(0)$ 很大，容易导致输出饱和，即微分饱和。偏差为阶跃序列，标准的 PID 调节器的微分项的输出曲线如图 5.19 所示。

2. 修正的微分算法

微分的引入改善了系统的动态特性，但同时，微分的引入也容易产生高频干扰，因此在实现 PID 控制时要对信号进行平滑处理，消除高频噪声的影响。

（1）不完全微分的 PID 算法

不完全微分算法将微分环节或整个 PID 环节串入一个惯性环节（低通滤波器），以平滑微分作用产生的瞬时脉动，可加强微分作用对全过程的影响，同时还可以抑制高频噪声。不完全微分 PID 算法具有两种形式：

① 惯性环节只加在微分项上

这种不完全微分 PID 算法的结构图如图 5.20 所示。

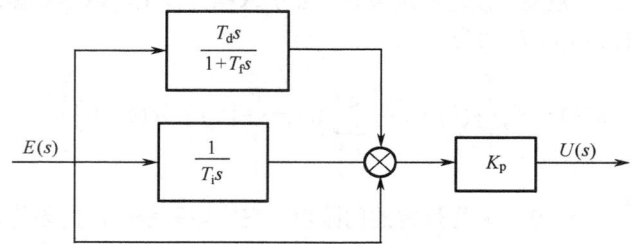

图 5.20 惯性环节只加在微分项上的不完全微分 PID 算法

s 传递函数为

$$D(s) = \frac{U(s)}{E(s)} = K_p \left(1 + \frac{1}{T_i s} + \frac{T_d s}{1 + T_f s} \right)$$

因此有

$$U(s) = \left(K_p + \frac{K_p}{T_i} \cdot \frac{1}{s} + K_p T_d \cdot \frac{s}{1 + T_f s} \right) E(s) = U_p(s) + U_i(s) + U_d(s)$$

其中 $U_p(s)$ 及 $U_i(s)$ 与标准算法中的形式一样，仅 $U_d(s)$ 发生了改变。

$$U_d(s) = K_p T_d \cdot \frac{s}{1 + T_f s} \cdot E(s)$$

用向后差分法离散化，可得

$$\begin{aligned}
u_d(k) &= \frac{T}{T + T_f} \frac{K_p T_d}{T} [e(k) - e(k-1)] + \frac{T_f}{T + T_f} u_d(k-1) \\
&= (1 - \beta) \frac{K_p T_d}{T} [e(k) - e(k-1)] + \beta u_d(k-1)
\end{aligned} \quad (5.20)$$

其中，$\beta = \dfrac{T_f}{T+T_f} < 1$。

根据式（5.20），可知对于阶跃变化序列的偏差 $e(k)$，设 $u_d(-1)=0$，不完全微分算法有

$$u_d(0) = \dfrac{K_p T_d}{T+T_f}, \quad u_d(1) = \beta u_d(0), \quad u_d(2) = \beta u_d(1), \cdots$$

对比式（5.19）与式（5.20），可发现不完全微分与标准 PID 算法的差别仅在于微分项系数降低了 $(1-\beta)$ 倍，并附加了一项 $\beta u_d(k-1)$。不完全微分平滑了微分在第一个采样周期里的作用，并使得微分作用按照指数规律逐渐衰减到零。惯性环节只加在微分项上的不完全微分 PID 调节器的微分项的输出序列见图 5.21。

② 惯性环节串联在整个 PID 调节器之后

惯性环节串联在整个 PID 调节器之后相当于将原来的标准 PID 调节器与一个惯性环节串联而成，结构图如图 5.22 所示。

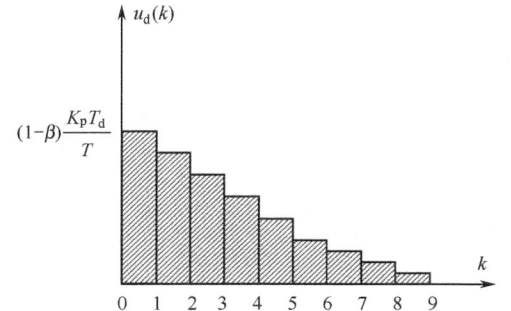

图 5.21　不完全微分 PID 调节器的微分项的输出序列（偏差为阶跃序列）

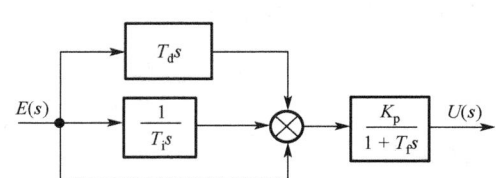

图 5.22　惯性环节加在整个 PID 调节器之后的不完全微分 PID 算法

s 传递函数为

$$D(s) = \dfrac{U(s)}{E(s)} = K_p \left(1 + \dfrac{1}{T_i s} + T_d s\right) \dfrac{1}{1+T_f s}$$

因此有

$$U(s) = \dfrac{1}{1+T_f s}\left[U_p(s) + U_i(s) + U_d(s)\right] = \dfrac{1}{1+T_f s} \cdot U'(s)$$

离散化后可得

$$u'(k) = K_p\left\{e(k) + \dfrac{T}{T_i}\sum_{j=0}^{k} e(j) + \dfrac{T_d}{T}[e(k)-e(k-1)]\right\}$$

$$u(k) = \beta u(k-1) + (1-\beta) u'(k)$$

式中 $\beta = \dfrac{T_f}{T+T_f} < 1$，$u'(k)$ 实际上是标准 PID 算法的控制量。惯性环节加在整个 PID 之后的控制量 $u(k)$ 相当于前一时刻的控制信号 $u(k-1)$ 与当前标准 PID 控制信号 $u'(k)$ 的加权平均值，平滑了控制信号。

（2）微分先行 PID 算法

微分算法的另一种常见的改进形式是微分先行 PID 算法，它由不完全微分数字 PID 变换而来。微

分先行 PID 将微分运算放在最前面，再对微分运算的结果进行比例和积分运算，有助于克服噪声及其他突变信号对控制器输出量带来的冲击。微分先行 PID 算法有两种结构。

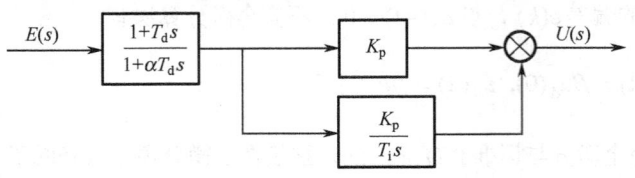

图 5.23 对偏差微分的微分先行 PID 控制结构

① 对偏差微分的微分先行 PID 算法

第一种形式为先对偏差进行微分，再进行比例和积分运算，其控制结构如图 5.23 所示。这种形式意味着对给定值 $r(t)$ 和输出量 $y(t)$ 都有微分作用，适用于串级控制的副控回路，因为副控回路的给定值由主控调节器给出，一般不会频繁突变，同时，从控制要求来说，也应该对其做微分处理。

该 PID 控制结构的 s 传递函数为

$$D(s) = \frac{U(s)}{E(s)} = K_p(1+\frac{1}{T_i s})\frac{1+T_d s}{1+\alpha T_d s} \tag{5.21}$$

其中 $0 < \alpha < 1$，一般可取 $0.03 \sim 0.1$。在这里，令

$$U_d(s) = \frac{1+T_d s}{1+\alpha T_d s} E(s)$$

对上式用一阶后向差分离散化，得

$$u_d(k) = \frac{\alpha T_d}{T+\alpha T_d} u_d(k-1) + \frac{T+T_d}{T+\alpha T_d} e(k) - \frac{T_d}{T+\alpha T_d} e(k-1)$$

写成增量形式

$$\Delta u_d(k) = \frac{\alpha T_d}{T+\alpha T_d} \Delta u_d(k-1) + \frac{T+T_d}{T+\alpha T_d} \Delta e(k) - \frac{T_d}{T+\alpha T_d} \Delta e(k-1)$$

比例通道输出

$$\Delta u_p = K_p \Delta u_d(k)$$

积分通道输出

$$\Delta u_i(k) = \Delta u_i(k-1) + \frac{K_p T}{T_i} \Delta u_d(k)$$

总的增量输出为

$$\Delta u_i(k) = \Delta u_p(k) + \Delta u_i(k)$$

则总的控制量输出为

$$\Delta u(k) = \Delta u(k-1) + \Delta u(k)$$

② 对输出量微分的微分先行 PID 算法

另一种形式是先对输出量微分，再求系统偏差信号，进而进行比例和积分运算，其控制结构如图 5.24 所示。这种结构适合用于给定值 $r(t)$ 频繁变化的场合，

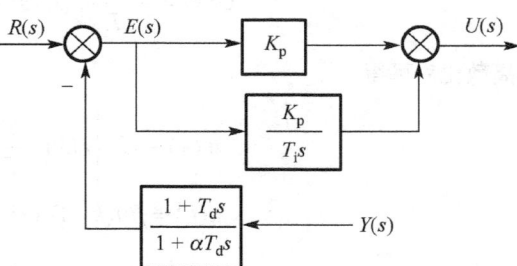

图 5.24 对输出量微分的微分先行 PID 控制结构

可以避免因给定值频繁变动所引起的超调量过大、系统振荡等。其相应的数字算法读者可自行推导，这里不再赘述。

5.6 数字 PID 控制参数整定

数字 PID 控制器的几个主要参数是 K_p，T_i，T_d 及采样周期 T。确定这些参数是一项重要的工作，数字 PID 控制效果的好坏在很大程度上取决于这些参数的选择是否合适。选取这些参数包括理论设计整定法与实验整定法。若已知被控对象的数学模型，可以通过理论分析和数学仿真来初步确定。但实际情况往往是不知道被控对象的数学模型，这时进行理论设计就较为困难。针对工业上被控对象模型难以准确获取的实际情况，多年来工业界已积累了一些现场实验整定 PID 参数的方法，这些方法基本都是将工业对象的动态特性做了某种简单的假设而提出来的。因此，由这些方法得到的参数值在使用时并不一定就是最好的，在投入运行时，可以在这些值附近做一些调整，以达到更好的控制效果。如果采样周期远远小于被控过程的时间常数，原则上模拟 PID 调节器的参数整定方法均可扩充到数字 PID 算法的参数整定中。

5.6.1 扩充临界比例系数法

扩充临界比例系数法是对连续系统使用的临界比例系数法的扩充，适用于具有自平衡能力的被控对象，不需要准确知道对象的特性。具体步骤如下。

（1）选取一个足够小的采样周期，通常可选择采样周期为被控对象的纯滞后时间的 1/10 以下，记做 T_{min}。

（2）用上述 T_{min} 为采样周期让系统工作，去掉积分和微分控制作用，采用纯比例控制，逐步增大 K_p，直至出现等幅振荡，记下临界比例系数 K_r 和此时的振荡周期 T_r，如图 5.25 所示。

（3）选择控制度。所谓控制度，就是以模拟调节器为基础，将直接数字控制（DDC）的效果与模拟调节器控制的效果相比较，控制效果一般采用误差平方的积分，即数字控制器相对于模拟控制器的一个评价函数：

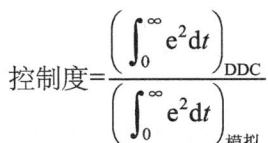

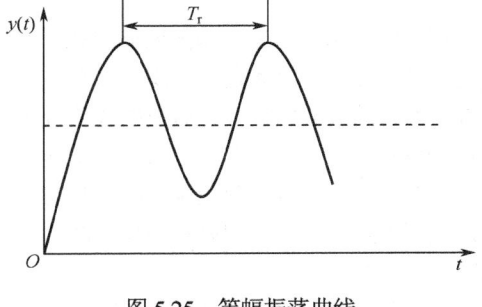

图 5.25 等幅振荡曲线

通常认为当控制度为 1.05 时，二者控制效果相当，当控制度为 2 时，数字控制比模拟控制的质量差一倍。

（4）选定控制度后，根据测得的 K_r 和 T_r 查表 5.1 计算采样周期 T 和 PID 参数 K_p，T_i，T_d。

（5）按照计算所得参数投入在线运行，观察效果，如果性能不满意，可进行微调，即根据经验和对比例、积分、微分各控制作用的理解，进一步调节参数，直到满意为止。

扩充临界比例系数法整定参数计算公式如表 5.1 所示。

表 5.1 扩充临界比例系数法整定参数计算公式表

控 制 度	控 制 规 律	T/T_r	K_p/K_r	T_i/T_r	T_d/T_r
1.05	PI	0.03	0.53	0.88	—
	PID	0.014	0.63	0.49	0.14
1.2	PI	0.05	0.49	0.91	—
	PID	0.043	0.47	0.47	0.16

（续表）

控制度	控制规律	T/T_r	K_p/K_r	T_i/T_r	T_d/T_r
1.5	PI	0.14	0.42	0.99	—
	PID	0.09	0.34	0.43	0.20
2.0	PI	0.22	0.36	1.05	—
	PID	0.16	0.27	0.40	0.22

5.6.2 扩充响应曲线法

扩充响应曲线法是将模拟调节器的响应曲线法推广于数字 PID 的参数整定。具体步骤如下：

（1）在系统开环情况下，即断开数字控制器，给被控对象施加一阶跃输入，测得被控参数的阶跃响应曲线，如图 5.26 所示。

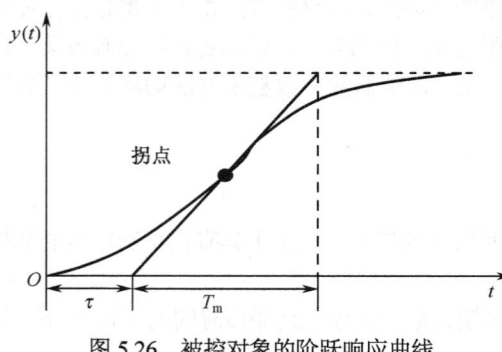

图 5.26 被控对象的阶跃响应曲线

（2）在被控对象响应曲线上的拐点处作一切线，求得等效滞后时间 τ 和等效时间常数 T_m，并计算它们的比值 T_m/τ。

（3）选择适当的控制度。

（4）根据所求得的 τ，T_m 及 T_m/τ 查表 5.2，计算求得采样周期 T 和 PID 参数 K_p，T_i，T_d。

（5）投入实际运行，观察控制效果，适当修正参数，直到满意为止。

5.6.3 试凑法

试凑法可用于上述方法的微调步骤，即查表后的计算值投入运行后，系统性能仍不能满足要求，要进行参数微调。除此之外，凑试法有时也可以直接用于某些系统的现场参数整定。在试凑调整时，需观察系统的响应曲线，然后根据各参数对系统的影响，反复试凑参数，直至出现满意的响应，从而确定 PID 控制参数。通常，对参数试凑的原则是：先比例，再积分，最后微分。步骤如下：

（1）首先只整定比例控制。将比例控制作用由小变到大，即 K_p 由小到大变化，观察相应的系统响应，直至得到反应快、超调小的响应曲线。如果此时没有稳态误差或者稳态误差已在允许范围，则可只需比例控制。

（2）如果比例控制的稳态误差不能满足要求，则加入积分控制。先将步骤（1）中选择的比例系数减小，可设为原来的 50%～80%，再将积分时间常数 T_i 置一个较大值，观测系统响应曲线，然后减小积分时间常数 T_i，加大积分作用，并相应调整比例系数 K_p，反复试凑 T_i 与 K_p 直至得到较满意的响应。

（3）若经过步骤（2），PI 控制只能消除稳态误差，而动态过程不能令人满意，则应加入微分控制，构成 PID 控制。先置微分时间 $T_d=0$，逐渐加大 T_d，同时相应地改变比例系数 K_p 和积分时间常数 T_i，反复试凑直至获得满意的控制效果和 PID 控制参数。

扩充响应曲线法整定参数计算公式如表 5.2 所示。

表 5.2 扩充响应曲线法整定参数计算公式表

控制度	控制规律	T/τ	$K_p/(T_m/\tau)$	T_i/τ	T_d/τ
1.05	PI	0.1	0.84	3.4	—
	PID	0.05	1.15	2.0	0.45
1.2	PI	0.20	0.78	3.6	—
	PID	0.16	1.0	1.9	0.55

（续表）

控制度	控制规律	T/τ	$K_p/(T_m/\tau)$	T_i/τ	T_d/τ
1.5	PI	0.5	0.68	3.9	—
	PID	0.34	0.85	1.62	0.65
2.0	PI	0.80	0.57	4.2	—
	PID	0.60	0.60	1.50	0.82

5.7 史密斯预测补偿控制

在工业过程中，大多数被控对象含有较大的纯滞后特性。被控对象的纯滞后性质常使系统的稳定性降低，动态性能变坏，如容易引起超调和持续的振荡。对象的纯滞后性质给控制器的设计带来困难。一般来说，这类对象对快速性的要求是次要的，而对稳定性、不产生超调的要求是主要的。基于此，人们提出了多种设计方法，比较有代表性的方法有纯滞后补偿控制——史密斯（Smith）预测补偿控制。

5.7.1 史密斯补偿原理

带纯滞后环节的控制系统如图 5.27 所示，图中 $D(s)$ 表示串联控制器的传递函数，$G(s) = G_o(s)e^{-\tau s}$ 表示带纯滞后的被控对象，$G_o(s)$ 表示被控对象中不含纯滞后的部分，$e^{-\tau s}$ 为被控对象的纯滞后部分。滞后环节对系统的影响表现在：在 τ 时间内，控制量的作用效果在系统输出上没有明显的反映，导致控制器不断加强控制量，使之达到一个较高水平；在 τ 时间后，控制效果在系统输出上开始反映出来，但由于前面积累了较高的控制量，使系统输出极易出现超调，严重时产生振荡。

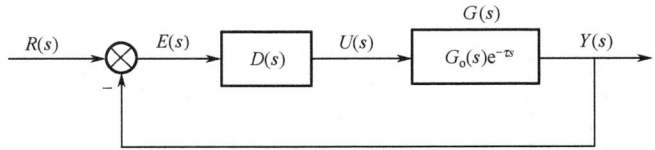

图 5.27 带纯滞后环节的控制系统

图 5.27 所示系统的闭环传递函数为

$$\Phi(s) = \frac{Y(s)}{R(s)} = \frac{D(s)G_o(s)e^{-\tau s}}{1+D(s)G_o(s)e^{-\tau s}}$$

由于 $\Phi(s)$ 的分母出现了纯滞后环节 $e^{-\tau s}$，即特征多项式包含了纯滞后环节，如果 τ 较大，系统会不稳定。因此，串联控制器 $D(s)$ 很难使得系统具有满意的控制性能。

为了补偿被控对象的纯滞后时间的影响，引入一个与被控对象并联的补偿器 $D_B(s)$，使得由 $G(s)$ 与 $D_B(s)$ 所构成的广义对象不再有纯滞后性质。该补偿器称为史密斯预估器，如图 5.28 所示。

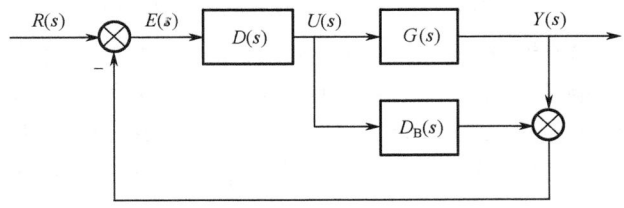

图 5.28 并联补偿器

由图可知，经过补偿后控制量 $U(s)$ 与反馈量之间的关系为

$$\frac{Y(s)}{U(s)} = G_o(s)e^{-\tau s} + D_B(s)$$

如果要用 $D_B(s)$ 完全补偿被控对象的纯滞后的影响，则应满足

$$\frac{Y(s)}{U(s)} = G_o(s)e^{-\tau s} + D_B(s) = G_o(s)$$

因此补偿器 $D_B(s)$ 为

$$D_B(s) = G_o(s)(1-e^{-\tau s})$$

这样，引入补偿器后，系统中等效对象的传递函数就不含纯滞后环节，相应的闭环控制系统如图 5.29 所示。

实际应用时补偿器（或 Smith 预估器）不是并联在被控对象上，而是反向并联在控制器 $D(s)$ 上，如图 5.30 所示。

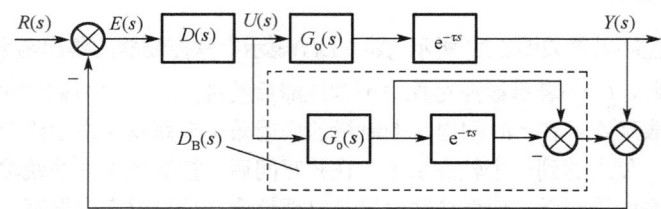

图 5.29　纯滞后补偿闭环控制系统

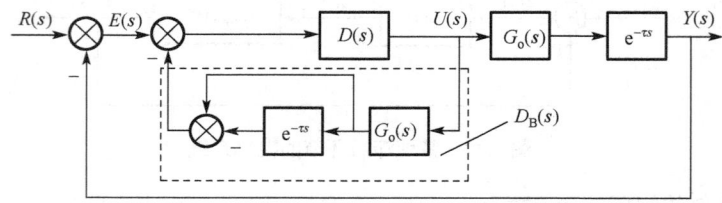

图 5.30　实际的纯滞后补偿闭环控制系统

图 5.30 中 $D_B(s)$ 与 $D(s)$ 共同构成纯滞后补偿器的控制器，对应的传递函数 $D_c(s)$ 为

$$D_c(s) = \frac{U(s)}{E(s)} = \frac{D(s)}{1+D(s)G_o(s)(1-e^{-\tau s})}$$

纯滞后补偿控制系统的闭环传递函数为

$$\Phi(s) = \frac{Y(s)}{R(s)} = \frac{D(s)G_o(s)e^{-\tau s}}{1+D(s)G_o(s)} = \frac{D(s)G_o(s)}{1+D(s)G_o(s)}e^{-\tau s} \tag{5.22}$$

从上式可看出，分母中不含有纯滞后环节，也就是系统特征多项式不包含纯滞后环节，因此纯滞后特性对闭环系统稳定性的影响已经消除。这也可以通过系统的等效框图看出，如图 5.31 所示。

从图中可看出，经过补偿后，纯滞后环节已经在闭环控制回路之外，因而不会对闭环系统产生不利影响。由拉氏变换的位移定理可知，纯滞后特性只是将 $y_0(t)$ 的时间坐标推移了一个时间 τ 而得到 $y(t)$，两者形状是完全相同的，如图 5.32 所示。

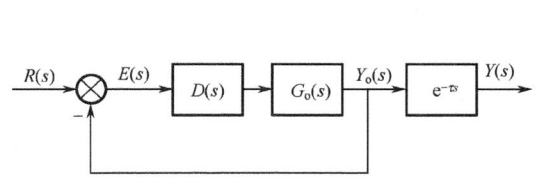
图 5.31 纯滞后补偿闭环控制系统等效图

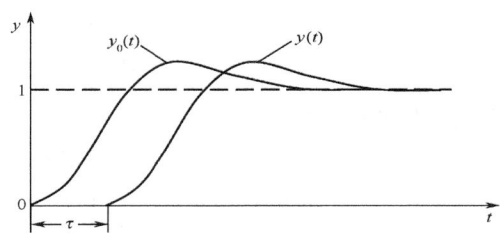
图 5.32 纯滞后补偿闭环控制系统输出特性

5.7.2 纯滞后补偿的数字实现

将图 5.30 所示的带史密斯预估器的控制系统转变成可以用计算机实现的形式,如图 5.33 所示。

这里主要讨论纯滞后补偿器 $D_B(s)$ 的数字实现。补偿器与被控对象的特性有关,同时还要考虑零阶保持器的作用。

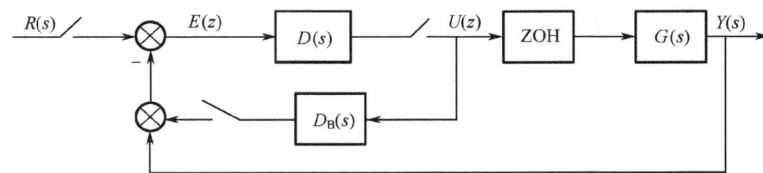

图 5.33 具有纯滞后补偿的计算机控制系统

1. 被控对象为含纯滞后的一阶惯性环节

设被控对象的传递函数为

$$G(s) = \frac{Ke^{-\tau s}}{T_1 s + 1}$$

零阶保持器与被控对象构成广义对象,传递函数为

$$HG(s) = \frac{K(1-e^{-Ts})}{s(T_1 s + 1)} e^{-\tau s}$$

根据 Smith 补偿原理,可知补偿器的传递函数为

$$D_B(s) = \frac{K(1-e^{-Ts})}{s(T_1 s + 1)}(1 - e^{-\tau s})$$

对 $D_B(s)$ 离散化,即

$$D_B(z) = z\left[\frac{K(1-e^{-Ts})}{s(T_1 s + 1)}(1-e^{-\tau s})\right] = (1-z^{-l})\frac{\alpha z^{-1}}{1-\beta z^{-1}}$$

式中, $\alpha = K(1-e^{-T/T_1})$, $\beta = e^{-T/T_1}$, $l \approx \tau/T$。

由此可推导补偿器的差分形式

$$D_B(z) = \frac{P(z)}{U(z)} = (1-z^{-l})\frac{\alpha z^{-1}}{1-\beta z^{-1}}$$

令

$$\frac{P(z)}{P'(z)} = (1-z^{-1}), \quad \frac{P'(z)}{U(z)} = \frac{\alpha z^{-1}}{1-\beta z^{-1}}$$

可得补偿器的差分实现

$$p'(k) = \beta p'(k-1) + \alpha u(k-1)$$
$$p(k) = p'(k) - p'(k-l)$$

2. 被控对象为含纯滞后的二阶惯性环节

设被控对象的传递函数为

$$G(s) = \frac{Ke^{-\tau s}}{(T_1 s+1)(T_2 s+1)}$$

纯滞后补偿器为

$$D_B(z) = Z\left[\frac{K(1-e^{-Ts})(1-e^{-\tau s})}{s(T_1 s+1)(T_2 s+1)}\right] = (1-z^{-l})\frac{b_1 z^{-1} + b_2 z^{-2}}{1 - a_1 z^{-1} - a_2 z^{-2}}$$

其中，

$$a_1 = e^{-T/T_1} + e^{-T/T_2}, \quad a_2 = -e^{-(T/T_1 + T/T_2)}, \quad l \approx \tau/T$$
$$b_1 = \frac{K}{T_2 - T_1}\left[T_1(e^{-T/T_1} - 1) - T_2(e^{-T/T_2} - 1)\right]$$
$$b_2 = \frac{K}{T_2 - T_1}\left[T_2 e^{-T/T_1}(e^{-T/T_2} - 1) - T_1 e^{-T/T_2}(e^{-T/T_1} - 1)\right]$$

本 章 小 结

本章介绍了计算机控制系统的一种设计方法，即连续域离散化设计，这种方法把整个控制系统视为连续系统，利用连续系统的理论和方法进行分析和设计，得到连续控制器后再通过某种离散化方法，将连续控制器离散化为数字控制器，并由计算机来实现。

连续域离散化设计方法是目前计算机控制系统控制律设计的较为简单实用的方法，具有较重要的工程应用价值。学习本章应注意以下几点：

（1）在学习各种离散化方法时需要掌握的要点是：要记牢各种变换方法离散化公式以及各种变换方法的特性，如映射特性、变换前后环节的稳定性的变化、稳态增益特性等。各种变换方法特性不同，各有优缺点，但不管哪种方法，变换后所得等效环节与连续环节特性相比均有畸变，畸变程度与采样周期、环节本身特性有关，很难说哪种是最好的。就应用而言，双线性变换应用较多，一阶后向差分也有较多应用。

（2）PID 控制器已经沿用了很多年，目前仍然被广泛应用着，由于它同时可以兼顾系统的动态、静态特性而受到广大控制工程师的青睐。对于计算机控制系统来说，主要工作是如何将连续域的 PID 控制律离散化以及如何对其进行改进。需要重点掌握：位置式及增量式两种基本 PID 离散公式及各自的优缺点；要注意利用计算机功能改进数字 PID 算法的几种方法；要注意工业中采用 PID 算法时，主要参数并不是通过理论计算所得，主要是在对被控过程特性测试的条件下，依经验进行现场调试所得，所以应对几种常用的 PID 参数整定方法有所了解。

（3）史密斯（Smith）预测补偿控制是为了解决工业过程中的较大纯滞后特性而提出来的。需要了解史密斯补偿原理及补偿器的数字实现方法。

习题与思考题

5.1 试简述数字控制器连续域等效设计基本原理。

5.2 数字控制器设计中常用的等效连续控制规律离散化方法有哪些？各有什么特点？

5.3 已知连续域等效设计的控制器传递函数为 $D(s) = \dfrac{U(s)}{E(s)} = \dfrac{s+1}{s(s+0.4)}$，设采样周期 $T = 0.1$ s，试分别用一阶前向差分法和一阶后向差分法将其离散化，求数字控制器 $D(z)$ 及其控制算法，并比较二者离散化前后的性能。

5.4 已知连续域等效设计的控制器传递函数为

$$D(s) = \frac{s+1}{0.1s+1}$$

设采样周期 $T = 0.25$ s，试用双线性变换法求其等效的数字控制器 $D(z)$。

5.5 已知连续域等效设计的控制器传递函数为

$$D(s) = \frac{1}{s^2 + 0.2s + 1}$$

试用零极点匹配法求其相应的等效数字控制器 $D(z)$。设采样周期 $T = 1$ s。

5.6 原位置随动系统如题图 5.6 所示，连续被控对象为 $G_o(s) = \dfrac{1}{s(10s+1)}$，试基于连续系统理论设计数字校正装置（即数字控制器），使得相应的数字控制系统在速度输入 $r(t) = 0.01t$ 时，稳态误差 $e_{ss} = 0.01$，且具有接近二阶振荡系统阻尼比 $\zeta = 0.5$，自然频率 $\omega_n = 1$ 时的动态性能。

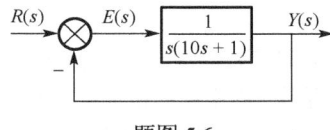

题图 5.6

5.7 简述 PID 控制规律中比例系数、积分时间常数和微分时间常数的变化对闭环系统控制性能的影响。

5.8 增量式数字 PID 控制算法与位置式数字 PID 控制算法相比，具有什么优点？

5.9 位置式数字 PID 控制算法中的积分饱和现象产生的原因是什么？常用的解决方法有哪些？试分别简述其基本思路。

5.10 数字 PID 控制算法中的参数整定有些什么方法？它们各自的优缺点和适用范围如何？

5.11 简述史密斯预测补偿控制基本原理。

5.12 已知带纯滞后的连续被控对象为

$$G(s) = \frac{10e^{-0.5s}}{s+1}$$

设采样周期 $T = 0.1$ s，采用史密斯预估补偿控制，试设计该数字史密斯预估补偿器 $D_B(z)$ 及其差分算法实现形式，并画出其闭环系统结构框图。

第 6 章　数字控制器 z 域直接设计方法

计算机控制系统中被控对象通常是连续的被控过程，因此，计算机控制系统本质上是一个既有数字信号又有连续信号的混合系统。第 5 章讨论的基于连续系统理论的数字控制设计方法也称为数字控制器间接设计方法，因为它是立足于连续系统理论设计等效的连续控制器，再通过离散化得到相应的数字控制器。其优点是：可以充分运用工程设计者所熟悉的较为成熟的各种连续系统的设计方法和经验，设计与数字控制器等价的连续控制器，再将它移植到数字计算机上予以实现，从而达到满意的控制效果。但是，间接设计方法必须以足够小的采样周期为前提，因为较大的采样周期将严重影响等效精度与系统性能，而实际系统有时候很难满足这个前提。此外，从理论上讲，用间接设计法得到的数字控制器构成计算机控制系统的性能也始终不如对应的连续控制系统。

与间接设计法对应，将计算机控制系统完全视为一个离散时间系统，直接根据离散时间系统理论来设计数字控制器，这种方法也称为直接设计法。z 域直接设计方法是计算机控制系统的一种重要的经典设计方法，即把计算机控制系统中的连续部分（主要是被控对象等）离散化到 z 域，把整个系统视为一个线性定常离散时间系统，直接以基于 z 传递函数描述的离散系统理论为基础，以 z 变换为工具，在 z 域中直接设计出数字控制器 $D(z)$。由于设计的控制器本身就在离散域，故不存在间接设计法中的离散化失真等问题。

6.1　基于 z 传递函数设计的基本原理

基于 z 传递函数的数字控制器设计方法，是一种直接在 z 域中设计计算机控制系统的方法，其基本思想是依据给定的闭环控制系统结构，由系统的指标要求及实现的约束条件确定期望闭环 z 传递函数，通过代数方法求出所设计的数字控制器的 z 传递函数。

6.1.1　数字控制器 D(z) 的一般形式

图 6.1 为计算机控制系统一般结构图，直接设计法先将连续部分离散化，即得到广义对象的 z 传递函数为

$$G(z) = Z\left[\frac{1-\mathrm{e}^{-Ts}}{s}G(s)\right]$$

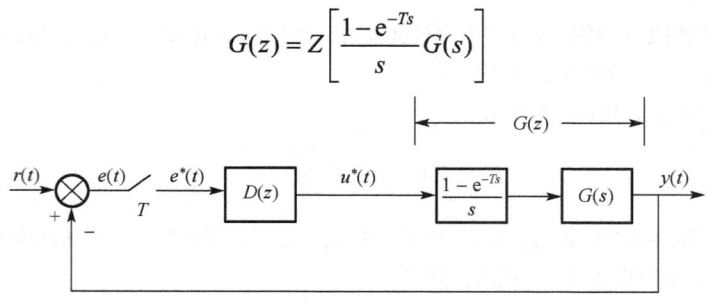

图 6.1　计算机控制系统一般结构图

系统设计的目的是寻求一数字控制器 $D(z)$，使其闭环系统具有期望闭环 z 传递函数 $\Phi(z)$ 所描述的特性。系统开环传递函数为

$$\Phi_K(z) = \frac{Y(z)}{E(z)} = D(z) \cdot G(z)$$

相应的闭环 z 传递函数为
$$\Phi(z) = \frac{Y(z)}{R(z)} = \frac{D(z)G(z)}{1+D(z)G(z)} \tag{6.1}$$

闭环误差 z 传递函数为
$$\Phi_e(z) = \frac{E(z)}{R(z)} = \frac{1}{1+D(z)G(z)} = 1-\Phi(z) \tag{6.2}$$

从而可导出
$$D(z) = \frac{U(z)}{E(z)} = \frac{\Phi(z)}{G(z)[1-\Phi(z)]} = \frac{\Phi(z)}{G(z)\Phi_e(z)} \tag{6.3}$$

式（6.3）就是 z 域设计法中数字控制器的一般形式，即在确定了闭环 z 传递函数 $\Phi(z)$ 之后，就可以得到数字控制器 $D(z)$。

6.1.2 对期望闭环传递函数 $\Phi(z)$ 的约束

从式（6.3）可以看出，确定期望的闭环 z 传递函数 $\Phi(z)$ 是设计数字控制器的关键。而期望的闭环 z 传递函数除了与系统的性能指标要求有关外，还应满足一定的约束条件，主要包括：所设计的 $D(z)$ 在物理上应具可实现性以及 $D(z)$ 应使得整个闭环系统是稳定的。以下分别加以分析。

1. $D(z)$ 在物理上的可实现性

任何物理可实现的系统都应满足因果关系，反映在 z 传递函数上，表现为分子阶次必然要低于或等于分母阶次。设 $D(z)$ 表达式为

$$D(z) = \frac{N(z)}{M(z)} \tag{6.4}$$

如果 $D(z)$ 的分子 $N(z)$ 具有比分母 $M(z)$ 低或相同的阶次，则 $D(z)$ 在实时控制时是可实现的，此时控制算式用到的是过去或现在的测量值与计算值。反之，如果 $N(z)$ 的阶次比 $M(z)$ 的高，控制算式中将出现未来时刻的测量值与计算值，使实时控制无法实现。对于广义被控对象 $G(z)$ 而言，如果其分子的阶次比分母的低，为使 $D(z)$ 可实现，$\Phi(z)$ 也应做相应的设计。

设原连续被控对象 $G(s)$ 具有纯滞后时间 τ，且 $\tau \approx lT$，其中 l 为整数（即被控对象具有 l 个采样周期纯滞后），则加零阶保持器后，其相应的广义对象 $G(z)$ 为

$$G(z) = \frac{Kz^{-(l+1)}(1+b_1z^{-1}+\cdots)}{1+a_1z^{-1}+\cdots} = g_{l+1}z^{-(l+1)} + g_{l+2}z^{-(l+2)} + g_{l+3}z^{-(l+3)} + \cdots \tag{6.5}$$

将式（6.5）代入式（6.3），得

$$D(z) = \frac{\Phi(z)}{G(z)[1-\Phi(z)]} = \frac{z^{l+1}}{(g_{l+1}+g_{l+2}z^{-1}+g_{l+3}z^{-2}+\cdots)} \cdot \frac{\Phi(z)}{1-\Phi(z)} \tag{6.6}$$

设期望闭环 z 传递函数为

$$\Phi(z) = \phi_1 z^{-1} + \phi_2 z^{-2} + \phi_3 z^{-3} + \cdots \tag{6.7}$$

代式（6.7）入式（6.6）得

$$D(z) = \frac{\Phi(z)}{G(z)[1-\Phi(z)]} = \frac{\phi_1 z^l + \phi_2 z^{l-1} + \phi_3 z^{l-2} + \cdots}{(g_{l+1}+g_{l+2}z^{-1}+g_{l+3}z^{-2}+\cdots)(1-\phi_1 z^{-1}-\phi_2 z^{-2}-\cdots)}$$

为使 $D(z)$ 物理可实现，$D(z)$ 中分子阶次应不高于分母阶次，所以应满足

$$\phi_1 = \phi_2 = \cdots = \phi_l = 0$$

因此，期望闭环 z 传递函数为

$$\Phi(z) = \phi_{l+1}z^{-(l+1)} + \phi_{l+2}z^{-(l+2)} + \phi_{l+3}z^{-(l+3)} + \cdots$$

即期望闭环 z 传递函数 $\Phi(z)$ 与广义对象 $G(z)$ 具有同样的滞后。

2. 闭环稳定性要求

为保证闭环系统稳定，要求 $\Phi(z)$ 的全部极点均位于单位圆内。将式（6.3）重写为

$$\Phi(z) = D(z)G(z)[1-\Phi(z)] \tag{6.8}$$

显然，若 $G(z)$ 有单位圆上或者单位圆外的极点 [(1, j0)除外，以下同]，并且该极点没有与 $D(z)$ 或者 $1-\Phi(z)$ 的零点对消的话，则它也将成为 $\Phi(z)$ 的极点，从而造成闭环系统不稳定。如果利用 $D(z)$ 的零点去对消 $G(z)$ 不稳定的极点，虽然从理论上来说可以得到一个稳定的闭环系统，但是这种稳定是建立在零极点完全对消的基础上的。由于实际参数不易测准，且会随环境变化，这种零极点对消不可能准确实现，从而引起闭环系统不稳定。这样，只能利用 $1-\Phi(z)$ 的零点来对消 $G(z)$ 不稳定的极点。另外，由图 6.1 可以得到

$$U(z) = \frac{\Phi(z)}{G(z)}R(z) \tag{6.9}$$

根据上式，若 $G(z)$ 有位于单位圆外或者圆上的零点，则数字控制器输出序列 $u(kT)$ 将发散，造成闭环系统不稳定。为克服这一现象，$\Phi(z)$ 的零点应包含 $G(z)$ 的所有在单位圆外或单位圆上的零点。因此，为保证闭环系统稳定，$1-\Phi(z)$ 的零点应包含 $G(z)$ 所有不稳定的极点，而 $\Phi(z)$ 应包含 $G(z)$ 的所有不稳定的零点。设

$$G(z) = \frac{\prod\limits_{i}(1-a_iz^{-1})Q(z)}{\prod\limits_{j}(1-b_jz^{-1})P(z)}$$

其中，a_i 与 b_j 分别为 $G(z)$ 中单位圆上或圆外的零点与极点，$Q(z)$ 与 $P(z)$ 为不含上述零极点的多项式，为使闭环系统稳定，可使

$$\Phi(z) = \prod\limits_{i}(1-a_iz^{-1})F_1(z) \tag{6.10}$$

$$1-\Phi(z) = \prod\limits_{j}(1-b_jz^{-1})F_2(z) \tag{6.11}$$

其中，$F_1(z)$ 与 $F_2(z)$ 为不含 $G(z)$ 不稳定零极点的待定多项式。

6.1.3 基于 z 传递函数设计一般步骤

由式（6.3）可知，当已知 $G(z)$ 时，只要根据设计要求选择好系统期望的闭环 z 传递函数 $\Phi(z)$，就可以求得控制器 $D(z)$。因此，在已知对象特性的前提下，数字控制器的解析设计步骤如下：

（1）求得带零阶保持器的广义被控对象的 z 传递函数 $G(z)$。
（2）根据系统性能指标要求以及实现的约束条件构造系统期望闭环 z 传递函数 $\Phi(z)$。
（3）由式（6.3）确定数字控制器的 z 传递函数 $D(z)$。
（4）由 $D(z)$ 确定控制算法并编程实现。

6.2 最少拍控制系统设计

在数字随动系统中，通常要求系统输出能够尽快地、准确地跟踪给定值变化，最少拍控制就是适应这种要求的一种 z 域解析设计法。

在数字控制系统中，通常把一个采样周期称为一拍。所谓最少拍控制，就是要求设计的数字调节器能使闭环系统在典型输入作用下，具有最快的响应速度，能在有限个采样周期内达到采样点上无稳态误差或无静差。故也称最小调整时间系统或最快响应系统。显然，这种系统对闭环 z 传递函数的性能要求是快速性和准确性。实质上最少拍控制是时间最优控制，系统的性能指标是调节时间最短（或尽可能地短）。

归纳起来，对最少拍控制系统设计的基本要求包括：
（1）系统输出在稳态实现对给定输入的准确跟踪；
（2）能在最少个采样周期（最少拍）内结束过渡过程进入稳态；
（3）所设计的最少拍控制器在物理上要可实现；
（4）整个闭环系统应是稳定的。

为便于讨论，下面先从一类特殊对象着手，分析最少拍控制系统设计的一般原理，然后再将其推广到一般对象。

6.2.1 特殊对象的最少拍控制系统设计

由于最少拍控制系统针对特定的输入具有快速跟踪响应特性，因此需要考虑输入信号的形式。对于单位阶跃输入，有

$$r(t) = 1(t), \quad R(z) = \frac{1}{1-z^{-1}}$$

对于单位速度输入，有

$$r(t) = t, \quad R(z) = \frac{Tz^{-1}}{(1-z^{-1})^2}$$

对单位加速度输入，有

$$r(t) = \frac{1}{2}t^2, \quad R(z) = \frac{T^2 z^{-1}(1+z^{-1})}{2(1-z^{-1})^3}$$

综合起来，上述典型输入的 z 变换可表示为

$$R(z) = \frac{A(z)}{(1-z^{-1})^m}$$

其中 $A(z)$ 为 z 的多项式，且不含 $z=1$ 处的零点。对于以上三种典型输入，m 的值分别取 1，2 和 3。

从闭环稳定性看出，控制器 $D(z)$ 的设计最主要的是确定期望闭环 z 传递函数，而期望的闭环 z 传递函数除了与系统要求的性能指标有关外，还与被控对象的特性有关。这里所谓的特殊对象，指 $G(z)$ 在单位圆上和圆外无极点[(1, j0)点除外]；$G(z)$ 在单位圆上和圆外无零点；$G(s)$ 中不含纯滞后环节。下面讨论这类特殊对象的最少拍控制系统的设计过程。

1. 确定闭环 z 传递函数 $\Phi(z)$

最少拍控制系统就是要求系统在典型的输入下，当 $k \geqslant N$（N 为尽可能小的整数）时，$e(kT)$ 为零。

由式（6.2）及典型输入 $R(z)$ 可得

$$E(z) = R(z)\Phi_e(z) = \frac{A(z)}{(1-z^{-1})^m}\Phi_e(z)$$

可见，在特定的输入作用下，为了使系统快速准确跟踪输入信号，必须合理地选择 $\Phi_e(z)$。首先，从跟踪准确性角度考虑，希望进入稳态后，系统跟踪误差为零，即

$$e(\infty) = \lim_{k \to \infty} e(k) = \lim_{z \to 1}(1-z^{-1})E(z)$$
$$= \lim_{z \to 1}(1-z^{-1})\frac{A(z)}{(1-z^{-1})^m}\Phi_e(z) = 0 \tag{6.12}$$

为使式（6.12）成立，则应有

$$\Phi_e(z) = (1-z^{-1})^M F(z), \quad M \geqslant m \tag{6.13}$$

其中 $F(z)$ 是不含 $(1-z^{-1})$ 因子的关于 z 的多项式，从而满足了准确性的要求。此时有

$$E(z) = e(0) + e(T)z^{-1} + e(2T)z^{-2} + \cdots = A(z)F(z)(1-z^{-1})^{M-m}$$

从跟踪的快速性角度考虑，还应使 $E(z)$ 多项式的阶次尽可能低。如果选择 $F(z) = f_0$ 及 $M = m$ 时，$E(z)$ 多项式的阶次为最低，即 $e(kT)$ 最快衰减为零，因此系统的调节时间最短，满足了快速性的要求。通常，选择 $F(z) = 1$。

综上所述，从系统的准确性和快速性的要求来看，为使系统对典型输入函数无稳态跟踪误差，系统闭环误差 z 传递函数应满足为

$$\Phi_e(z) = (1-z^{-1})^m \tag{6.14}$$

相应的期望闭环 z 传递函数可设计为

$$\Phi(z) = 1 - \Phi_e(z) = 1 - (1-z^{-1})^m \tag{6.15}$$

2．确定控制器 $D(z)$

系统的期望闭环 z 传递函数一旦确定，就可以根据式（6.3）得到数字控制器 $D(z)$：

$$D(z) = \frac{U(z)}{E(z)} = \frac{\Phi(z)}{G(z)[1-\Phi(z)]} = \frac{1-(1-z^{-1})^m}{G(z)(1-z^{-1})^m}$$

（1）单位阶跃输入，$m = 1$

根据式（6.14）和式（6.15）可得

$$\Phi_e(z) = 1 - z^{-1}$$
$$\Phi(z) = 1 - \Phi_e(z) = z^{-1}$$

则有

$$D(z) = \frac{U(z)}{E(z)} = \frac{\Phi(z)}{G(z)[1-\Phi(z)]} = \frac{z^{-1}}{G(z)(1-z^{-1})}$$

此时的误差为

$$E(z) = R(z)\Phi_e(z) = \frac{1}{1-z^{-1}}(1-z^{-1}) = 1$$

根据 z 变换定义可知

$$e(0)=1, e(T)=e(2T)=\cdots=0$$

其误差序列和输出序列如图 6.2 所示。单位阶跃输入时,最少拍系统能在一个采样周期内达到采样点上无偏差,即调节时间 $t_s=T$。

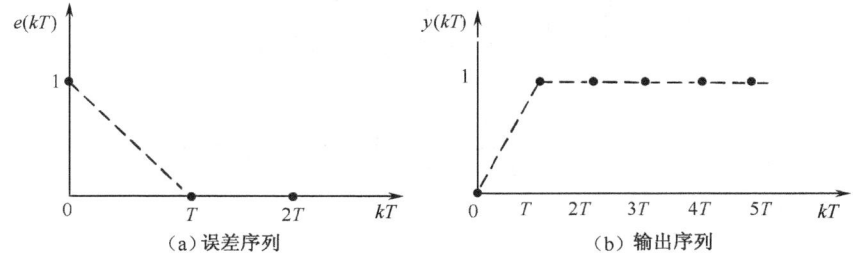

图 6.2　单位阶跃输入时最少拍控制系统的误差和输出

(2) 单位速度输入,$m=2$

根据式 (6.14) 和式 (6.15) 可得

$$\Phi_e(z)=(1-z^{-1})^2$$
$$\Phi(z)=1-\Phi_e(z)=2z^{-1}-z^{-2}$$

则有

$$D(z)=\frac{U(z)}{E(z)}=\frac{\Phi(z)}{G(z)[1-\Phi(z)]}=\frac{2z^{-1}-z^{-2}}{G(z)(1-z^{-1})^2}$$

此时的误差为

$$E(z)=R(z)\Phi_e(z)=\frac{Tz^{-1}}{(1-z^{-1})^2}(1-z^{-1})^2=Tz^{-1}$$

根据 z 变换定义可知

$$e(0)=0, e(T)=T, e(2T)=e(3T)=\cdots=0$$

误差序列和输出序列如图 6.3 所示。单位速度输入时,最少拍系统能在两个采样周期内达到采样点上无偏差,即 $t_s=2T$。

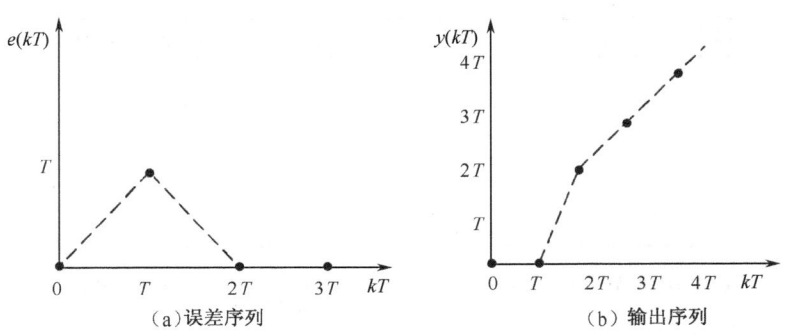

图 6.3　单位速度输入时最少拍控制系统的误差和输出

(3) 单位加速度输入,$m=3$

根据式 (6.14) 和式 (6.15) 可得

$$\Phi_e(z) = (1-z^{-1})^3$$
$$\Phi(z) = 1 - \Phi_e(z) = 3z^{-1} - 3z^{-2} + z^{-3}$$

则有

$$D(z) = \frac{U(z)}{E(z)} = \frac{\Phi(z)}{G(z)[1-\Phi(z)]} = \frac{3z^{-1} - 3z^{-2} + z^{-3}}{G(z)(1-z^{-1})^3}$$

此时的误差为

$$E(z) = R(z)\Phi_e(z) = \frac{T^2 z^{-1}(1+z^{-1})}{2(1-z^{-1})^3}(1-z^{-1})^3 = \frac{T^2}{2}z^{-1} + \frac{T^2}{2}z^{-2}$$

根据 z 变换定义可知

$$e(0) = 0, e(T) = \frac{T^2}{2}, e(2T) = \frac{T^2}{2}, e(3T) = e(4T) = \cdots = 0$$

误差序列和输出序列如图 6.4 所示。单位加速度输入时，最少拍系统能在 3 个采样周期内达到采样点上无偏差，即 $t_s = 3T$。

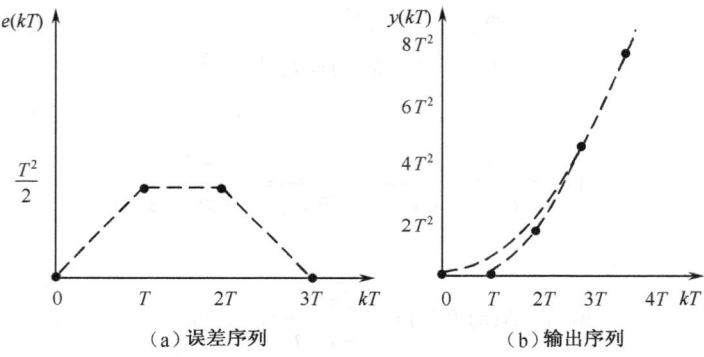

（a）误差序列　　　　　（b）输出序列

图 6.4　单位加速度输入时最少拍控制系统的误差序列和输出序列

因此，对于稳定的且无纯滞后的对象（即特殊对象）的最少拍控制系统，最少拍控制器的设计如表 6.1 所示。

表 6.1　特殊对象的最少拍控制系统的控制器设计

输入函数 $r(t)$	误差 z 传递函数 $\Phi_e(z)$	闭环 z 传递函数 $\Phi(z)$	最少拍控制器 $D(z)$	调节时间 t_s
$1(t)$	$1-z^{-1}$	z^{-1}	$\dfrac{z^{-1}}{G(z)(1-z^{-1})}$	T
t	$(1-z^{-1})^2$	$2z^{-1} - z^{-2}$	$\dfrac{2z^{-1} - z^{-2}}{G(z)(1-z^{-1})^2}$	$2T$
$t^2/2$	$(1-z^{-1})^3$	$3z^{-1} - 3z^{-2} + z^{-3}$	$\dfrac{3z^{-1} - 3z^{-2} + z^{-3}}{G(z)(1-z^{-1})^3}$	$3T$

例 6.1　采样控制系统如图 6.1 所示，其中 $G(s) = \dfrac{4}{s(0.5s+1)}$，已知 $T = 0.5$，试求在单位速度输入下的最少拍系统数字控制器。

解

$$G(z) = Z\left[\frac{1-e^{-Ts}}{s}G(s)\right] = \frac{0.736z^{-1}(1+0.177z^{-1})}{(1-z^{-1})(1-0.368z^{-1})}$$

因为 $r(t)=t, m=2$,有
$$\Phi_e(z)=(1-z^{-1})^2$$
$$\Phi(z)=1-\Phi_e(z)=1-(1-z^{-1})^2=2z^{-1}-z^{-2}$$

所以最少拍数字控制器的 z 传递函数为
$$D(z)=\frac{\Phi(z)}{G(z)\Phi_e(z)}=\frac{2.717(1-0.368z^{-1})(1-0.5z^{-1})}{(1-z^{-1})(1+0.717z^{-1})}$$

当输入为单位速度信号时,系统输出序列的 z 变换为
$$Y(z)=\Phi(z)R(z)=(2z^{-1}-z^{-2})\frac{Tz^{-1}}{(1-z^{-1})^2}$$
$$=2Tz^{-2}+3Tz^{-3}+4Tz^{-4}+5Tz^{-5}+\cdots$$

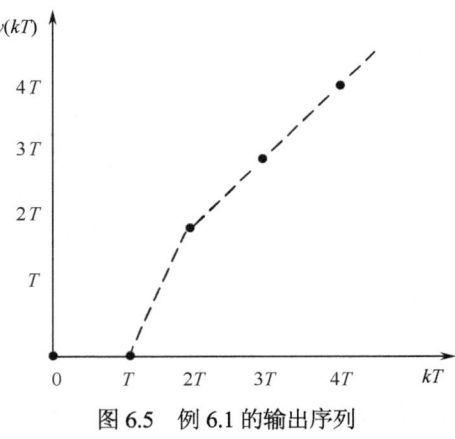

图 6.5 例 6.1 的输出序列

因此,$y(0)=0, y(T)=0, y(2T)=2T, y(3T)=3T$,即经过两拍,便在采样点上准确跟踪,输出序列如图 6.5 所示。

6.2.2 一般对象的最少拍控制系统设计

在上一节讨论的设计过程中,最少拍控制器设计是基于特殊对象,即 $G(z)$ 稳定并不含纯滞后环节的情况而言的,实际上期望的闭环 z 传递函数并没有受到 6.1 节中约束条件的限制。如果 $G(z)$ 并非特殊对象,比如含有不稳定的零点或极点,或含有纯滞后环节等,则需对设计原则做相应的限制。如 6.1 节所述,如果被控对象 $G(s)$ 包含具有 l 个采样周期纯滞后的环节,且广义对象 $G(z)$ 具有 i 个 z 平面单位圆外或者圆上的零点 $a_1, a_2, \cdots, a_i$,具有 j 个单位圆外或者圆上的极点 $b_1, b_2, \cdots, b_j$ [(1, j0) 点除外],则应选择

$$\begin{cases}\Phi(z)=z^{-l}(1-a_1z^{-1})\cdots(1-a_iz^{-1})\Phi'(z)\\ 1-\Phi(z)=(1-b_1z^{-1})\cdots(1-b_jz^{-1})(1-z^{-1})^m F(z)\end{cases} \quad (6.16)$$

其中,
$$\begin{cases}\Phi'(z)=\phi_1 z^{-1}+\phi_2 z^{-2}+\cdots+\phi_s z^{-s}, s=j+m\\ F(z)=1+f_1 z^{-1}+\cdots+f_t z^{-t}, t=i+l\end{cases} \quad (6.17)$$

待定系数 $\phi_1, \phi_2, \cdots, \phi_s$ 以及 $f_1, f_2, \cdots, f_t$ 共 $j+m+i+l$ 个,可以依据式

$$1-z^{-l}(1-a_1z^{-1})\cdots(1-a_iz^{-1})\Phi'(z)=(1-b_1z^{-1})\cdots(1-b_jz^{-1})(1-z^{-1})^m F(z) \quad (6.18)$$

中左右 z 同次幂系数相等的原则,得出 $j+m+i+l$ 个方程来确定 $\Phi'(z)$ 和 $F(z)$ 中的未知系数。

下面以一个具有单位圆外零点的广义对象为例,说明一般对象最少拍控制器的设计问题。

例 6.2 已知被控对象为 $G(s)=\dfrac{2.1}{s^2(s+1.252)}$,$T=1$ s。试针对单位阶跃输入设计最少拍控制器。

解 根据 $G(s)$ 求得广义对象为
$$G(z)=\frac{0.265z^{-1}(1+2.78z^{-1})(1+0.2z^{-1})}{(1-z^{-1})^2(1-0.286z^{-1})}$$

对于单位阶跃输入,被控对象有一个单位圆外的零点。如果不加以考虑,选择期望闭环 z 传递函数为

$$\Phi(z) = z^{-1}$$

于是有

$$D(z) = \frac{\Phi(z)}{G(z)[1-\Phi(z)]} = \frac{(1-z^{-1})^2(1-0.286z^{-1})}{0.265z^{-1}(1+2.78z^{-1})(1+0.2z^{-1})} \cdot \frac{z^{-1}}{(1-z^{-1})}$$

$$= \frac{3.774(1-z^{-1})(1-0.286z^{-1})}{(1+2.78z^{-1})(1+0.2z^{-1})}$$

输出为

$$Y(z) = \Phi(z)R(z) = \frac{z^{-1}}{1-z^{-1}} = z^{-1} + z^{-2} + z^{-3} + \cdots$$

即只经过一拍便在采样点上准确跟踪。

相应的控制量为

$$U(z) = \frac{Y(z)}{G(z)} = \frac{\Phi(z)R(z)}{G(z)} = \frac{3.774(1-z^{-1})(1-0.286z^{-1})}{(1+2.78z^{-1})(1+0.2z^{-1})}$$

$$= 3.774 - 16.1z^{-1} + 46.96z^{-2} - 130.985z^{-3} + \cdots$$

图 6.6 所示为控制序列和输出响应序列。可以看出，控制量序列是振荡发散的。由于控制量是振荡发散的，其输出响应在采样点之间也是振荡发散的，即实际过程是不稳定的。在最少拍系统设计时，不但要保证采样点的稳定，还要保证控制量收敛，才能使系统真正稳定。

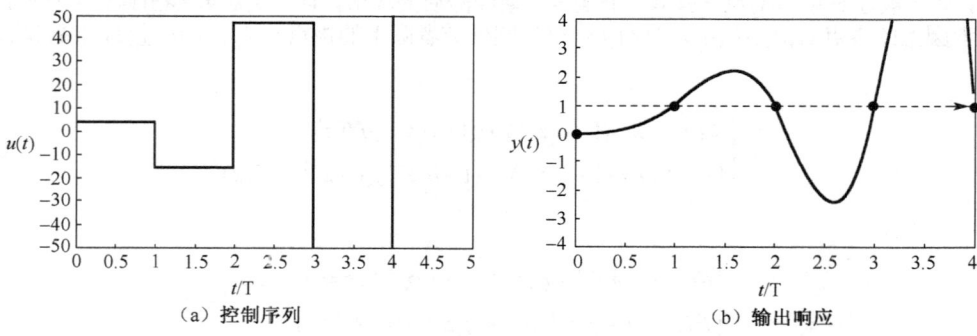

图 6.6 例 6.2 最少拍控制系统的控制序列和输出响应

例 6.2 中控制序列振荡发散的原因是被控对象含有不稳定的零点，设计最少拍控制器时如果不考虑这个因素，如 6.1 节所述，该不稳定零点就会成为 $U(z)$ 中不稳定的极点，从而导致数字控制器输出序列 $u(kT)$ 发散，造成闭环系统不稳定。解决的办法是让 $\Phi(z)$ 中包含与 $G(z)$ 相同的不稳定的零点。

例 6.3 对例 6.2 的被控对象分别针对单位阶跃输入和单位速度输入设计闭环稳定的最少拍控制器。

解 由例 6.2 可知，$G(z)$ 在单位圆外有一个零点 $z = -2.78$。

（1）对阶跃输入，$R(z) = \frac{1}{1-z^{-1}}$，应选取

$$\begin{cases} \Phi(z) = (1+2.78z^{-1})\phi_1 z^{-1} \\ 1-\Phi(z) = (1-z^{-1})(1+f_1 z^{-1}) \end{cases}$$

根据式 $1-(1+2.78z^{-1})\phi_1 z^{-1} = (1-z^{-1})(1+f_1 z^{-1})$ 的左右关于 z^{-1} 和 z^{-2} 系数相等，可解得

$$\phi_1 = 0.265, \quad f_1 = 0.735$$

因此数字控制器为

$$D(z) = \frac{\Phi(z)}{G(z)[1-\Phi(z)]} = \frac{(1-z^{-1})(1-0.286z^{-1})}{(1+0.735z^{-1})(1+0.2z^{-1})}$$

此时的控制量

$$U(z) = \frac{\Phi(z)}{G(z)} \cdot R(z) = \frac{(1-z^{-1})(1-0.286z^{-1})}{1+0.2z^{-1}} = 1 - 1.486z^{-1} + 0.5832z^{-2} - 0.1166z^{-3} + \cdots$$

可看出，控制量序列是收敛的，如图 6.7 所示。

输出量为

$$Y(z) = \Phi(z)R(z) = \frac{0.265z^{-1}(1+2.78z^{-1})}{1-z^{-1}} = 0.265z^{-1} + z^{-2} + z^{-3} + \cdots$$

输出采样序列在第 2 个采样时刻实现无偏跟踪，如图 6.8 所示。由图可见，虽然系统较例 6.2 延迟一拍在采样点达到无静差，但闭环系统是稳定的。

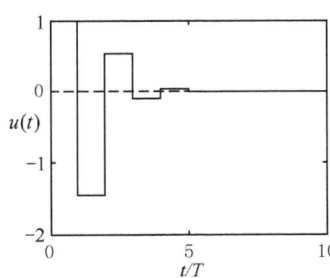
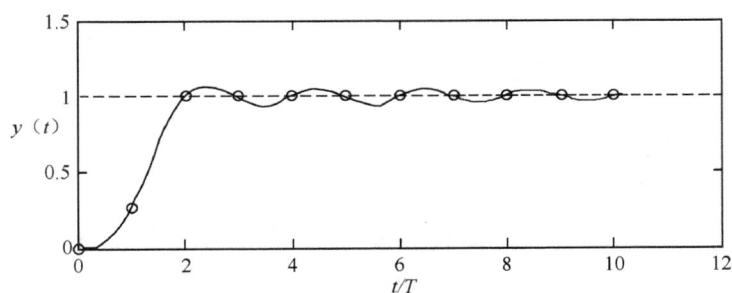

图 6.7　例 6.3 最少拍控制系统的控制序列　　　图 6.8　例 6.3 最少拍控制系统的采样点间的输出响应

此外，通过广义 z 变换或控制系统数字仿真，还可求得采样点之间的输出响应，如图 6.8 所示。可见，稳态时，采样点上实现了准确跟踪，但采样点之间的响应有一定波动。

（2）对于速度输入，$R(z) = \dfrac{z^{-1}}{(1-z^{-1})^2}$，选取

$$\begin{cases} \Phi(z) = (1+2.78z^{-1})(\phi_1 z^{-1} + \phi_2 z^{-2}) \\ 1-\Phi(z) = (1-z^{-1})^2(1+f_1 z^{-1}) \end{cases}$$

可解得

$$\phi_1 = 0.724 \quad \phi_2 = -0.459 \quad f_1 = 1.276$$

相应的最少拍控制器为

$$D(z) = \frac{\Phi(z)}{G(z)[1-\Phi(z)]} = \frac{2.732(1-634z^{-1})(1-0.286z^{-1})}{(1+1.276z^{-1})(1+0.2z^{-1})}$$

此时的控制量

$$U(z) = \frac{\Phi(z)}{G(z)} \cdot R(z) = \frac{2.732z^{-1}(1-0.286z^{-1})(1-0.634z^{-1})}{1+0.2z^{-1}}$$

$$= 2.732z^{-1} - 3.06z^{-2} + 1.1073z^{-3} - 0.2215z^{-4} + 0.0433z^{-5} - \cdots$$

可见，控制量序列也是收敛的。
输出量为

$$Y(z) = \Phi(z)R(z) = \frac{0.7237z^{-2}(1-0.634z^{-1})(1+2.78z^{-1})}{(1-z^{-1})^2}$$

$$= 0.7237z^{-2} + 3z^{-3} + 4z^{-4} + 5z^{-5} + \cdots$$

可见输出序列经过 3 拍实现采样点上的准确跟踪。由于控制序列是收敛的，故闭环系统也是稳定的。如图 6.9 所示是单位速度输入下系统的控制序列与输出响应序列。同样，稳态时采样点之间也有一定波动。

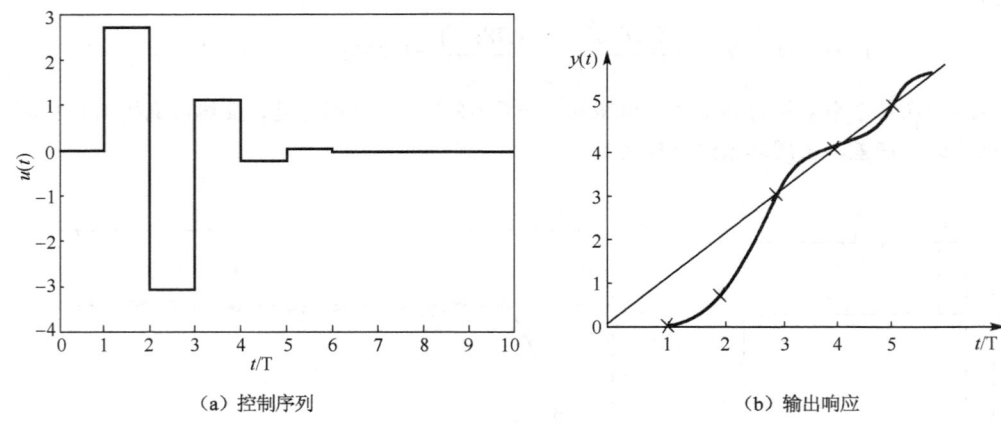

（a）控制序列　　　　　　　　　　　　（b）输出响应

图 6.9　例 6.3 速度输入最少拍控制的系统控制序列与输出响应

从例 6.3 中图 6.8 和图 6.9 所示的输出响应曲线可以看出，虽然在稳态时系统的输出响应在采样点上的过渡过程结束了，但在采样点之间仍有一定波动存在，即系统的输出围绕其理想稳态值上下轻微波动，这通常称为纹波。最少拍控制系统中的纹波现象是由控制量的波动引起的，即 $U(z)$ 中含有非零极点，使控制序列不能经有限拍完成过渡过程进入稳态（0 或常值）。这种引起输出纹波的控制量波动增加了执行元件的功率损耗和机械磨损，同时，纹波对系统本身而言也是一种误差，应尽可能避免纹波。下一节，将讨论最少拍无纹波控制系统的设计。

6.3　最少拍无纹波控制系统设计

最少拍控制系统中输出采样点之间的纹波现象是由控制量的波动引起的，即 $U(z)$ 中含有非零极点，使控制序列不能经有限拍完成过渡过程进入稳态（0 或常值）。要使系统输出准确、平滑地跟踪输入信号，则在稳态时，$u(k)$ 必须为一恒定值，因而系统在稳态时的跟踪性能应由 $G(z)$ 中的某些环节来实现。

对于输入 $R(z) = \dfrac{A(z)}{(1-z^{-1})^m}$，为使系统输出准确跟踪输入，$G(z)$ 中至少应包含 $(m-1)$ 个积分环节，即

$$G(z) = \frac{P(z)}{(1-z^{-1})^{m'}Q(z)}, \quad m' \geq m-1 \tag{6.19}$$

其中，$P(z)$、$Q(z)$ 均为关于复变量 z^{-1} 的有限多项式，且不含 $z=1$ 处的零点。

为使 $u(k)$ 进入稳态后为一恒定值，则 $U(z)$ 中不应含有非零极点，即应当选择合适的控制器，使其

经过有限拍，控制序列或者为零，或者为常数。由计算机控制系统一般结构图6.1可得

$$Y(z) = \Phi(z)R(z)$$

$$Y(z) = G(z)U(z)$$

则控制信号 $U(z)$ 对输入 $R(z)$ 的 z 传递函数为

$$\frac{U(z)}{R(z)} = \frac{\Phi(z)}{G(z)} \tag{6.20}$$

将式（6.19）代入式（6.20）得

$$U(z) = \frac{\Phi(z)}{G(z)} \cdot R(z) = \frac{\Phi(z)Q(z)A(z)}{P(z)(1-z^{-1})^{m-m'}}, \quad m-m' \leq 1 \tag{6.21}$$

根据式（6.21），如果选择 $\Phi(z)$ 时，令 $\Phi(z)$ 包含 $G(z)$ 的所有非零的零点，即

$$\Phi(z) = P(z)\Phi'(z)$$

其中 $\Phi'(z)$ 关于复变量 z^{-1} 的有限多项式，则式（6.21）可写为

$$U(z) = \frac{\Phi(z)}{G(z)} \cdot R(z) = \frac{\Phi'(z)Q(z)A(z)}{(1-z^{-1})^{m-m'}}, \quad m-m' \leq 1$$

可见，当 $m-m' < 1$ 时，$U(z)$ 为关于复变量 z^{-1} 的有限多项式，即控制量经过有限拍收敛到稳态值零；当 $m-m'=1$ 时，由 $U(z)$ 关于复变量 z^{-1} 的展开式和终值定理可知，控制序列将经过有限拍收敛到一个常值。因此，经过有限拍后，控制序列 $u(kT)$ 不会再振荡，从而避免了输出 $y(t)$ 在采样时刻之间的纹波。

总结以上分析，得到最少拍无纹波控制器的设计方法：$\Phi(z)$ 和 $1-\Phi(z)$ 满足最少拍控制系统设计方法中的所有要求。无纹波的附加条件为：$\Phi(z)$ 还应包含 $G(z)$ 在单位圆内的所有非零零点，而 $1-\Phi(z)$ 中的 $F(z)$ 次数也随之做相应调整。

例 6.4 对例 6.3 的被控对象和输入类型设计闭环稳定的最少拍无纹波控制器。

解 $G(z)$ 在单位圆外有一个零点 $z=-2.78$，圆内非零的零点 $z_2=-0.2$。

（1）对阶跃输入，选择

$$\begin{cases} \Phi(z) = \phi_1 z^{-1}(1+2.78z^{-1})(1+0.2z^{-1}) \\ 1-\Phi(z) = (1-z^{-1})(1+f_1 z^{-1}+f_2 z^{-2}) \end{cases}$$

解得

$$\phi_1 = 0.22, \quad f_1 = 0.78, \quad f_2 = 0.1226$$

最少拍无纹波控制器为

$$D(z) = \frac{0.83(1-z^{-1})(1-0.28z^{-1})}{1+0.78z^{-1}+0.1226z^{-2}}$$

控制量

$$U(z) = 0.83(1-z^{-1})(1-0.28z^{-1}) = 0.83 - 1.0676z^{-1} + 0.2374z^{-2}$$

可见控制序列 $u(kT)$ 在第三拍进入稳态，其稳态值为 0。相应的输出为

$$Y(z) = \frac{0.22z^{-1}(1+2.78z^{-1})(1+0.2z^{-1})}{1-z^{-1}} = 0.22z^{-1} + 0.8754z^{-2} + z^{-3} + z^{-4} + z^{-5} + \cdots$$

即输出序列在第 3 拍达到稳态，系统输出序列和控制序列以及采样点间的输出如图 6.10 所示。可见，系统输出采样点之间的纹波被消除了，而调节时间则比有纹波系统增加了一拍。

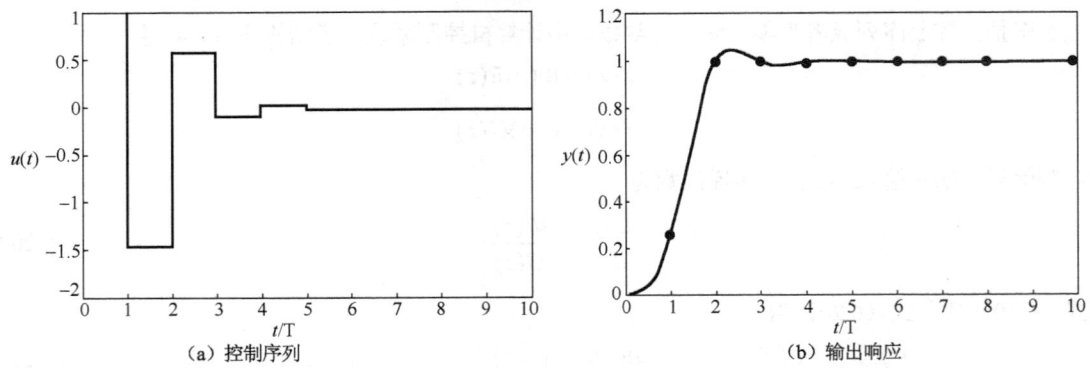

图 6.10 例 6.4 阶跃输入最少拍无纹波控制系统的控制序列和输出响应

（2）对单位速度输入 $R(z) = \dfrac{z^{-1}}{(1-z^{-1})^2}$，选择

$$\begin{cases} \Phi(z) = (1 + 2.78z^{-1})(1 + 0.2z^{-1})(\phi_1 z^{-1} + \phi_2 z^{-2}) \\ 1 - \Phi(z) = (1 - z^{-1})^2 (1 + f_1 z^{-1} + f_2 z^{-2}) \end{cases}$$

解得　　　　　$\phi_1 = 0.6398$,　　　$\phi_2 = -0.4193$,　　　$f_1 = 1.3602$,　　　$f_2 = 0.2332$

最少拍无纹波控制器为

$$D(z) = \frac{\Phi(z)}{G(z)[1-\Phi(z)]} = \frac{2.4143(1 - 0.286z^{-1})(1 - 0.6554z^{-1})}{1 + 1.3602z^{-1} + 0.2332z^{-2}}$$

控制量

$$U(z) = \frac{\Phi(z)}{G(z)} \cdot G(z) = 2.4143(1 - 0.286z^{-1})(z^{-1} - 0.6554z^{-2}) = 2.4143z^{-1} - 2.2728z^{-2} + 0.4526z^{-3}$$

可见控制序列 $u(kT)$ 在第 4 拍进入稳态，其稳态值也为 0。相应的输出为

$$Y(z) = \Phi(z) \cdot R(z) = \frac{0.6398z^{-2} + 1.4873z^{-3} - 0.8938z^{-4} - 0.2331z^{-5}}{(1-z^{-1})^2}$$

$$= 0.6398z^{-2} + 2.7669z^{-3} + 4z^{-4} + 5z^{-5} + 6z^{-6} + \cdots$$

即输出序列在第 4 拍达到稳态，系统输出序列和控制序列以及采样点间的输出如图 6.11 所示。系统输出采样点之间的纹波也被消除了，而调节时间同样比有纹波系统增加了一拍。一般而言，$\Phi(z)$ 中每增加一个零点，调节时间将延长一拍。

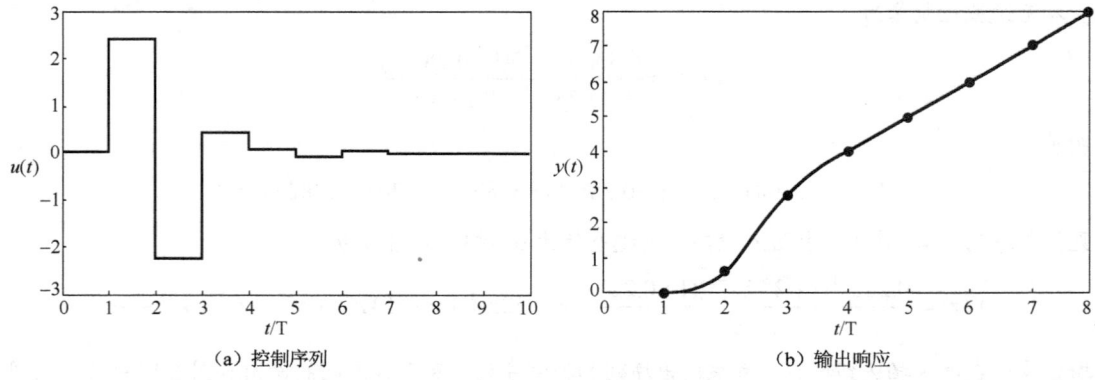

图 6.11 例 6.4 速度输入最少拍无纹波控制系统的控制序列和输出响应

6.4 最少拍控制系统的改进设计

最少拍控制系统和最少拍无纹波控制系统能在有限拍的时间内达到稳态,并且能在稳态无误差地跟踪输入。但是,这类系统有它的局限性,主要表现在:

(1) 对不同输入类型的适应性差。对某类输入设计的最少拍系统,对其他输入未必为最少拍系统,而且还可能引起大的超调和静差。

(2) 对参数变化过于敏感。按最少拍控制设计的闭环系统具有多重极点 $z=0$,在理论上,这一多重极点对系统参数变化的灵敏度可达无穷大。因此,如果系统参数发生变化,将使实际控制严重偏离期望状态。

因此,需要针对以上不足,对最少拍控制系统进行必要的改进设计。以下主要介绍较为常用的惯性因子法与非最少的有限拍控制系统设计。

6.4.1 惯性因子法

惯性因子法是针对最少拍系统对输入类型的适应性较差这一问题的改进设计,它以牺牲控制的有限拍无差性质为代价,使系统对多种类型输入有较满意的响应,即将原误差闭环 z 传递函数 $\Phi_e(z)$ 增加一惯性因子,变为

$$\Phi_e^*(z) = \frac{\Phi_e(z)}{1-\beta z^{-1}} \tag{6.22}$$

其中,β 为设计参数。合适地选择参数 β,可使系统对输入类型的敏感程度降低,对各种不同类型的输入都可以获得较为满意的控制效果。基于 $\Phi_e^*(z)$,可求得数字控制器为

$$D(z) = \frac{1}{G(z)} \cdot \frac{1-\Phi_e^*(z)}{\Phi_e^*(z)} \tag{6.23}$$

6.4.2 非最少的有限拍控制

设按最少拍控制系统设计原理得到的系统闭环 z 传递函数为 $\Phi(z)$,误差 z 传递函数为 $1-\Phi(z)$。将 $1-\Phi(z)$ 再乘上一个 z^{-1} 的有限阶次多项式 $H(z)=h_0+h_1z^{-1}+\cdots+h_nz^{-n}$,使得 $1-\Phi(z)$ 和 $\Phi(z)$ 的阶次均适当提高。这时系统已不再是最少拍的了,但仍然是有限拍系统,即可以在有限个采样周期内达到稳态。当过适当地选择 h_i,可以改变 $\Phi(z)$ 中各项的系数,从而降低系统对参数变化的灵敏度。

例 6.5 设广义对象为 $G(z) = \dfrac{0.5z^{-1}}{1-0.5z^{-1}}$,$T=1\text{s}$,针对单位速度输入设计非最少的有限拍控制系统,并验证当广义对象变成 $G^*(z) = \dfrac{0.6z^{-1}}{1-0.4z^{-1}}$ 后系统的输出。

解 由广义对象和输入类型,可选择非最少的有限拍控制系统的误差 z 传递函数为

$$1-\Phi(z) = (1-z^{-1})^2 H(z)$$

取 $H(z) = 1+0.5z^{-1}$,可得到

$$1-\Phi(z) = (1-z^{-1})^2(1+0.5z^{-1}) \text{ 及 } \Phi(z) = 1.5z^{-1} - 0.5z^{-3}$$

相应的非最少的有限拍数字控制器为

$$D(z) = \frac{(1-0.5z^{-1})(3-z^{-2})}{1-1.5z^{-1}+0.5z^{-3}}$$

系统对单位速度输入的响应为

$$Y(z) = \frac{0.5z^{-2}(3-z^{-2})}{(1-z^{-1})^2} = 1.5z^{-2} + 3z^{-3} + 4z^{-4} + \cdots$$

可见，系统在第三拍实现了跟踪，比最少拍延迟了一拍。当系统参数变化为 $G^*(z) = \dfrac{0.6z^{-1}}{1-0.4z^{-1}}$ 时，其闭环 z 传递函数变为

$$\varPhi^*(z) = \frac{G^*(z)D(z)}{1+G^*(z)D(z)} = \frac{0.6z^{-1}(1-0.5z^{-1})(3-z^{-2})}{1-0.1z^{-1}-0.3z^{-2}-0.1z^{-3}+0.1z^{-4}}$$

其单位速度输入的响应为

$$Y(z) = \frac{0.6z^{-2}(1-0.5z^{-1})(3-z^{-2})}{(1-0.1z^{-1}-0.3z^{-2}-0.1z^{-3}+0.1z^{-4})(1-z^{-1})^2}$$

$$= 1.8z^{-2} + 2.88z^{-3} + 3.828z^{-4} + 5.026z^{-5} + 5.9591z^{-6} + \cdots$$

显然，尽管系统参数发生了改变，但系统的输出响应仍然较好。这种方法以牺牲响应时间为代价，换取了抗参数变化的能力。读者可自己验证，若使用最少拍控制器，则当参数发生同样的变化时，闭环系统响应要差很多。

6.5 扰动作用下最少拍控制系统设计

前面几节讨论的问题仅仅是针对计算机控制系统的参考输入而设计的。实际的控制系统中，除了参考输入外，常常还有扰动作用。干扰几乎在任何位置均可进入系统，为便于讨论，可将干扰归并在零阶保持器和被控对象之间，如图 6.12 所示。现在的问题是，针对参考输入而设计的系统，能否有效地克服干扰 $f(t)$ 所产生的影响。

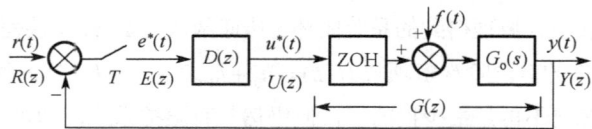

图 6.12 存在干扰作用下的控制系统

在很多情况下，针对参考输入而设计的系统，对抑制较弱的干扰作用所产生的影响也有较好的效果，这正是负反馈系统所具有的优点之一。然而，如果干扰作用较严重，则需要修改设计方法。

6.5.1 针对扰动作用的设计

假设存在扰动的计算机控制系统如图 6.12 所示，当只存在扰动作用时 [此时 $r(t) = 0$]，扰动系统的等效图，如图 6.13 所示。

根据线性系统的叠加原理，系统只存在扰动时的输出响应为

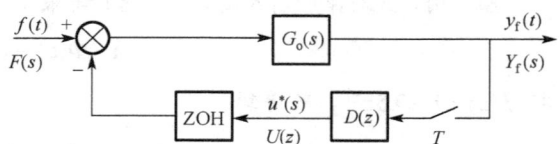

图 6.13 扰动系统的等效结构图

$$Y_f(s) = G_o(s)\left[F(s) - \frac{1-e^{-Ts}}{s}U^*(s)\right] = F(s)G_o(s) - \frac{1-e^{-Ts}}{s}G_o(s)U^*(s)$$

取 z 变换得

$$Y_f(z) = G_oF(z) - G(z)U(z)$$

其中 $G(z) = Z\left[\dfrac{1-e^{-Ts}}{s}G_o(S)\right]$。

由于
$$U(z) = Y_f(z)D(z)$$

因此
$$Y_f(z) = G_oF(z) - G(z)D(z)Y_f(z)$$

所以
$$Y_f(z) = \frac{G_oF(z)}{1+G(z)D(z)}$$

系统输出对扰动的闭环 z 传递函数为

$$\Phi_f(z) = \frac{Y_f(z)}{F(z)} = \frac{G_oF(z)/F(z)}{1+D(z)G(z)}$$

于是得到数字控制器为

$$D(z) = \frac{[G_oF(z)/F(z)] - \Phi_f(z)}{G(z)\Phi_f(z)} \tag{6.24}$$

归纳起来，针对干扰作用的系统设计步骤为：

（1）根据系统运行的实际情况，确定设计中所针对的干扰输入作用 $F(z)$。

（2）根据消除干扰所引起的输出响应的要求（如无稳态误差、最快速的瞬变响应、稳定性等），以及 $D(z)$ 物理可实现的约束，确定输出对扰动的闭环 z 传递函数 $\Phi_f(z)$。

（3）由式（6.24）确定数字控制器 $D(z)$，并编写控制算法程序。

6.5.2 抑制扰动作用的设计

这里考虑既有参考输入又有扰动作用的系统的设计方法。对于图 6.12 所示的系统，设计分两步进行：

（1）首先针对参考输入，确定闭环 z 传递函数 $\Phi(z)$；

（2）然后考虑系统对干扰 $F(s)$ 的抑制作用，修改设计的结果。

由图 6.12，系统的输出响应为

$$Y(z) = \Phi(z)R(z) + \Phi_f(z)F(z) = \frac{D(z)G(z)}{1+D(z)G(z)}R(z) + \frac{G_oF(z)/F(z)}{1+D(z)G(z)}F(z)$$

所以

$$\Phi_f(z) = [1-\Phi(z)]G_oF(z)/F(z)$$

如果系统要抑制扰动的影响，则对 $\Phi_f(z)$ 的要求是：对于设计中的扰动作用，不产生稳态响应。

不失一般性，设扰动信号具有以下形式

$$F(z) = \frac{A(z)}{(1-z^{-1})^m}$$

由终值定理得

$$y_{\mathrm{f}}(\infty) = \lim_{z \to 1}(1-z^{-1})Y_{\mathrm{f}}(z) = \lim_{z \to 1}(1-z^{-1})\Phi_{\mathrm{f}}(z)F(z)$$

若要求 $y_{\mathrm{f}}(\infty)=0$，则要求扰动的闭环 z 传递函数 $\Phi_{\mathrm{f}}(z)$ 具有以下形式

$$\Phi_{\mathrm{f}}(z) = (1-z^{-1})^m F_{\mathrm{f}}(z)$$

其中 $F_{\mathrm{f}}(z)$ 为不含 $(1-z^{-1})$ 因子的关于 z^{-1} 的有限多项式。

由此可以得出结论：若系统的扰动的闭环 z 传递函数 $\Phi_{\mathrm{f}}(z)$ 可以表示成 $\Phi_{\mathrm{f}}(z) = (1-z^{-1})^m F_{\mathrm{f}}(z)$ 的形式，则不必修改针对参考输入所确定的数字控制器 $D(z)$，否则就要修改 $D(z)$。

例6.6 对于如图 6.10 的系统，设 $G_{\mathrm{o}}(s) = \dfrac{10}{s(0.025s+1)}$，$T=0.025\text{ s}$，$r(t)=1(t), f(t)=1(t)$。设计无稳态误差最少拍系统的数字控制器 $D(z)$。

解
$$G(z) = Z\left[\frac{1-\mathrm{e}^{-Ts}}{s}\frac{10}{s(0.025s+1)}\right] = \frac{0.092(1+0.718z^{-1})z^{-1}}{(1-z^{-1})(1-0.368z^{-1})}$$

因此

$$\Phi_{\mathrm{e}}(z) = 1-z^{-1} \quad \Phi(z) = z^{-1}$$

$$D(z) = \frac{\Phi(z)}{G(z)\Phi_{\mathrm{e}}(z)} = \frac{10.87(1-0.368z^{-1})}{1+0.718z^{-1}}, \quad F(z) = \frac{1}{1-z^{-1}}$$

$$G_{\mathrm{o}}F(z) = Z\left[\frac{10}{s(0.025s+1)}\frac{1}{s}\right] = \frac{0.092(1+0.718z^{-1})z^{-1}}{(1-z^{-1})^2(1-0.368z^{-1})}$$

$$\Phi_{\mathrm{f}}(z) = \Phi_{\mathrm{e}}(z)G_{\mathrm{o}}F(z)/F(z) = \frac{0.092(1+0.718z^{-1})z^{-1}}{1-0.368z^{-1}}$$

可见，$\Phi_{\mathrm{f}}(z)$ 不是 $\Phi_{\mathrm{f}}(z) = (1-z^{-1})^m F_{\mathrm{f}}(z)$ 的形式，则需要修改原设计 $D(z)$。

进一步分析可知，$y_{\mathrm{f}}(\infty) = \lim_{z \to 1}(1-z^{-1})\Phi_{\mathrm{f}}(z)F(z) = 0.25 \neq 0$，这显然不符合设计要求，必须修改原先设计的 $D(z)$，令

$$\frac{0.092(1+0.718z^{-1})z^{-1}}{1-0.368z^{-1}}A(z) = (1-z^{-1})F_{\mathrm{f}}(z)$$

其中，$A(z) = (1-0.368z^{-1})(1+az^{-1})$，$F_{\mathrm{f}}(z) = c(1+bz^{-1})z^{-1}$

所以有 $0.092(1+0.718z^{-1})(1+az^{-1}) = c(1-z^{-1})(1+bz^{-1})$

解得

$$\begin{cases} a = -1 \\ b = 0.718 \\ c = 0.092 \end{cases}$$

即

$A(z) = (1-z^{-1})(1-0.368z^{-1})$, $F_{\mathrm{f}}(z) = 0.092(1+0.718z^{-1})z^{-1}$, $\Phi_{\mathrm{f}}(z) = 0.092z^{-1}(1-z^{-1})(1+0.718z^{-1})$,

数字控制器为

$$D(z) = \frac{[G_{\mathrm{o}}F(z)/F(z)] - \Phi_{\mathrm{f}}(z)}{G(z)\Phi_{\mathrm{f}}(z)} = \frac{1-(1-z^{-1})^2(1-0.368z^{-1})}{0.092z^{-1}(1-z^{-1})(1+0.718z^{-1})}$$

显然，$D(z)$ 为物理可实现的。

必须指出，上述针对扰动对 $D(z)$ 进行的修改设计，必然也会影响到对参考输入的闭环 z 传递函数 $\Phi(z)$，因此一般还需对修正设计结果进行闭环系统检验。

6.6 大林算法设计

在许多工业过程控制系统中，由于物料及能量的传输或转换需要经过一定的过程与时间，使得系统的输入与输出之间存在一定的纯滞后特性。对于这类具有纯滞后特性的对象，采用常规的反馈控制规律，一般难以达到满意的效果。第 5 章介绍了通过引入史密斯预估补偿器对输出值进行预估，使输出量"提前"反馈，以消除滞后特性对控制系统的影响。而大林算法则是从期望的闭环传递函数的角度提出了一种解决具有纯滞后特性对象控制问题的算法。

6.6.1 大林算法基本原理

事实上，从第 5 章史密斯预估补偿原理与本章基于 z 传递函数的解析设计法针对具有纯滞后特性的对象的一般要求中可知，如果被控对象具有纯滞后，则闭环传递函数中也应包含同样的纯滞后环节。在最少拍控制系统设计中，通常是将系统闭环极点设计在 z 平面的原点处，这可以保证系统具有快速响应特性，但对纯滞后系统，其响应则可能出现超调或振荡。对于这类具有纯滞后特性的被控过程，往往对快速性的要求是次要的，而对系统的稳定性或响应的平滑性却要求较高。基于此，1968 年美国 IBM 公司的大林（E. B. Dahlin）提出了一种控制算法，即所谓的大林算法。

大林算法在形式上是针对具有纯滞后特性的连续被控过程提出来的。通常这类被控过程的传递函数可表示为一阶或二阶惯性环节加纯滞后环节的形式，即

$$G(s) = \frac{K\mathrm{e}^{-\tau s}}{T_1 s + 1} \tag{6.25}$$

或

$$G(s) = \frac{K\mathrm{e}^{-\tau s}}{(T_1 s + 1)(T_2 s + 1)} \tag{6.26}$$

大林算法将整个闭环控制系统的传递函数设计为具有一阶惯性加纯滞后环节形式，其中纯滞后时间与被控过程的纯滞后时间相等或近似相等，即将期望闭环传递函数设计为

$$\Phi(s) = \frac{\mathrm{e}^{-\tau' s}}{T_0 s + 1} \tag{6.27}$$

其中 $\tau' = lT \approx \tau$，T 为采样周期。这样所期望的闭环响应就是其一阶惯性环节响应在时间轴上平移 τ'。

如果采用计算机控制，通常需要加入零阶保持器，如图 6.14 所示，此时期望闭环传递函数可离散化为

$$\Phi(z) = Z\left[\frac{1-\mathrm{e}^{-sT}}{s} \cdot \frac{\mathrm{e}^{-\tau' s}}{T_0 s + 1}\right] = \frac{(1-\mathrm{e}^{-T/T_0})z^{-(l+1)}}{1-\mathrm{e}^{-T/T_0}z^{-1}} = z^{-l} \cdot \frac{(1-\sigma)z^{-1}}{1-\sigma z^{-1}} \tag{6.28}$$

其中 $\sigma = \mathrm{e}^{-T/T_0}$。

根据基于 z 传递函数的数字控制器解析设计原理，如果已知 $G(z)$，并确定了相应的期望闭环传递函数如式（6.28），则可导出数字控制器的 z 传递函数，即

$$D(z) = \frac{\Phi(z)}{G(z)\left[1-\Phi(z)\right]} = \frac{(1-\sigma)z^{-(l+1)}}{G(z)\left[1-\sigma z^{-1}-(1-\sigma)z^{-(l+1)}\right]} \tag{6.29}$$

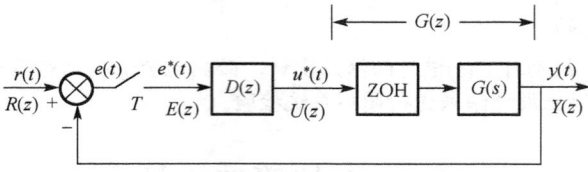

图 6.14 含纯滞后对象的数字控制系统

6.6.2 大林算法数字控制器的一般形式

由式（6.29）可知，针对不同的具有纯滞后的被控对象，要得到由闭环传递函数式（6.28）描述的控制性能，其数字控制器的形式也有所不同。这里主要讨论较常见的含有纯滞后的一阶与二阶惯性对象的控制器的一般形式。

1. 含有纯滞后的一阶惯性对象的控制器形式

对于式（6.25）所描述的含有纯滞后的一阶惯性对象，采用计算机控制时，设 $\tau = lT$，则其广义对象为

$$G(z) = Z\left[\frac{1-e^{-Ts}}{s}\cdot G(s)\right] = Z\left[\frac{K(1-e^{-Ts})e^{-lTs}}{s(T_1 s+1)}\right] = \frac{K(1-e^{-T/T_1})z^{-(l+1)}}{1-e^{-T/T_1}z^{-1}} = \frac{K(1-\beta)z^{-(l+1)}}{1-\beta z^{-1}} \quad (6.30)$$

其中 $\beta = e^{-T/T_1}$。于是可得到数字控制器为

$$D(z) = \frac{\Phi(z)}{G(z)[1-\Phi(z)]} = \frac{(1-\sigma)(1-\beta z^{-1})}{K(1-\beta)[1-\sigma z^{-1}-(1-\sigma)z^{-(l+1)}]} \quad (6.31)$$

2. 含有纯滞后的二阶惯性对象的控制器形式

对于式（6.26）所描述的含有纯滞后的二阶惯性对象，同样设 $\tau = lT$，则其广义对象为

$$G(z) = Z\left[\frac{1-e^{-Ts}}{s}\cdot G(s)\right] = \frac{K(c_1+c_2 z^{-1})z^{-(l+1)}}{(1-\beta_1 z^{-1})(1-\beta_2 z^{-1})} \quad (6.32)$$

其中

$$\beta_1 = e^{-T/T_1}, \quad \beta_2 = e^{-T/T_2}$$

$$c_1 = 1+\frac{T_1\beta_1-T_2\beta_2}{T_2-T_1}, \quad c_2 = \beta_1\beta_2+\frac{T_1\beta_1-T_2\beta_2}{T_2-T_1}$$

于是可到数字控制器为

$$D(z) = \frac{\Phi(z)}{G(z)[1-\Phi(z)]} = \frac{(1-\sigma)(1-\beta_1 z^{-1})(1-\beta_2 z^{-1})}{K(c_1+c_2 z^{-1})[1-\sigma z^{-1}-(1-\sigma)z^{-(l+1)}]} \quad (6.33)$$

例 6.7 对于如图 6.14 所示的控制系统，设 $G(s) = \dfrac{5e^{-0.5s}}{0.5s+1}$，设期望的闭环传递函数为 $\Phi(s) = \dfrac{e^{-0.5s}}{s+1}$，取采样周期 $T = 0.5$ s，求数字控制器 $D(z)$，并求闭环系统在阶跃输入作用下的控制量序列与输出响应。

解 广义对象

$$G(z) = Z\left[\frac{1-\mathrm{e}^{-Ts}}{s} \cdot G(s)\right] = Z\left[\frac{5(1-\mathrm{e}^{-Ts})\,\mathrm{e}^{-Ts}}{s(0.5s+1)}\right] = \frac{3.16z^{-2}}{1-0.368z^{-1}}$$

期望闭环 z 传递函数

$$\Phi(z) = Z\left[\frac{1-\mathrm{e}^{-Ts}}{s} \cdot \frac{\mathrm{e}^{-Ts}}{s+1}\right] = \frac{0.393z^{-2}}{1-0.607z^{-1}}$$

则数字控制器为

$$D(z) = \frac{\Phi(z)}{G(z)[1-\Phi(z)]} = \frac{0.124(1-0.368z^{-1})}{1-0.607z^{-1}-0.393z^{-2}}$$

$$U(z) = \frac{\Phi(z)}{G(z)} \cdot R(z) = \frac{0.393z^{-2}}{1-0.607z^{-1}} \cdot \frac{1-0.368z^{-1}}{3.16z^{-2}} \cdot \frac{1}{1-z^{-1}}$$

$$= 0.124 + 0.154z^{-1} + 0.172z^{-2} + 0.183z^{-3} + 0.19z^{-4} + 0.194z^{-5} + 0.196z^{-6} + \cdots$$

可见，其控制量序列由初始时刻的 0.124 开始逐渐增加，最后趋于恒定值 0.2。

$$Y(z) = \Phi(z)R(z) = \frac{0.393z^{-2}}{1-0.607z^{-1}} \cdot \frac{1}{1-z^{-1}}$$

$$= 0.393z^{-2} + 0.632z^{-3} + 0.777z^{-4} + 0.865z^{-5} + 0.918z^{-6} + 0.959z^{-7} + \cdots$$

其输出响应在经过 1 拍延时后，由零逐渐平滑上升，最终达到稳态值 1。由此可见，对该被控对象采用大林算法取得了较为平滑的响应特性。

例 6.8 对于如图 6.14 所示的控制系统，如果被控对象为 $G(s) = \dfrac{\mathrm{e}^{-1.46s}}{3.34s+1}$，取采样周期 $T = 1\,\mathrm{s}$，依据大林算法原理设计数字控制器 $D(z)$，并求闭环系统在阶跃输入作用下的控制量序列与输出响应。

解 由于被控对象的延迟时间不为采样周期的整数倍，因此需要通过广义 z 变换求取其带零阶保持器的广义对象为

$$G(z) = \frac{0.1493z^{-2}(1+0.733z^{-1})}{1-0.7413z^{-1}}$$

如果期望的闭环响应为时间常数 $T_0 = 2\,\mathrm{s}$ 的一阶惯性环节，并含有一个采样周期的纯滞后，即闭环 z 传递函数为

$$\Phi(z) = \frac{(1-\mathrm{e}^{-T/T_0})z^{-2}}{1-\mathrm{e}^{-T/T_0}z^{-1}} = \frac{0.3935z^{-2}}{1-0.6065z^{-1}}$$

于是可得数字控制器为

$$D(z) = \frac{\Phi(z)}{G(z)[1-\Phi(z)]} = \frac{2.6356(1-0.7413z^{-1})}{(1+0.733z^{-1})(1-z^{-1})(1+0.3935z^{-1})}$$

在阶跃输入下，有

$$Y(z) = \Phi(z)R(z) = \frac{0.3935z^{-2}}{(1-0.6065z^{-1})} \cdot \frac{1}{1-z^{-1}} = 0.3935z^{-2} + 0.6322z^{-3} + 0.7769z^{-4} + 0.8647z^{-5} + \cdots$$

相应的控制量为

$$U(z) = \frac{\Phi(z)}{G(z)} \cdot R(z) = \frac{2.6356(1-0.7413z^{-1})}{(1-0.6065z^{-1})(1-z^{-1})(1+0.733z^{-1})}$$

$$= 2.6356 + 0.3484z^{-1} + 1.8096z^{-2} + 0.6078z^{-3} + 1.4093z^{-4} + \cdots$$

由以上输出序列与控制量序列可见,输出采样值是呈惯性平滑上升的,但控制量序列出现大幅振荡,如图 6.15(a)所示。大林把这种控制量以二分之一采样频率的大幅振荡现象称为振铃(Ringing)。同时,由于控制量振铃现象,也导致了输出采样点之间的不平滑性,其连续响应过程如图 6.15(b)所示。

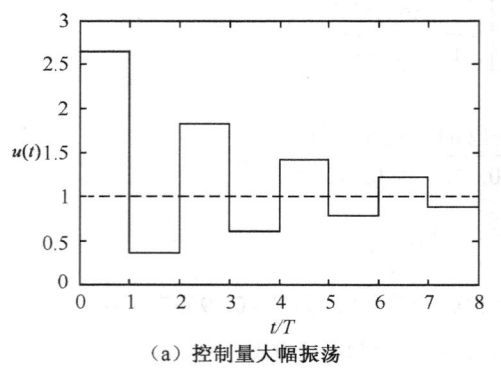
(a) 控制量大幅振荡

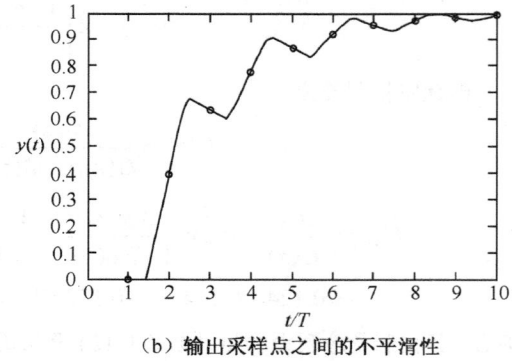
(b) 输出采样点之间的不平滑性

图 6.15 振铃现象

6.6.3 振铃现象的消除方法

由例 6.8 可见,采用标准的大林算法构成控制系统,有时可能产生控制量的振铃现象,这种振铃现象与在最少拍控制中出现的纹波现象本质上是一回事,都是由于数字控制器 $D(z)$ 的输出 $U(z)$ 中含有相应的极点引起的,只是各自的出发点不同,因此有不同的定义与处理方法。对于最少拍控制,一般针对跟踪问题,并要求具有最快的跟踪速度与准确的跟踪精度,关注的是输出响应的快速性与稳态无差性,因此输出采样点之间出现任何形式的纹波对于跟踪的准确性而言都是不利的(理论上将一直存在),必须设法消除,并保持系统的有限拍跟踪特性;而对于大林算法构成的控制系统通常为调节系统(即系统参考输入通常为阶跃输入或零输入),且系统主要关注动态过程的平稳性,因而,所谓的振铃是指控制量以二分之一采样频率的大幅振荡现象,因为这种大幅振荡不仅会在输出采样点之间引起纹波,更会增加执行机构的磨损,甚至影响到系统的稳定性,而对于控制量的小幅振荡,由于被控过程的惯性环节对此具有一定的平滑作用,因此不算振铃。

基于上述分析可知,产生振铃现象的根本原因是由于 $U(z)$ 中含有在单位圆内并接近于 $z=-1$ 附近的极点(这个极点也是数字控制器 $D(z)$ 的极点),且该极点离 $z=-1$ 越近,可能引起的振铃幅度就越大。

由式(6.29)可知,在由大林算法构成的数字控制器中,广义对象 $G(z)$ 的零点将全部成为 $D(z)$ 的极点。因此产生振铃现象的根本原因在于 $G(z)$ 中含有 $z=-1$ 附近的零点。

对于含有纯滞后的一阶惯性对象,且纯滞后时间为采样周期的整数倍,其广义对象式(6.30)中显然未含有 $z=-1$ 附近的零点,故采用大林算法不会引起振铃现象,如例 6.7 所示。但是,当纯滞后时间不为采样周期的整数倍时,则 $G(z)$ 有可能出现这样的零点,从而导致振铃,如例 6.8 所示。

对于含有纯滞后的二阶惯性对象,其广义对象 $G(z)$ 如式(6.32)所示,可见 $G(z)$ 中具有零点 $z=-c_2/c_1$,即存在负实轴上的零点,当采样周期很小时,该零点将接近于 -1。因此,含纯滞后二阶惯性对象采用大林算法则有可能产生振铃现象。

由以上分析可以得到一种消除振铃极点的可能方法,即在控制器设计时,通过合理选取采样周期,避免在 $G(z)$ 中出现可能引起振铃的零点。而大林则提出了一种更为简单的修正设计方法,即只要令控制器 $D(z)$ 中对应的振铃极点因子中 $z=1$,就可以消除该振铃极点。根据终值定理可知,这样处理不影响系统的稳态性能,却可改善系统动态性能,即消除了振铃现象。

必须指出，并非控制量 z 变换 $U(z)$（或数字控制器 $D(z)$）中含有的在单位圆内并接近于 $z=-1$ 附近的极点就一定是振铃极点，因为振铃现象是指控制量大幅波动而言的，而其波动的幅值大小通常还与 $U(z)$ 的零点有关，也就是说，当对应极点引起的控制量波动较小时，该极点就并非振铃极点。为了评价振铃强度的大小，有关文献还给出振铃幅度的概念与评价方法，这里不做详细讨论。

例 6.9 试对例 6.8 中设计的大林算法控制器进行修正设计，以消除振铃现象。

解 由例 6.8 可知，控制量存在振铃现象，原数字控制器为

$$D(Z) = \frac{2.6356(1-0.7413z^{-1})}{(1+0.733z^{-1})(1-z^{-1})(1+0.3935z^{-1})}$$

可见，极点 $z=-0.733$ 为振铃极点。令 $D(z)$ 中该振铃因子中的 $z=1$，即该因子变为常数 1.733，则有

$$D(z) = \frac{1.5208(1-0.7413z^{-1})}{(1-z^{-1})(1+0.3935z^{-1})}$$

相应的闭环传递函数变为

$$\Phi(z) = \frac{D(z)G(z)}{1+D(z)G(z)} = \frac{0.2271z^{-2}(1+0.733z^{-1})}{1-0.6065z^{-1}-0.1664z^{-2}+0.1664z^{-3}}$$

在单位阶跃输入时，系统的输出为

$$Y(z) = \Phi(z)R(z) = \frac{0.2271z^{-2}(1+0.733z^{-1})}{(1-0.6065z^{-1}-0.1664z^{-2}+0.1664z^{-3})(1-z^{-1})}$$
$$= 0.2271z^{-2}+0.5312z^{-3}+0.7534z^{-4}+0.9009z^{-5}+\cdots$$

其控制量为

$$U(z) = \frac{\Phi(z)}{G(z)} \cdot R(z) = \frac{1.521(1-0.7413z^{-1})}{(1-0.6065z^{-1}-0.1664z^{-2}+0.1664z^{-3})(1-z^{-1})}$$
$$= 1.521+1.3161z^{-1}+1.445z^{-2}+1.2351z^{-3}+1.1634z^{-4}+1.063z^{-5}+\cdots$$

可见，其控制量序列已变得较为平稳。由图 6.16 可见，其振铃现象与输出采样点之间的纹波已基本消除。

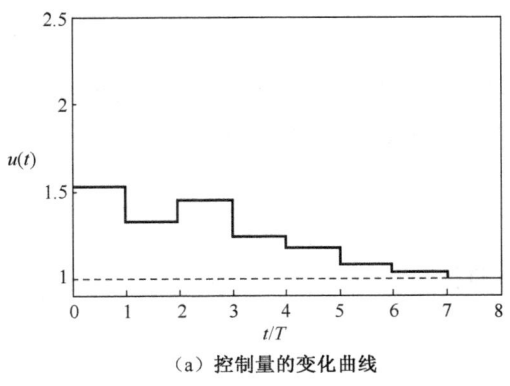
（a）控制量的变化曲线

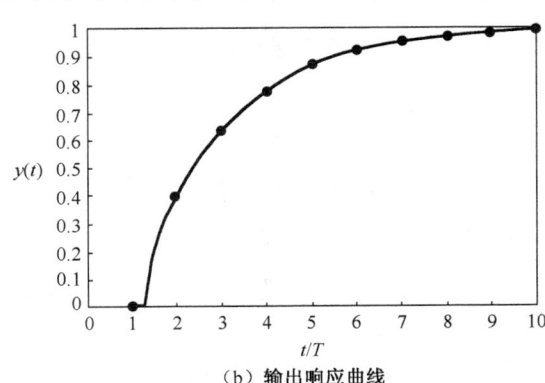
（b）输出响应曲线

图 6.16 振铃现象的消除

由上例可知，由于修改了控制器，则隐含修改了系统的闭环传递函数，因此一般还需检验闭环系统的稳定性。

理论上，本节所讨论的大林算法只适用于稳定的最小相位对象。而对于非最小相位对象，或者广义对象 $G(z)$ 中出现了单位圆外的零点的情况，在 $D(z)$ 中的相应的极点可采用上述消除振铃极点的相同办法来进行处理，从而实现对系统的稳定控制。

6.7 复合控制系统设计

通常，在一个控制系统中既存在给定的参考输入，又存在扰动作用。常规的反馈控制系统要么针对参考输入进行设计，要么针对扰动作用进行设计，很难同时达到对参考输入的跟踪与扰动作用的抑制均满意的效果。如果在计算机控制系统中组合使用前馈与反馈两种控制，则可以将希望的控制规律设计与抗干扰设计分开来进行，并形成开环控制与闭环控制并存的控制结构，通常称为复合控制结构。

6.7.1 反馈控制中的扰动作用

对于存在扰动作用的被控系统，仅使用反馈控制构成闭环计算机控制系统，如图 6.17 所示，并假定扰动信号作用点位于零阶保持器与被控对象之间。由线性系统的叠加原理可求得系统在参考输入与扰动信号同时作用下的输出为

$$Y(z) = \frac{D(z)G(z)}{1+D(z)G(z)}R(z) + \frac{GF(z)}{1+D(z)G(z)} \tag{6.34}$$

可见，系统的输出由两部分构成，一部分由参考输入 $R(z)$ 产生，另一部分是由于扰动作用对输出产生的影响。就控制目的而言，既希望系统输出能较好地跟踪参考输入，同时又要抑制扰动对输出的影响，即希望由扰动产生的输出为零。显然，这是两种不同性质（甚至是完全相反）的控制要求，设计同样一个控制器 $D(z)$，一般难以同时兼顾这两个方面。

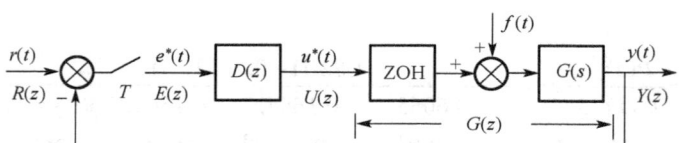

图 6.17 存在干扰的计算机控制系统

6.7.2 复合控制系统基本形式与设计步骤

在反馈控制的基础上，再引入前馈控制，则可以兼顾对参考输入的跟踪与对扰动作用的抑制两个方面的要求。根据前馈引入信号的不同以及前馈与反馈的不同组合，可采用各种不同形式的复合控制方案。以下讨论两种较为典型的复合控制方案。

1. 前馈控制引自扰动信号

图 6.18 所示是一种典型的复合控制系统方案，其前馈控制引自扰动输入 $f(t)$，这种方案通常也称为带扰动补偿的反馈控制。

由图 6.16 可知，该复合控制系统的输出 z 变换为

$$Y(z) = \frac{D_1(z)G(z)}{1+D_1(z)G(z)}R(z) + \frac{GF(z) - D_2(z)D_1(z)G(z)F(z)}{1+D_1(z)G(z)} \tag{6.35}$$

从式（6.35）中可以看出，由参考输入引起的输出响应与单独的反馈控制在形式上是一样的，而

扰动输入对输出的影响则变为

$$Y_f(z) = \frac{GF(z) - D_2(z)D_1(z)G(z)F(z)}{1 + D_1(z)G(z)}$$

如果选取

$$D_2(z) = 1/D_1(z) \tag{6.36}$$

则有

$$Y_f(z) = \frac{GF(z) - G(z)F(z)}{1 + D_1(z)G(z)} \tag{6.37}$$

式（6.37）分子中的两部分形式上很相近，二者就差一个零阶保持器。由第 5 章讨论的带零阶保持器的离散化方法可知，以上两部分的性能也是很接近的，也就是说，按照式（6.36）设计抗扰控制器，其扰动输入对输出的影响是很小的，特别是当 $f(t)$ 为阶跃扰动输入信号时，理论上扰动对输出的影响为零。

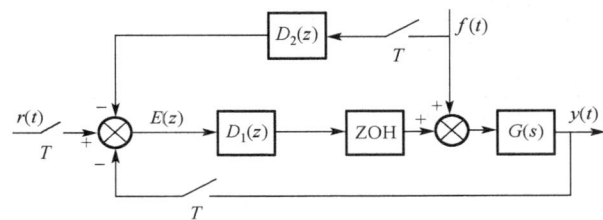

图 6.18 前馈引自扰动输入的复合控制系统

显然，这种方案的关键是设计数字控制器 $D_1(z)$，而 $D_1(z)$ 的设计则可完全按照正常状态下反馈控制器的设计规则进行设计，而不用考虑扰动信号的影响，因为扰动信号对输出的影响通过引自扰动信号的前馈控制作用实现了自我补偿。

从式（6.36）中可知，数字控制器 $D_1(z)$ 和 $D_2(z)$ 互为倒数关系，因此，为了二者都能在物理上可实现，则 $D_1(z)$ 的分子与分母必须是同阶的。不过这在大多数数字控制器设计中是易于满足的，比如前面介绍的最少拍控制器与大林算法控制器等。

由以上分析可知，如图 6.18 所示的复合控制系统的设计步骤可归纳如下：

（1）根据控制性能指标的要求，不考虑扰动的存在，按正常反馈控制系统数字控制器设计原理，比如用最少拍控制器或大林算法控制器设计等，由此可得到数字控制器 $D_1(z)$，并确保其分子分母同阶；

（2）令 $D_2(z) = 1/D_1(z)$，从而得到数字控制器 $D_2(z)$；

（3）将数字控制器 $D_1(z)$ 与 $D_2(z)$ 转换为程序实现算法进行程序实现。

必须指出，上述复合控制方案存在一个现实的问题，那就是系统的外部干扰信号要可测，这在不少情况下是难以满足的。此外，这里只讨论了扰动作用点位于被控连续对象控制作用的输入端的情况，而如果作用点不在此处或存在多个作用点，设计均要复杂一些。因此，该方案在实际应用时会受到一定的限制。

2. 前馈控制引自参考输入信号

由于干扰信号有时难以测量，因此将前馈信号引自参考输入构成复控制则是一种较为可行的选择。图 6.19 所示是一种较为常用的前馈引自参考输入的复合控制系统方案，其前馈控制引自参考输入 $r(t)$。

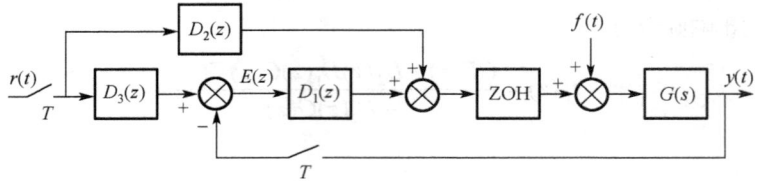

图 6.19 前馈引自参考输入的复合控制系统

对参考输入，系统的响应为

$$Y_r(z) = \frac{G(z)[D_1(z)D_3(z) + D_2(z)]}{1 + D_1(z)G(z)} \cdot R(z)$$

如果选定

$$D_3(z) = D_2(z)G(z)$$

则有

$$\Phi_r(z) = \frac{G(z)[D_1(z)D_3(z) + D_2(z)]}{1 + D_1(z)G(z)} = \frac{G(z)[D_1(z)D_2(z)G(z) + D_2(z)]}{1 + D_1(z)G(z)}$$

$$= \frac{G(z)D_2(z)[D_1(z)G(z) + 1]}{1 + D_1(z)G(z)} = D_2(z)G(z) = D_3(z)$$

即

$$Y_r(z) = D_2(z)G(z)R(z) = D_3(z)R(z) \tag{6.38}$$

而扰动作用对输出的影响为

$$Y_f(z) = \frac{GF(z)}{1 + D_1(z)G(z)} \tag{6.39}$$

由式（6.38）与式（6.39）可见，系统对参考输入的响应与数字控制器 $D_1(z)$ 无关，而扰动作用对输出影响的设计仅取决于 $D_1(z)$，与 $D_2(z)$ 和 $D_3(z)$ 无关。因此，可以将对参考输入的跟踪与对扰动作用的抑制分开来设计，二者互不影响。

事实上，反馈系统中的偏差信号 $E(z)$ 也可表示为由参考输入和扰动作用分别引起的两部分偏差信号叠加而成，即

$$E(z) = E_r(z) + E_f(z)$$

而由系统结构图可得

$$E_r(z) = D_3(z)R(z) - D_2(z)G(z)R(z) = 0$$

可见由参考输入引起的反馈偏差为零，这相当于反馈回路对参考输入是断开的，即对参考输入相当于开环控制，反馈（即闭环控制）只对扰动信号起抑制作用。

由以上分析可知，在具体设计如图 6.19 所示的复合控制系统时，可以将针对参考输入的跟踪控制设计与针对扰动作用的抑制设计分开来进行，其一般步骤如下。

（1）根据被控过程扰动信号的一般形式与对抑制扰动影响的要求设计扰动数字控制器 $D_1(z)$，比如可根据具体性能要求按最少拍扰动抑制设计，或者根据扰动信号的可能频带范围，将其对应频带范围内的 $D_1(e^{j\omega T})G(e^{j\omega T})$ 的模值设计得足够大，从而得到 $D_1(z)$；

（2）根据参考输入信号的形式与系统跟踪性能的要求，确定系统输出对参考输入的 z 传递函数 $\Phi_r(z)$，比如按最少拍控制或大林算法等确定 $\Phi_r(z)$；

第 6 章　数字控制器 z 域直接设计方法

（3）确定前馈数字补偿器 $D_2(z)$ 和 $D_3(z)$，即根据上述复合控制原理中 $D_2(z)$ 和 $D_3(z)$ 与 $\Phi_r(z)$ 之间的关系，确定 $D_2(z)$ 和 $D_3(z)$，即

$$D_2(z) = \frac{\Phi_r(z)}{G(z)}, \quad D_3(z) = \Phi_r(z) \tag{6.40}$$

如果按最少拍控制设计，并设 $G(s)$ 具有 l 个采样周期的纯滞后，且 $G(z)$ 没有单位圆外的零极点，于是，考虑到数字控制器的可实现性，可选取

$$\begin{cases} \Phi_r(z) = z^{-l}\Phi'(z) \\ 1 - \Phi'(z) = (1-z^{-1})^m \end{cases} \tag{6.41}$$

其中 m 是与参考输入信号形式有关的参数。有时，为简单起见，也可直接选取

$$\Phi_r(z) = z^{-(l+1)}$$

这样，则有

$$D_2(z) = \frac{z^{-(l+1)}}{G(z)}, \quad D_3(z) = z^{-(l+1)} \tag{6.42}$$

（4）将数字控制器 $D_1(z)$ 与 $D_2(z)$ 和 $D_3(z)$ 转换为程序实现算法进行程序实现。

由于该复合控制方案中采用了三个数字控制器，因此控制系统的实时性要稍差一些。

6.8　z 平面根轨迹设计

根轨迹设计法是一种试凑法。与 s 平面上的根轨迹设计法相同，z 平面上的根轨迹设计法也是在原有系统的基础上，用串联控制或并联控制的方法，在前向或反馈回路加入一阶或 n 阶的控制网络，增加系统的极、零点，使闭环系统的特征根移到更合适的位置上。常用的有超前控制、滞后控制及超前与滞后控制的组合。以一阶网络为例，

$$D(z) = k_d \frac{z-\beta}{z-\alpha} \tag{6.43}$$

式中，k_d 为控制器 $D(z)$ 的放大系数，β 为控制器 $D(z)$ 的实数零点，α 为控制器 $D(z)$ 的实数极点。通常实零点 β 和实极点 α 应在 z 平面单位圆内。若 $D(z)$ 的零点位于极点的右边，则为相位超前控制，可提供一个超前角；而极点位于零点的右边，便是相位滞后控制器，可提供一个滞后角。

一般地，离散系统根轨迹设计步骤如下：

（1）根据性能指标要求选择期望的闭环主导极点 z_p；

（2）绘制未校正系统的根轨迹；

（3）选择校正控制器的零点，使其与 $G(z)$ 的极点对消（或者用控制器极点抵消 $G(z)$ 的零点）；

（4）根据相角方程 $\angle D(z)G(z) = (2n+1)\pi$，$n$ 为整数，确定校正控制器极点 α（零点 β）；

（5）求解幅值方程 $|D(z)G(z)| = 1$，得到控制器增益 k_d。

例 6.10　计算机控制系统如图 6.1 所示，$G(s) = \dfrac{k}{s(s+2)}$，采样周期 $T = 0.2\,\text{s}$，试用根轨迹法设计数字控制器 $D(z)$，使闭环系统主导极点的阻尼比 $\xi = 0.5$，调节时间 $t_s \leqslant 2.25\,\text{s}$。

解　依据调节时间表达式

$$t_s = \frac{4.5}{\xi\omega_n} \leqslant 2.25$$

可得 $\omega_n \geqslant 4$ rad/s，取 $\omega_n = 4$ rad/s。

对于二阶振荡系统，由阻尼比和自然振荡频率可得 s 平面主导极点为
$$s = -\xi\omega_n \pm j\omega_n\sqrt{1-\xi^2}$$

根据 $z = e^{Ts}$ 的映射关系，得到在 z 平面的等阻尼比线应满足
$$|z| = e^{-\frac{2\pi\xi}{\sqrt{1-\xi^2}} \cdot \frac{\omega_d}{\omega_s}}, \quad \angle z = 2\pi\frac{\omega_d}{\omega_s}$$

式中 $\omega_d = \omega_n\sqrt{1-\xi^2}$，$\omega_s = \dfrac{2\pi}{T}$。

因此 $|z| = e^{-\xi\omega_n T} = e^{-0.4} = 0.6703$，$\angle z = \omega_n T\sqrt{1-\xi^2} = 0.6927$ rad $= 39.69°$，主导极点为 $z_P = 0.6703\angle 39.69° = 0.5158 + j0.4281$。

系统校正前的开环 z 传递函数为
$$G(z) = z\left[\frac{1-e^{-Ts}}{s^2(s+2)}\right] = \frac{0.01758(z+0.8760)}{(z-1)(z-0.6703)}$$

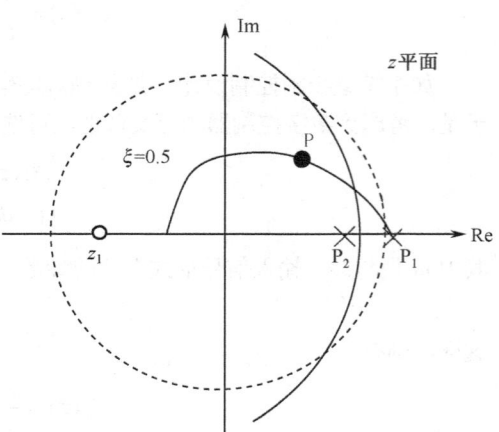

图 6.20 例 6.10 系统未校正前的根轨迹

其根轨迹如图 6.20 所示。在根轨迹图上绘制 $\xi = 0.5$ 的等阻尼比线，标注所希望的主导极点 P。

要使主导极点 P 位于系统的根轨迹上，必须使系统根轨迹左移，这就需要引入超前校正数字控制器 $D(z)$。根据开环零极点分布对根轨迹的影响，应该引入一个新的零点，以抵消原来的极点 0.6703。同时，附加一个新的极点，以使根轨迹弯向左边。由此得到校正网络的脉冲传递函数为
$$D(z) = k_d\frac{z-0.6703}{z-\alpha}$$

校正后系统的开环 z 传递函数为
$$D(z)G(z) = k_d\frac{0.01758(z+0.8760)}{(z-1)(z-\alpha)}$$

校正后系统的根轨迹如图 6.21 所示。

要使点 P 位于根轨迹上，必须满足相角条件：
$$\angle(z_P - z_0) - \angle(z_P - \alpha) - \angle(z_P - p_1) = \pm(2n+1)\pi$$

可求得 $\angle(z_P - \alpha) = 58.58°$，因此 $\tan 58.58° = \dfrac{0.4281}{0.5158-\alpha}$，可得 $\alpha = 0.2543$。

所以，控制器为
$$D(z) = k_d\frac{z-0.6703}{z-0.2543}$$

校正后系统的开环 z 传递函数可写为
$$D(z)G(z) = k_d\frac{0.01758(z+0.8760)}{(z-1)(z-0.2543)}$$

由幅值条件 $\left|D(z)G(z)\right|_{z=z_P} = 1$ 可得
$$\left|k_d\frac{0.01758(z+0.8760)}{(z-1)(z-0.2543)}\right|_{z=0.5158+j0.4281} = 1$$

可以求得 $k_d = 12.67$。

相应的闭环 z 传递函数为

$$\Phi(z) = \frac{D(z)G(z)}{1+D(z)G(z)} = \frac{0.2227z^{-1} + 0.1951z^{-2}}{1 - 1.0316z^{-1} + 0.4494z^{-2}}$$

阶跃响应如图 6.22 所示。

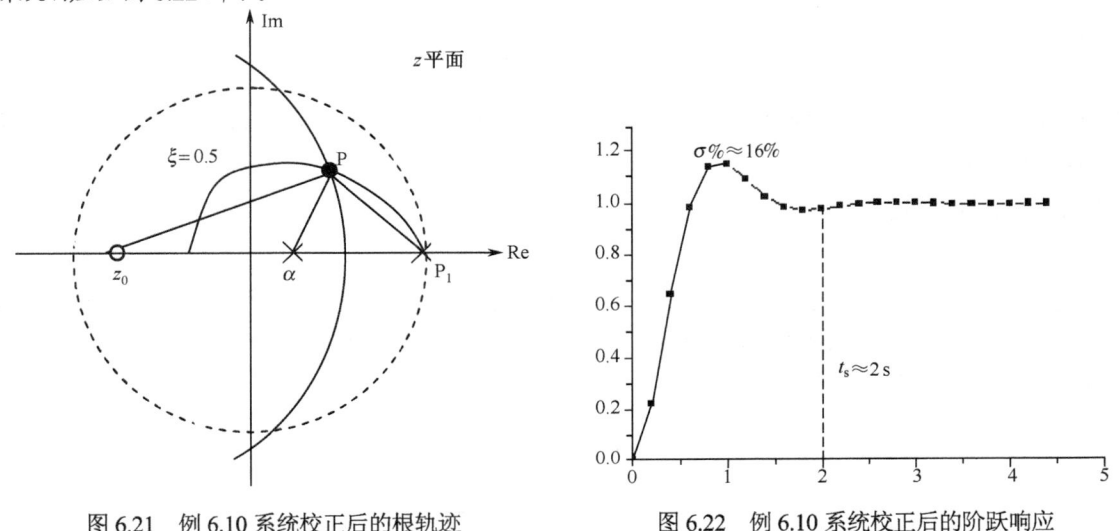

图 6.21　例 6.10 系统校正后的根轨迹　　　　图 6.22　例 6.10 系统校正后的阶跃响应

应当指出，在设计 $D(z)$ 时，如果系统主导极点已经满足动态性能要求，但主导极点处对应的增益不满足稳态准确度要求，这时就要求加入的 $D(z)$ 使校正后的主导根轨迹几乎不变，而主导根轨迹处的增益变大，这时可选择 $D(z)$ 的零、极点为靠近实轴的 $z = 1$ 处的实偶极子，再根据稳态性能要求选取 k_d。也就是说，在具体使用根轨迹设计法时，要灵活运用，根轨迹实质上就是一种工具，应利用根轨迹来合理设计 $D(z)$。

6.9　数字控制器的频域设计

频域设计法是设计连续系统最有效的方法之一。通过变换，这种方法可以推广到计算机控制系统的分析设计中来。离散域 z 传递函数的频率特性为 $G(e^{j\omega T})$，它不是 ω 的有理分式，直接进行频域设计不方便，因此，引入 w 变换，将 z 域变换到 w 域，以便对其进行频域设计。

6.9.1　w 变换

1. w 变换的定义

w 变换定义如下：

w 变换
$$z = \frac{1 + \dfrac{T}{2}w}{1 - \dfrac{T}{2}w} \tag{6.44}$$

w 反变换
$$w = \frac{2}{T} \cdot \frac{z-1}{z+1} \tag{6.45}$$

事实上，w 变换也是一种双线性变换，其数学定义与连续域离散化设计方法中的双线性变换相同，计算特性也相同，两者的区别只是概念上的不同。连续域离散化设计中的双线性变换，即

$$s = \frac{2}{T} \cdot \frac{z-1}{z+1}$$

是在连续域设计好控制器 $D(s)$ 的基础上，利用它离散化得到离散域控制器 $D(z)$；w 变换，即

$$w = \frac{2}{T} \cdot \frac{z-1}{z+1}$$

则用于离散域设计，通过 w 变换将 z 域变换到 w 域，在 w 域设计好控制器 $D(w)$，然后通过 w 反变换得到 z 域的 $D(z)$。

2. w 变换的性质

（1）映射关系

已经知道，从 s 域到 z 域的映射 $z = e^{sT}$，将 s 左半平面的主带及所有旁带重叠映射至 z 平面的单位圆；从 z 域到 w 域采用双线性变换，将 z 平面单位圆内一对一映射为 w 平面的整个左半平面；令 $w = u + jv$，则 z 和 w 平面的映射关系为

$$z = \frac{1 + \frac{T}{2}w}{1 - \frac{T}{2}w} = \frac{\left(1 + \frac{T}{2}u\right) + j\frac{vT}{2}}{\left(1 - \frac{T}{2}u\right) - j\frac{vT}{2}}$$

取模的平方得 $|z|^2 = \dfrac{\left(1 + \frac{T}{2}u\right)^2 - \left(\frac{vT}{2}\right)^2}{\left(1 - \frac{T}{2}u\right)^2 - \left(\frac{vT}{2}\right)^2}$。

w 变换将 z 平面单位圆内部一对一地映射为 w 平面的整个左半平面，从而与 s 域具有相同特性，因此，s 平面的稳定性判别方法均适用于 w 平面分析；s 平面的分析、设计方法均可应用于 w 平面。

（2）s 域和 w 域频率对应关系

类似连续域离散化设计的双线性变换的频率关系分析可得

$$v = \frac{2}{T} \tan \frac{\omega T}{2} \tag{6.46}$$

即 s 域频率 ω 和 w 域频率 v 之间为非线性关系，关系如图 6.23 所示。

显然，在低频段有 $v \approx \omega$。又由于

$$\lim_{T \to 0} w = \lim_{T \to 0} \frac{2}{T} \cdot \frac{z-1}{z+1} = \lim_{T \to 0} \frac{2}{T} \cdot \frac{e^{sT}-1}{e^{sT}+1} = \lim_{T \to 0} \frac{2s \cdot e^{sT}}{(e^{sT}+1) + Ts \cdot e^{sT}} = s$$

所以，当采样频率足够高时，w 域可等同于 s 域。

（3）s 域和 w 域传递函数的相似性

s 域和 w 域的传递函数具有相似性，例如 s 域的一阶惯性环节

$$G(s) = \frac{a}{s+a}$$

其广义脉冲传递函数为

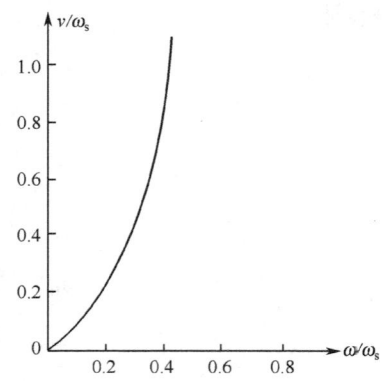

图 6.23　ω 和 v 之间的关系

$$G(z) = Z\left[\frac{1-e^{-sT}}{s} \cdot G(s)\right] = \frac{1-e^{-aT}}{z-e^{-aT}}$$

变换至 w 平面为

$$G(w) = G(z)\bigg|_{z=\frac{1+\frac{T}{2}w}{1-\frac{T}{2}w}} = \frac{2}{T} \cdot \frac{1-e^{-aT}}{1+e^{-aT}} \cdot \frac{1-\frac{T}{2}w}{w+\frac{2}{T}\cdot\frac{1-e^{-aT}}{1+e^{-aT}}}$$

如 $a=5$,$T=0.1$,则有

$$G(s) = \frac{5}{s+5},\quad G(z) = \frac{0.3935}{z-0.6065},\quad G(w) = \frac{4.899(1-w/20)}{w+4.899}$$

可以看出 $G(w)$ 和 $G(s)$ 的极点和增益均十分相近,只是 $G(w)$ 多了一个零点,且当 $T\to 0$ 时,有

$$\lim_{T\to 0} G(w) = \frac{a}{w+a}$$

即 $G(w)$ 和 $G(s)$ 完全一致。表 6.2 给出了部分典型环节 w 传递函数对照。

表 6.2 典型环节 w 变换对照表

s 域	z 域	w 域
$\dfrac{1}{s}$	$\dfrac{z}{z-1}$	$\dfrac{1+Tw/2}{Tw}$
$\dfrac{1-e^{-Ts}}{s}\dfrac{1}{s}$	$\dfrac{T}{z-1}$	$\dfrac{1-Tw/2}{w}$
$\dfrac{1}{s^2}$	$\dfrac{Tz}{(z-1)^2}$	$\dfrac{(1-Tw/2)(1+Tw/2)}{Tw^2}$
$\dfrac{1-e^{-Ts}}{s}\dfrac{1}{s^2}$	$\dfrac{T^2(z+1)}{2(z-1)^2}$	$\dfrac{1-Tw/2}{w^2}$
$\dfrac{1}{s+a}$	$\dfrac{z}{z-e^{-aT}}$	$\dfrac{1}{1-e^{-aT}}\dfrac{1+Tw/2}{1+(1+e^{-aT})Tw/2(1-e^{-aT})}$
$\dfrac{1-e^{-Ts}}{s}\dfrac{1}{s+a}$	$\dfrac{1}{a}(1-e^{-aT})/(z-e^{-aT})$	$\dfrac{1}{a}(1-Tw/2)/\left[1+(1+e^{-aT})Tw/2(1-e^{-aT})\right]$

(4)稳态增益维持不变

由 s 域到 z 域,是做带 ZOH 的 z 变换,它能保持 $G(s)$ 和 $G(z)$ 的稳态增益不变;由 z 域到 w 域,是做双线性变换,它能保持 $G(w)$ 和 $G(z)$ 的稳态增益不变。

因此,由上述讨论可知,w 域可视为另一种离散域,它和 s 域非常相似,因此 s 域的有关分析与设计方法均可直接应用;w 域必须通过 z 域的变换获得,而在 w 域设计的控制器 $D(w)$ 也必须返回到 z 域实现。

另外,需要指出的是,w 变换后 $G(w)$ 的分子分母一般是同阶的,除零阶保持器引入的非最小相位环节 $\left(1-\dfrac{T}{2}w\right)$ 对应的零点外,在 $G(s)$ 的分母阶次比分子阶次大二阶以上的情况下,$G(w)$ 还会增加新的零点,所以在 w 域设计系统时,要考虑其影响,留有适当裕量,以便返回 z 域后仍能满足要求。

6.9.2 基于 w 变换的频域设计法

由三频段理论可知,系统性能指标与其开环对数频率的形状有关。系统稳态性能误差 e_{ss} 主要由低频段决定,对数幅频特性低频段斜率越负,位置越高,相应系统型别越高,开环增益越大,稳态误差

就越小；系统动态性能主要由中频段指标（截止频率ω_c、相角裕度γ、幅值裕量h）来决定，一般来说，若γ，h值大，则σ小；若ω_c大，则t_r，t_s小；高频段与系统抗高频干扰能力有关。高频段斜率越负，则抗高频干扰能力越强。这些在w域同样适用，只是要注意域的变换。

基于w变换的频域设计法的步骤如下。

（1）选定采样周期T，求广义被控对象的z传递函数$G(z)$，将$G(z)$变换到w平面上，即

$$G(w) = G(z)\Big|_{z=\frac{1+\frac{T}{2}w}{1-\frac{T}{2}w}}$$

（2）作$G(w)$的伯德图。利用连续域设计系统的基本原则，设计w域中的控制器$D(w)$。这是设计的关键环节，要注意以下三点：

① 由于w域和s域的频率扭曲，在性能指标中的截止频率ω_c并非是$G(w)$伯德图中的截止频率，两者关系式见式（6.46）；

② 设计$D(w)$时必须考虑它所对应的$D(z)$的物理可实现性和闭环系统的稳定性；

③ 设计时所考虑的性能指标一般比要求的稍高一些，以便将$D(w)$变换到z域时，系统仍能满足要求。

（3）利用w反变换式(6.45)，将$D(w)$变换为$D(z)$，即

$$D(z) = D(w)\Big|_{w=\frac{2}{T}\cdot\frac{z-1}{z+1}}$$

（4）检验z域闭环系统的品质。

（5）编程实现控制器$D(z)$。

在w域常用一阶或二阶串联校正装置作为控制器，即

$$D(w) = K_c \frac{(w+z_1)(w+z_2)}{(w+p_1)(w+p_2)}$$

其中，$p_2 < z_2 < z_1 < p_1$，K_c为比例系数，此时，$D(w)$为滞后-超前控制器；当$p_2 = z_2$时，$D(w)$为一阶相位超前控制器；当$p_1 = z_1$时，$D(w)$为一阶相位滞后控制器。

例 6.11 已知系统如图 6.1 所示，连续对象传递函数为

$$G(s) = \frac{180}{s\left(\frac{1}{6}s+1\right)\left(\frac{1}{2}s+1\right)}$$

试设计数字控制器$D(z)$，使校正后系统满足以下性能指标：

① 当输入$r(t) = Rt = 180t$时，稳态误差$e_{ss} \leq 1$；

② 相角稳定裕度$\gamma \geq 45°$；

③ 截止频率$\omega_c = 3.5$；

④ 采样周期$T = 0.1$ s。

解 （1）求广义对象的z传递函数，即

$$G(z) = Z\left[\frac{1-e^{-sT}}{s} \cdot G(s)\right] = \frac{0.296(z+0.2186)(z+3.075)}{(z-1)(z-0.0187)(z-0.55)}$$

（2）将$G(z)$变换到w域，即

$$G(w) = G(z)\Big|_{z=\frac{1+\frac{T}{2}w}{1-\frac{T}{2}w}} = \frac{180\left(1-\frac{w}{20}\right)\left(1-\frac{w}{39.3}\right)\left(1+\frac{w}{31.14}\right)}{w\left(1+\frac{w}{5.815}\right)\left(1+\frac{w}{1.993}\right)}$$

可见，其增益和极点与 $G(s)$ 非常相似。

（3）w 域频率设计

令 $w=jv$，作 $G(jv)$ 的伯德图如图 6.24 所示。

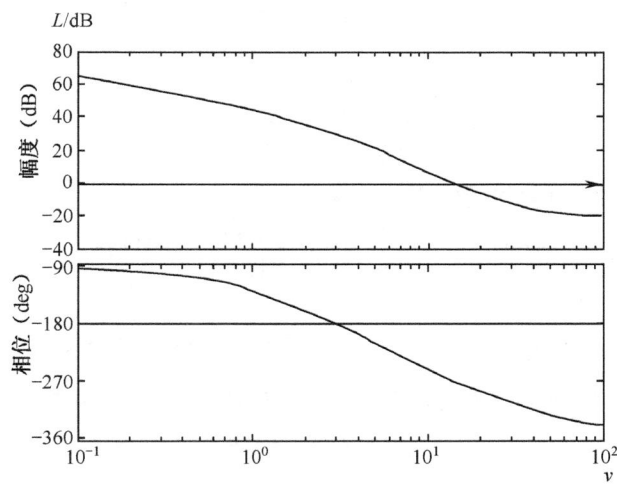

图 6.24　例 6.11 未校正的伯德图

依题意，要求的稳态速度误差系数为

$$K_v = \frac{R}{e_{ss}^*} = \frac{180°}{1°} = 180$$

而未校正前，其速度误差系数为

$$K_v = \lim_{w' \to 0} wG(w) = 180$$

即满足静态指标要求。

根据题意，要求截止频率 $\omega_c = 3.5$，变换到 w 域，为

$$v_c = \frac{2}{T}\tan\frac{\omega_c T}{2} = 3.5 \text{ rad/s}$$

由伯德图可知，原系统为不稳定系统，应引入超前校正。在 v_c 处相位与对数幅值分别为

$$\varphi_1(v_c) = -190.53°$$

$$L_1(v_c) = 26.82 \text{ dB}，即对应于幅值 M_1 = 21.93$$

根据相角裕度要求，可得超前相角为

$$\varphi_m(v_c) = \gamma - \varphi_1(v_c) - 180° = 55.53°$$

考虑到滞后校正，设滞后 $6°$，将超前相角修正为

$$\varphi_m(v_c) = \gamma - \varphi_1(v_c) - 180° + 6° = 61.53°$$

根据一阶超前环节伯德图的几何性质，按频域设计法可得超前控制器的参数为

$$\alpha = \frac{1-\sin 61.53°}{1+\sin 61.53°} = 0.0644$$

因此

$$z_1 = \sqrt{2}v_c = 0.897, \quad p_1 = z_1/\alpha = 13.94$$

校正后在 v_c 处幅值应为 1，即

$$|D(jv_c)G(jv_c)| = \left|K_c \frac{jv_c + z_1}{jv_c + p_1}\right| \cdot M_1 = 1$$

求得

$$K_c = \frac{\sqrt{v_c^2 + p_1^2}}{\sqrt{v_c^2 + z_1^2}} \cdot \frac{1}{M_1} = 0.18$$

超前校正提高了稳定性，但可能影响稳态精度，由于

$$D(w)|_{w \to 0} = K_c \frac{z_1}{p_1} = 0.18 \times \frac{0.897}{13.94} = 0.01158$$

速度误差系数变为

$$K_1 = \lim_{w \to 0} wG(w) \cdot \lim_{w \to 0} D(w) = 180 \times 0.1158 = 2.085 < K_v$$

需要在低频段引入滞后校正，以提高稳态精度。滞后校正的零极点应远离截止频率，取

$$z_2 = v_c/10 = 0.354$$

而 p_2 则由 K_v 指标确定，即

$$p_2 = \frac{K_1 z_2}{K_v} = 0.0041$$

所以，控制器为

$$D(w) = 0.18 \frac{(w+0.897)(w+0.354)}{(w+13.94)(w+0.0041)}$$

校正后的伯德图如图 6.25 所示，其中 $v_c = 3.54$ rad/s，$\gamma = 45°$，$K_v = 180$。满足系统性能指标的要求。

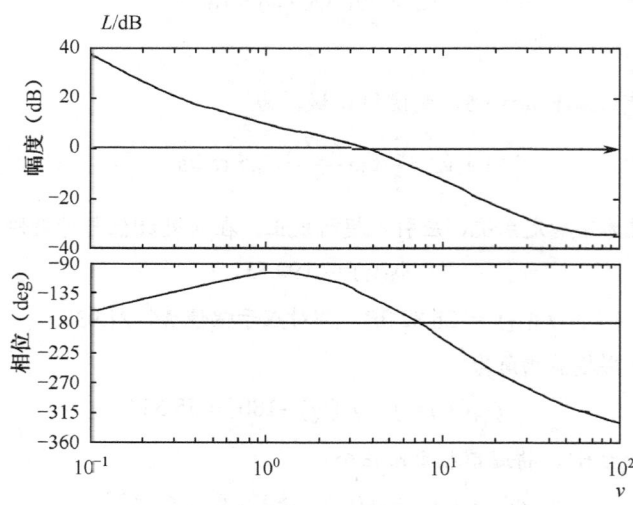

图 6.25　例 6.11 校正后的伯德图

（4）再将 $D(w)$ 变换到 z 平面，得到

$$D(z) = D(w)\big|_{w=\frac{2}{T}\frac{z-1}{z+1}} = \frac{0.113z^2 - 0.212z + 0.099}{z^2 - 1.178z + 0.178}$$

（5）采用数字仿真技术，检验闭环系统的时域响应特性，闭环系统在阶跃输入下的控制量变化与响应特性曲线分别如图 6.26(a)和(b)所示，可见系统是稳定的，其响应特性具有较好快速性与稳态无差特性。

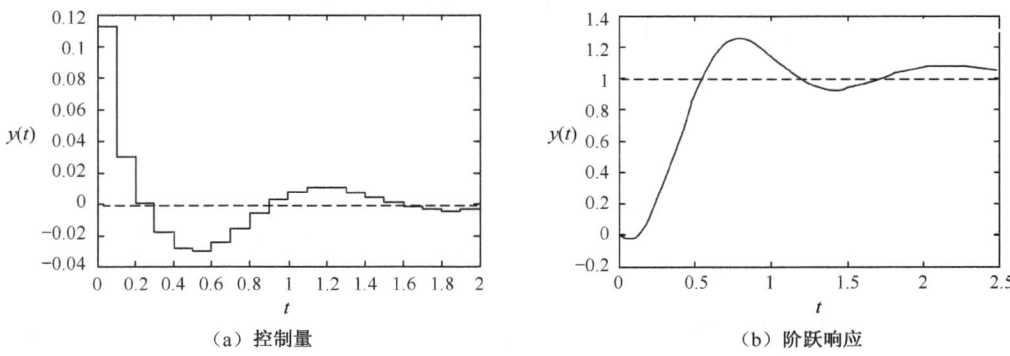

图 6.26　闭环系统仿真结果

本 章 小 结

本章介绍了计算机控制系统的 z 域直接设计方法，即先将被控对象和保持器组成的连续部分离散化，然后在 z 域直接设计出满足控制指标的数字控制器，并用计算机实现。直接设计法的优点在于：采样周期的选取只取决于问题（被控对象）本身，而与所采用的设计方法无关；可以考虑采样点之间的性能，因而，可以保证系统的时域指标。本章介绍了几种常见的 z 域直接设计方法，即最少拍控制系统设计、大林算法、复合控制系统设计、根轨迹设计、频域设计。学习本章应注意以下几点：

（1）在学习最少拍设计时，需要明确最少拍控制系统设计的原理，掌握最少拍控制系统的设计方法，理解最少拍控制系统存在的问题及改进算法，了解最少拍控制系统纹波产生的原因及危害，怎样去消除纹波从而形成最少拍无纹波控制系统。

（2）理解大林算法的基本原理，掌握大林算法数字控制器的设计方法，了解大林算法的振铃现象产生的原因及消除振铃现象的方法。

（3）在一个计算机控制系统中，组合使用反馈与前馈两种控制，称为复合控制，其优点在于易于构成抗外部干扰能力较强的系统。设计时可以将希望的控制规律设计和抗干扰设计分开来进行。应掌握复合控制的设计思路和步骤。

（4）用根轨迹法分析系统闭环稳定性，不但可以知道在某个参数如开环增益变化时系统的稳定性，而且可以知道闭环极点的具体位置，因此用它来指导参数整定或系统设计是很直观的。应理解根轨迹的绘制规则及方法，并利用根轨迹设计计算机控制系统。

（5）和连续系统类似，用频域设计法设计计算机控制系统时，可以用伯德图进行。计算机控制系统的频域设计通常先要进行 w 线性变换，应掌握 w 变换的定义式及其性质，以及基于 w 变换的频域设计方法。

习题与思考题

6.1　什么是最少拍控制系统？最少拍控制系统有什么不足之处？

6.2　控制系统结构图如题图 6.2 所示，设被控对象的 s 传递函数为 $G(s) = \dfrac{10}{s(s+1)}$，采样周期 $T = 1$ s，针对单位阶跃输入设计最少拍数字控制器。

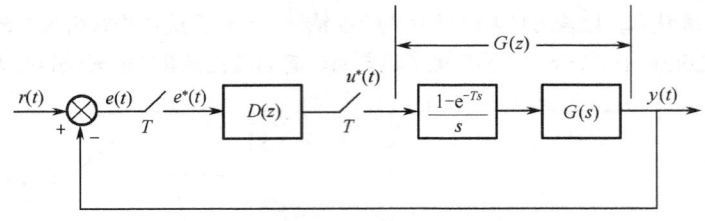

题图 6.2

6.3 控制系统如题图 6.2 所示,给定被控对象的 s 传递函数为 $G(s)=\dfrac{10}{s(1+0.1s)(1+0.05s)}$,采样周期 $T=0.08$ s,试针对单位速度输入设计最少拍数字控制器。

6.4 设广义被控对象的 z 传递函数为 $G(z)=\dfrac{2.2z^{-1}}{1+1.2z^{-1}}$,针对单位阶跃输入设计最少拍数字控制器 $D(z)$。

6.5 控制系统如题图 6.2 所示,已知被控对象的 s 传递函数为 $G(s)=\dfrac{10}{(s+1)^2}$,采样周期 $T=1$ s,针对单位阶跃输入设计最少拍无纹波控制器。

6.6 控制系统如题图 6.2 所示,设被控对象的 s 传递函数为 $G(s)=\dfrac{10}{s(s+1)}$,采样周期 $T=1$ s,针对单位阶跃输入设计最少拍无纹波数字控制器。

6.7 已知某广义对象 $G(z)=\dfrac{0.2z^{-1}(1+0.5z^{-1})}{(1-z^{-1})(1-0.3z^{-1})}$,设采样周期 $T=0.5$ s。

(1)试针对单位阶跃输入设计最少拍控制器 $D_1(z)$。

(2)试针对单位速度输入设计最少拍无纹波控制器 $D_2(z)$。

6.8 大林算法的设计目标是什么?振铃现象是什么?怎样消除振铃现象?

6.9 设被控对象为 $G(s)=\dfrac{1}{(5s+1)(2s+1)}\mathrm{e}^{-s}$,设采样周期 $T=1$ s,若期望的闭环响应为时间常数 $T_0=1$ s,采用大林算法确定数字控制器 $D(z)$。

6.10 设被控对象为 $G(s)=\dfrac{1}{(2s+1)(s+1)}\mathrm{e}^{-2s}$,采样周期 $T=0.5$ s,若期望的闭环响应为时间常数 $T_0=1$ s,用大林算法设计其数字控制器 $D(z)$,并求其在阶跃输入下的控制序列与输出序列,判断有无振铃现象?如有振铃现象,请改进设计。

6.11 什么是复合控制系统?复合控制系统有什么优点?

6.12 计算机控制系统如题图 6.2 所示,设被控对象为 $G(s)=\dfrac{K}{s(1+0.1s)(1+0.05s)}$ 采样周期 $T=0.1$ s,采用根轨迹法设计超前校正控制器 $D(z)$ 对系统进行校正,使系统的阻尼比 $\xi=0.7$,速度误差系数 $K_v=\dfrac{1}{T}\lim\limits_{z\to1}(z-1)D(z)G(z)\geqslant 5$。

6.13 如图 6.1 所示的计算机控制系统,设被控对象为 $G(s)=\dfrac{1}{s(s+1)}$,采样周期 $T=2$ s,试用频域设计法设计相位校正器 $D(z)$,使系统的相位裕量为不小于 $45°$,速度误差系数 $K_v=\dfrac{1}{T}\lim\limits_{z\to1}(z-1)G(z)D(z)\geqslant 1.5$。

第7章 计算机控制系统的状态空间分析

前面几章讨论的计算机控制系统分析与设计方法，都是以系统的 z 传递函数描述为基础的经典方法。用 z 传递函数来分析和设计单输入单输出线性定常系统是一种非常有效的方法。但是 z 传递函数是一种基于系统输入/输出变量的描述，只能反映出系统输入与输出之间的外部关系，不能反映系统内部的变化情况，同时，z 传递函数是建立在零初始条件下的，不能包含系统的全部信息，设计时无法考虑初始条件。除简单情况外，经典方法一般不能用于非线性系统，也不适用于时变系统和多输入多输出系统。

如第 3 章所述，计算机控制系统除了差分方程与 z 传递函数描述外，还有基于系统内部状态变量的状态空间描述。基于状态空间描述的分析与设计方法是现代控制理论的重要基础。本章将重点介绍基于状态空间描述的计算机控制系统分析方法，包括离散状态方程的解、李亚普洛夫稳定性分析、离散系统可控性与可观性分析等。

7.1 离散状态方程的解

在第 3 章已经给出了计算机控制系统的离散状态空间描述，因而可以通过求解离散状态方程分析系统的运动状态。线性定常离散系统状态方程的求解方法包括递推法与 z 变换法。

7.1.1 递推法

设线性定常离散系统的状态空间描述的一般形式为

$$\begin{aligned} \boldsymbol{x}(k+1) &= \boldsymbol{A}\boldsymbol{x}(k) + \boldsymbol{B}\boldsymbol{u}(k) \\ \boldsymbol{y}(k) &= \boldsymbol{C}\boldsymbol{x}(k) + \boldsymbol{D}\boldsymbol{u}(k) \end{aligned} \tag{7.1}$$

式中，$\boldsymbol{x}(k)$ 为 n 维状态向量，$\boldsymbol{y}(k)$ 为 q 维输出向量，$\boldsymbol{u}(k)$ 为 p 维输入向量，$\boldsymbol{A}$ 为 $n \times n$ 维状态矩阵（也称系统矩阵），$\boldsymbol{B}$ 为 $n \times p$ 维输入矩阵，$\boldsymbol{C}$ 为 $q \times n$ 维输出矩阵，$\boldsymbol{D}$ 为 $q \times p$ 维直接传输矩阵。

若已知系统的初始状态 $\boldsymbol{x}(0)$ 和输入的控制序列 $\boldsymbol{u}(j)$，$j = 0,1,2,\cdots,k-1$，则可以直接利用上述离散状态方程和输出方程递推计算 $\boldsymbol{x}(k)$ 和 $\boldsymbol{y}(k)$。

利用状态方程，通过递推过程可求得其状态解为

$$\begin{cases} \boldsymbol{x}(1) = \boldsymbol{A}\boldsymbol{x}(0) + \boldsymbol{B}\boldsymbol{u}(0) \\ \boldsymbol{x}(2) = \boldsymbol{A}\boldsymbol{x}(1) + \boldsymbol{B}\boldsymbol{u}(1) = \boldsymbol{A}^2 \boldsymbol{x}(0) + \boldsymbol{A}\boldsymbol{B}\boldsymbol{u}(0) + \boldsymbol{B}\boldsymbol{u}(1) \\ \quad \vdots \\ \boldsymbol{x}(k) = \boldsymbol{A}\boldsymbol{x}(k-1) + \boldsymbol{B}\boldsymbol{u}(k-1) \\ \qquad\quad = \boldsymbol{A}^k \boldsymbol{x}(0) + \boldsymbol{A}^{k-1}\boldsymbol{B}\boldsymbol{u}(0) + \boldsymbol{A}^{k-2}\boldsymbol{B}\boldsymbol{u}(1) + \cdots + \boldsymbol{A}\boldsymbol{B}\boldsymbol{u}(k-2) + \boldsymbol{B}\boldsymbol{u}(k-1) \end{cases} \tag{7.2}$$

将式（7.2）用矩阵形式可写为

$$\boldsymbol{x}(k) = \boldsymbol{A}^k \boldsymbol{x}(0) + \begin{bmatrix} \boldsymbol{A}^{k-1}\boldsymbol{B} & \boldsymbol{A}^{k-2}\boldsymbol{B} & \cdots & \boldsymbol{B} \end{bmatrix} \begin{bmatrix} \boldsymbol{u}(0) \\ \boldsymbol{u}(1) \\ \vdots \\ \boldsymbol{u}(k-1) \end{bmatrix} \tag{7.3}$$

或表示成卷积和的形式，即

$$x(k) = A^k x(0) + \sum_{j=0}^{k-1} A^{k-j-1} Bu(j) \tag{7.4}$$

将上述结果代入式（7.1）中的输出方程，可得

$$y(k) = CA^k x(0) + \sum_{j=0}^{k-1} CA^{k-j-1} Bu(j) + Du(k) \tag{7.5}$$

写成矩阵形式，有

$$y(k) = CA^k x(0) + \begin{bmatrix} CA^{k-1}B & CA^{k-2}B & \cdots & CB & D \end{bmatrix} \begin{bmatrix} u(0) \\ u(1) \\ \vdots \\ u(k-1) \\ u(k) \end{bmatrix} \tag{7.6}$$

例 7.1 已知离散系统的状态空间描述为

$$x(k+1) = \begin{bmatrix} 0 & 1 \\ -0.16 & -1 \end{bmatrix} x(k) + \begin{bmatrix} 1 \\ 1 \end{bmatrix} u(k), \quad y(k) = \begin{bmatrix} 1 & 1 \end{bmatrix} x(k)$$

设初始状态 $x(0) = \begin{bmatrix} 1 \\ -1 \end{bmatrix}$，在单位阶跃输入 [即 $u(k) = 1$，$k = 0$, 1, 2, $\cdots$] 作用下，试用递推法求系统状态解 $x(k)$ 和输出序列 $y(k)$。

解 利用递推法求解，有

$$x(1) = Ax(0) + Bu(0) = \begin{bmatrix} 0 & 1 \\ -0.16 & -1 \end{bmatrix} \begin{bmatrix} 1 \\ -1 \end{bmatrix} + \begin{bmatrix} 1 \\ 1 \end{bmatrix} = \begin{bmatrix} 0 \\ 1.84 \end{bmatrix}$$

$$x(2) = Ax(1) + Bu(1) = \begin{bmatrix} 0 & 1 \\ -0.16 & -1 \end{bmatrix} \begin{bmatrix} 0 \\ 1.84 \end{bmatrix} + \begin{bmatrix} 1 \\ 1 \end{bmatrix} = \begin{bmatrix} 2.84 \\ -0.84 \end{bmatrix}$$

$$x(3) = Ax(2) + Bu(2) = \begin{bmatrix} 0 & 1 \\ -0.16 & -1 \end{bmatrix} \begin{bmatrix} 2.84 \\ -0.84 \end{bmatrix} + \begin{bmatrix} 1 \\ 1 \end{bmatrix} = \begin{bmatrix} 0.16 \\ 1.39 \end{bmatrix}$$

$$x(4) = Ax(3) + Bu(3) = \begin{bmatrix} 0 & 1 \\ -0.16 & -1 \end{bmatrix} \begin{bmatrix} 0.16 \\ 1.39 \end{bmatrix} + \begin{bmatrix} 1 \\ 1 \end{bmatrix} = \begin{bmatrix} 2.39 \\ -0.41 \end{bmatrix}$$

$\cdots$

即

$$x_1(k) = \{1, \ 0, \ 2.84, \ 0.16, \ 2.39, \ \cdots\}$$
$$x_2(k) = \{-1, \ 1.84, \ -0.84, \ 1.39, \ -0.41, \ \cdots\}$$

同理，可求得输出序列

$$y(0) = Cx(0) = \begin{bmatrix} 1 & 1 \end{bmatrix} \begin{bmatrix} 1 \\ -1 \end{bmatrix} = 0$$

$$y(1) = Cx(1) = \begin{bmatrix} 1 & 1 \end{bmatrix} \begin{bmatrix} 0 \\ 1.84 \end{bmatrix} = 1.84$$

$$y(2) = Cx(2) = \begin{bmatrix} 1 & 1 \end{bmatrix} \begin{bmatrix} 2.84 \\ -0.84 \end{bmatrix} = 2$$

$$y(3) = Cx(3) = \begin{bmatrix} 1 & 1 \end{bmatrix} \begin{bmatrix} 0.16 \\ 1.39 \end{bmatrix} = 1.55$$

$$y(4) = Cx(4) = \begin{bmatrix} 1 & 1 \end{bmatrix} \begin{bmatrix} 2.39 \\ -0.41 \end{bmatrix} = 1.98$$

…

即 $y(k) = \{0,\ 1.84,\ 2,\ 1.55,\ 1.98,\ \cdots\}$

用递推法求解得到的是一个数值解序列，而不能写成闭合形式。递推法人工计算虽然烦琐，但在计算机上计算却特别方便，因此，比较适合于计算机求解。

7.1.2　z 变换法

对于线性定常离散状态方程，还可以采用 z 变换法求解，而且用 z 变换法求解可得到其闭合形式解。

对式（7.1）中的状态方程两边取 z 变换，可得

$$zX(z) - zx(0) = AX(z) + BU(z)$$

即

$$(zI - A)X(z) = zx(0) + BU(z)$$

由此可得

$$X(z) = (zI - A)^{-1} zx(0) + (zI - A)^{-1} BU(z) \tag{7.7}$$

对式（7.7）两边取 z 反变换，可得状态解

$$x(k) = Z^{-1}[(zI - A)^{-1} z]x(0) + Z^{-1}[(zI - A)^{-1} BU(z)] \tag{7.8}$$

式（7.8）中的第一项是由初始状态 $x(0)$ 所引起的状态转移，第二项是由外部输入序列所引起的状态变化。

同理，对式（7.1）中的输出方程两边取 z 变换，可得

$$Y(z) = CX(z) + DU(z) \tag{7.9}$$

将式（7.7）代入式（7.9），有

$$Y(z) = C(zI - A)^{-1} zx(0) + [C(zI - A)^{-1} B + D]U(z) \tag{7.10}$$

对式（7.10）两边取 z 反变换，于是系统的输出解为

$$y(k) = Z^{-1}[C(zI - A)^{-1} z]x(0) + Z^{-1}\{[C(zI - A)^{-1} B + D]U(z)\} \tag{7.11}$$

式（7.11）中的第一项是由初始状态 $x(0)$ 所引起的输出响应，即零输入响应；第二项是由外部输入序列所引起的输出响应，即零状态响应。

例 7.2　试用 z 变换法求解例 7.1。

解　由状态矩阵可得

$$(zI - A)^{-1} = \begin{bmatrix} z & -1 \\ 0.16 & z+1 \end{bmatrix}^{-1} = \begin{bmatrix} \dfrac{z+1}{(z+0.2)(z+0.8)} & \dfrac{1}{(z+0.2)(z+0.8)} \\ \dfrac{-0.16}{(z+0.2)(z+0.8)} & \dfrac{z}{(z+0.2)(z+0.8)} \end{bmatrix}$$

由 $u(k)=1$ 可得

$$U(z) = \frac{z}{z-1}$$

于是

$$X(z) = (zI-A)^{-1}zx(0) + (zI-A)^{-1}BU(z)$$
$$= \begin{bmatrix} \dfrac{(z^2+2)z}{(z+0.2)(z+0.8)(z-1)} \\ \dfrac{(-z^2+1.84z)z}{(z+0.2)(z+0.8)(z-1)} \end{bmatrix}$$

对上式取 z 反变换，即有

$$x(k) = Z^{-1}\begin{bmatrix} \dfrac{(z^2+2)z}{(z+0.2)(z+0.8)(z-1)} \\ \dfrac{(-z^2+1.84z)z}{(z+0.2)(z+0.8)(z-1)} \end{bmatrix} = \begin{bmatrix} -\dfrac{17}{6}(-0.2)^k + \dfrac{22}{9}(-0.8)^k + \dfrac{25}{18} \\ \dfrac{3.4}{6}(-0.2)^k - \dfrac{17.6}{9}(-0.8)^k + \dfrac{7}{18} \end{bmatrix}$$

对于输出，有

$$Y(z) = CX(z) = \begin{bmatrix} 1 & 1 \end{bmatrix} \begin{bmatrix} \dfrac{(z^2+2)z}{(z+0.2)(z+0.8)(z-1)} \\ \dfrac{(-z^2+1.84z)z}{(z+0.2)(z+0.8)(z-1)} \end{bmatrix} = \dfrac{(1.84z+2)z}{(z+0.2)(z+0.8)(z-1)}$$

对上式取 z 反变换，可得

$$y(k) = Z^{-1}\left[\frac{(1.84z+2)z}{(z+0.2)(z+0.8)(z-1)}\right] = -\frac{13.6}{6}(-0.2)^k + \frac{4.4}{9}(-0.8)^k + \frac{16}{9}$$

如果令 $k=0,1,2,3,4,\cdots$，则可得到相应的状态序列与输出序列，即

$$x_1(k) = \{1, 0, 2.84, 0.16, 2.39, \cdots\}$$
$$x_2(k) = \{-1, 1.84, -0.84, 1.39, -0.41, \cdots\}$$
$$y(k) = \{0, 1.84, 2, 1.55, 1.98, \cdots\}$$

这与例 7.1 得到的结果一致。

7.2　z 传递函数矩阵与特征方程

在单输入单输出离散系统的描述、分析与设计中，用到了 z 传递函数及特征方程等相关概念，而对于多输入多输出离散系统，由于通常使用状态空间描述，便引出了 z 传递函数矩阵及特征方程的概念，从而建立了状态空间描述与经典控制理论中 z 传递函数的基本联系。

7.2.1　矩阵的特征值

矩阵的特征值是矩阵理论中的一个重要概念，对分析线性系统特别有用，下面对此做简要介绍。设 A 为 n 阶方阵，如果存在数 λ 和非零 n 维向量 x，使得

第 7 章 计算机控制系统的状态空间分析

$$Ax = \lambda x \tag{7.12}$$

成立,则称 λ 是矩阵 A 的特征值。

欲使式(7.12)成立,这等价于求 λ,使得

$$(\lambda I - A)x = 0 \tag{7.13}$$

成立。由此可得

$$\det[\lambda I - A] = 0 \tag{7.14}$$

式(7.14)的解 $\lambda_i (i = 1, 2, 3, \cdots, n)$ 即称为矩阵 A 的特征值。

7.2.2 z 传递函数矩阵

与连续系统的传递函数一样,离散系统的 z 传递函数矩阵定义为在零初始条件下,系统输出变量 z 变换对输入变量 z 变换之间的传递关系。

设多输入多输出线性定常离散系统的状态空间描述的一般形式如式(7.1)所示。

对式(7.1)取 z 变换可得

$$\begin{cases} X(z) = (zI - A)^{-1}zx(0) + (zI - A)^{-1}BU(z) \\ Y(z) = CX(z) + DU(z) \end{cases}$$

设初始状态 $x(0) = 0$,有

$$\begin{cases} X(z) = (zI - A)^{-1}BU(z) \\ Y(z) = [C(zI - A)^{-1}B + D]U(z) \end{cases}$$

若令

$$G(z) = [C(zI - A)^{-1}B + D] \tag{7.15}$$

则有

$$Y(z) = G(z)U(z)$$

$G(z)$ 即为系统(7.1)的 z 传递函数矩阵,它是以 z 传递函数为元素的 $q \times p$ 维矩阵,其中元素 $G_{ij}(z)$ 即为第 i 个输出变量对第 j 个输入变量的 z 传递函数。

7.2.3 离散系统的特征方程

在上述讨论中,$zI - A$ 是一个非常关键的方阵,令

$$\det[zI - A] = 0 \tag{7.16}$$

便得到一个关于复变量 z 的方程,式(7.16)称为系统(7.1)的特征方程,而 $\det[zI - A]$ 称为该系统的特征多项式。相应地,特征方程的解称为系统的特征根,它对应于系统的极点。这些概念与经典控制理论中的概念是一致的。

需要指出的是,式(7.14)与式(7.16)完全相似,对相同的方阵 A,所得的数值解也完全相同,但二者的概念是有一定区别的。在不混淆其含义的前提下,有时也称状态矩阵 A 的特征值即为系统的特征根。

例 7.3 离散系统的状态空间描述如例 7.1,试求系统的特征方程与 z 传递函数。

解 由状态矩阵可得系统特征方程为

$$\det[zI - A] = \det\begin{bmatrix} z & -1 \\ 0.16 & z+1 \end{bmatrix} = z^2 + z + 0.16 = 0$$

而

$$(z\boldsymbol{I}-\boldsymbol{A})^{-1}=\begin{bmatrix} z & -1 \\ 0.16 & z+1 \end{bmatrix}^{-1}=\begin{bmatrix} \dfrac{z+1}{(z+0.2)(z+0.8)} & \dfrac{1}{(z+0.2)(z+0.8)} \\ \dfrac{-0.16}{(z+0.2)(z+0.8)} & \dfrac{z}{(z+0.2)(z+0.8)} \end{bmatrix}$$

本例中 $\boldsymbol{D}=\boldsymbol{0}$，于是得传递函数

$$\begin{aligned} G(z) &= \boldsymbol{C}(z\boldsymbol{I}-\boldsymbol{A})^{-1}\boldsymbol{B} \\ &= \begin{bmatrix} 1 & 1 \end{bmatrix}\begin{bmatrix} \dfrac{z+1}{(z+0.2)(z+0.8)} & \dfrac{1}{(z+0.2)(z+0.8)} \\ \dfrac{-0.16}{(z+0.2)(z+0.8)} & \dfrac{z}{(z+0.2)(z+0.8)} \end{bmatrix}\begin{bmatrix} 1 \\ 1 \end{bmatrix} \\ &= \dfrac{2z+1.84}{(z+0.2)(z+0.8)} \end{aligned}$$

例 7.4 离散系统的状态空间描述为

$$\boldsymbol{x}(k+1)=\begin{bmatrix} 0.2 & 0 & 0 \\ 0 & 0.4 & 0 \\ 0 & 0 & 0.6 \end{bmatrix}\boldsymbol{x}(k)+\begin{bmatrix} 1 & 2 \\ 2 & 1 \\ 1 & 2 \end{bmatrix}\boldsymbol{u}(k),\boldsymbol{y}(k)=\begin{bmatrix} 1 & 0 & 1 \\ 1 & 2 & 2 \end{bmatrix}\boldsymbol{x}(k)$$

试求系统的 z 传递函数矩阵。

解 这是一个 3 阶的 2 输入 2 输出系统，由状态方程可得

$$(z\boldsymbol{I}-\boldsymbol{A})^{-1}=\begin{bmatrix} z-0.2 & 0 & 0 \\ 0 & z-0.4 & 0 \\ 0 & 0 & z-0.6 \end{bmatrix}^{-1}=\begin{bmatrix} \dfrac{1}{z-0.2} & 0 & 0 \\ 0 & \dfrac{1}{z-0.4} & 0 \\ 0 & 0 & \dfrac{1}{z-0.6} \end{bmatrix}$$

本题中 $\boldsymbol{D}=\boldsymbol{0}$，代入式（7.15），于是可得系统传递函数矩阵

$$\begin{aligned} \boldsymbol{G}(z) &= \boldsymbol{C}(z\boldsymbol{I}-\boldsymbol{A})^{-1}\boldsymbol{B} \\ &= \begin{bmatrix} 1 & 0 & 1 \\ 1 & 2 & 2 \end{bmatrix}\begin{bmatrix} \dfrac{1}{z-0.2} & 0 & 0 \\ 0 & \dfrac{1}{z-0.4} & 0 \\ 0 & 0 & \dfrac{1}{z-0.6} \end{bmatrix}\begin{bmatrix} 1 & 2 \\ 2 & 1 \\ 1 & 2 \end{bmatrix} \\ &= \begin{bmatrix} \dfrac{2z-0.8}{z^2-0.8z+0.12} & \dfrac{4z-1.6}{z^2-0.8z+0.12} \\ \dfrac{7z^2-5.4z+0.88}{z^2-0.8z+0.12} & \dfrac{8z^2-6z+1.04}{z^2-0.8z+0.12} \end{bmatrix} \end{aligned}$$

与连续系统一样，对离散状态方程做线性非奇异变换后，系统的特征多项式与 z 传递函数矩阵均保持不变。

7.3 李亚普洛夫稳定性分析

李亚普洛夫稳定性分析是基于状态空间描述的控制系统稳定性分析的重要方法。李亚普洛夫稳定性分析有两种方法，分别称为李亚普洛夫第一法与李亚普洛夫第二法。李亚普洛夫第一法又称为间接法，它首先对非线性运动方程近似线性化，通过线性化方程的解的情况来分析原系统的局部稳定性；李亚普洛夫第二法又称为直接法，即不需要引入线性近似和求解方程，通过引入一个李亚普洛夫函数，直接分析其稳定性。李亚普洛夫第二法概念直观，方法具有一般性，且物理含义清晰，因而得到广泛应用。本节将在介绍李亚普洛夫稳定性概念及李亚普洛夫第二法的相关结论的基础上，进一步重点介绍线性定常离散时间系统的稳定性判据及其应用。

7.3.1 李亚普洛夫意义下的稳定性概念

设所研究的系统方程为

$$\dot{x} = f(x,t) \tag{7.17}$$

式中，x 为 n 维状态向量，且含时间 t；$f(x, t)$ 为线性或非线性、定常或时变的 n 维函数。假定方程的解为 $x(t; x_0, t_0)$，其中 x_0 和 t_0 分别为初始状态向量和初始时刻，且有 $x(t_0; x_0, t_0) = x_0$。

1. 平衡状态

李亚普洛夫关于稳定性的研究均针对平衡状态而言。对于所有 t，满足

$$\dot{x}_e = f(x_e, t) = 0 \tag{7.18}$$

的状态 x_e 称为平衡状态。即平衡状态的各分量相对于时间不再发生变化，如果没有外力作用于系统，系统将保持在该平衡状态。

对于线性定常系统 $\dot{x} = Ax$，其平衡状态 x_e 满足 $Ax_e = 0$。当 A 为非奇异矩阵时，系统只有一个位于状态空间原点的平衡状态；如果 A 为奇异矩阵，则系统存在无穷多个平衡状态。对于非线性系统，可能有一个或多个平衡状态。

系统受到外力或干扰作用后，就会偏离平衡状态。当外力或干扰作用消失时，系统是否能够恢复到平衡状态或在平衡状态附件运动？这就是平衡状态的稳定性问题。

2. 李亚普洛夫意义下的稳定性

设系统初始状态位于以平衡状态 x_e 为球心、以 δ 为半径的闭球域 $S(\delta)$ 内，即

$$\|x_0 - x_e\| \leq \delta, \quad t = t_0 \tag{7.19}$$

若对于系统方程的解，在 $t \to \infty$ 的过程中，位于以 x_e 为球心、以任意给定的 ε 为半径的闭球域 $S(\varepsilon)$ 内，即

$$\|x(t; x_0, t_0) - x_e\| \leq \varepsilon, \quad t \geq t_0 \tag{7.20}$$

均存在一个闭球域 $S(\delta)$ 与之对应，则称系统的平衡状态 x_e 在李亚普洛夫意义下是稳定的。该定义的平面几何表示如图 7.1(a)所示。

实数 δ 与 ε 有关，通常也与 t_0 有关。如果 δ 与 t_0 无关，则称该平衡状态是一致稳定的。

值得注意的是，按李亚普洛夫意义下的稳定性定义，当系统做非衰减的振荡运动时，将在平面上描绘出一条封闭曲线，只要不超出 $S(\varepsilon)$，则认为是稳定的，这与经典控制理论中线性定常系统稳定性的定义是有一定差异的。

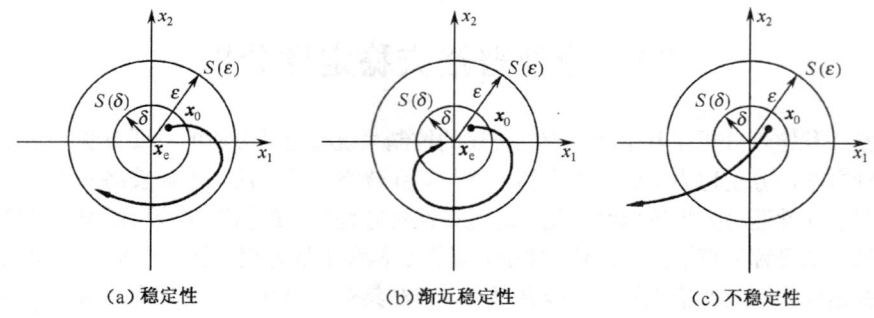

图 7.1 李亚普洛夫稳定性的平面几何表示

3. 渐近稳定性

若系统的平衡状态 x_e 不仅具有李亚普洛夫意义下的稳定性，且有

$$\lim_{t \to \infty} \| x(t;\ x_0, t_0) - x_e \| = 0 \tag{7.21}$$

则称该平衡状态是渐近稳定的。渐近稳定性定义的平面几何表示如图 7.1(b)所示。显然，经典控制理论中稳定性定义与此处的渐近稳定性的概念是对应的。

如果 δ 与 t_0 无关，且式（7.21）的极限过程也与 t_0 无关，则称该平衡状态是一致渐近稳定的。

4. 大范围（全局）渐近稳定性

当初始条件扩展至整个状态空间，且平衡状态均具有渐近稳定性时，则称该平衡状态是大范围渐近稳定的。此时 $\delta \to \infty$，$S(\delta) \to \infty$。当 $t \to \infty$ 时，由状态空间中任一点出发的轨迹都收敛至 x_e。

对于严格线性的系统，如果它是渐近稳定的，必定是大范围渐近稳定的，这是因为线性系统的稳定性与初始条件的大小无关。而对于非线性系统，其稳定性往往与初始条件大小密切相关，系统渐近稳定不一定是大范围渐近稳定。

5. 不稳定性

如果对于某个实数 $\varepsilon > 0$ 和任意一个实数 $\delta > 0$，不管这两个实数有多么小，在 $S(\delta)$ 内总存在着一个状态 x_0，使得由该状态出发的轨迹超出 $S(\varepsilon)$，则平衡状态 x_e 就称为不稳定的。不稳定的平面几何表示如图 7.1(c)所示。

以上李亚普洛夫意义下稳定性的概念，形式上是以连续时间系统为背景给出的，但对于离散时间系统，其相关概念是完全一样的，只是有关数学描述形式稍有不同。

7.3.2 李亚普洛夫第二法主要定理

李亚普洛夫第二法不需要引入线性近似，而是直接由系统的运动方程出发，通过构造一个类似于"能量"的李亚普洛夫函数，并分析它及其一次导数的符号特性，从而获得系统稳定性的有关信息。由于在一般控制系统中，主要关心的是其大范围渐近稳定性，下面将给出李亚普洛夫第二法与此相关的几个主要的结论。

定理 7.1 对于连续时间非线性时变自由系统

$$\dot{x} = f(x, t), \quad t \geqslant t_0 \tag{7.22}$$

其中 $f(0, t) = 0$，即状态空间的原点为系统的平衡状态；如果存在一个对 x 和 t 具有连续一阶偏导数的标量函数 $V(x, t)$，$V(0, t) = 0$，且满足如下条件：

（1） $V(x, t)$ 正定且有界，即存在两个连续的非减标量函数 $\alpha(\|x\|)$ 和 $\beta(\|x\|)$，其中 $\alpha(0) = 0$，$\beta(0) = 0$，使对于一切 $t \geq t_0$ 和一切 $x \neq 0$，均有

$$\beta(\|x\|) \geq V(x,t) \geq \alpha(\|x\|) > 0 \tag{7.23}$$

（2） $V(x, t)$ 对时间 t 的导数 $\dot{V}(x,t)$ 负定且有界，即存在一个连续的非减标量函数 $r(\|x\|)$，其中 $r(0) = 0$，使对于一切 $t \geq t_0$ 和一切 $x \neq 0$，均有

$$\dot{V}(x,t) \leq -r(\|x\|) < 0 \tag{7.24}$$

（3）当 $\|x\| \to \infty$ 时，$\alpha(\|x\|) \to \infty$，$V(x,t) \to \infty$。

则系统原点平衡状态为大范围一致渐近稳定的。

定理 7.1 也称为李亚普洛夫主稳定性定理，下面分析其直观含义。因为 $V(x,t)$ 正定且有界，所以可将其视为一种"能量"，而 $\dot{V}(x,t)$ 则为该能量随时间的变化率。在物理上很容易理解，如果一个系统的能量是有限的，并且能量的变化率总是负的，那么该系统的所有运动都必定是有界的，并最终返回到原点平衡状态。李亚普洛夫主稳定性定理正是这一物理事实的推广形式。但是，毕竟 $V(x,t)$ 不能等同于能量，而且随着系统的不同，$V(x,t)$ 的含义和形式各不相同，因此通常将 $V(x,t)$ 称为李亚普洛夫函数。这样，判定系统的稳定性问题，就归结为寻找一个满足上述定理的李亚普洛夫函数。对于简单的系统，通常将李亚普洛夫函数取为系统状态的一个二次型函数；对于复杂的系统，其李亚普洛夫函数的构造尚无一般的方法。

进一步，对于定常系统的稳定性，定理 7.1 可以得到很大简化。

定理 7.2 对于定常系统

$$\dot{x} = f(x), \quad t \geq 0 \tag{7.25}$$

其中 $f(0) = 0$，如果存在一个具有连续一阶偏导数的标量函数 $V(x)$，$V(0) = 0$，并且对于状态空间 X 中的一切非零 x 满足如下条件：

（1） $V(x)$ 为正定的；

（2） $\dot{V}(x)$ 为负定的；

（3）当 $\|x\| \to \infty$ 时，有 $V(x) \to \infty$。

则系统的原点平衡状态是大范围渐近稳定的。

在定理 7.2 中，要求 $\dot{V}(x)$ 负定，常常不易做到，这个条件不免过于保守。下面给出一个条件放宽后的结论。

定理 7.3 对于式（7.25）描述的定常系统，如果存在一个具有连续一阶偏导数的标量函数 $V(x)$，$V(0) = 0$，并且对于状态空间 X 中的一切非零 x 满足如下条件：

（1） $V(x)$ 为正定的；

（2） $\dot{V}(x)$ 为半负定的；

（3）对任意 $x_0 \in X$，$\dot{V}[x(t; x_0, 0)]$ 不恒为零；

（4）当 $\|x\| \to \infty$ 时，有 $V(x) \to \infty$。

则系统的原点平衡状态是大范围渐近稳定的。

上述定理给出了系统渐近稳定的充分条件，下面给出判别李亚普洛夫意义下不稳定性的一个充分条件。

定理 7.4 对于式（7.22）描述的时变系统或式（7.25）描述的定常系统，如果存在一个具有连续一阶偏导数的标量函数 $V(x, t)$ 或 $V(x)$ [其中，$V(0, t) = 0$，$V(0) = 0$] 和围绕状态空间原点的一个域 Ω，使得对于一切 $x \in \Omega$ 和一切 $t \geq t_0$ 满足如下条件：

(1) $V(x,t)$ 正定且有界或 $V(x)$ 为正定的;
(2) $\dot{V}(x,t)$ 正定且有界或 $\dot{V}(x)$ 为正定的。

则系统的原点平衡状态为不稳定的。

7.3.3 线性定常连续系统渐近稳定判据

对于线性定常系统，用李亚普洛夫方法来分析其稳定性，可以得到更为简便的稳定性判据。以下分别给出线性定常连续系统的矩阵特征值判据与李亚普洛夫矩阵方程判据。

一般而言，应用李亚普洛夫第一法分析系统稳定性是比较复杂的，但对线性定常系统，则可以得到简化。

对于没有外部输入的线性定常系统

$$\dot{x} = Ax, \quad x(0) = x_0, \quad t \geq 0 \tag{7.26}$$

易知 $x_e = 0$ 是系统的一个平衡状态。对于上述系统，其系统的运动解的特性及原点平衡状态的稳定性，完全由常数矩阵方程 A 所决定，即由矩阵 A 的特征值分布来决定。因此，对于线性定常系统，李亚普洛夫第一法可简化为如下定理。

定理 7.5 对于式（7.26）描述的线性定常连续系统，有：

(1) 系统的每一平衡状态在李亚普洛夫意义下稳定的充分必要条件为：矩阵 A 的所有特征值均具有非正（负或零）实部，且具有零实部的特征值为 A 的特征多项式的单根；

(2) 系统的唯一平衡状态 $x_e = 0$ 渐近稳定的充分必要条件为：矩阵 A 的所有特征值均具有负实部。

对于线性定常系统，当系统稳定时，则必定是一致稳定的，当系统渐近稳定时，则必定是大范围一致渐近稳定的。

对于式（7.26）描述的线性定常系统，还可利用李亚普洛夫第二法相关定理导出相应的简化判据。

定理 7.6 对于式（7.26）描述的线性定常连续系统，其原点平衡状态 $x_e = 0$ 渐近稳定的充分必要条件是：对于任意给定的一个正定对称矩阵 Q，有唯一的正定对称矩阵 P 使李亚普洛夫矩阵方程

$$A^T P + PA = -Q \tag{7.27}$$

成立。

7.3.4 离散时间系统李亚普洛夫稳定性判据

以上给出的李亚普洛夫稳定性判据是以连续时间系统为对象的。把上述相关结论推广到离散时间系统，也可得到相应的一些结论。

这里仅限于讨论定常离散时间系统的稳定性。对于定常离散时间系统

$$x(k+1) = f(x(k)), \quad k = 1, 2, 3, \cdots \tag{7.28}$$

且设 $f(0) = 0$，即 $x = 0$ 为其平衡状态。那么，类似于连续时间系统，可给出离散时间系统的李亚普洛夫主稳定性定理。

定理 7.7 对于式（7.28）描述的定常离散系统，如果存在一个相对于 $x(k)$ 的标量函数 $V(x(k))$，且对任意 $x(k)$ 均满足：

(1) $V(x(k))$ 为正定的；
(2) $\Delta V(x(k)) = V(x(k+1)) - V(x(k))$，$\Delta V(x(k))$ 为负定的；
(3) 当 $\|x(k)\| \to \infty$ 时，有 $V(x(k)) \to \infty$。

则原点平衡状态为大范围渐近稳定的。

在实际运用定理 7.7 时发现，由于条件（2）偏于保守，以致对相当一些问题导致判断失效。因此，可相应放宽该条件，而得到定理 7.7 的另一种形式。

定理 7.8 对于式（7.28）描述的定常离散系统，如果存在一个相对于 $x(k)$ 的标量函数 $V(x(k))$，且对任意 $x(k)$ 均满足：

（1）$V(x(k))$ 为正定的；

（2）$\Delta V(x(k))$ 为半负定的；

（3）对由任意初始状态 $x(0)$ 所确定式（7.28）的解 $x(k)$ 的轨线，$\Delta V(x(k))$ 不恒为零；

（4）当 $\|x(k)\| \to \infty$ 时，有 $V(x(k)) \to \infty$。

则原点平衡状态为大范围渐近稳定的。

从上述李亚普洛夫稳定性定理出发，还可很容易导出对离散时间系统很直观和应用方便的判据。

定理 7.9 对于式（7.28）描述的定常离散系统，设 $f(0) = 0$，则当 $f(x(k))$ 收敛时，即对所有 $x(k) \ne 0$，有

$$\|f(x(k))\| < \|x(k)\| \tag{7.29}$$

时，系统的原点平衡状态为大范围渐近稳定的。

证 取李亚普洛夫函数 $V(x(k)) = \|x(k)\|$，显然，$V(x(k))$ 为正定的。

$$\Delta V(x(k)) = V(x(k+1)) - V(x(k)) = \|x(k+1)\| - \|x(k)\| = \|f(x(k))\| - \|x(k)\|$$

结合式（7.29）可知，$\Delta V(x(k))$ 为负定的。

此外，显然当 $\|x(k)\| \to \infty$ 时，有 $V(x(k)) \to \infty$ 成立。从而，依据定理 7.7 可知，系统原点平衡状态为大范围渐近稳定。证毕。

以上稳定性判据是针对一般定常离散时间系统得到的。同样，对于本书最常见的线性定常离散时间系统，也有相应的李亚普洛夫稳定性简化判据。

对于线性定常离散时间系统

$$x(k+1) = Ax(k), \quad x(0) = x_0, \quad k = 1, 2, 3, \cdots \tag{7.30}$$

并且称 $Ax_e = 0$ 的解状态 x_e 为系统的平衡状态。当 A 为非奇异矩阵时，原点 $x_e = 0$ 为系统的唯一平衡状态；当 A 为奇异矩阵时，除原点 $x_e = 0$ 外，系统也可有非零平衡状态。与线性定常连续时间系统相对应，线性定常离散时间系统也有如下稳定性判别定理。

定理 7.10 对于式（7.30）描述的线性定常离散系统，有

（1）系统每一平衡状态 x_e 在李亚普洛夫意义下稳定的充分必要条件为：矩阵 A 的全部特征值的幅值均等于或小于 1，且幅值等于 1 的那些特征值是矩阵 A 的特征方程的单根。

（2）系统唯一平衡状态 $x_e = 0$ 渐近稳定的充分必要条件为：矩阵 A 的全部特征值的幅值均小于 1。

事实上，对于控制系统而言，这里所说的矩阵 A 的特征值就对应于系统的极点。

例 7.5 试确定下列离散系统的稳定性：

$$\begin{bmatrix} x_1(k+1) \\ x_2(k+1) \end{bmatrix} = \begin{bmatrix} 0 & 1 \\ -0.5 & -1 \end{bmatrix} \begin{bmatrix} x_1(k) \\ x_2(k) \end{bmatrix}$$

解 由系统方程可知 $A = \begin{bmatrix} 0 & 1 \\ -0.5 & -1 \end{bmatrix}$，则矩阵 A 的特征方程为

$$\det[\lambda I - A] = \lambda^2 + \lambda + 0.5 = 0$$

由此解得矩阵 A 的特征值为 $\lambda_{1,2} = 0.5 \pm 0.5\mathrm{j}$。

显然，
$$|\lambda_{1,2}| = 0.707 < 1$$
故系统在原点的平衡状态 $x_e = 0$ 是大范围渐近稳定的。

例 7.6 设某计算机控制系统的离散状态空间描述为

$$\begin{bmatrix} x_1(k+1) \\ x_2(k+1) \end{bmatrix} = \begin{bmatrix} 1-K(T+e^{-T}-1) & 1-e^{-T} \\ K(1-e^{-T}) & e^{-T} \end{bmatrix} \begin{bmatrix} x_1(k) \\ x_2(k) \end{bmatrix} + \begin{bmatrix} K(T+e^{-T}-1) \\ K(1-e^{-T}) \end{bmatrix} r(k)$$

其中 T 为采样周期，K 为系统中的一个增益环节。试确定系统在如下几种情况下的稳定性：

$$K=1, \ T=1$$
$$K=5, \ T=1$$
$$K=1, \ T=4$$
$$K=1, \ T=0.1$$
$$K=5, \ T=0.1$$

解 由系统方程可知

$$A = \begin{bmatrix} 1-K(T+e^{-T}-1) & 1-e^{-T} \\ K(1-e^{-T}) & e^{-T} \end{bmatrix}$$

则矩阵 A 的特征方程为

$$\det[\lambda I - A] = \lambda^2 + [(K-1)e^{-T} + K(T-1) - 1]\lambda + [K + (1-K-KT)e^{-T}] = 0$$

（1）当 $K=1$，$T=1$ 时，解得矩阵 A 的特征值为

$$\lambda_{1,2} = 0.5 \pm 0.618j$$

而 $|\lambda_{1,2}| = 0.795 < 1$，故该系统是渐近稳定的。

（2）当 $K=5$，$T=1$ 时，解得矩阵 A 的特征值为

$$\lambda_{1,2} = -0.236 \pm 1.728j$$

此时 $|\lambda_{1,2}| = 1.744 > 1$，故该系统是不稳定的。

（3）当 $K=1$，$T=4$ 时，解得矩阵 A 的特征值为

$$\lambda_1 = -0.765, \quad \lambda_2 = -1.235$$

由于 $|\lambda_2| = 1.235 > 1$，故该系统是不稳定的。

（4）当 $K=1$，$T=0.1$ 时，解得矩阵 A 的特征值为

$$|\lambda_{1,2}| = 0.95 \pm 0.0866j$$

而 $|\lambda_{1,2}| = 0.954 < 1$，故该系统是渐近稳定的。

（5）当 $K=5$，$T=0.1$ 时，解得矩阵 A 的特征值为

$$|\lambda_{1,2}| = 0.94 \pm 0.21j$$

而 $|\lambda_{1,2}| = 0.963 < 1$，故该系统是渐近稳定的，但与（4）相比，其特征值的虚部增大了，其系统响应的振荡频率与超调都有所增加，但系统仍是稳定的。

上述各种情况表明，线性离散系统的稳定性与系统的开环增益 K 及采样周期 T 有关。一般而言，K 增大或 T 增大，系统的稳定性变差；反之，K 减小或 T 减小，则系统的稳定性变好。这个结论与第 4 章基于 z 传递函数的系统稳定性分析结果是一致的。

用李亚普洛夫方法分析线性定常离散系统稳定性除上述基于矩阵特征值的方法外，同样还有一种基于矩阵方程（即李亚普洛夫矩阵方程）的方法，由定理 7.11 给出其相关结论。

定理 7.11 式（7.30）描述的线性定常离散系统的原点平衡状态 $x_e = 0$ 渐近稳定的充分必要条件是：对于任一给定的正定对称矩阵 Q，有唯一的正定对称矩阵 P 使离散型李亚普洛夫矩阵方程

$$A^\mathrm{T} P A - P = -Q \tag{7.31}$$

成立。而标量函数

$$V(x(k)) = x^\mathrm{T}(k) P x(k) \tag{7.32}$$

就是系统的一个李亚普洛夫函数。

下面仅就定理中的充分性做简要证明，必要性的证明要复杂一些，读者可参阅其他相关文献。

证 这里仅证充分性，即已知 P 正定对称，欲证 $x_e = 0$ 为渐近稳定。为此，取李亚普洛夫函数为

$$V(x(k)) = x^\mathrm{T}(k) P x(k) > 0$$

对于上述线性定常离散系统方程式（7.30），则有

$$\begin{aligned}
\Delta V(x(k)) &= V(x(k+1)) - V(x(k)) \\
&= x^\mathrm{T}(k+1) P x(k+1) - x^\mathrm{T}(k) P x(k) \\
&= [A x(k)]^\mathrm{T} P [A x(k)] - x^\mathrm{T}(k) P x(k) \\
&= x^\mathrm{T}(k) A^\mathrm{T} P A x(k) - x^\mathrm{T}(k) P x(k) \\
&= x^\mathrm{T}(k) [A^\mathrm{T} P A - P] x(k)
\end{aligned}$$

由于 $A^\mathrm{T} P A - P = -Q$，且 Q 为正定对称矩阵，则有

$$\Delta V(x(k)) = -x^\mathrm{T}(k) Q x(k) < 0$$

即 $\Delta V(x(k))$ 为负定的。

显然，当 $\|x(k)\| \to \infty$ 时，$V(x(k)) \to \infty$，故知系统平衡状态 $x_e = 0$ 为渐近稳定的。证毕。

定理 7.11 也是分析线性定常离散系统稳定性的一个重要判据，在具体应用时，可以选正定矩阵 Q 来确定对称矩阵 P，并检验 P 是否为正定矩阵，由此可判断线性定常离散系统的渐近稳定性。为简单起见，一般选取 $Q = I$。

例 7.7 试确定下列离散系统平衡状态 $x_e = 0$ 的稳定性：

$$\begin{bmatrix} x_1(k+1) \\ x_2(k+1) \end{bmatrix} = \begin{bmatrix} 0 & 1 \\ -0.5 & -1 \end{bmatrix} \begin{bmatrix} x_1(k) \\ x_2(k) \end{bmatrix}$$

解 取 $Q = I$，设 $P = \begin{bmatrix} p_{11} & p_{12} \\ p_{12} & p_{22} \end{bmatrix}$，由离散系统的李亚普洛夫矩阵方程，有

$$\begin{bmatrix} 0 & -0.5 \\ 1 & -1 \end{bmatrix} \begin{bmatrix} p_{11} & p_{12} \\ p_{12} & p_{22} \end{bmatrix} \begin{bmatrix} 0 & 1 \\ -0.5 & -1 \end{bmatrix} - \begin{bmatrix} p_{11} & p_{12} \\ p_{12} & p_{22} \end{bmatrix} = \begin{bmatrix} -1 & 0 \\ 0 & -1 \end{bmatrix}$$

由此可解得

$$P = \begin{bmatrix} 2.2 & 1.6 \\ 1.6 & 4.8 \end{bmatrix}$$

由于 $\Delta_1 = p_{11} = 2.2 > 0$，$\Delta_2 = |P| = 8 > 0$，因此 P 是正定对称矩阵。由此可判定该离散系统的平衡状态 $x_e = 0$ 是渐近稳定的。

例 7.8 设线性离散系统的状态方程为

$$\begin{bmatrix} x_1(k+1) \\ x_2(k+1) \end{bmatrix} = \begin{bmatrix} 0.8 & 1 \\ 0 & 0.9 \end{bmatrix} \begin{bmatrix} x_1(k) \\ x_2(k) \end{bmatrix}$$

试判断该系统平衡状态 $x_e = 0$ 的稳定性。

解 取 $Q = I$,设 $P = \begin{bmatrix} p_{11} & p_{12} \\ p_{12} & p_{22} \end{bmatrix}$,由离散系统的李亚普洛夫矩阵方程,有

$$\begin{bmatrix} 0.8 & 0 \\ 1 & 0.9 \end{bmatrix} \begin{bmatrix} p_{11} & p_{12} \\ p_{12} & p_{22} \end{bmatrix} \begin{bmatrix} 0.8 & 1 \\ 0 & 0.9 \end{bmatrix} - \begin{bmatrix} p_{11} & p_{12} \\ p_{12} & p_{22} \end{bmatrix} = \begin{bmatrix} -1 & 0 \\ 0 & -1 \end{bmatrix}$$

由此解得

$$P = \begin{bmatrix} 2.78 & 7.94 \\ 7.94 & 95.11 \end{bmatrix}$$

由于 $\Delta_1 = p_{11} = 2.78 > 0$,$\Delta_2 = |P| = 201 > 0$,因此 P 是正定对称矩阵。由此可判定该离散系统的平衡状态 $x_e = 0$ 是渐近稳定的。

7.4 可控性与可观性

系统的可控性与可观性是基于状态空间描述系统的两个基本结构特性。随着状态空间描述的引入,卡尔曼(Kalman)在 20 世纪 60 年代首次提出并研究了可控性与可观性这两个用传递函数难以完整表达的重要概念。这两个概念在现代控制理论中具有极其重要的意义。

可控性是指控制作用对被控系统影响的可能性;可观性则反映了由系统的量测确定系统状态的可能性。可控性与可观性从状态的控制能力与状态的观测能力两个方面揭示了控制系统构成的两个基本问题。

离散系统的可控性及可观性概念与连续系统基本类似,但也有一些特殊问题需要讨论。本书主要针对线性定常离散时间系统进行讨论。

7.4.1 可控性

控制系统的主要目的是驱动系统从某一状态到达指定的状态,但这并不是任何系统都能完成的。如果系统不可控,就不能通过选择控制作用,使系统状态从初始状态到达任意指定状态。

设所研究的线性定常离散系统为

$$\begin{aligned} x(k+1) &= Ax(k) + Bu(k) \\ y(k) &= Cx(k) + Du(k) \end{aligned} \tag{7.33}$$

式中,$x(k)$ 为 n 维状态向量,$y(k)$ 为 q 维输出向量,$u(k)$ 为 p 维输入向量,A 为 $n \times n$ 维状态矩阵,B 为 $n \times p$ 维输入矩阵,C 为 $q \times n$ 维输出矩阵,D 为 $q \times p$ 维直接传输矩阵。

可控性定义:对于式(7.33)所描述的 n 阶离散系统,如果可以找到控制序列 $u(k)$,能够在有限时间 NT 内驱动系统从任意初始状态 $x(0)$ 到达任意指定的期望状态 $x(N)$,则称该系统是状态完全可控的。

设系统初始状态为 $x(0)$,在控制序列 $u(k)(k=1, 2, \cdots, N-1)$ 的作用下,由 7.1.1 节中离散状态方程的递推求解式(7.3),可得

$$x(N) - A^N x(0) = \begin{bmatrix} A^{N-1}B & A^{N-2}B & \cdots & B \end{bmatrix} \begin{bmatrix} u(0) \\ u(1) \\ \vdots \\ u(N-1) \end{bmatrix} \tag{7.34}$$

这是一个线性方程组。对于可控性而言,其问题归结为对任意给定初始状态 $x(0)$ 和任意指定期望状态 $x(N)$,是否有控制序列 $u(k)(k=1,2,\cdots,N-1)$ 存在。

为讨论方便,假设为单输入系统,即 $u(k)$ 为一维标量,并引入 n 维向量

$$h_k = A^k B, \qquad k = 0, 1, 2, \cdots, N-1 \tag{7.35}$$

对于标量 $u(k)$,为使对于任意给定的 n 维向量 $x(0)$ 和 $x(N)$,方程组(7.34)均有解,则向量组 $\{h_0, h_1, h_2, \cdots, h_{N-1}\}$ 中必须有 n 个线性独立的向量,显然,应有 $N \geq n$,即当 $x(0)$ 和 $x(N)$ 任意给定时,达到 $x(N)$ 至少需要 n 步。设 $N=n$,则式(7.34)可写为

$$x(n) - A^n x(0) = \begin{bmatrix} A^{n-1}B & A^{n-2}B & \cdots & B \end{bmatrix} \begin{bmatrix} u(0) \\ u(1) \\ \vdots \\ u(n-1) \end{bmatrix} \tag{7.36}$$

并记

$$W_c = \begin{bmatrix} A^{n-1}B & A^{n-2}B & \cdots & B \end{bmatrix} \tag{7.37}$$

为使方程组(7.36)对于任意 $x(0)$ 和 $x(N)$,控制序列 $\{u(0), u(1), u(2), \cdots, u(N-1)\}$ 均能够存在,则系数矩阵 W_c 的各个列向量必须线性独立,即应满足

$$\mathrm{rank} W_c = \mathrm{rank} \begin{bmatrix} A^{n-1}B & A^{n-2}B & \cdots & B \end{bmatrix} = n \tag{7.38}$$

这就是系统状态完全可控的充分必要条件,其中矩阵 W_c 称为系统的可控性矩阵。

由于改变矩阵列的次序不会影响矩阵的秩,则式(7.38)给出的系统状态完全可控的充分必要条件通常也写为如下形式:

$$\mathrm{rank} W_c = \mathrm{rank} \begin{bmatrix} B & AB & \cdots & A^{n-2}B & A^{n-1}B \end{bmatrix} = n \tag{7.39}$$

由以上分析可知,若 W_c 的秩等于 n,则系统 n 维状态空间的所有状态均是可以在适当的控制作用驱动下达到的;反之,若 W_c 的秩小于 n,则在适当控制作用下,系统从原点出发,只可能达到由 W_c 的独立列向量所张成的线性子空间中任意指定状态。

应当注意,以上结论是在 $u(k)$ 无约束时得出的,如果 $u(k)$ 受到约束,一般 N 应大于 n。

对于多输入系统,即 $u(k)$ 为 p 维向量,其系统状态完全可控性仍由式(7.38)所给出的条件决定。当 $N=n$ 时,方程组(7.34)待求控制量的个数为 $n \times p$ 个,由于只有 n 个方程,因此方程组的解不唯一。

在有的文献中,分别定义了可控性与可达性两个概念。对于式(7.33)所描述的离散系统,如果能找到一个控制序列,在有限个采样周期内,驱动系统由任意初始状态达到原点,则称系统具有可控性;如果能找到一个控制序列,在有限个采样周期内,驱动系统由任意初始状态达到任意期望状态,则称系统具有可达性。显然,这里定义的可控性只是可达性的一种特例,二者并不等同。若系统的状态矩阵 A 可逆,则可控性等价于可达性。

本书仅统一使用可控性一个概念,且该概念与上述可达性概念是一致的。

例 7.9 某离散系统状态空间描述为

$$\begin{bmatrix} x_1(k+1) \\ x_2(k+1) \end{bmatrix} = \begin{bmatrix} 0.368 & 0 \\ 0.632 & 1 \end{bmatrix} \begin{bmatrix} x_1(k) \\ x_2(k) \end{bmatrix} + \begin{bmatrix} 0.632 \\ 0.368 \end{bmatrix} u(k), y(k) = \begin{bmatrix} 0 & 1 \end{bmatrix} \begin{bmatrix} x_1(k) \\ x_2(k) \end{bmatrix}$$

试分析系统的可控性。

解 由系统状态方程可知

$$n=2, \quad \boldsymbol{A}=\begin{bmatrix} 0.368 & 0 \\ 0.632 & 1 \end{bmatrix}, \quad \boldsymbol{B}=\begin{bmatrix} 0.632 \\ 0.368 \end{bmatrix}$$

则有

$$\boldsymbol{AB}=\begin{bmatrix} 0.368 & 0 \\ 0.632 & 1 \end{bmatrix}\begin{bmatrix} 0.632 \\ 0.368 \end{bmatrix}=\begin{bmatrix} 0.2326 \\ 0.767 \end{bmatrix}$$

于是

$$\mathrm{rank}\begin{bmatrix} \boldsymbol{B} & \boldsymbol{AB} \end{bmatrix}=\mathrm{rank}\begin{bmatrix} 0.632 & 0.2326 \\ 0.368 & 0.767 \end{bmatrix}=2=n$$

所以，系统状态完全可控。

例 7.10 某双输入 3 阶离散系统的状态方程为 $\boldsymbol{x}(k+1)=\boldsymbol{Ax}(k)+\boldsymbol{Bu}(k)$，其中

$$\boldsymbol{A}=\begin{bmatrix} -2 & 2 & -1 \\ 0 & -2 & 0 \\ 1 & -4 & 0 \end{bmatrix}, \quad \boldsymbol{B}=\begin{bmatrix} 0 & 0 \\ 0 & 1 \\ 1 & 0 \end{bmatrix}$$

试分析系统状态的可控性。

解

$$\boldsymbol{AB}=\begin{bmatrix} -2 & 2 & -1 \\ 0 & -2 & 0 \\ 1 & -4 & 0 \end{bmatrix}\begin{bmatrix} 0 & 0 \\ 0 & 1 \\ 1 & 0 \end{bmatrix}=\begin{bmatrix} -1 & 2 \\ 0 & -2 \\ 0 & -4 \end{bmatrix}$$

$$\boldsymbol{A}^2\boldsymbol{B}=\begin{bmatrix} -2 & 2 & -1 \\ 0 & -2 & 0 \\ 1 & -4 & 0 \end{bmatrix}^2\begin{bmatrix} -1 & 2 \\ 0 & -2 \\ 0 & -4 \end{bmatrix}=\begin{bmatrix} 2 & -4 \\ 0 & 4 \\ -1 & 10 \end{bmatrix}$$

于是

$$\mathrm{rank}\begin{bmatrix} \boldsymbol{B} & \boldsymbol{AB} & \boldsymbol{A}^2\boldsymbol{B} \end{bmatrix}=\mathrm{rank}\begin{bmatrix} 0 & 0 & -1 & 2 & 2 & -4 \\ 0 & 1 & 0 & -2 & 0 & 4 \\ 1 & 0 & 0 & -4 & -1 & 10 \end{bmatrix}=3=n$$

故系统状态完全可控。

例 7.11 已知离散系统的状态方程为

$$\boldsymbol{x}(k+1)=\begin{bmatrix} 1 & 1 \\ -0.25 & 0 \end{bmatrix}\boldsymbol{x}(k)+\begin{bmatrix} 1 \\ -0.5 \end{bmatrix}u(k), \quad \text{且} \ \boldsymbol{x}(0)=\begin{bmatrix} 2 \\ 2 \end{bmatrix}$$

试问，能否找到一个控制序列来实现 $\boldsymbol{x}^\mathrm{T}(2)=\begin{bmatrix} -0.5 & 1 \end{bmatrix}$？能否找到一个控制序列来实现 $\boldsymbol{x}^\mathrm{T}(2)=\begin{bmatrix} 0.5 & 1 \end{bmatrix}$？结合系统可控性给予解释。

解 （1）对于 $\boldsymbol{x}^\mathrm{T}(2)=\begin{bmatrix} -0.5 & 1 \end{bmatrix}$，由式（7.36），有

$$\boldsymbol{x}(2)-\boldsymbol{A}^2\boldsymbol{x}(0)=\begin{bmatrix} \boldsymbol{AB} & \boldsymbol{B} \end{bmatrix}\begin{bmatrix} u(0) \\ u(1) \end{bmatrix}$$

将 $\boldsymbol{x}(0)$，$\boldsymbol{x}(2)$，$\boldsymbol{A}$，$\boldsymbol{B}$ 代入，可得

$$\begin{bmatrix} -0.5 \\ 1 \end{bmatrix} - \begin{bmatrix} 3.5 \\ -1 \end{bmatrix} = \begin{bmatrix} 0.5 & 1 \\ -0.25 & -0.5 \end{bmatrix} \begin{bmatrix} u(0) \\ u(1) \end{bmatrix}$$

由此可得

$$-4 = 0.5u(0) + u(1) \qquad 2 = -0.25u(0) - 0.5u(1)$$

由于上述两个方程线性相关，因此解不唯一。$u(0) = -2$，$u(1) = -3$ 为其中一个可行解，即在给定初始条件下，通过该控制序列，经两步可将状态控制到 $\boldsymbol{x}^\mathrm{T}(2) = \begin{bmatrix} -0.5 & 1 \end{bmatrix}$。

（2）同理，对于 $\boldsymbol{x}^\mathrm{T}(2) = \begin{bmatrix} 0.5 & 1 \end{bmatrix}$，有

$$\begin{bmatrix} 0.5 \\ 1 \end{bmatrix} - \begin{bmatrix} 3.5 \\ -1 \end{bmatrix} = \begin{bmatrix} 0.5 & 1 \\ -0.25 & -0.5 \end{bmatrix} \begin{bmatrix} u(0) \\ u(1) \end{bmatrix}$$

即对应方程组

$$-3 = 0.5u(0) + u(1) \qquad 2 = -0.25u(0) - 0.5u(1)$$

而该方程组无解，即在给定初始条件下，状态 $\boldsymbol{x}^\mathrm{T}(2) = \begin{bmatrix} 0.5 & 1 \end{bmatrix}$ 是不能达到的。

由于可控性矩阵为

$$\boldsymbol{W}_c = \begin{bmatrix} \boldsymbol{AB} & \boldsymbol{B} \end{bmatrix} = \begin{bmatrix} 0.5 & 1 \\ -0.25 & -0.5 \end{bmatrix}$$

可见，其秩为 1，小于 n，即系统的状态不是完全可控的。而 $\boldsymbol{W}_c$ 只有一个独立向量 $[1 \quad -0.5]^\mathrm{T}$，即从原点出发，系统只对该独立向量所张成的子空间中的状态是可控的，如图 7.2 所示，该子空间为原二维空间中的一条直线。在本例中，之所以对目标状态不属于该子空间的状态（如 $[-0.5 \quad 1]^\mathrm{T}$）也能达到，是因为受初始值的影响。

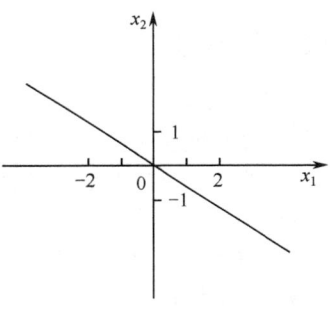

图 7.2 可控子空间

7.4.2 输出可控性

状态可控性反映了系统从初始状态转移到所期望的状态的可能性。在控制系统的设计中，有时可能更关注系统的输出量而并非系统的状态变量。由于状态完全可控并不等价于输出完全可控，因此有必要讨论输出可控性。

与状态可控性定义类似，输出可控性可定义为：对于式（7.33）所描述的 n 阶离散系统，如果可以找到控制序列 $\boldsymbol{u}(k)$，能够在有限时间 NT 内驱动系统从任意初始输出值 $\boldsymbol{y}(0)$，转移到任意指定的期望输出值 $\boldsymbol{y}(N)$，则称该系统是输出完全可控的。

与状态可控性的讨论类似，如果系统输出完全可控，则当控制变量无约束时，对 n 阶系统，至多经过 n 个采样周期，就可从任意初始输出值转移至任意期望输出值。由输出递推解式（7.6），有

$$\boldsymbol{y}(n) = \boldsymbol{CA}^n \boldsymbol{x}(0) + \begin{bmatrix} \boldsymbol{CA}^{n-1}\boldsymbol{B} & \boldsymbol{CA}^{n-2}\boldsymbol{B} & \cdots & \boldsymbol{CB} & \boldsymbol{D} \end{bmatrix} \begin{bmatrix} \boldsymbol{u}(0) \\ \boldsymbol{u}(1) \\ \vdots \\ \boldsymbol{u}(n-1) \\ \boldsymbol{u}(n) \end{bmatrix} \qquad (7.40)$$

由于输出 $\boldsymbol{y}(k)$ 为 q 维向量，类似地，可以得到系统输出完全可控的充要条件为

$$\mathrm{rank}\begin{bmatrix} \boldsymbol{CA}^{n-1}\boldsymbol{B} & \boldsymbol{CA}^{n-2}\boldsymbol{B} & \cdots & \boldsymbol{CB} & \boldsymbol{D} \end{bmatrix} = q \qquad (7.41)$$

比较式（7.41）与式（7.38）可知，如果 $D = 0$，当且仅当矩阵 C 的 q 个行向量线性无关时，状态完全可控意味着系统输出完全可控；而当 D 不为零时，则 D 的存在总是有助于确定输出完全可控性，即可能存在输出完全可控而状态未必可控的情况。

例 7.12 设离散系统的状态空间描述为

$$x(k+1) = \begin{bmatrix} -4 & 5 \\ 1 & 0 \end{bmatrix} x(k) + \begin{bmatrix} -5 \\ 1 \end{bmatrix} u(k), y(k) = \begin{bmatrix} 1 & -1 \end{bmatrix} x(k) + u(k)$$

试分析该系统状态可控性与输出可控性。

解 这是一个单输入单输出系统，$q = 1$，$n = 2$，相应地

$$\text{rank}\begin{bmatrix} B & AB \end{bmatrix} = \text{rank}\begin{bmatrix} -5 & 25 \\ 1 & -5 \end{bmatrix} = 1 < n$$

故该系统是状态不完全可控的。

$$\text{rank}\begin{bmatrix} CAB & CB & D \end{bmatrix} = \text{rank}\begin{bmatrix} 30 & -6 & 1 \end{bmatrix} = 1 = q$$

故该系统是输出完全可控的。

由此例可见，系统的输出可控性与状态可控性并不是等价的。

7.4.3 可观性

在系统的状态空间描述中，其内部状态变量并不是直接可量测的，而只有输出变量是可直接量测的，因此要获取状态信息，需要研究这些状态信息与输出之间的联系，以便将状态信息用输出信息反映出来。事实上，并不是所有状态均能由输出反映。系统状态可观性就是用以表征系统状态可由输出完全反映的可能性的。

可观性定义：对于式（7.33）所描述的 n 阶离散系统，如果可以利用系统输出序列 $y(k)$，在有限时间 NT 内确定系统的初始状态 $x(0)$，则称该系统状态是完全可观的。

对于系统（7.33），其输出的递推解为

$$y(k) = CA^k x(0) + \sum_{j=0}^{k-1} CA^{k-j-1} Bu(j) + Du(k) \tag{7.42}$$

由于系统的可观性是研究初始状态 $x(0)$ 是否可由输出序列 $y(k)$ 来表征，故在式（7.42）中，当 A，B，C，D，$u(k)$ 已知时，其等式右端后两项对系统可观性结果没有影响。不失一般性，可令 $u(k)$ 恒为零，即讨论系统的自由运动情况。此时，式（7.42）可简化为

$$y(k) = CA^k x(0) \tag{7.43}$$

由于 x 是 n 维状态向量，因此至多需要 n 次输出测量值，于是有

$$y(0) = Cx(0)$$
$$y(1) = CAx(0)$$
$$y(2) = CA^2 x(0)$$
$$\vdots$$
$$y(n-1) = CA^{n-1} x(0)$$

将其用矩阵表示为

$$\begin{bmatrix} y(0) \\ y(1) \\ \vdots \\ y(n-1) \end{bmatrix} = \begin{bmatrix} C \\ CA \\ \vdots \\ CA^{n-1} \end{bmatrix} x(0) \tag{7.44}$$

为了确定 $x(0)$，即式（7.44）必须有唯一解，这就要求

$$\text{rank} \begin{bmatrix} C \\ CA \\ \vdots \\ CA^{n-1} \end{bmatrix} = n \tag{7.45}$$

这就是线性定常离散系统（7.33）状态完全可观的充要条件。其中矩阵

$$W_o = \begin{bmatrix} C \\ CA \\ \vdots \\ CA^{n-1} \end{bmatrix} \tag{7.46}$$

称为系统的可观性矩阵。

由以上分析可知，对于 n 阶系统，只有可观性矩阵 W_o 的秩等于 n，才能唯一确定初始状态 $x(0)$；若 W_o 的秩小于 n，将无法唯一确定其初始状态，这就意味着对于某一特定的输出将可能有多个（理论上可以是无穷多个）不同的初始状态与之对应，因此不能由输出来唯一表征这些初始状态。

例 7.13 离散系统状态空间描述如例 7.9，试分析系统的可观性。

解 由题可知

$$C = \begin{bmatrix} 0 & 1 \end{bmatrix}, \quad A = \begin{bmatrix} 0.368 & 0 \\ 0.632 & 1 \end{bmatrix}$$

则有

$$CA = \begin{bmatrix} 0.632 & 1 \end{bmatrix}$$

于是

$$\text{rank} \begin{bmatrix} C \\ CA \end{bmatrix} = \text{rank} \begin{bmatrix} 0 & 1 \\ 0.632 & 1 \end{bmatrix} = 2 = n$$

故该系统状态是完全可观的。

例 7.14 某转动物体的运动方程由以下二阶微分方程描述：

$$J \frac{d^2 \theta}{dt^2} = M$$

式中，θ 为转动的角位移，J 为转动惯量，M 为控制力矩。取状态变量 $x_1 = \theta, x_2 = \dot{\theta}$，试分析系统单输出分别为 θ 和 $\dot{\theta}$ 两种不同情况下的系统可观性。

解 已知 $x_1 = \theta, x_2 = \dot{\theta}$，令 $u(t) = M/J$，则系统的状态方程可写为

$$\begin{bmatrix} \dot{x}_1 \\ \dot{x}_2 \end{bmatrix} = \begin{bmatrix} 0 & 1 \\ 0 & 0 \end{bmatrix} \begin{bmatrix} x_1 \\ x_2 \end{bmatrix} + \begin{bmatrix} 0 \\ 1 \end{bmatrix} u(t)$$

将其加零阶保持器可得其离散化形式，即

$$\begin{bmatrix} x_1(k+1) \\ x_2(k+1) \end{bmatrix} = \begin{bmatrix} 1 & T \\ 0 & 1 \end{bmatrix} \begin{bmatrix} x_1(k) \\ x_2(k) \end{bmatrix} + \begin{bmatrix} T^2/2 \\ T \end{bmatrix} u(k)$$

如果其角位移 θ 为可测单输出,即系统输出方程为

$$y(k) = \begin{bmatrix} 1 & 0 \end{bmatrix} \begin{bmatrix} x_1(k) \\ x_2(k) \end{bmatrix}$$

由此可得

$$\text{rank}\begin{bmatrix} C \\ CA \end{bmatrix} = \text{rank}\begin{bmatrix} 1 & 0 \\ 1 & T \end{bmatrix} = 2 = n$$

故此时系统是状态完全可观的。对于本例的转动物体,从物理上讲,如果直接测得了角位移 θ,则在有限个采样周期内,可以确定角速度 $\dot{\theta}$。

如果系统可测单输出为角速度 $\dot{\theta}$,相应的输出方程为

$$y(k) = \begin{bmatrix} 0 & 1 \end{bmatrix} \begin{bmatrix} x_1(k) \\ x_2(k) \end{bmatrix}$$

此时

$$\text{rank}\begin{bmatrix} C \\ CA \end{bmatrix} = \text{rank}\begin{bmatrix} 0 & 1 \\ 0 & 1 \end{bmatrix} = 1 < n$$

故系统状态不完全可观。因为此时只测得角速度 $\dot{\theta}$,而为了获得角位移 θ,就需要对 $\dot{\theta}$ 进行积分,此时需要知道 x_1 的初始值。所以,仅根据 x_2 是不能确定状态 x_1 的,即系统状态 x_1 是不可观的。

从本例可以看出,尽管可观性定义是针对确定初始状态而言的,即系统不可观意味着根据输出不能唯一确定初始状态,但这并不意味着对当前状态的所有状态分量也完全不能确定,事实上,有时可以根据输出确定部分状态分量的信息,而余下部分分量则无法确定,所以通常称之为系统状态不完全可观,简称为系统不可观。

例 7.15 试分析如下系统的可观性:

$$x(k+1) = \begin{bmatrix} 1.1 & -0.3 \\ 1 & 0 \end{bmatrix} x(k), \quad y(k) = \begin{bmatrix} 1 & -0.5 \end{bmatrix} x(k)$$

解 可求得系统可观性矩阵的秩为

$$\text{rank}\begin{bmatrix} C \\ CA \end{bmatrix} = \text{rank}\begin{bmatrix} 1 & -0.5 \\ 0.6 & -0.3 \end{bmatrix} = 1 < n$$

故系统状态是不完全可观的。事实上,对本例,由系统模型可知,使系统输出为零的所有初始状态,在二维状态空间组成一条直线 [这里称为零输出子空间,如图 7.3(a) 所示],以该直线上的任意一点作为初始状态,系统的输出序列始终为零,如图 7.3(b) 所示。将与该直线平行的其他任意一条直线上的所有点作为初始状态,如图 7.3(c) 所示,其相应的输出序列均相同,如图 7.3(d) 所示。例如,在图 7.3(c) 所示的直线上取初始状态分别为

$$x_a(0) = \begin{bmatrix} 0 \\ -2.5 \end{bmatrix}, x_b(0) = \begin{bmatrix} 0.5 \\ -1.5 \end{bmatrix}, x_c(0) = \begin{bmatrix} 1 \\ -0.5 \end{bmatrix}, x_d(0) = \begin{bmatrix} 1.5 \\ 0.5 \end{bmatrix}$$

则其输出序列均为

$$y(k) = \{1.25 \quad 0.75 \quad 0.45 \quad 0.27 \quad 0.162 \quad 0.0972 \quad \cdots\}$$

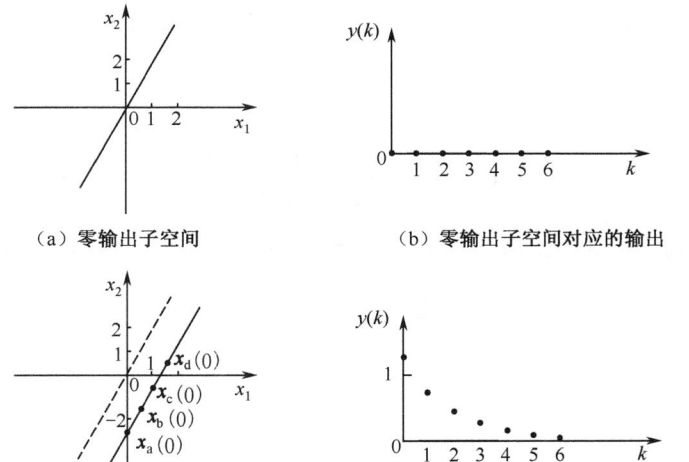

图 7.3　例 7.15 中不同初始状态及其系统输出

7.4.4　可控性、可观性与 z 传递函数的关系

由于控制系统的复杂性，通常可以把一个复杂的系统分解为 4 个子系统（称为卡尔曼分解）：可控可观子系统、不可控不可观子系统、可控不可观子系统、可观不可控子系统。若系统全部状态都可控或可观时，称该系统是完全可控或完全可观的，否则称为不完全可控或不完全可观。

由控制理论可知，描述系统输入 $U(z)$ 与输出 $Y(z)$ 关系的 z 传递函数，只反映了系统中可控且可观那部分状态的特性。因此，只有当系统是完全可控且完全可观时，z 传递函数才能全面反映系统的特性。

系统的 z 传递函数不能全面反映系统特性的原因是，系统 z 传递函数中发生了零点和极点相对消的现象。如 7.2 节所述，基于状态空间描述的系统 z 传递函数可表示为

$$G(z) = \left[C(zI-A)^{-1}B + D \right] \tag{7.47}$$

对于单输入单输出系统，可以证明：

（1）若 $C(zI-A)^{-1}B$ 分子分母无相消因子，则系统状态完全可控且完全可观，否则，系统状态可能不可控，也可能不可观，或者既不可控也不可观；

（2）若 $(zI-A)^{-1}B$ 分子分母无相消因子，则系统状态完全可控，否则，系统状态不完全可控；

（3）若 $C(zI-A)^{-1}$ 分子分母无相消因子，则系统状态完全可观，否则，系统状态不完全可观。

例 7.16　设线性离散系统的状态空间描述为

$$\begin{bmatrix} x_1(k+1) \\ x_2(k+1) \end{bmatrix} = \begin{bmatrix} 0 & 1 \\ -2 & -3 \end{bmatrix} \begin{bmatrix} x_1(k) \\ x_2(k) \end{bmatrix} + \begin{bmatrix} 0 \\ 1 \end{bmatrix} u(k)$$

$$y(k) = \begin{bmatrix} 2 & 1 \end{bmatrix} \begin{bmatrix} x_1(k) \\ x_2(k) \end{bmatrix}$$

试结合 z 传递函数分析系统的可控性与可观性。

解　由已知条件可得系统的 z 传递函数为

$$C(zI-A)^{-1}B = \frac{z+2}{(z+2)(z+1)} = \frac{1}{z+1}$$

即 $C(zI-A)^{-1}B$ 中分子分母出现了相消因子 $(z+2)$，故系统状态可能是不完全可控的，也可能是不完全可观的。

考察可控性

$$(zI-A)^{-1}B = \frac{1}{(z+2)(z+1)}\begin{bmatrix}1\\z\end{bmatrix}$$

可见 $(zI-A)^{-1}B$ 中分子分母无相消因子，则系统状态完全可控。事实上，由可控性判据有

$$\text{rank}\begin{bmatrix}B & AB\end{bmatrix} = \text{rank}\begin{bmatrix}0 & 1\\1 & -3\end{bmatrix} = 2 = n$$

即系统状态完全可控。

再考察可观性

$$C(zI-A)^{-1} = \frac{z+2}{(z+2)(z+1)}\begin{bmatrix}2 & 1\end{bmatrix}$$

可见 $C(zI-A)^{-1}$ 中分子分母有相消因子 $(z+2)$，则系统状态不完全可观。由可观性判据也有

$$\text{rank}\begin{bmatrix}C\\CA\end{bmatrix} = \text{rank}\begin{bmatrix}2 & 1\\-2 & -1\end{bmatrix} = 1 < n$$

即系统状态不完全可观。

7.4.5 采样系统可控可观性与采样周期的关系

计算机控制系统通常是由连续系统经采样得到的。显然，该采样系统的离散状态空间描述中的系统矩阵与采样周期有关，即采样周期将会对系统可控性与可观性产生一定的影响。由于采样系统的控制信号及输出是连续时间系统的控制信号及输出的一个子集，为了使采样后的系统是可控可观的，则原连续系统必须是可控可观的。但是，由于采样系统的系统矩阵与采样周期有关，因此，原连续系统如果是可控可观的，但采样周期选得不合适，经采样后，采样系统有可能失去可控可观性。

关于采样系统可控可观性与采样周期的关系，这里不加证明给出下述结论。

定理 7.12 如果原连续系统是可控可观的，经过采样后，采样系统保持可控可观性的充分条件是：对于原连续系统任意两个实部相同、虚部不同的特征根 λ_p 和 λ_q，采样周期均应满足

$$T \neq \frac{2k\pi}{\text{Im}(\lambda_p - \lambda_q)}, \qquad k = \pm 1, \pm 2, \cdots \tag{7.48}$$

如果是单输入单输出系统，上述条件也是必要的。

从定理 7.12 可以看出，如果原连续系统是可控可观的，且特征根无复数根时，采样系统必定仍是可控可观的。

例 7.17 简谐振荡器的连续状态空间描述为

$$\dot{x} = \begin{bmatrix}0 & \omega\\-\omega & 0\end{bmatrix}x + \begin{bmatrix}0\\\omega\end{bmatrix}u, \quad y = \begin{bmatrix}1 & 0\end{bmatrix}x$$

其中 ω 为其自然振荡频率，试讨论其对应的采样系统的可控可观性。

解 对原连续系统，根据连续系统可控性与可观性判据，有

$$\text{rank}\boldsymbol{W}_\text{c} = \text{rank}\begin{bmatrix} 0 & \omega^2 \\ \omega & 0 \end{bmatrix} = 2 = n$$

$$\text{rank}\boldsymbol{W}_\text{o} = \text{rank}\begin{bmatrix} 1 & 0 \\ 0 & \omega \end{bmatrix} = 2 = n$$

即原连续系统是完全可控可观的。

由上述连续系统的状态矩阵可求得系统的特征根为 $\lambda_{1,2} = \pm j\omega$。

设采样周期为 T,则上述系统对应的采样系统的离散状态空间描述为

$$\boldsymbol{x}(k+1) = \begin{bmatrix} \cos\omega T & \sin\omega T \\ -\sin\omega T & \cos\omega T \end{bmatrix}\boldsymbol{x}(k) + \begin{bmatrix} 1-\cos\omega T \\ \sin\omega T \end{bmatrix}\boldsymbol{u}(k), \quad \boldsymbol{y}(k) = \begin{bmatrix} 1 & 0 \end{bmatrix}\boldsymbol{x}(k)$$

根据定理 7.12,为使系统保持可控可观性,则采样周期应满足

$$T \neq \frac{2k\pi}{\text{Im}(\lambda_1 - \lambda_2)} = \frac{k\pi}{\omega}, \quad k = 1, 2, \cdots$$

即当 $T = k\pi/\omega$ 时,系统将失去可控可观性。下面用离散系统的可控性与可观性判据来验证上述结论。

$$\boldsymbol{W}_\text{c} = \begin{bmatrix} 1-\cos\omega T & \sin^2\omega T - \cos^2\omega T + \cos\omega T \\ \sin\omega T & 2\sin\omega T\cos\omega T - \sin\omega T \end{bmatrix}$$

$$\boldsymbol{W}_\text{o} = \begin{bmatrix} 1 & 0 \\ \cos\omega T & \sin\omega T \end{bmatrix}$$

于是可得

$$\det\boldsymbol{W}_\text{c} = 2\sin\omega T(1-\cos\omega T)$$

$$\det\boldsymbol{W}_\text{o} = \sin\omega T$$

显然当 $\omega T = n\pi$ 时,上述两个行列式的值均为零,即采样系统既不完全可控,也不完全可观,与定理 7.12 给出的结论一致。

本例还说明了一个使采样系统丧失可控性和可观性的一个明显途径,如果采样周期是系统自然振荡频率对应周期时间的一半(或一半的整数倍)时,该自然频率将无法在输出中检测到。

事实上,导致上述现象还在于其采样周期太大,信号的每个周期内的样本数太少。而实际采样周期的选择原则一般不会引发这种现象。

7.5 可控标准型与可观标准型

对于系统状态完全可控或完全可观的线性定常系统,可以通过适当的一种线性变换,将其状态空间描述变换为一种只有完全可控系统或完全可观系统才具有的标准型,通常称为可控标准型与可观标准型。这两种标准型对控制系统的状态空间分析与设计都很有用。本节主要针对单输入单输出系统讨论其可控标准型与可观标准型的具体形式及其构造与变换方法。

7.5.1 z 传递函数与可控标准型

如 7.4 节所述,z 传递函数只反映了系统可控可观的状态信息,如果系统仅由这些状态来描述,可得到其状态空间的最小实现,且该最小实现也必然是可控可观的。因此,下面从 z 传递函数出发,直接给出其与系统可控标准型之间的对应关系。

单输入单输出系统的 z 传递函数可表示为

$$G(z) = \frac{Y(z)}{U(z)} = d + \frac{b_{n-1}z^{n-1} + b_{n-2}z^{n-2} + \cdots + b_0}{z^n + a_{n-1}z^{n-1} + \cdots + a_0} \tag{7.49}$$

其相应的一种状态空间描述为

$$\boldsymbol{x}(k+1) = \begin{bmatrix} 0 & 1 & 0 & \cdots & 0 \\ 0 & 0 & 1 & \cdots & 0 \\ \vdots & \vdots & \vdots & \ddots & \vdots \\ 0 & 0 & 0 & \cdots & 1 \\ -a_0 & -a_1 & -a_2 & \cdots & -a_{n-1} \end{bmatrix} \boldsymbol{x}(k) + \begin{bmatrix} 0 \\ 0 \\ \vdots \\ 0 \\ 1 \end{bmatrix} u(k) \tag{7.50}$$

$$y(k) = \begin{bmatrix} b_0 & b_1 & \cdots & b_{n-1} \end{bmatrix} \boldsymbol{x}(k) + du(k) \tag{7.51}$$

由式（7.50）和式（7.51）给出的状态空间描述即为系统的可控标准型。可见，可控标准型的系数矩阵与 z 传递函数中的系数有直接的对应关系。

7.5.2 z 传递函数与可观标准型

下面再直接给出 z 传递函数与可观标准型之间的对应关系。同样，对于式（7.49）描述的 z 传递函数，还可以表示成另外一种状态空间描述形式，即

$$\boldsymbol{x}(k+1) = \begin{bmatrix} 0 & 0 & \cdots & 0 & -a_0 \\ 1 & 0 & \cdots & 0 & -a_1 \\ 0 & 1 & \cdots & 0 & -a_2 \\ \vdots & \vdots & \ddots & \vdots & \vdots \\ 0 & 0 & \cdots & 1 & -a_{n-1} \end{bmatrix} \boldsymbol{x}(k) + \begin{bmatrix} b_0 \\ b_1 \\ b_2 \\ \vdots \\ b_{n-1} \end{bmatrix} u(k) \tag{7.52}$$

$$y(k) = \begin{bmatrix} 0 & 0 & \cdots & 1 \end{bmatrix} \boldsymbol{x}(k) + du(k) \tag{7.53}$$

将具有式（7.52）和式（7.53）形式的状态空间描述称为可观标准型。可见，可观标准型的系数矩阵与 z 传递函数中的系数也有直接的对应关系。

此外，可观标准型还可有另一种形式，称为可观标准型 II，即

$$\boldsymbol{x}(k+1) = \begin{bmatrix} -a_{n-1} & 1 & 0 & \cdots & 0 \\ -a_{n-2} & 0 & 1 & \cdots & 0 \\ \vdots & \vdots & \vdots & \ddots & \vdots \\ -a_1 & 0 & 0 & \cdots & 1 \\ -a_0 & 0 & 0 & 0 & 0 \end{bmatrix} \boldsymbol{x}(k) + \begin{bmatrix} b_{n-1} \\ b_{n-2} \\ \vdots \\ b_1 \\ b_0 \end{bmatrix} u(k) \tag{7.54}$$

$$y(k) = \begin{bmatrix} 1 & 0 & \cdots & 0 \end{bmatrix} \boldsymbol{x}(k) + du(k) \tag{7.55}$$

7.5.3 通过线性变换构造可控标准型

以上介绍了 z 传递函数与可控可观标准型之间的联系。下面讨论如何将其他形式的状态空间描述转换成标准型的问题。

设单输入单输出系统的原状态空间描述为

$$\begin{aligned} \boldsymbol{x}(k+1) &= \boldsymbol{A}\boldsymbol{x}(k) + \boldsymbol{b}u(k) \\ y(k) &= \boldsymbol{c}\boldsymbol{x}(k) + du(k) \end{aligned} \tag{7.56}$$

如系统（7.56）是状态完全可控的，则利用线性变换将其变换为可控标准型。

由系统（7.56）可求得其特征多项式为

$$\det(z\boldsymbol{I}-\boldsymbol{A}) = z^n + a_{n-1}z^{n-1} + \cdots + a_1 z + a_0 \tag{7.57}$$

现在构造如下的变换矩阵：

$$\boldsymbol{P} = \begin{bmatrix} \boldsymbol{A}^{n-1}\boldsymbol{b} & \cdots & \boldsymbol{A}\boldsymbol{b} & \boldsymbol{b} \end{bmatrix} \begin{bmatrix} 1 & 0 & \cdots & 0 & 0 \\ a_{n-1} & 1 & \cdots & 0 & 0 \\ \vdots & \vdots & \ddots & \vdots & \vdots \\ a_2 & a_3 & \cdots & 1 & 0 \\ a_1 & a_2 & \cdots & a_{n-1} & 1 \end{bmatrix} \tag{7.58}$$

可以证明，对状态完全可控的系统式（7.56），引入线性非奇异变换 $\bar{\boldsymbol{x}} = \boldsymbol{P}^{-1}\boldsymbol{x}$，即可导出其可控标准型为

$$\begin{aligned} \bar{\boldsymbol{x}}(k+1) &= \boldsymbol{A}_{\mathrm{c}}\bar{\boldsymbol{x}}(k) + \boldsymbol{b}_{\mathrm{c}}u(k) \\ y(k) &= \boldsymbol{c}_{\mathrm{c}}\bar{\boldsymbol{x}}(k) + du(k) \end{aligned} \tag{7.59}$$

其中

$$\boldsymbol{A}_{\mathrm{c}} = \boldsymbol{P}^{-1}\boldsymbol{A}\boldsymbol{P} = \begin{bmatrix} 0 & 1 & 0 & \cdots & 0 \\ 0 & 0 & 1 & \cdots & 0 \\ \vdots & \vdots & \vdots & \ddots & \vdots \\ 0 & 0 & 0 & \cdots & 1 \\ -a_0 & -a_1 & -a_2 & \cdots & -a_{n-1} \end{bmatrix}, \quad \boldsymbol{b}_{\mathrm{c}} = \boldsymbol{P}^{-1}\boldsymbol{b} = \begin{bmatrix} 0 \\ 0 \\ \vdots \\ 1 \end{bmatrix}$$

$$\boldsymbol{c}_{\mathrm{c}} = \boldsymbol{c}\boldsymbol{P} = \begin{bmatrix} \beta_0 & \beta_1 & \cdots & \beta_{n-1} \end{bmatrix}$$

例 7.18 已知线性定常离散系统的状态空间描述为

$$\boldsymbol{x}(k+1) = \begin{bmatrix} 1 & 0 & 2 \\ 2 & 1 & 1 \\ 1 & 0 & -2 \end{bmatrix} \boldsymbol{x}(k) + \begin{bmatrix} 1 \\ 2 \\ 1 \end{bmatrix} u(k), \quad y(k) = \begin{bmatrix} 0 & 1 & 1 \end{bmatrix} \boldsymbol{x}(k)$$

试将其变换成可控标准型。

解 由状态方程可求得系统的特征多项式

$$\det(z\boldsymbol{I}-\boldsymbol{A}) = \begin{bmatrix} z-1 & 0 & -2 \\ -2 & z-1 & -1 \\ -1 & 0 & z+2 \end{bmatrix} = z^3 - 5z + 4$$

即 $a_2 = 0, a_1 = -5, a_0 = 4$，

$$\mathrm{rank}\begin{bmatrix} \boldsymbol{A}^2\boldsymbol{b} & \boldsymbol{A}\boldsymbol{b} & \boldsymbol{b} \end{bmatrix} = \mathrm{rank}\begin{bmatrix} 1 & 3 & 1 \\ 10 & 5 & 2 \\ 5 & -1 & 1 \end{bmatrix} = 3 = n$$

可知系统状态完全可控，因此可通过线性变换将其变换为可控标准型，其变换矩阵为

$$\boldsymbol{P} = \begin{bmatrix} \boldsymbol{A}^2\boldsymbol{b} & \boldsymbol{A}\boldsymbol{b} & \boldsymbol{b} \end{bmatrix} \begin{bmatrix} 1 & 0 & 0 \\ a_2 & 1 & 0 \\ a_1 & a_2 & 1 \end{bmatrix} = \begin{bmatrix} 1 & 3 & 1 \\ 10 & 5 & 2 \\ 5 & -1 & 1 \end{bmatrix} \begin{bmatrix} 1 & 0 & 0 \\ 0 & 1 & 0 \\ -5 & 0 & 1 \end{bmatrix} = \begin{bmatrix} -4 & 3 & 1 \\ 0 & 5 & 2 \\ 0 & -1 & 1 \end{bmatrix}$$

相应地，有

$$P^{-1} = \begin{bmatrix} -\dfrac{1}{4} & \dfrac{1}{7} & -\dfrac{1}{28} \\ 0 & \dfrac{1}{7} & -\dfrac{2}{7} \\ 0 & \dfrac{1}{7} & \dfrac{5}{7} \end{bmatrix}$$

可以验证

$$A_c = P^{-1}AP = \begin{bmatrix} 0 & 1 & 0 \\ 0 & 0 & 1 \\ -4 & 5 & 0 \end{bmatrix}, \quad b_c = P^{-1}b = \begin{bmatrix} 0 \\ 0 \\ 1 \end{bmatrix}$$

而

$$c_c = cP = \begin{bmatrix} 0 & 1 & 1 \end{bmatrix} \begin{bmatrix} -4 & 3 & 1 \\ 0 & 5 & 2 \\ 0 & -1 & 1 \end{bmatrix} = \begin{bmatrix} 0 & 4 & 3 \end{bmatrix}$$

即对原状态变量做线性变换 $\bar{x} = P^{-1}x$，可得到系统的可控标准型

$$\bar{x}(k+1) = \begin{bmatrix} 0 & 1 & 0 \\ 0 & 0 & 1 \\ -4 & 5 & 0 \end{bmatrix} \bar{x}(k) + \begin{bmatrix} 0 \\ 0 \\ 1 \end{bmatrix} u(k)$$

$$y(k) = \begin{bmatrix} 0 & 4 & 3 \end{bmatrix} \bar{x}(k)$$

7.5.4 通过线性变换构造可观标准型

同样，如果系统式（7.56）是状态完全可观的，利用线性变换可将其变换为可观标准型。

首先，构造变换矩阵如下：

$$Q = \begin{bmatrix} 1 & a_{n-1} & \cdots & a_2 & a_1 \\ 0 & 1 & \cdots & a_3 & a_2 \\ \vdots & \vdots & \ddots & \vdots & \vdots \\ 0 & 0 & \cdots & 1 & a_{n-1} \\ 0 & 0 & \cdots & 0 & 1 \end{bmatrix} \begin{bmatrix} cA^{n-1} \\ cA^{n-2} \\ \vdots \\ cA \\ c \end{bmatrix} \quad (7.60)$$

可以证明，对状态完全可观的系统式（7.56），引入线性非奇异变换 $\hat{x} = Qx$，即可导出其可观标准型为

$$\begin{aligned} \hat{x}(k+1) &= A_o \hat{x}(k) + b_o u(k) \\ y(k) &= c_o \hat{x}(k) + du(k) \end{aligned} \quad (7.61)$$

其中

$$A_o = QAQ^{-1} = \begin{bmatrix} 0 & 0 & \cdots & 0 & -a_0 \\ 1 & 0 & \cdots & 0 & -a_1 \\ 0 & 1 & \cdots & 0 & -a_2 \\ \vdots & \vdots & \ddots & \vdots & \vdots \\ 0 & 0 & \cdots & 1 & -a_{n-1} \end{bmatrix}, \quad b_o = Qb = \begin{bmatrix} \beta_0 \\ \beta_1 \\ \vdots \\ \beta_{n-1} \end{bmatrix}$$

$$c_o = cQ^{-1} = \begin{bmatrix} 0 & 0 & \cdots & 1 \end{bmatrix}$$

例 7.19 试将例 7.18 中的系统描述变换成可观标准型。

解 例 7.18 已求得特征多项式系数为

$$a_2 = 0, \quad a_1 = -5, \quad a_0 = 4$$

由题可求得

$$\mathrm{rank}\begin{bmatrix} cA^2 \\ cA \\ c \end{bmatrix} = \mathrm{rank}\begin{bmatrix} 4 & 1 & 9 \\ 3 & 1 & -1 \\ 0 & 1 & 1 \end{bmatrix} = 3 = n$$

可知系统状态完全可观,因此可通过线性变换将其变换为可观标准型,其变换矩阵为

$$Q = \begin{bmatrix} 0 & a_2 & a_1 \\ 0 & 1 & a_2 \\ 0 & 0 & 1 \end{bmatrix}\begin{bmatrix} cA^2 \\ cA \\ c \end{bmatrix} = \begin{bmatrix} 1 & 0 & -5 \\ 0 & 1 & 0 \\ 0 & 0 & 1 \end{bmatrix}\begin{bmatrix} 4 & 1 & 9 \\ 3 & 1 & -1 \\ 0 & 1 & 1 \end{bmatrix} = \begin{bmatrix} 4 & -4 & 4 \\ 3 & 1 & -1 \\ 0 & 1 & 1 \end{bmatrix}$$

可以验证

$$A_o = QAQ^{-1} = \begin{bmatrix} 0 & 0 & -4 \\ 1 & 0 & 5 \\ 0 & 1 & 0 \end{bmatrix}, \quad c_o = cQ^{-1} = \begin{bmatrix} 0 & 0 & 1 \end{bmatrix}$$

而

$$b_o = Qb = \begin{bmatrix} 4 & -4 & 4 \\ 3 & 1 & -1 \\ 0 & 1 & 1 \end{bmatrix}\begin{bmatrix} 1 \\ 2 \\ 1 \end{bmatrix} = \begin{bmatrix} 0 \\ 4 \\ 3 \end{bmatrix}$$

即对原状态变量做线性变换 $\hat{x} = Qx$,可得到系统的可观标准型

$$\hat{x}(k+1) = \begin{bmatrix} 0 & 0 & -4 \\ 1 & 0 & 5 \\ 0 & 1 & 0 \end{bmatrix}\hat{x}(k) + \begin{bmatrix} 0 \\ 4 \\ 3 \end{bmatrix}u(k)$$

$$y(k) = \begin{bmatrix} 0 & 0 & 1 \end{bmatrix}\hat{x}(k)$$

由例 7.18 和例 7.19 结果可见,对于同一系统的状态空间描述,如果系统状态是完全可控和完全可观的,其相应的可控标准型与可观标准型具有如下对应关系:

$$A_o = A_c^T, \quad b_o = c_c^T, \quad c_o = b_c^T$$

这就是可控性与可观性之间的对偶关系。关于可控性与可观性的对偶性原理在这里不做详细讨论,读者可参阅其他相关文献。

本 章 小 结

状态空间分析法是控制系统的一种重要分析方法,也是较经典分析方法(基于传递函数的分析方法)更为普遍适用的分析方法。传递函数主要只反映系统输入与输出之间的关系,而状态空间描述不仅能反映系统的输入/输出关系,同时还能反映系统的输入/输出与系统内部状态的关系,因此对系统的描述更为全面。

通过求解系统的状态方程可以分析系统内部状态变化情况与输出响应，离散状态方程的求解方法常用递推求解与 z 变换求解两类方法。对于多输入多输出离散系统，使用离散状态空间方法可以进行较好的描述，相应地还可建立系统输入与输出之间的 z 传递函数矩阵。同时，系统的特征多项式、特征方程与其离散状态空间描述的状态矩阵（即系统矩阵）有着密切关系，即状态矩阵决定了系统的主要性能。

李亚普洛夫稳定性分析方法是基于状态空间描述的系统稳定性分析的常用方法，包括李亚普洛夫第一法与第二法，而更为常用的为第二法。其中李亚普洛夫函数具有较为明确的物理概念与数学意义，即一个渐近稳定的系统具有的李亚普洛夫函数是一个随时间衰减的正定函数，而在其平衡状态到达函数的极小值点。

系统状态的可控性反映了系统输入对系统内部状态的控制能力，而状态可观性则反映了由系统的外部信息（输入/输出信息）唯一确定系统内部状态的能力。通常可以把一个复杂的系统分解为可控可观、不可控不可观、可控不可观及可观不可控 4 个子系统。描述系统输入 $U(z)$ 与输出 $Y(z)$ 关系的 z 传递函数，只反映了系统中可控且可观那部分状态的特性。因此，只有当系统完全可控且完全可观时，传递函数才能全面反映系统的特性。计算机控制系统通常是由连续系统经采样得到的，采样周期将会对系统可控性与可观性产生一定的影响，原连续系统是可控可观的，如果采样周期选得不合适，经采样后，采样系统有可能失去可控可观性。

对于状态完全可控或状态完全可观的离散系统状态空间描述，可分别通过适当的线性变换将其变换为可控标准型与可观标准型。

习题与思考题

7.1 设系统的状态空间描述为

$$x(k+1) = \begin{bmatrix} 0 & 1 \\ 3 & 2 \end{bmatrix} x(k) + \begin{bmatrix} 0 \\ 1 \end{bmatrix} u(k), y(k) = \begin{bmatrix} 0 & 1 \end{bmatrix} x(k)$$

设控制信号 $u(k) = 1$（$k \geq 0$），初始状态为 $x(0) = \begin{bmatrix} 1 & 0 \end{bmatrix}^T$。试分别用递推法与 z 变换法求解上述状态空间方程。

7.2 设系统的状态空间描述为

$$x(k+1) = \begin{bmatrix} 0.6 & 0 \\ 0.2 & 0.1 \end{bmatrix} x(k) + \begin{bmatrix} 1 \\ 1 \end{bmatrix} u(k), y(k) = \begin{bmatrix} 0 & 1 \end{bmatrix} x(k)$$

试求系统的 z 传递函数与特征值。

7.3 设系统的状态空间描述为

$$x(k+1) = \begin{bmatrix} 0 & -0.1 \\ -0.4 & 0.3 \end{bmatrix} x(k) + \begin{bmatrix} 0 \\ 1 \end{bmatrix} u(k), y(k) = \begin{bmatrix} 1 & 1 \\ 0 & 1 \end{bmatrix} x(k)$$

初始条件为零。试求系统的 z 传递函数矩阵及系统在单位阶跃输入时的输出响应。

7.4 设系统的状态方程为

$$x(k+1) = \begin{bmatrix} 0 & 0.5 \\ -0.5 & -1 \end{bmatrix} x(k)$$

试用李亚普洛夫方法确定系统在状态空间原点处的稳定性。

7.5 设系统的状态方程为

$$x(k+1) = \begin{bmatrix} 0.4 & 1 \\ 0 & 0.6 \end{bmatrix} x(k) + \begin{bmatrix} 0 \\ 1 \end{bmatrix} u(k)$$

试用李亚普洛夫方法确定系统的稳定性。

7.6 设计算机控制系统的状态空间描述为

$$x(k+1) = \begin{bmatrix} 0 & 1 \\ -0.16 & -1 \end{bmatrix} x(k) + \begin{bmatrix} 1 \\ 0.5 \end{bmatrix} u(k), \quad x(0) = \begin{bmatrix} 1 \\ -1 \end{bmatrix}$$

试确定一组控制序列，使 $x(2) = \begin{bmatrix} -1 \\ 2 \end{bmatrix}$。

7.7 设系统状态空间描述为

$$x(k+1) = \begin{bmatrix} 0 & 1 & 2 \\ 0 & 0 & 3 \\ 0 & 0 & 0 \end{bmatrix} x(k) + \begin{bmatrix} 0 \\ 1 \\ 0 \end{bmatrix} u(k)$$

（1）试确定一组控制序列，使系统从 $x(0) = \begin{bmatrix} 1 & 1 & 1 \end{bmatrix}^T$ 达到原点。

（2）能否找到一组控制序列，使系统从原点达到 $\begin{bmatrix} 1 & 1 & 1 \end{bmatrix}^T$？为什么？

7.8 试判别下述系统的状态可控性与可观性：

（1）$x(k+1) = \begin{bmatrix} 0.368 & 0 \\ 0.632 & 1 \end{bmatrix} x(k) + \begin{bmatrix} 0.632 \\ 0.368 \end{bmatrix} u(k), y(k) = \begin{bmatrix} 0 & 1 \end{bmatrix} x(k)$

（2）$x(k+1) = \begin{bmatrix} -1 & -2 & 0 \\ 0 & -3 & 1 \\ 1 & 0 & -1 \end{bmatrix} x(k) + \begin{bmatrix} 1 \\ 0 \\ 1 \end{bmatrix} u(k), y(k) = \begin{bmatrix} 1 & 1 & 0 \end{bmatrix} x(k)$

（3）$x(k+1) + \begin{bmatrix} 1 & 0 & 0 \\ 0 & 2 & 0 \\ 0 & 1 & 2 \end{bmatrix} x(k) - \begin{bmatrix} 1 & 6 \\ 0 & 3 \\ 2 & 0 \end{bmatrix} u(k), y(k) = \begin{bmatrix} 1 & 0 & 0 \\ 0 & 2 & 1 \end{bmatrix} x(k)$

7.9 设系统的状态空间描述为

$$x(k+1) = \begin{bmatrix} a & 0 \\ -1 & b \end{bmatrix} x(k) + \begin{bmatrix} 1 \\ 1 \end{bmatrix} u(k), y(k) = \begin{bmatrix} -1 & 1 \end{bmatrix} x(k)$$

试确定在什么条件下，系统状态是完全可控且完全可观的。

7.10 设离散系统的 z 传递函数为

$$G(z) = \frac{z^{-1}(1-z^{-1})}{(1+0.5z^{-1})(1-0.5z^{-1})}$$

试分别求上述系统的可控标准型与可观标准型状态空间描述形式。

7.11 试将下述系统的状态空间描述转换成可控标准型：

$$x(k+1) = \begin{bmatrix} -2 & 1 & 1 \\ 0 & 2 & -1 \\ 0 & 1 & 3 \end{bmatrix} x(k) + \begin{bmatrix} 1 \\ 0 \\ -1 \end{bmatrix} u(k), y(k) = \begin{bmatrix} 2 & 0 & 1 \\ 0 & -2 & 4 \end{bmatrix} x(k) + \begin{bmatrix} -3 \\ 5 \end{bmatrix} u(k)$$

7.12 试将下述系统的状态空间描述转换成可观标准型：

$$x(k+1) = \begin{bmatrix} -2 & -1 \\ 1 & -2 \end{bmatrix} x(k) + \begin{bmatrix} 1 \\ -3 \end{bmatrix} u(k), y(k) = \begin{bmatrix} 3 & 0 \end{bmatrix} x(k) + u(k)$$

第 8 章　计算机控制系统的状态空间设计

对于控制系统设计而言，不论是在经典控制理论还是在现代控制理论中，反馈都是最主要的控制结构。在基于传递函数描述的控制系统设计中，只能用输出量进行反馈。而现代控制理论由于采用系统内部状态变量来描述系统的物理特性，除输出反馈外，还常用状态反馈。由于状态反馈能够提供比输出反馈更多的信息，能够较为方便地形成更有效的控制规律，因而获得了广泛的应用。

为了利用状态进行反馈，必须测量状态信息，但并不是所有状态变量都可以直接测量，于是引出了状态观测器的相关概念与方法。因此，状态反馈与状态观测器的设计便构成了用状态空间法设计控制系统的主要内容。本章将重点讨论基于离散状态空间描述的线性定常计算机控制系统状态反馈与状态观测器设计一般原理与方法，同时对输出反馈设计做简要介绍。

8.1　状态反馈设计

状态反馈是状态空间设计中一种常用的反馈控制结构，也是状态空间设计优于基于传递函数描述控制系统设计的一个重要特征。状态反馈的基本优点在于：当原系统为状态完全可控时，可以通过状态反馈任意配置其闭环极点。

8.1.1　状态反馈系统结构及其特性

设原线性定常离散系统的状态空间描述为

$$\begin{aligned}x(k+1) &= Ax(k) + Bu(k) \\ y(k) &= Cx(k) + Du(k)\end{aligned} \tag{8.1}$$

其中，$u(k)$ 为原系统 p 维控制向量。若采用状态线性反馈，同时引入参考输入向量 $r(k)$，则控制向量可表示为

$$u(k) = r(k) - Kx(k) \tag{8.2}$$

显然，参考输入 $r(k)$ 也是 p 维向量，K 为 $p \times n$ 维状态反馈增益矩阵。由式（8.1）和式（8.2）可得状态反馈控制系统结构图，如图 8.1 所示。通常，将参考输入 $r(k) = 0$ 的情况称为调节问题，而将 $r(k)$ 不为零的情况称为跟踪问题或伺服问题。

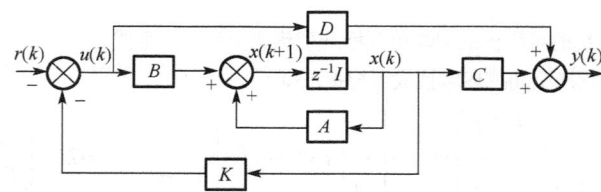

图 8.1　状态反馈控制系统结构图

将式（8.2）代入式（8.1），可得闭环系统的状态空间描述为

$$\begin{aligned}x(k+1) &= (A - BK)x(k) + Br(k) \\ y(k) &= (C - DK)x(k) + Dr(k)\end{aligned} \tag{8.3}$$

由式（8.3）可知，闭环系统的特征方程由矩阵$(A-BK)$决定，且系统阶次仍为n阶。由于特征方程决定了闭环系统的稳定性，因此，可以通过选择反馈增益K改善系统的稳定性。

由系统可控性判据可知，闭环系统的可控性由矩阵$(A-BK)$和B决定，可以证明，如原开环系统是可控的，则状态反馈闭环系统也可控，反之亦然。

证 由式（8.1）与式（8.3）分别可得到原开环系统与状态反馈系统的可控性矩阵

$$W_c = [B \quad AB \quad A^2B \quad \cdots \quad A^{n-1}B]$$

$$W_{cK} = [B \quad (A-BK)B \quad (A-BK)^2B \quad \cdots \quad (A-BK)^{n-1}B]$$

考虑到，矩阵$(A-BK)B$的列可表示为矩阵$[B \quad AB]$的列的线性组合，矩阵$(A-BK)^2B$的列可表示为矩阵$[B \quad AB \quad AB^2]$的列的线性组合，如此等等。这表明，W_{cK}的列均可表示为W_c的列的线性组合，由此则有

$$\operatorname{rank} W_{cK} \leqslant \operatorname{rank} W_c \tag{8.4}$$

另一方面，令

$$r(k) = u(k) + Kx(k)$$

则系统（8.1）又可视为系统（8.3）的一个状态反馈系统，即

$$x(k+1) = [(A-BK)+BK]x(k) + Bu(k) = Ax(k) + Bu(k)$$

所以，同样也可得

$$\operatorname{rank} W_c \leqslant \operatorname{rank} W_{cK} \tag{8.5}$$

由式（8.4）与式（8.5）可导出

$$\operatorname{rank} W_{cK} = \operatorname{rank} W_c \tag{8.6}$$

即引入状态反馈前后两个系统的可控性矩阵的秩相等，即状态反馈不影响系统的可控性。证毕。

由系统的可观性判据可知，闭环系统（8.3）的可控性由矩阵$(A-BK)$和$(C-DK)$决定。如果原开环系统（8.1）是可观的，加入状态反馈后，由于反馈增益K的不同选择，闭环系统则有可能失去可观性。下面通过一个例子加以说明。

例8.1 设某离散系统的状态空间描述为

$$x(k+1) = \begin{bmatrix} 0 & 1 \\ -0.16 & -1 \end{bmatrix} x(k) + \begin{bmatrix} 1 \\ 1 \end{bmatrix} u(k) \qquad y(k) = \begin{bmatrix} 1 & 1 \end{bmatrix} x(k)$$

试分析加入线性状态反馈时闭环系统的可控性与可观性。

解 由可控性与可观性判据容易验证原开环系统是可控和可观的。若引入线性状态反馈

$$u(k) = r(k) - Kx(k)$$

式中$K = [k_1 \quad k_2]$，则闭环系统为

$$x(k+1) = (A-BK)x(k) + Br(k) \qquad 其中 \qquad A-BK = \begin{bmatrix} -k_1 & 1-k_2 \\ -0.16-k_1 & -1-k_2 \end{bmatrix}$$
$$y(k) = Cx(k)$$

由此可得闭环系统可控性矩阵

$$W_{cK} = [B \quad (A-BK)B] = \begin{bmatrix} 1 & 1-k_1-k_2 \\ 1 & -1.16-k_1-k_2 \end{bmatrix}$$

因为$\det W_{cK} = \det \begin{bmatrix} 1 & 1-k_1-k_2 \\ 1 & -1.16-k_1-k_2 \end{bmatrix} = -2.16$，故闭环系统仍是可控的，且可控性矩阵的秩与状态反馈增益K无关。

对于可观性，可得闭环系统的可观性矩阵为

$$W_{oK} = \begin{bmatrix} C \\ C(A-BK) \end{bmatrix} = \begin{bmatrix} 1 & 1 \\ -2k_1-0.16 & -2k_2 \end{bmatrix}$$

而

$$\det W_{oK} = \det \begin{bmatrix} 1 & 1 \\ -2k_1-0.16 & -2k_2 \end{bmatrix} = 2(k_1-k_2)+0.16$$

显然，闭环系统可观性矩阵的秩与 K 的选取有关，本例中，当 $k_2-k_1=0.08$ 时，系统将失去可观性。

8.1.2 状态反馈与极点配置

如前所述，引入状态反馈后，闭环系统的特征方程将发生变化，即特征方程变为

$$\det[zI-A+BK]=0 \tag{8.7}$$

可见，状态反馈增益矩阵的选取将影响到系统的闭环极点。

可以证明，如果原开环系统是完全可控的，则通过状态反馈可以任意配置闭环系统的极点。下面以单输入单输出系统为例对此进行简要分析。

若原单输入单输出系统是可控的，则该系统可用可控标准型描述，即

$$x(k+1) = \begin{bmatrix} 0 & 1 & 0 & \cdots & 0 \\ 0 & 0 & 1 & \cdots & 0 \\ \vdots & \vdots & \vdots & \ddots & \vdots \\ 0 & 0 & 0 & \cdots & 1 \\ -a_0 & -a_1 & -a_2 & \cdots & -a_{n-1} \end{bmatrix} x(k) + \begin{bmatrix} 0 \\ 0 \\ \vdots \\ 0 \\ 1 \end{bmatrix} u(k) \tag{8.8}$$

其中系统的特征多项式为

$$\det(zI-A) = z^n + a_{n-1}z^{n-1} + \cdots + a_1 z + a_0 \tag{8.9}$$

若引入式（8.2）所示状态反馈，并设 $K=[k_0 \quad k_1 \quad \ldots \quad k_{n-1}]$，此时闭环系统的状态方程为

$$x(k+1) = \begin{bmatrix} 0 & 1 & 0 & \cdots & 0 \\ 0 & 0 & 1 & \cdots & 0 \\ \vdots & \vdots & \vdots & \ddots & \vdots \\ 0 & 0 & 0 & \cdots & 1 \\ -(a_0+k_0) & -(a_1+k_1) & -(a_2+k_2) & \cdots & -(a_{n-1}+k_{n-1}) \end{bmatrix} x(k) + \begin{bmatrix} 0 \\ 0 \\ \vdots \\ 0 \\ 1 \end{bmatrix} r(k)$$

由此可得闭环系统特征多项式为

$$\det[zI-A+BK] = z^n + (a_{n-1}+k_{n-1})z^{n-1} + \cdots + (a_1+k_1)z + (a_0+k_0) \tag{8.10}$$

由于式（8.10）中 k_i 可任意取值，则式（8.10）可以为任意的 n 阶特征多项式，即闭环系统的极点可以通过选取不同的状态反馈矩阵 K 任意配置。

以上对原系统状态完全可控作为状态反馈任意配置闭环极点条件的充分性进行了简单分析。事实上，原系统状态完全可控也是通过状态反馈任意配置闭环极点的必要条件，这里不做详细讨论。

对于多输入多输出系统，上述结论也同样成立，但要相对复杂一些。

通过状态反馈可以配置系统的闭环极点，那么，引入状态反馈是否影响到闭环系统的零点呢？对该问题，有一个一般性结论：引入状态反馈虽能使闭环系统极点发生变化，但却不影响闭环系统的零

点。但也有一种情况例外，即通过状态反馈将系统极点正好配置到与零点重合而构成对消，从而也影响了零点，并且造成了被对消掉的那些极点成为不可观的。这也从另外一个角度说明了状态反馈有可能使系统失去完全可观性的原因。

8.1.3 单输入系统状态反馈极点配置设计

由于状态反馈可以任意配置系统的极点，它为控制系统设计提供了一种有效的方法。状态反馈极点配置最基本的设计方法是根据希望的闭环极点位置，确定相应的状态反馈增益矩阵。求极点配置状态反馈矩阵有多种方法，这里主要针对单输入系统介绍三种常用的方法。

1. 系数匹配法

由于 n 阶系统具有 n 个极点，对于单输入系统，状态反馈矩阵 $\boldsymbol{K}$ 为 $1\times n$ 维向量，也具有 n 个元素，因此可以由 n 个极点构成的特征方程唯一确定。

由闭环系统的期望极点可得到希望的特征多项式，记为

$$\Delta_K(z) = z^n + \Delta_{n-1}z^{n-1} + \cdots + \Delta_1 z + \Delta_0 \tag{8.11}$$

同时，由状态反馈闭环状态方程也可得闭环系统的特征多项式，记为

$$\det[z\boldsymbol{I} - \boldsymbol{A} + \boldsymbol{BK}] = z^n + \beta_{n-1}z^{n-1} + \cdots + \beta_1 z + \beta_0 \tag{8.12}$$

令上述两个特征多项式的同次项系数相等，即可得到 n 个方程，从而求得 n 维向量 $\boldsymbol{K}$。

例 8.2 设原开环系统离散状态方程为

$$\boldsymbol{x}(k+1) = \begin{bmatrix} 1 & -1 \\ 0 & 1.2 \end{bmatrix} \boldsymbol{x}(k) + \begin{bmatrix} 1 \\ 1 \end{bmatrix} u(k)$$

试确定状态反馈闭环系统的状态反馈增益矩阵 $\boldsymbol{K}$，使闭环极点为 $z_1 = 0.4$ 与 $z_2 = 0.6$。

解 易知原开环系统是状态完全可控的，但不稳定。下面通过状态反馈进行闭环极点配置，其期望特征多项式为

$$\Delta_K(z) = (z-0.4)(z-0.6) = z^2 - z + 0.24$$

设 $\boldsymbol{K} = [k_1 \quad k_2]$，可得状态反馈闭环特征多项式为

$$\det[z\boldsymbol{I} - \boldsymbol{A} + \boldsymbol{BK}] = \det\begin{bmatrix} z-1+k_1 & 1+k_2 \\ k_1 & z-1.2+k_2 \end{bmatrix}$$
$$= z^2 + (k_1 + k_2 - 2.2)z + (1.2 - 2.2k_1 - k_2)$$

于是有

$$\begin{cases} k_1 + k_2 - 2.2 = -1 \\ 1.2 - 2.2k_1 - k_2 = 0.24 \end{cases}$$

解得 $k_1 = -0.2$，$k_2 = 1.4$，即 $\boldsymbol{K} = [-0.2 \quad 1.4]$。

2. 可控标准型法

设原开环系统的状态方程为

$$\boldsymbol{x}(k+1) = \boldsymbol{A}\boldsymbol{x}(k) + \boldsymbol{B}u(k) \tag{8.13}$$

其特征多项式为

$$\det(z\boldsymbol{I} - \boldsymbol{A}) = z^n + a_{n-1}z^{n-1} + \cdots + a_1 z + a_0 \tag{8.14}$$

如果系统完全可控，则可以通过线性变换 $\bar{x} = P^{-1}x$，将式（8.13）变换为可控标准型，即

$$\bar{x}(k+1) = A_c\bar{x}(k) + B_c u(k) \tag{8.15}$$

其中

$$A_c = \begin{bmatrix} 0 & 1 & 0 & \cdots & 0 \\ 0 & 0 & 1 & \cdots & 0 \\ \vdots & \vdots & \vdots & \ddots & \vdots \\ 0 & 0 & 0 & \cdots & 1 \\ -a_0 & -a_1 & -a_2 & \cdots & -a_{n-1} \end{bmatrix}, \quad B_c = \begin{bmatrix} 0 \\ 0 \\ \vdots \\ 1 \end{bmatrix}, \quad P = \begin{bmatrix} A^{n-1}B & \cdots & AB & B \end{bmatrix} \begin{bmatrix} 1 & 0 & \cdots & 0 & 0 \\ a_{n-1} & 1 & \cdots & 0 & 0 \\ \vdots & \vdots & \ddots & \vdots & \vdots \\ a_2 & a_3 & \cdots & 1 & 0 \\ a_1 & a_2 & \cdots & a_{n-1} & 1 \end{bmatrix}$$

对系统（8.15）引入状态反馈

$$u(k) = r(k) - \bar{K}\bar{x}(k)$$

其中

$$\bar{K} = [\bar{k}_0 \quad \bar{k}_1 \quad \cdots \quad \bar{k}_{n-1}]$$

则对应的闭环系统为

$$\bar{x}(k+1) = (A_c - B_c\bar{K})\bar{x}(k) + B_c r(k) \tag{8.16}$$

其闭环特征多项式为

$$\det[zI - A_c + B_c\bar{K}] = z^n + (a_{n-1} + \bar{k}_{n-1})z^{n-1} + \cdots + (a_1 + \bar{k}_1)z + (a_0 + \bar{k}_0) \tag{8.17}$$

由期望极点所确定的特征多项式如式（8.11）所示。

比较式（8.11）与式（8.17）可得

$$\begin{cases} \bar{k}_0 = \Delta_0 - a_0 \\ \bar{k}_1 = \Delta_1 - a_1 \\ \quad \vdots \\ \bar{k}_{n-1} = \Delta_{n-1} - a_{n-1} \end{cases}$$

而对应于原系统的状态反馈矩阵为

$$K = \bar{K}P^{-1} \tag{8.18}$$

尽管上述分析过程用到了可控标准型，但具体求解时只需构造变换矩阵 P，而不必要求具体的可控标准型。下面举例说明其具体求解步骤。

例 8.3 用可控标准型法求解例 8.2 中的状态反馈矩阵。

解 可求得原系统特征多项式为

$$\det(zI - A) = z^2 - 2.2z + 1.2$$

对其可控标准型引入状态反馈，设反馈增益阵为 $\bar{K} = [\bar{k}_0 \quad \bar{k}_1]$，则有

$$\det[zI - A_c + B_c\bar{K}] = z^2 + (-2.2 + \bar{k}_1)z + (1.2 + \bar{k}_0)$$

已知闭环系统期望特征多项式为

$$\Delta_K(z) = (z - 0.4)(z - 0.6) = z^2 - z + 0.24$$

比较系数可得 $\bar{K} = [-0.96 \quad 1.2]$，求可控标准型变换矩阵 P 得

$$P = \begin{bmatrix} 0 & 1 \\ 1.2 & 1 \end{bmatrix} \begin{bmatrix} 1 & 0 \\ -2.2 & 1 \end{bmatrix} = \begin{bmatrix} -2.2 & 1 \\ -1 & 1 \end{bmatrix}$$

则有

$$P^{-1} = \begin{bmatrix} -2.2 & 1 \\ -1 & 1 \end{bmatrix}^{-1} = \begin{bmatrix} -\dfrac{5}{6} & \dfrac{5}{6} \\ -\dfrac{5}{6} & \dfrac{11}{6} \end{bmatrix}$$

由此可求得

$$K = \bar{K}P^{-1} = \begin{bmatrix} -0.96 & 1.2 \end{bmatrix} \begin{bmatrix} -\dfrac{5}{6} & \dfrac{5}{6} \\ -\dfrac{5}{6} & \dfrac{11}{6} \end{bmatrix} = \begin{bmatrix} -0.2 & 1.4 \end{bmatrix}$$

与例 8.2 结果相同。

3. 阿克曼（Ackermann）公式法

阿克曼公式也是与可控标准型相关的一种计算状态反馈矩阵的方法，比较适合高阶系统，便于用计算机算法直接求解，比如 MATLAB 中就提供了用阿克曼公式直接求解状态反馈矩阵的相应命令函数。

如果原单输入系统（8.13）是可控的，通过状态反馈配置期望闭环极点所对应的特征多项式如式（8.11）所示，则相应的状态反馈矩阵可通过如下阿克曼公式直接求得：

$$K = \begin{bmatrix} 1 & 0 & \cdots & 0 \end{bmatrix} \begin{bmatrix} A^{n-1}B & \cdots & AB & B \end{bmatrix}^{-1} \Delta_K(A) \tag{8.19}$$

式中，$\Delta_K(A)$ 为给定的期望特征多项式（8.11）中变量 z 用原系统状态矩阵 A 代替后所得的矩阵多项式，即

$$\Delta_K(A) = A^n + \Delta_{n-1}A^{n-1} + \cdots + \Delta_1 A + \Delta_0 I \tag{8.20}$$

例 8.4 用阿克曼公式法求解例 8.2 中的状态反馈矩阵。

解 由原系统状态方程可得

$$\begin{bmatrix} AB & B \end{bmatrix} = \begin{bmatrix} 0 & 1 \\ 1.2 & 1 \end{bmatrix} \qquad \begin{bmatrix} AB & B \end{bmatrix}^{-1} = \begin{bmatrix} 0 & 1 \\ 1.2 & 1 \end{bmatrix}^{-1} = \begin{bmatrix} -\dfrac{5}{6} & \dfrac{5}{6} \\ 1 & 0 \end{bmatrix}$$

已知闭环系统期望特征多项式为

$$\Delta_K(z) = (z-0.4)(z-0.6) = z^2 - z + 0.24$$

即

$$\Delta_K(A) = A^2 - A + 0.24I = \begin{bmatrix} 0.24 & -1.2 \\ 0 & 0.48 \end{bmatrix}$$

则由阿克曼公式可得

$$K = \begin{bmatrix} 1 & 0 \end{bmatrix} \begin{bmatrix} AB & B \end{bmatrix}^{-1} \Delta_K(A)$$

$$= \begin{bmatrix} 1 & 0 \end{bmatrix} \begin{bmatrix} -\dfrac{5}{6} & \dfrac{5}{6} \\ 1 & 0 \end{bmatrix} \begin{bmatrix} 0.24 & -1.2 \\ 0 & 0.48 \end{bmatrix} = \begin{bmatrix} -0.2 & 1.4 \end{bmatrix}$$

可见所得结果与例 8.2、例 8.3 相同。

也可直接用 MATLAB 中的基于阿克曼公式的 acker 函数求解，其相关命令语句为

```
A=[1 -1;0 1.2];
B=[1;1];
p=[0.4;0.6];
K=acker(A, b, p)
```
其输出结果为

　　K =
　　　　−0.2000　1.4000

与上述计算结果相同。

以上介绍了三种常用的状态反馈矩阵的计算方法。一般情况下，当系统阶次较低时，可以直接采用系数匹配法，当然也可以用其他两种方法；而当阶次较高时，一般不用系数匹配法，主要用后两种方法，特别是阿克曼公式法，以便于计算机求解。

8.1.4　多输入系统状态反馈极点配置设计

对于多输入系统，引入状态反馈时，理论上状态反馈矩阵 K 为 $p\times n$ 维，即 K 中有 $p\times n$ 个待定元素。而作为 n 阶系统配置闭环极点最多只有 n 个，如果仅根据特征多项式来求解 K，将不能唯一确定 K 中的元素。因此，得有其他附加条件，或配合其他控制策略或控制系统设计方法一起设计。多输入系统的状态反馈极点配置总体上要复杂一些，这里仅讨论其中一种简单情况。

对于一个需要进行极点配置的多输入系统，如果其所有输入中有一个输入单独作用也能够使系统完全可控，那么可以单独用这个输入实现状态反馈控制。例如，一个 2 输入 3 阶系统的状态方程为

$$\begin{bmatrix} x_1(k+1) \\ x_2(k+1) \\ x_3(k+1) \end{bmatrix} = \begin{bmatrix} 0 & 3 & -1 \\ -2 & 0 & 2 \\ 2 & 0 & -3 \end{bmatrix} \begin{bmatrix} x_1(k) \\ x_2(k) \\ x_3(k) \end{bmatrix} + \begin{bmatrix} 4 & 3 \\ 0 & -1 \\ 0 & 1 \end{bmatrix} \begin{bmatrix} u_1(k) \\ u_2(k) \end{bmatrix} \qquad (8.21)$$

如果要求通过状态反馈将极点配置为 $z_1 = 0.5$，$z_2 = -0.25$，$z_3 = -1$，则期望特征多项式为

$$\Delta_K(z) = (z - 0.5)(z + 0.25)(z + 1) = z^3 + 0.75z^2 - 0.375z - 0.125$$

可以验证，当 $u_1(k)$ 单独作用于系统时，系统（8.21）仍然能使状态完全可控，因此在进行状态反馈设计时可忽略掉 $u_2(k)$，把系统作为如下单输入系统处理：

$$\begin{bmatrix} x_1(k+1) \\ x_2(k+1) \\ x_3(k+1) \end{bmatrix} = \begin{bmatrix} 0 & 3 & -1 \\ -2 & 0 & 2 \\ 2 & 0 & -3 \end{bmatrix} \begin{bmatrix} x_1(k) \\ x_2(k) \\ x_3(k) \end{bmatrix} + \begin{bmatrix} 4 \\ 0 \\ 0 \end{bmatrix} u_1(k)$$

这样可以采用前面介绍的单输入系统状态反馈设计方法，得到相应的状态反馈增益矩阵为

$$K = \begin{bmatrix} \dfrac{9}{16} & -\dfrac{49}{64} & -\dfrac{9}{16} \end{bmatrix}$$

这样，系统实际状态反馈构成的系统控制量可表示为

$$u_1(k) = r_1(k) - Kx(k)$$
$$u_2(k) = r_2(k)$$

设原系统的输出方程为

$$y(k) = Cx(k)$$

则整个状态反馈控制系统的结构如图 8.2 所示。

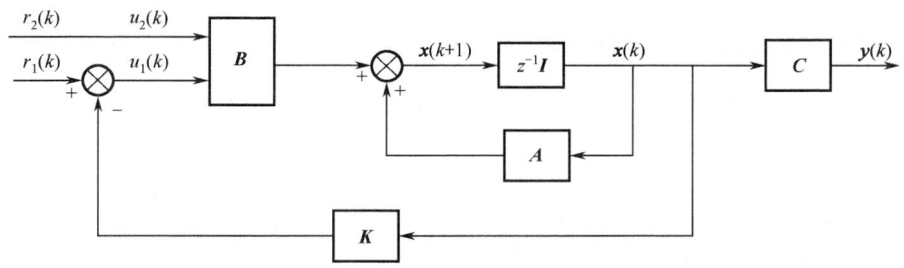

图 8.2 多输入系统中采用单个输入实现状态反馈

如果原系统任意一个输入单独作用时均不满足状态完全可控条件，可以考虑将所有输入进行线性组合构成一个单输入，再按单输入系统进行设计。若系统找不到一个单输入信号来代替多输入信号时，则要寻求其他的有效方法。同时，将多输入系统转化为单输入系统进行状态反馈设计也并非唯一选择，事实上，人们也可能希望采用一个以上的输入来实现状态反馈，以提高系统的可靠性与抗扰能力。

8.1.5 有限拍控制

对于状态完全可控的系统，可以通过状态反馈来任意配置闭环极点。如果将闭环系统的期望极点全部选在 z 平面的坐标原点，即 $z_i = 0$（$i = 1, 2, \cdots, n$），则闭环系统的特征多项式为

$$\Delta_K(z) = z^n$$

由第 4 章基于 z 传递函数的相关分析结论可知，上述极点将使系统具有最快的响应特性。对于状态空间而言，可以证明，此时有

$$(A - BK)^n = 0 \tag{8.22}$$

成立。可见，对于调节问题（参考输入 $r(k) = 0$），系统最多仅需 n 个采样周期就能将系统调节到状态空间的原点。这称为有限拍控制。而对于跟踪问题，经过 n 拍后，系统的状态和输出将完全由参考输入 $r(k)$ 来确定，即与系统初始状态及过去状态无关。

应该指出，这里的有限拍控制与第 6 章所介绍的最少拍控制在基本原理上是一致的，即都是将闭环系统极点设计在 $z = 0$ 处。但二者所针对的主要问题还是有一定的区别的，最少拍控制是针对特定的参考输入具有最快的跟踪响应特性，响应时间及性能均与输入信号的形式有关，而且一般还隐含了零极点的对消情况。而这里的有限拍控制主要针对调节问题，其调节时间至多为 n 个采样周期。正因为如此，本书使用了以上两种略有区别的名称。

不管是最少拍控制还是有限拍控制，它们都是计算机控制系统区别于连续控制系统的一类特殊控制策略。

8.2 输出反馈设计

系统的状态常常不能全部测量到，因而状态反馈的应用也受到一定限制。在这种情况下，人们常常采用输出反馈形式。输出反馈也是经典控制理论中最常见的反馈控制结构。但在状态空间设计中，与状态反馈控制结构相比，输出反馈结构却不占优势。从反馈的信息的性质而言，由于状态变量可全面表征系统的结构信息，因而状态反馈是一种完全的系统信息反馈。输出反馈则是系统结构信息的一种不完全反馈。一般而言，为使系统获得良好的动态性能，必须采用具有完全信息的状态反馈。本节将简要讨论输出反馈的一般原理及其相应的极点配置问题。

8.2.1 输出反馈的结构形式与特点

输出反馈通常是将系统输出变量的一个线性组合反馈至系统的参考输入。设原线性定常离散系统的状态空间描述为

$$x(k+1) = Ax(k) + Bu(k)$$
$$y(k) = Cx(k) \tag{8.23}$$

引入参考输入向量 $r(k)$，则输出反馈的控制向量可表示为

$$u(k) = r(k) - Fy(k) \tag{8.24}$$

其相应的闭环系统结构如图 8.3 所示。

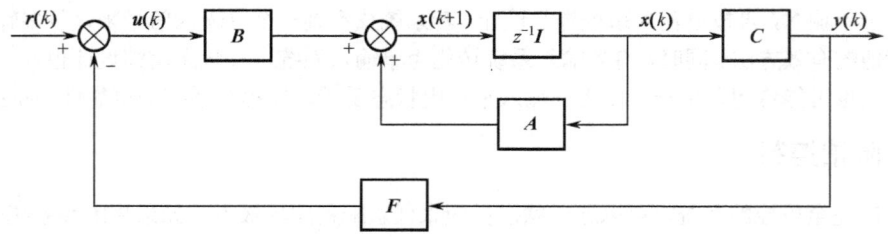

图 8.3 输出反馈控制系统结构图

将式（8.24）代入式（8.23），可得输出反馈闭环系统的状态空间描述为

$$x(k+1) = (A - BFC)x(k) + Br(k)$$
$$y(k) = Cx(k) \tag{8.25}$$

将式（8.25）与状态反馈闭环系统式（8.3）比较，当直接传输矩阵 $D = 0$ 时，取 $K = FC$，两个系统完全等价，即一个输出反馈系统必然可以找到一个与之等价的状态反馈系统。但这个结论的反命题并不成立，这是由于 $FC = K$ 的解 F 通常可能不存在。

由于任一输出反馈系统都可找到一个与之等价的状态反馈系统，已经证明，状态反馈不改变系统的可控性，因此输出反馈的引入也不改变系统的可控性。

对于输出反馈系统的可观性问题，有如下结论，即输出反馈的引入不改变系统的可观性。

证 开环系统与输出反馈闭环系统的可观性矩阵分别为

$$W_o = \begin{bmatrix} C \\ CA \\ \vdots \\ CA^{n-1} \end{bmatrix} \quad \text{和} \quad W_{oF} = \begin{bmatrix} C \\ C(A-BFC) \\ \vdots \\ C(A-BFC)^{n-1} \end{bmatrix}$$

注意到 $C(A - BFC)$ 的行向量可表示为 $[C^T \quad A^T C^T]^T$ 的行向量的线性组合，$C(A - BFC)^2$ 的行向量可表示为 $[C^T \quad A^T C^T \quad (A^2)^T C^T]^T$ 的行向量的线性组合，如此等等。于是可得

$$\text{rank}\, W_{oF} \leqslant \text{rank}\, W_o \tag{8.26}$$

同样，也可把原开环系统视为闭环系统的输出反馈系统，于是，又有

$$\text{rank}\, W_o \leqslant \text{rank}\, W_{oF} \tag{8.27}$$

由式（8.26）与式（8.27）可得

$$\text{rank}\, W_o = \text{rank}\, W_{oF} \tag{8.28}$$

这表明输出反馈可保持系统的可观性。证毕。

8.2.2 输出反馈与极点配置

在状态反馈设计中，如果原系统是完全可控的，则可以通过状态反馈任意配置闭环系统的极点。但在输出反馈系统中，并没有类似的结论。一般而言，利用式（8.24）给出的输出反馈是不能任意地配置系统的全部极点的。这是由于输出信息并不包含系统的全部结构信息，故不能任意改变其闭环系统的结构特性。当然，在一定条件下，也可以利用输出反馈实现闭环极点的任意配置。比如，如果原系统是完全可控与完全可观的，并存在足够多的线性独立的输出，则可以通过输出反馈来任意配置闭环极点。下面就这种情况进行简要讨论。

如果一个 n 阶系统有至少 n 个线性独立的输出，那么系统的状态可由该系统的输出和输入导出。自然，这里面就隐含了系统状态完全可观这一基本前提。既然系统状态可由输入/输出表示出来，如果系统是完全可控的，则可以用这些系统的输入/输出表征的状态进行状态反馈，从而任意配置闭环系统极点，而该系统在具体实现上就是输出反馈的形式。因而在上述条件下，是可以通过输出反馈任意配置闭环极点的。其具体设计方法与状态反馈设计类似。

例 8.5 设原开环系统离散状态空间描述为

$$x(k+1) = \begin{bmatrix} 1 & -1 \\ 0 & 1.2 \end{bmatrix} x(k) + \begin{bmatrix} 1 \\ 1 \end{bmatrix} u(k) \qquad y(k) = \begin{bmatrix} 1 & 0 \\ 1 & 1 \end{bmatrix} x(k)$$

试确定输出反馈闭环系统的反馈增益矩阵 F，使闭环极点为 $z_1 = 0.4$ 与 $z_2 = 0.6$。

解 由题可验证，原开环系统状态是完全可控可观的，且该二阶系统的 2 个输出变量是线性独立的，因此可用输出反馈进行闭环极点的任意配置。

已知闭环系统的期望特征多项式为

$$\Delta_F(z) = (z - 0.4)(z - 0.6) = z^2 - z + 0.24$$

设 $F = [f_1 \ f_2]$，可得输出反馈闭环特征多项式为

$$\det[zI - A + BFC] = \det \begin{bmatrix} z - 1 + f_1 + f_2 & 1 + f_2 \\ f_1 + f_2 & z - 1.2 + f_2 \end{bmatrix}$$
$$= z^2 + (f_1 + 2f_2 - 2.2)z + (1.2 - 2.2f_1 - 3.2f_2)$$

于是有

$$\begin{cases} f_1 + 2f_2 - 2.2 = -1 \\ 1.2 - 2.2f_1 - 3.2f_2 = 0.24 \end{cases}$$

解得 $f_1 = -1.6$，$f_2 = 1.4$，即 $F = [-1.6 \ \ 1.4]$。

此外，也可以根据输出反馈与状态反馈之间的关系，利用状态反馈设计结果，直接导出输出反馈增益矩阵。

由前面讨论的状态反馈系统与输出反馈系统的关系，有

$$FC = K$$

当 C 为非奇异矩阵时，则有

$$F = KC^{-1}$$

这里讨论的情况就是针对 C 为非奇异矩阵情况的，因此，利用例 8.2 的结果，可得

$$F = KC^{-1} = [-0.2 \ \ 1.4] \begin{bmatrix} 1 & 0 \\ 1 & 1 \end{bmatrix}^{-1} = [-1.6 \ \ 1.4]$$

与上述直接求输出反馈矩阵的结果相同。

以上讨论利用输出反馈进行闭环极点配置的前提条件除了原系统是状态完全可控和可观之外，还需要至少 n 个线性独立的输出变量，这在实际系统（特别是高阶系统）中是较难满足的。如果不满足这些条件，极点配置将受到一定的限制，不能任意进行极点配置，但仍可以将极点配置在以输出反馈矩阵为变量的根轨迹上。

8.3 状态观测器设计

通过前面的两节讨论可知，在控制系统的状态空间设计中，从理论上讲，状态反馈设计系统明显优于输出反馈设计，但是在实际工程中，不论是单输入系统还是多输入系统，采用全状态反馈都是不现实的，因为并不是所有的内部状态变量都可以直接测量。为了实现全状态反馈，除了上一节介绍的在一定条件下的输出反馈外，最常用的方法则是设计一个状态观测器来估计系统的状态。当然，状态观测器也不仅仅用于实现状态反馈，在其他需要获取系统内部状态变量信息的场合，也可应用状态观测器来进行估计。

状态观测器有许多不同的形式或构造方法。在 7.4 节讨论可观性时实际就相当于给出了一种状态观测器的实现方法，即在系统状态完全可观的前提下，可通过量测的输出序列来直接对初始状态值进行计算，同样，可以将其扩充至利用输入/输出序列值来直接计算状态值。但这种方法在时间上有较大滞后，最多将滞后 n 拍。这显然不能适用于诸如状态反馈这类实时控制系统中。同时这种方法对扰动也可能很敏感，即便是用于单纯的状态重构效果也不理想。

状态观测器设计的常规方法是直接利用系统动态模型来构造动态的状态观测器。下面将重点讨论这类方法。

8.3.1 开环状态观测器

如果已知离散系统的状态空间模型为

$$x(k+1) = Ax(k) + Bu(k)$$
$$y(k) = Cx(k) \tag{8.29}$$

那么一个简单的办法就是由上述模型构造一个状态观测模型

$$\hat{x}(k+1) = A\hat{x}(k) + Bu(k) \tag{8.30}$$

式中 $\hat{x}(k+1)$ 即为状态观测值（也称为状态估计值）。如果模型参数 A, B 与控制量序列 $u(k)$ 已知，且给定了系统的初始状态 $\hat{x}(0) = x(0)$，那么就可用式（8.30）求出状态的估计值序列 $\hat{x}(k)$。为使估计的状态准确，则要求估计模型的参数及初始条件必须和真实系统一致。基于式（8.30）构成的状态观测器的系统结构如图 8.4 所示。由于该状态观测器未利用状态的观测误差对观测值进行反馈修正，因而称为开环状态观测器。

若记 $\tilde{x}(k)$ 为观测误差，即

$$\tilde{x}(k) = x(k) - \hat{x}(k)$$

则由式（8.30）与式（8.29）相减，可得到观测误差的状态方程为

$$\tilde{x}(k+1) = A\tilde{x}(k) \tag{8.31}$$

由式（8.31）可见，即便是观测器模型与系统参数完全匹配，当初始状态观测值与实际状态值不完全相等（实际情况总是如此），即初始观测误差 $\tilde{x}(0)$ 不为零时，观测器的性能将由原系统的参数矩阵 A 决定。如果原系统矩阵 A 是不稳定的，则观测误差将随时间发散；如果矩阵 A 是稳定的，但收敛速度很慢，观测误差也不能很快收敛到零，从而影响观测效果。

第 8 章 计算机控制系统的状态空间设计

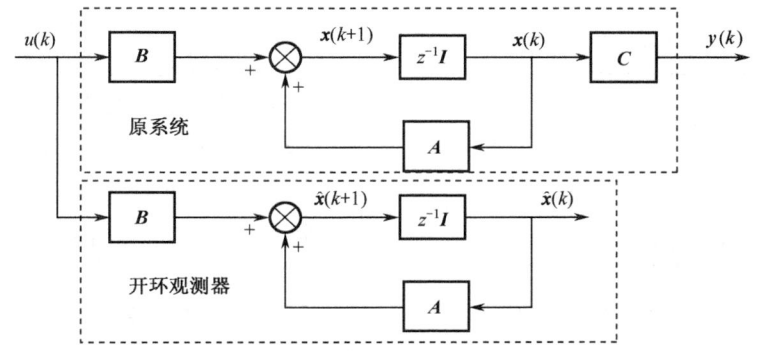

图 8.4 开环状态观测器结构图

事实上，系统的模型参数也不可能与系统真实参数绝对相等，因而由开环观测器得到的状态信息与真实值之间的误差肯定是存在的。同时，系统的扰动也将影响到真实状态值，而开环观测器却完全没有抗扰动的能力。因此，开环状态观测器的效果是比较差的，难以实际应用。

8.3.2 闭环状态观测器设计

由于开环状态观测器的实际观测效果不理想，于是依据反馈系统的基本原理，需要引入实际观测误差来对观测值进行及时修正，从而构成闭环状态观测器。但是，实际状态值 $x(k)$ 本身是不能直接获取的，能够直接测量的只有系统的输出 $y(k)$，而利用状态观测值 $\hat{x}(k)$，可以构造系统的输出观测值为

$$\hat{y}(k) = C\hat{x}(k) \tag{8.32}$$

于是引入输出观测误差为

$$\tilde{y}(k) = y(k) - \hat{y}(k) = Cx(k) - C\hat{x}(k) = C\tilde{x}(k) \tag{8.33}$$

即输出观测误差与状态观测误差呈线性关系，因此可以用输出观测误差代替状态观测误差对状态观测值进行修正，从而构成闭环状态观测器，其结构框图如图 8.5 所示，其中 L 为观测误差反馈增益矩阵。

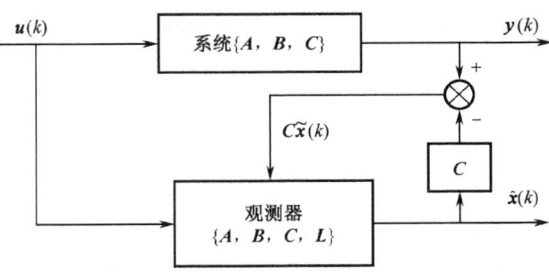

根据具体实现形式的不同，有两种实现闭环状态观测器的基本方法。一种是利用当前的输出 $y(k)$ 来观测下一时刻的状态 $\hat{x}(k+1)$，这称为预报观测器；另一种是利用当前的输出 $y(k)$ 来观测当前时刻的状态 $\hat{x}(k)$，故称为现时观测器。

图 8.5 闭环状态观测器结构框图

1. 预报观测器

预报观测器实际是在上述开环状态观测器的基础上引入当前的输出观测误差来对其预报观测值进行修正而得到的，即预报观测器的方程为

$$\begin{aligned}\hat{x}(k+1|k) &= A\hat{x}(k|k-1) + Bu(k) + L[y(k) - C\hat{x}(k|k-1)] \\ &= [A - LC]\hat{x}(k|k-1) + Bu(k) + Ly(k)\end{aligned} \tag{8.34}$$

式中 L 为观测器的 $n \times q$ 维误差反馈增益矩阵。符号 $\hat{x}(k+1|k)$ 用来表示通过 k 时刻可测输入/输出值而得到的 $k+1$ 时刻的状态观测值，是在 k 时刻量测数据的基础上对 $k+1$ 时刻的观测值的预报，故称预

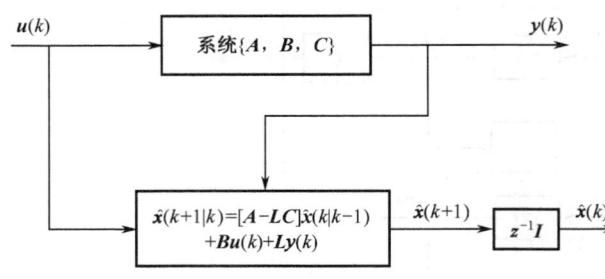

图 8.6 预报观测器结构框图

报观测器。其结构框图如图 8.6 所示。

由原系统方程式（8.29）与式（8.34）可得预报观测器的观测误差方程为

$$\tilde{x}(k+1|k) = [A-LC]\tilde{x}(k|k-1) \quad (8.35)$$

可见观测误差与系统输入 $u(k)$ 无关，其动态特性由矩阵 $[A-LC]$ 决定。由于 L 是闭环观测器的误差反馈增益矩阵，如果适当设计矩阵 L，使 $[A-LC]$ 具有快速收敛特性，那么对于任何初始观测误差 $\tilde{x}(0)$，$\tilde{x}(k)$ 都将快速收敛到零，即观测值 $\hat{x}(k)$ 将快速收敛到 $x(k)$。这样，状态观测器设计的基本问题就转化为对误差反馈增益矩阵 L 的设计，即通过合理地确定增益矩阵 L，使观测器子系统的极点位于期望的位置，以加快观测器误差的收敛速度。

状态观测器的极点配置问题与上一节讨论的状态反馈极点配置问题类似，并可以用类似的分析方法得到相关结论。事实上，由系统可控性与可观性之间的对偶关系，可以将上述状态观测器的设计转化为状态反馈设计。对于式（8.34）这个观测器问题，需寻求一个矩阵 L，使矩阵 $[A-LC]$ 具有期望的稳定特征值。因为一个矩阵和其转置矩阵具有相同的特征值，则问题可以表述为寻找一个矩阵 L^T 使矩阵 $[A^T-C^TL^T]$ 具有期望的稳定特征值，而这个问题正好就是原系统（8.29）的对偶系统［如式（8.36）所示］的状态反馈设计问题：

$$\begin{aligned}\bar{x}(k+1) &= A^T\bar{x}(k) + C^T u(k) \\ \bar{y}(k) &= B^T\bar{x}(k)\end{aligned} \quad (8.36)$$

基于上述分析，可以将状态反馈设计的一些结论与方法用于对偶系统（8.36）。由于用状态反馈进行极点配置的充分必要条件是系统的状态完全可控，即有

$$\text{rank}\,W_c = \text{rank}[C^T \quad A^TC^T \quad (A^2)^TC^T \quad \cdots \quad (A^{n-1})^TC^T] = n \quad (8.37)$$

成立。而式（8.37）中的可控性矩阵实际上与原系统（8.29）的可观性矩阵 W_o 对应，即

$$W_o = W_c^T = \begin{bmatrix} C \\ CA \\ \vdots \\ CA^{n-1} \end{bmatrix} \quad (8.38)$$

于是有如下结论：对原系统（8.29）设计如式（8.34）所描述的状态观测器，通过设计误差反馈增益矩阵 L 对观测器极点进行任意配置的充要条件是原系统状态是完全可观的。

相应地，状态反馈设计的相关方法均可用于状态观测器设计，同样有系数匹配法、可观标准型法与阿克曼公式法等。注意到状态反馈设计与状态观测器设计的对偶关系，即

$$A \to A^T, \quad B \to C^T, \quad C \to B^T, \quad K \to L^T$$

则利用求状态反馈增益矩阵的阿克曼公式，有

$$L^T = [1 \quad 0 \quad \cdots \quad 0][(A^{n-1})^TC^T \quad \cdots \quad A^TC^T \quad C^T]^{-1}\Delta_L(A^T)$$

即

$$L = \Delta_L(A)\begin{bmatrix} CA^{n-1} \\ \vdots \\ CA \\ C \end{bmatrix}^{-1}\begin{bmatrix} 1 \\ 0 \\ \vdots \\ 0 \end{bmatrix} \quad (8.39)$$

第8章 计算机控制系统的状态空间设计

式（8.39）就是求状态观测器误差反馈增益矩阵 L 的阿克曼公式，式中 $\Delta_L(A)$ 为观测器的期望特征多项式中变量 z 用原系统矩阵 A 代替后所得的矩阵多项式。

例8.6 设离散系统的状态空间描述为

$$x(k+1) = \begin{bmatrix} 0 & 1 \\ -1 & 1 \end{bmatrix} x(k) + \begin{bmatrix} 0 \\ 1 \end{bmatrix} u(k) \qquad y(k) = \begin{bmatrix} 2 & 0 \end{bmatrix} x(k)$$

试设计状态观测器，要求观测器的极点为 $z_{1,2} = 0.2$。

解 易知原系统状态完全可观，设观测器的误差反馈增益矩阵为 $L = [l_1, l_2]^T$，可得观测器的特征矩阵

$$A - LC = \begin{bmatrix} -2l_1 & 1 \\ -1-2l_2 & 1 \end{bmatrix}$$

于是可得观测器特征多项式

$$\det[zI - (A - LC)] = \det \begin{bmatrix} z+2l_1 & -1 \\ 1+2l_2 & z-1 \end{bmatrix}$$
$$= z^2 + (2l_1 - 1)z + (1 - 2l_1 + 2l_2)$$

而观测器的期望特征多项式为

$$\Delta_L(z) = (z - 0.2)^2 = z^2 - 0.4z + 0.04$$

于是有

$$2l_1 - 1 = -0.4$$
$$1 - 2l_1 + 2l_2 = 0.04$$

解得

$$L = \begin{bmatrix} 0.3 \\ -0.18 \end{bmatrix}$$

相应的观测器为

$$\hat{x}(k+1|k) = [A - LC]\hat{x}(k|k-1) + Bu(k) + Ly(k)$$
$$= \begin{bmatrix} -0.6 & 1 \\ -0.64 & 1 \end{bmatrix} \hat{x}(k|k-1) + \begin{bmatrix} 0 \\ 1 \end{bmatrix} u(k) + \begin{bmatrix} 0.3 \\ -0.18 \end{bmatrix} y(k)$$

也可直接由阿克曼公式求解 L:

$$L = \Delta_L(A) \begin{bmatrix} CA \\ C \end{bmatrix}^{-1} \begin{bmatrix} 1 \\ 0 \end{bmatrix} = \begin{bmatrix} -0.96 & 0.6 \\ -0.6 & -0.36 \end{bmatrix} \begin{bmatrix} 0 & 2 \\ 2 & 0 \end{bmatrix}^{-1} \begin{bmatrix} 1 \\ 0 \end{bmatrix}$$
$$= \begin{bmatrix} -0.96 & 0.6 \\ -0.6 & -0.36 \end{bmatrix} \begin{bmatrix} 0 & 0.5 \\ 0.5 & 0 \end{bmatrix} \begin{bmatrix} 1 \\ 0 \end{bmatrix} = \begin{bmatrix} 0.3 \\ -0.18 \end{bmatrix}$$

或用 MATLAB 的 acker 函数求解，并注意到式（8.39）与式（8.19）的转置对应关系，则其相关命令为

```
A=[0 1;-1 1];
C=[2 0];
p=[0.2;0.2];
L=acker(A', C', p)'
```

其输出结果为
$$L = \begin{matrix} 0.3000 \\ -0.1800 \end{matrix}$$

2. 现时观测器

上述预报观测器中，当前时刻的观测值 $\hat{x}(k)$ 只用到了前一时刻的输出量 $y(k-1)$，也即用前一时刻的观测误差（而不是当前的观测误差）来对当前观测值进行修正，从形式上讲，其修正项有一个采样周期的滞后。另一方面，从构成状态反馈的角度而言，这意味着当前控制信号 $u(k)$ 中只包含前一时刻的输出量，从而导致输出量的反馈不及时。当采样周期较长时，这将影响到控制系统的性能。为此，可以构造现时观测器。从观测器的角度而言，现时观测器就是将预报观测器修正项中前一时刻的观测误差用当前时刻的观测误差代替。

为简明起见，以符号 $\hat{x}(k)$ 表示观测器的当前时刻观测值，则前一时刻的观测值为 $\hat{x}(k-1)$，由此可得当前时刻的开环观测值

$$\bar{x}(k) = A\hat{x}(k-1) + Bu(k-1) \tag{8.40}$$

而将现时观测器构造为

$$\hat{x}(k) = \bar{x}(k) + L[y(k) - C\bar{x}(k)] \tag{8.41}$$

式中 L 仍为观测器误差反馈增益矩阵。将式（8.40）代入式（8.41），可得

$$\begin{aligned} \hat{x}(k) &= A\hat{x}(k-1) + Bu(k-1) + L[y(k) - CA\hat{x}(k-1) - CBu(k-1)] \\ &= [A - LCA]\hat{x}(k-1) + [B - LCB]u(k-1) + Ly(k) \end{aligned} \tag{8.42}$$

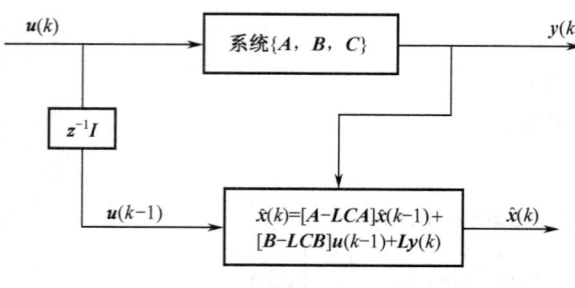

图 8.7 现时观测器结构框图

可见，现时观测器是用当前输出 $y(k)$ 得到当前状态的观测值 $\hat{x}(k)$，其结构框图如图 8.7 所示。

相应地，可得其观测误差方程为

$$\tilde{x}(k) = [A - LCA]\tilde{x}(k-1) \tag{8.43}$$

可见，现时观测器能否进行极点配置将由矩阵对 $(A \quad CA)$ 的可观性决定。分析表明，如果原系统矩阵对 $(A \quad C)$ 是完全可观的，则矩阵对 $(A \quad CA)$ 也必定是可观的。因此，现时观测器的极点的可任意配置条件仍然归结为原系统状态完全可观。相应地，其误差反馈增益矩阵 L 的计算方法与预报观测器类似，只是可观性矩阵对变为了 $(A \quad CA)$。

与预报观测器比较，现时观测器利用当前的输出值对当前的状态进行观测，信息利用更及时，而预报观测器则利用当前的输出值对下一时刻的状态进行预报，信息利用上有一步滞后。但是由于计算机控制系统计算延时的客观存在，现时观测器事实上是不能准确实现的，即获得观测值的时刻相对于"当前"时刻仍然有一定滞后，而当计算延时较大时，对控制系统性能影响较为严重。预报观测器虽然在信息利用上存在一步滞后，但正是由于其"预报"的特点，却可以有效地避免计算延时对系统的影响，所以当采样周期不太大的情况下，在诸如状态反馈等这类实时控制系统中，使用预报观测器比现时观测器更为合理。而只有当计算延时相对于采样周期足够小时，一般要求不是同一个数量级，现时观测器才能将其重构状态用于状态反馈控制系统中。当然，现时观

测器还可用于单纯对状态的重构，即重构状态不直接参与实时控制，此时，现时观测器状态重构精度理论上应优于预报观测器。

例 8.7 原系统同例 8.6，试设计现时观测器，仍要求观测器的极点为 $z_{1,2}=0.2$。

解

$$A-LCA=\begin{bmatrix} 0 & 1-2l_1 \\ -1 & 1-2l_2 \end{bmatrix}$$

于是可得观测器特征多项式

$$\det[zI-(A-LCA)]=\det\begin{bmatrix} z & -1+2l_1 \\ 1 & z-1+2l_2 \end{bmatrix}$$
$$=z^2+(2l_2-1)z+(1-2l_1)$$

期望特征多项式为

$$\Delta_L(z)=(z-0.2)^2=z^2-0.4z+0.04$$

则有

$$2l_2-1=-0.4$$
$$1-2l_1=0.04$$

解得

$$L=\begin{bmatrix} 0.48 \\ 0.3 \end{bmatrix}$$

则现时观测器为

$$\hat{x}(k)=[A-LCA]\hat{x}(k-1)+[B-LCB]u(k-1)+Ly(k)$$
$$=\begin{bmatrix} 0 & 0.04 \\ -1 & 0.4 \end{bmatrix}\hat{x}(k-1)+\begin{bmatrix} 0 \\ 1 \end{bmatrix}u(k-1)+\begin{bmatrix} 0.48 \\ 0.3 \end{bmatrix}y(k)$$

同样，也可直接由阿克曼公式求解 L，只是注意矩阵对变为 $(A\quad CA)$，即

$$L=\Delta_L(A)\begin{bmatrix} CA^2 \\ CA \end{bmatrix}^{-1}\begin{bmatrix} 1 \\ 0 \end{bmatrix}=\begin{bmatrix} -0.96 & 0.6 \\ -0.6 & -0.36 \end{bmatrix}\begin{bmatrix} -2 & 2 \\ 0 & 2 \end{bmatrix}^{-1}\begin{bmatrix} 1 \\ 0 \end{bmatrix}$$
$$=\begin{bmatrix} -0.96 & 0.6 \\ -0.6 & -0.36 \end{bmatrix}\begin{bmatrix} -0.5 & 0.5 \\ 0 & 0.5 \end{bmatrix}\begin{bmatrix} 1 \\ 0 \end{bmatrix}=\begin{bmatrix} 0.48 \\ 0.3 \end{bmatrix}$$

在用 MATLAB 的 acker 函数求解时，同样考虑矩阵对 $(A\quad CA)$，并注意到式（8.39）与式（8.19）的转置对应关系，则其相关命令为

```
A=[0 1;-1 1];
CA=[0 2];
p=[0.2;0.2];
L=acker(A', CA', p) '
```

其输出结果为

```
L =
    0.4800
    0.3000
```

8.3.3 降维观测器设计

以上讨论的状态观测器均是 n 阶的,称为全阶(或全维)观测器。而在实际系统中,系统的输出测量值中本身就包含了系统的某些状态,或者说,系统的某些状态可直接从输出测量值中获得,而不必使用状态观测器。这样,观测器就只需用于观测其中不能直接量测的那部分状态,使观测器得到简化,这种观测器称为降维观测器。

对式(8.29)所描述的离散系统,假定原系统状态完全可观,且 C 为满秩阵,即 $\text{rank}C = q$。那么降维观测器的最低维数可为 $n-q$。为了便于构造降维观测器,引入线性非奇异变换 $\bar{x} = Px$,其中

$$P \triangleq \begin{bmatrix} R \\ C \end{bmatrix} \tag{8.44}$$

式中,R 为 $(n-q) \times n$ 维任意常阵。则原系统方程变换为

$$\bar{x}(k+1) = PAP^{-1}\bar{x}(k) + PBu(k) = \begin{bmatrix} \bar{A}_{11} & \bar{A}_{12} \\ \bar{A}_{21} & \bar{A}_{22} \end{bmatrix} \begin{bmatrix} \bar{x}_1(k) \\ \bar{x}_2(k) \end{bmatrix} + \begin{bmatrix} \bar{B}_1 \\ \bar{B}_2 \end{bmatrix} u(k)$$

$$y(k) = CP^{-1}\bar{x}(k) = \begin{bmatrix} 0 & I_q \end{bmatrix} \begin{bmatrix} \bar{x}_1(k) \\ \bar{x}_2(k) \end{bmatrix} \tag{8.45}$$

其中 $\bar{x}_1(k)$ 和 $\bar{x}_2(k)$ 分别为 $n-q$ 维和 q 维状态分量。显然,$\bar{x}_2(k)$ 可直接从输出测量值中获取,因此只需对 $\bar{x}_1(k)$ 构造 $n-q$ 维的降维观测器。为此,将式(8.45)中的状态方程展开可得

$$\bar{x}_1(k+1) = \bar{A}_{11}\bar{x}_1(k) + \bar{A}_{12}\bar{x}_2(k) + \bar{B}_1 u(k) \tag{8.46}$$

$$\bar{x}_2(k+1) = \bar{A}_{21}\bar{x}_1(k) + \bar{A}_{22}\bar{x}_2(k) + \bar{B}_2 u(k) \tag{8.47}$$

由于只是对 $\bar{x}_1(k)$ 构造观测器,为此,以式(8.46)为状态方程,式(8.47)构造其相应的输出方程,即

$$\bar{x}_2(k+1) - \bar{A}_{22}\bar{x}_2(k) - \bar{B}_2 u(k) = \bar{A}_{21}\bar{x}_1(k) \tag{8.48}$$

将式(8.46)和式(8.48)与式(8.29)进行比较,可以建立如下对应关系:

式(8.29)	式(8.46)和式(8.48)	
$x(k)$	$\bar{x}_1(k)$	待观测的状态
$Bu(k)$	$\bar{A}_{12}\bar{x}_2(k) + \bar{B}_1 u(k)$	已知的输入
$y(k)$	$\bar{x}_2(k+1) - \bar{A}_{22}\bar{x}_2(k) - \bar{B}_2 u(k)$	可测输出
A	$\bar{A}_{11}$	状态方程系数矩阵
C	$\bar{A}_{21}$	输出矩阵

这样,根据式(8.34)的预报观测器方程,利用上述对应关系,可得降维观测器方程

$$\hat{\bar{x}}_1(k+1) = \bar{A}_{11}\hat{\bar{x}}_1(k) + \bar{A}_{12}\bar{x}_2(k) + \bar{B}_1 u(k) +$$
$$L[\bar{x}_2(k+1) - \bar{A}_{22}\bar{x}_2(k) - \bar{B}_2 u(k) - \bar{A}_{21}\hat{\bar{x}}_1(k)] \tag{8.49}$$
$$= [\bar{A}_{11} - L\bar{A}_{21}]\hat{\bar{x}}_1(k) + [\bar{A}_{12} - L\bar{A}_{22}]y(k) + [\bar{B}_1 - L\bar{B}_2]u(k) + Ly(k+1)$$

式(8.49)虽然是按照预报观测器方程推得的,但由于将 $\bar{x}_2(k+1)$ 作为测量值使用,其实质上已变成一个现时观测器。

由式(8.46)、式(8.48)、式(8.49)可以求得降维观测器的观测误差方程

$$\tilde{\bar{x}}_1(k+1) = \bar{x}_1(k+1) - \hat{\bar{x}}_1(k+1) = [\bar{A}_{11} - L\bar{A}_{21}]\tilde{\bar{x}}_1(k) \tag{8.50}$$

相应地，其特征方程为

$$\det[z\mathbf{I} - \overline{\mathbf{A}}_{11} + \mathbf{L}\overline{\mathbf{A}}_{21}] = 0 \tag{8.51}$$

显然，上述降维观测器极点可任意配置的条件取决于由式（8.46）和式（8.48）组成的子系统可观性，即取决于 $[\overline{\mathbf{A}}_{11} \quad \overline{\mathbf{A}}_{21}]$ 可观性矩阵对。可以证明，如果原系统是完全可观的，则该子系统也是完全可观的，即降维观测器极点任意配置的充要条件仍是原系统完全可观。

对单输入系统，也可用阿克曼公式求解增益矩阵 $\mathbf{L}$，其阿克曼公式为

$$\mathbf{L} = \Delta_{\mathrm{L}}(\overline{\mathbf{A}}_{11}) \begin{bmatrix} \overline{\mathbf{A}}_{21} \overline{\mathbf{A}}_{11}^{q-1} \\ \vdots \\ \overline{\mathbf{A}}_{21} \overline{\mathbf{A}}_{11} \\ \overline{\mathbf{A}}_{21} \end{bmatrix}^{-1} \begin{bmatrix} 1 \\ 0 \\ \vdots \\ 0 \end{bmatrix} \tag{8.52}$$

需要指出的是，如果原系统的状态空间描述本身具有式（8.45）的形式，则可直接按上述方法求降维观测器，如果不具备式（8.45）的形式，则需要先做线性变换，变换成式（8.45）的形式，再构造降维观测器，之后还得做相应的逆变换转换到原状态空间，才可得到对原系统状态的降维观测器。综合起来，可得到降维观测器的结构框图如图 8.8 所示。

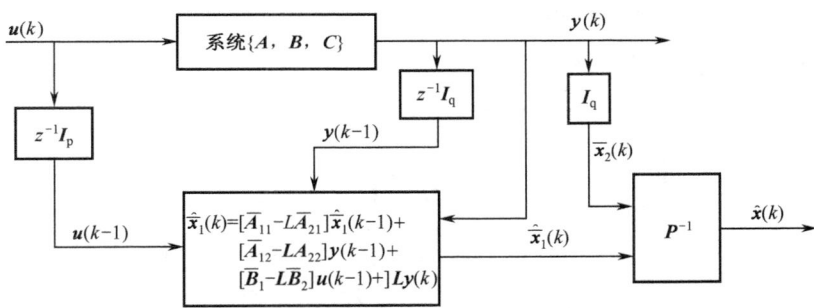

图 8.8 降维观测器结构框图

8.3.4 有限拍观测器

在状态观测器的设计中，如果选择观测器的误差反馈增益矩阵 $\mathbf{L}$ 使得所设计观测器的状态矩阵的特征值全部为零，即状态观测器的极点全部位于 z 平面的原点，则称该观测器为有限拍观测器。有限拍观测器对由初始值不同或系统扰动引起的状态观测误差能够在有限的时间内，实际上至多 n 个采样周期内，该观测误差就将衰减到零，即有限拍观测器具有最快的状态跟踪速度。

例 8.8 原系统同例 8.6，试设计降维观测器，要求观测器的极点为 $z = 0$。

解 由原系统可知 $\mathrm{rank}\, \mathbf{C} = q = 1$，因此可设计一阶观测器，为此构造

$$\mathbf{P} = \begin{bmatrix} \mathbf{R} \\ \mathbf{C} \end{bmatrix} = \begin{bmatrix} 0 & 1 \\ 2 & 0 \end{bmatrix}$$

则有

$$\mathbf{P}^{-1} = \begin{bmatrix} 0 & 1 \\ 2 & 0 \end{bmatrix}^{-1} = \begin{bmatrix} 0 & 0.5 \\ 1 & 0 \end{bmatrix}$$

引入线性变换 $\overline{\mathbf{x}} = \mathbf{P}\mathbf{x}$，原系统变换为

$$\begin{bmatrix} \bar{x}_1(k+1) \\ \bar{x}_2(k+1) \end{bmatrix} = \begin{bmatrix} 1 & -0.5 \\ 2 & 0 \end{bmatrix} \begin{bmatrix} \bar{x}_1(k) \\ \bar{x}_2(k) \end{bmatrix} + \begin{bmatrix} 1 \\ 0 \end{bmatrix} u(k) \qquad y(k) = \begin{bmatrix} 0 & 1 \end{bmatrix} \begin{bmatrix} \bar{x}_1(k) \\ \bar{x}_2(k) \end{bmatrix}$$

可得

$$\bar{A}_{11} = 1, \quad \bar{A}_{12} = -0.5, \quad \bar{A}_{21} = 2, \quad \bar{A}_{22} = 0, \quad \bar{B}_1 = 1, \quad \bar{B}_2 = 0$$

代入降维观测器特征多项式

$$\det[z\boldsymbol{I} - \bar{\boldsymbol{A}}_{11} + \boldsymbol{L}\bar{\boldsymbol{A}}_{21}] = z - 1 + 2l = z$$

可得 $l = 0.5$。代入降维观测器式（8.49）可得

$$\begin{aligned}
\hat{\bar{x}}_1(k) &= [\bar{A}_{11} - L\bar{A}_{21}]\hat{\bar{x}}_1(k-1) + [\bar{A}_{12} - L\bar{A}_{22}]y(k-1) + [\bar{B}_1 - L\bar{B}_2]u(k-1) + Ly(k) \\
&= [1 - 0.5 \times 2]\hat{\bar{x}}_1(k-1) + [-0.5 - 0.5 \times 0]y(k-1) + [1 - 0.5 \times 0]u(k-1) + 0.5y(k) \\
&= -0.5y(k-1) + u(k-1) + 0.5y(k)
\end{aligned}$$

而可直接量测的状态为

$$\bar{x}_2(k) = y(k)$$

由于将降维观测器的极点配置在 $z = 0$ 处，即有限拍观测器，对本例的一阶观测器而言，其特征矩阵为零，即仅需一步观测误差即可到达零。

本例状态观测器的实现框图如图 8.9 所示。

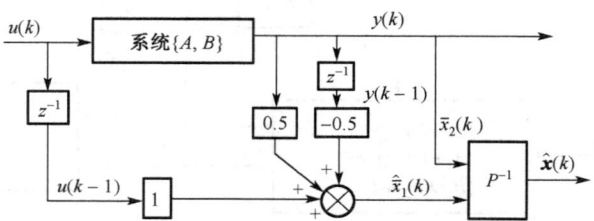

图 8.9　例 8.8 状态观测器实现框图

8.4　带状态观测器的状态反馈设计

在进行状态反馈控制系统设计时，如果状态变量不可直接测量，一方面，如 8.2 节所讨论的，在一定条件下，可以由输出测量值来表征状态变量，从而构成以输出反馈形式表征状态反馈控制规律；另一方面，也是最常用的方法，是将状态反馈控制规律与状态观测器结合起来构成一个带状态观测器的状态反馈控制系统。本节将讨论带状态观测器的状态反馈控制系统的相关设计问题。

8.4.1　带观测器的状态反馈控制系统的一般结构

不失一般性，考虑如下被控系统：

$$\begin{aligned} \boldsymbol{x}(k+1) &= \boldsymbol{A}\boldsymbol{x}(k) + \boldsymbol{B}\boldsymbol{u}(k) \\ \boldsymbol{y}(k) &= \boldsymbol{C}\boldsymbol{x}(k) \end{aligned} \qquad (8.53)$$

引入状态反馈为

$$\boldsymbol{u}(k) = \boldsymbol{r}(k) - \boldsymbol{K}\hat{\boldsymbol{x}}(k) \qquad (8.54)$$

式中 $\hat{\boldsymbol{x}}(k)$ 为观测器产生的状态观测值。图 8.10(a) 和 (b) 所示分别是由预报观测器与现时观测器所构成的

带状态观测器的状态反馈控制系统的一般结构框图。从形式上看，预报观测器在构成状态反馈时比现时观测器多引入了一个滞后算子 z^{-1}，但这并不意味着带预报观测器的系统一定比带现时观测器的系统性能差。如前所述，对计算机控制系统而言，考虑到计算延时的影响，一般以带预报观测器的状态反馈控制系统更常用一些，因此下面主要以带预报观测器的状态反馈控制系统为例进行讨论。

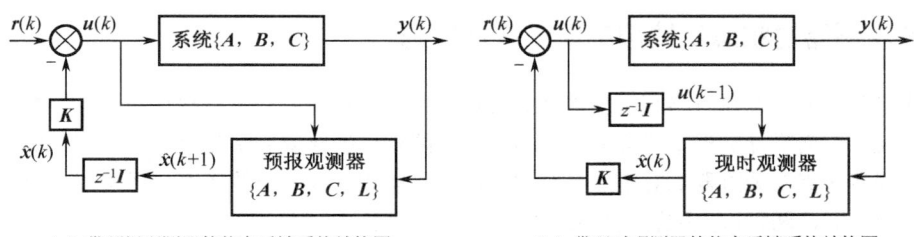

(a) 带预报观测器的状态反馈系统结构图　　　　(b) 带现时观测器的状态反馈系统结构图

图 8.10　带状态观测器的状态反馈控制系统一般结构图

8.4.2　带观测器的状态反馈控制系统设计的分离性原理

带状态观测器的状态反馈控制系统设计包括状态反馈设计与观测器设计两部分内容。从前面的讨论可知，在状态反馈设计时配置了闭环控制系统极点，而在观测器设计时又设计了观测器的极点。现在将两部分合在一起，如图 8.10 所示，实际的闭环系统是 $2n$ 阶系统，那么，状态反馈设计的极点与观测器的极点是否相互影响呢？下面将讨论这个问题。

将式（8.54）代入式（8.53）可得状态反馈闭环系统状态方程

$$x(k+1) = Ax(k) + B[r(k) - K\hat{x}(k)] = Ax(k) - BK\hat{x}(k) + Br(k) \tag{8.55}$$

设观测器为预报观测器，即

$$\begin{aligned}\hat{x}(k+1) &= [A - LC]\hat{x}(k) + Bu(k) + Ly(k) \\ &= [A - LC]\hat{x}(k) + Br(k) - BK\hat{x}(k) + Ly(k)\end{aligned} \tag{8.56}$$

为简单起见，式中在观测值符号上不再区分预测观测值与现时观测值，统一使用 $\hat{x}(k)$。根据式（8.55）与式（8.56）可得观测器观测误差方程

$$\tilde{x}(k+1) = [A - LC]\tilde{x}(k) \tag{8.57}$$

由于

$$\hat{x}(k) = x(k) - \tilde{x}(k) \tag{8.58}$$

代入式（8.55）可得

$$\begin{aligned}x(k+1) &= Ax(k) - BK[x(k) - \tilde{x}(k)] + Br(k) \\ &= [A - BK]x(k) + BK\tilde{x}(k) + Br(k)\end{aligned} \tag{8.59}$$

将式（8.57）与式（8.59）联立，可得带观测器的闭环系统状态方程

$$\begin{bmatrix} x(k+1) \\ \tilde{x}(k+1) \end{bmatrix} = \begin{bmatrix} A - BK & BK \\ 0 & A - LC \end{bmatrix} \begin{bmatrix} x(k) \\ \tilde{x}(k) \end{bmatrix} + \begin{bmatrix} B \\ 0 \end{bmatrix} r(k) \tag{8.60}$$

其相应的特征多项式为

$$\begin{aligned}\det\begin{bmatrix} zI_{2n} - \begin{bmatrix} A - BK & BK \\ 0 & A - LC \end{bmatrix}\end{bmatrix} &= \det\begin{bmatrix} zI_n - A + BK & BK \\ 0 & zI_n - A + LC \end{bmatrix} \\ &= \det[zI_n - A + BK] \cdot \det[zI_n - A + LC] = \Delta_K(z)\Delta_L(z)\end{aligned} \tag{8.61}$$

由此可见，闭环系统的 $2n$ 个极点由两部分组成：一部分是按极点配置设计状态反馈控制规律时所给定的 n 个极点，即控制极点，另一部分则是按极点配置设计观测器时所给定的 n 个极点，即观测器极点。这就是设计中常用的分离性原理。根据分离性原理，在设计带观测器的状态反馈控制系统时，可以将状态反馈控制规律与观测器的设计分开进行，从而简化控制器的设计。

8.4.3 带观测器的状态反馈控制系统设计原则

由以上分析可知，在进行带观测器的状态反馈控制系统设计时，可以将状态反馈控制规律与观测器分开进行设计，而设计的根本任务就是根据系统性能指标的要求分别配置系统的控制极点与观测器极点。由于控制极点与观测器均对整个系统的性能产生影响，其所起的作用与影响程度也各不相同，因而在具体设计时，两种极点配置也需要遵循一定的原则。

对于控制系统而言，控制极点一般是根据对系统的性能指标要求来确定的，因此要求闭环系统性能应主要取决于控制极点，即控制极点应作为整个闭环系统的主导极点。观测器极点的引入通常将使系统的性能变差。为了减小观测器极点的系统性能的不利影响，由观测器极点所决定的状态观测跟踪速度应远远大于由控制极点所决定的闭环系统响应速度。如前所述，在理想情况下，当观测器极点均配置在 z 平面原点时，观测器具有最快的状态跟踪速度。

但是，这些使得观测器具有快速状态跟踪能力的极点却增加了观测器及整个系统对输出测量噪声的敏感性，而且跟踪速度越快，测量噪声对系统的影响也越大。下面对此进行简要分析。

以预报观测器为例，其观测器状态方程为

$$\hat{x}(k+1) = A\hat{x}(k) + Bu(k) + L[y(k) - C\hat{x}(k)] \qquad (8.62)$$

式中右端前两项为开环观测值，第 3 项 $L[y(k) - C\hat{x}(k)]$ 为观测误差修正项。当观测器初始状态与系统初始状态相同，且模型参数准确，系统扰动较小时，观测值与真实状态本身已比较接近，因此不需要做太多的修正，故增益 L 可取得较小，对应于观测器极点离原点较远。但事实上，观测器初始值与系统初始状态一般是不可能相同的，引入误差反馈修正的主要目的就是修正由初始值不同或系统扰动引起的较大观测误差，同时也可在一定程度上克服模型参数不准确对观测值的影响。为了在出现这类较大观测误差时观测器也能较快地跟踪真实状态，就必须增强修正项力度，需要取较大的增益 L，即观测器极点应更靠近原点。但是，如果输出 $y(k)$ 中存在较大的测量噪声，该噪声就会随增益 L 的放大直接叠加在观测值 $\hat{x}(k)$ 中，而这个含有较大噪声的观测值又直接通过状态反馈增益 K 进入反馈控制律中，从而对系统控制性产生较大的不利影响。

综合以上分析可知，观测器的极点应根据对闭环系统整体性能的要求综合考虑折中选择。一般地，先根据闭环系统性能指标的要求确定相应的控制极点，即系统主导极点，并按极点配置设计状态反馈增益 K。若系统输出测量中不存在较大的噪声，通常可按观测器的状态跟踪速度为控制极点所对应的系统响应速度的 2~6 倍来选择观测器极点，这就使得整个系统的性能主要由控制极点（即系统主导极点）决定，并由此设计观测误差反馈增益 L；但是，如果测量噪声很大，其状态跟踪速度将按低于 2 倍系统响应速度设计，此时，观测器极点将对系统性能产生较大影响，一般需要与控制极点综合考虑，反复设计并进行仿真分析，直至满足闭环系统整体性能要求。

8.4.4 带观测器的状态反馈控制系统的控制器

以上讨论了带观测器的状态反馈控制系统的结构与设计原理，设计分为状态反馈设计与观测器设计两个部分，分别得到相应的状态反馈增益矩阵 K 与观测误差反馈增益矩阵 L，对于整个控制系统，将上述两部分设计结果结合起来，便构成该系统的数字控制器，即如图 8.11 的虚线框部分所示。下面讨论该控制器完整的数学描述。

以预报观测器为例，即观测器基本方程如式（8.62）所示，不失一般性，引入状态反馈控制律为

$$u(k) = r(k) - K\hat{x}(k) \tag{8.63}$$

式中 $r(k)$ 为参考输入，将式（8.63）代入观测器方程，有

$$\hat{x}(k+1) = [A - BK - LC]\hat{x}(k) + Br(k) + Ly(k) \tag{8.64}$$

式（8.64）与式（8.63）就是带观测器的状态反馈控制器的完整状态空间描述，式（8.64）为控制器的状态方程，式（8.63）为控制器输出方程。可见该数字控制器的特性主要由矩阵 $[A - BK - LC]$ 确定，其特征方程为

$$\det[zI - A + BK + LC] = 0 \tag{8.65}$$

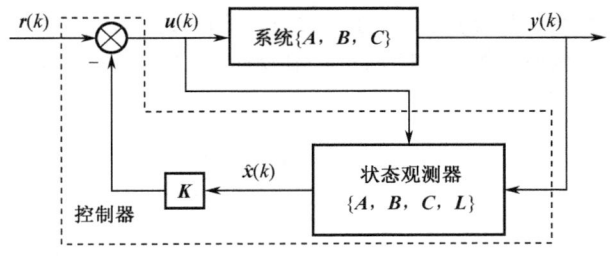

图 8.11 带状态观测器的状态反馈控制器结构图

对于单输入单输出系统，该控制器可以视为一个数字滤波器，并可以写出其 z 传递函数形式。下面分调节问题与跟踪问题两种情况进行讨论。

对于调节问题，一般参考输入 r 为零，此时，调节器的输入为闭环系统的输出 $y(k)$，而输出为控制量 $u(k)$，该调节器的状态空间描述为

$$\hat{x}(k+1) = [A - BK - LC]\hat{x}(k) + Ly(k)$$
$$u(k) = -K\hat{x}(k) \tag{8.66}$$

对式（8.66）在零初始条件下取 z 变换，可得

$$z\hat{X}(z) = [A - BK - LC]\hat{X}(z) + LY(z)$$
$$U(z) = -K\hat{X}(z) \tag{8.67}$$

在式（8.67）中消去状态观测变量 $\hat{X}(z)$，可得调节器的 z 传递函数形式，即

$$D_t(z) = \frac{U(z)}{Y(z)} = -K[zI - A + BK + LC]^{-1}L \tag{8.68}$$

由 z 传递函数描述的单输入单输出调节系统结构图如图 8.12 所示，其中，$G(z)$ 为被控系统（原系统）的 z 传递函数。

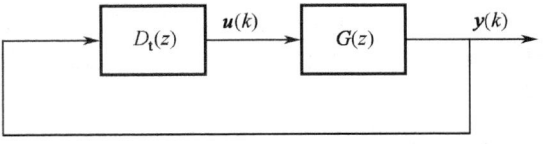

图 8.12 调节系统 z 传递函数描述结构图

值得注意的是，由式（8.68）给出的数字控制器的 z 传递函数在形式上必然会有一个采样周期的滞后，这也是在数字控制器的具体实现中需要加以考虑的问题。

对于跟踪问题，$r(k)$ 不为零，且一般为恒值或固定变化规律的指令信号，此时数字控制器状态空间描述即为式（8.64）与式（8.63），即控制器的输出仍为 $u(k)$，但有两个输入，分别为参考输入 $r(k)$ 与闭环系统输出 $y(k)$。为了得到控制器的 z 传递函数形式，分别以 $r(k)$ 和 $y(k)$ 独立输入讨论，其中 $y(k)$ 独立输入时的 z 传递函数与上述调节器相同，下面主要分析 $r(k)$ 单独作用（即 $y(k) = 0$）时的 z 传递函数。此时，控制器的状态空间描述为

$$\hat{x}(k+1) = [A - BK - LC]\hat{x}(k) + Br(k)$$
$$u(k) = r(k) - K\hat{x}(k) \tag{8.69}$$

对式（8.69）在零初始条件下取 z 变换，可得

$$z\hat{X}(z) = [A - BK - LC]\hat{X}(z) + BR(z)$$
$$U(z) = R(z) - K\hat{X}(z) \tag{8.70}$$

消去式（8.70）中变量 $\hat{X}(z)$，可得 $r(k)$ 到 $u(k)$ 的 z 传递函数形式为

$$D_r(z) = \frac{U(z)}{R(z)} = -K[zI - A + BK + LC]^{-1}B + 1 \tag{8.71}$$

显然，$D_r(z)$ 是不存在滞后的。将 $D_t(z)$ 与 $D_r(z)$ 组合在一起，就可得到用 z 传递函数描述的跟踪系统结构图，如图 8.13 所示。由 $D_t(z)$ 与 $D_r(z)$ 组合即可实现跟踪问题中的数字控制器。

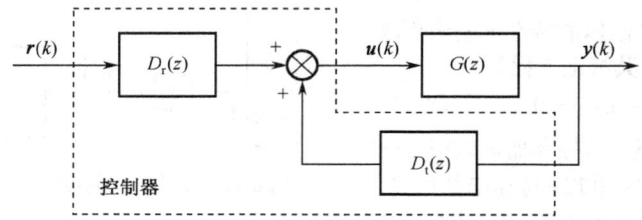

图 8.13　跟踪系统 z 传递函数描述结构图

以上分别针对调节问题与跟踪问题，就其相应的调节器或控制器的状态空间描述与 z 传递函数形式进行了讨论，以便于控制器的数字实现。事实上，由带观测器的状态反馈控制系统结构图就可以得到上述控制器的一种直接的实现形式，相关内容将在第 11 章中讨论。

8.4.5　设计举例

例 8.9　卫星的空间姿态控制通常是通过其三轴姿态控制系统来完成的。这里仅考虑其各个单轴姿态控制系统。在不考虑系统扰动的情况下，单轴姿态控制的运动方程可表示为

$$J\ddot{\theta} = M_C$$

其中，J 为卫星关于其质心的转动惯量，M_C 为其对应轴姿态控制发动机的控制力矩，θ 则为卫星该轴相对于其惯性参考轴的角度。令 $u = M_C/J$，则有

$$\ddot{\theta} = u$$

将 u 作为该单轴姿态控制中被控系统的控制输入量，θ 为被控量，采用计算机控制，设采样周期 $T = 0.1$ 秒，试设计带状态观测器的状态反馈控制规律，以保持卫星在该轴上的姿态，并要求闭环系统具有等效于 s 平面阻尼比 $\zeta = 0.5$ 和实部为 1.8 rad/s 的特征根所确定的闭环特性。

解　选择状态变量 $x_1 = \theta$，$x_2 = \dot{\theta}$，可得被控系统的连续状态空间描述

$$\begin{bmatrix} \dot{x}_1 \\ \dot{x}_2 \end{bmatrix} = \begin{bmatrix} 0 & 1 \\ 0 & 0 \end{bmatrix} \begin{bmatrix} x_1 \\ x_2 \end{bmatrix} + \begin{bmatrix} 0 \\ 1 \end{bmatrix} u(t) \qquad y(t) = \begin{bmatrix} 1 & 0 \end{bmatrix} \begin{bmatrix} x_1 \\ x_2 \end{bmatrix}$$

加零阶保持器将其离散化（$T = 0.1\text{s}$），可得被控系统的离散状态空间描述为

$$\begin{bmatrix} x_1(k+1) \\ x_2(k+1) \end{bmatrix} = \begin{bmatrix} 1 & 0.1 \\ 0 & 1 \end{bmatrix} \begin{bmatrix} x_1(k) \\ x_2(k) \end{bmatrix} + \begin{bmatrix} 0.005 \\ 0.1 \end{bmatrix} u(k) = Ax(k) + Bu(k)$$

$$y(k) = \begin{bmatrix} 1 & 0 \end{bmatrix} \begin{bmatrix} x_1(k) \\ x_2(k) \end{bmatrix} = Cx(k)$$

(1) 状态反馈设计

由于要求保持姿态,即维持与当前惯性参考方向一致,相当于维持角度 $\theta = 0$ 不变,故本问题为调节问题,因此,引入状态反馈控制律为

$$u(k) = -Kx(k)$$

其中,$K = [k_1 \quad k_2]$,于是可得闭环系统离散状态方程为

$$x(k+1) = (A - BK)x(k)$$

其闭环特征多项式为

$$\det[zI - A + BK] = z^2 + (0.005k_1 + 0.1k_2 - 2)z + (0.005k_1 - 0.1k_2 + 1)$$

根据二阶连续系统阻尼比、自然频率与闭环特征根的关系,即

$$s_{1,2} = -\zeta\omega_n \pm j\omega_n\sqrt{1-\zeta^2}$$

可得 s 平面的期望特征根为

$$s_{1,2} = -1.8 \pm j3.12$$

由映射关系 $z = e^{sT}$ 可得 z 平面的期望极点为

$$z_{1,2} = 0.8 \pm j0.25$$

即期望的闭环特征多项式为

$$\Delta_K(z) = z^2 - 1.6z + 0.7$$

与状态反馈闭环特征多项式比较,有

$$0.005k_1 + 0.1k_2 - 2 = -1.6 \qquad 0.005k_1 - 0.1k_2 + 1 = 0.7$$

于是解得

$$k_1 = 10, \quad k_2 = 3.5$$

也可由 MATLAB 的 acker 函数直接求解,即

        A=[1 0.1;0 1];
        B=[0.005;0.1];
        p=[0.8+i*0.25;0.8- i*0.25];
        K=acker(A, B, p)

其输出结果为

    K =
        10.2500   3.4875

上述 MATLAB 计算结果与手工计算结果的偏差是由于计算机运算过程中的舍入误差引起的。

(2) 观测器设计

根据带观测器的状态反馈系统极点设计原则,选择观测器极点为 $z_{1,2} = 0.4 \pm j0.4$,其对应于 s 平面的阻尼比 $\zeta \approx 0.6$,自然频率 ω_n 约为控制极点对应频率的三倍。由此可得观测器的期望特征多项式为

$$\Delta_L(z) = z^2 - 0.8z + 0.32$$

选择预报观测器形式,即

$$\hat{x}(k+1) = [A - LC]\hat{x}(k) + Bu(k) + Ly(k)$$

其中 $L=[l_1,\ l_2]^T$，于是，可得观测器的特征多项式为

$$\det[zI-A+LC]=z^2+(l_1-2)z+(0.1l_2-l_1+1)$$

与期望特征多项式比较，有

$$l_1-2=-0.8 \qquad 0.1l_2-l_1+1=0.32$$

解得 $l_1=1.2, l_2=5.2$。同样，也可直接利用 MATLAB 求解 L，即

```
A=[1 0.1;0 1];
C=[1 0];
p=[0.4+i*0.4;0.4- i*0.4];
L=acker(A', C', p)'
```

其计算结果为

$L=$
1.2000
5.2000

由此可得状态观测器为

$$\hat{x}(k+1)=[A-LC]\hat{x}(k)+Bu(k)+Ly(k)$$
$$=\begin{bmatrix}-0.2 & 0.1\\-5.2 & 1\end{bmatrix}\hat{x}(k)+\begin{bmatrix}0.005\\0.1\end{bmatrix}u(k)+\begin{bmatrix}1.2\\5.2\end{bmatrix}y(k)$$

（3）控制系统结构与控制器

将上述观测器与状态反馈规律结合起来便得到控制器结构，如图 8.14 所示。即此时引入的状态反馈为

$$u(k)=-K\hat{x}(k)$$

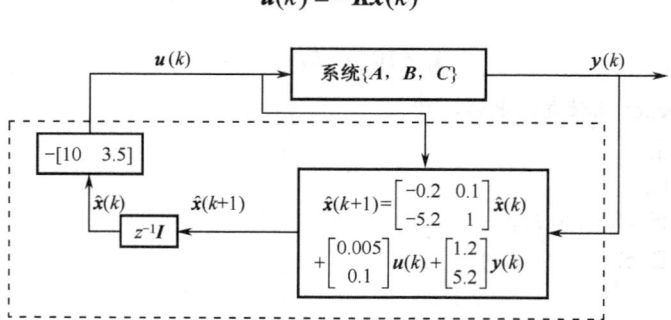

图 8.14 例 8.9 中控制系统结构图

图中虚线框部分即对应数字控制器的一种直接算法，可见，该算法从输入到输出之间存在一步延迟。

由式（8.68）可以得到该控制器的 z 传递函数形式

$$D(z)=\frac{U(z)}{Y(z)}=-K[zI-A+BK+LC]^{-1}L=-30.4\frac{z-0.825}{z^2-0.4z+0.349}$$

同样可见，由 $D(z)$ 所得的差分算式中，其输入 y 与输出 u 之间也将存在一个周期的延迟。

由上述直接算法或控制器 $D(z)$ 对应算法所得的系统仿真效果如图 8.15 所示。

由仿真结果可见，在初始状态受到某种扰动偏离期望状态时，系统在状态反馈控制作用下，能较快地调节到零状态。同时，由图 8.15(b)可见，其状态观测器的观测值也较好地跟踪了实际状态。

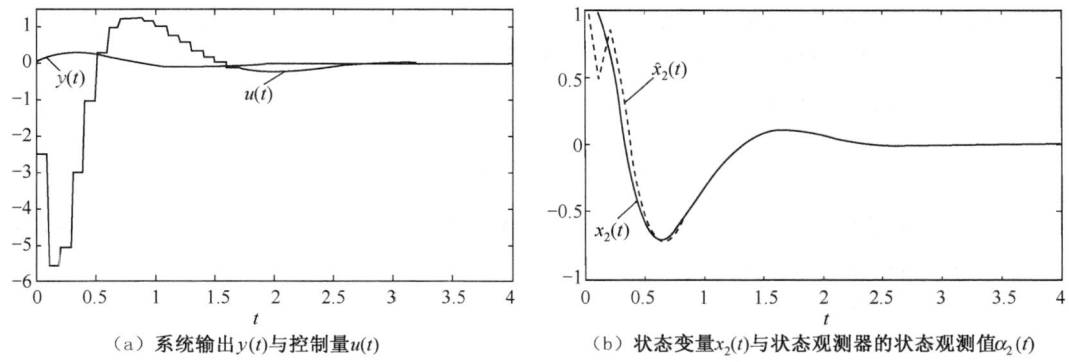

(a) 系统输出 $y(t)$ 与控制量 $u(t)$　　　(b) 状态变量 $x_2(t)$ 与状态观测器的状态观测值 $\hat{x}_2(t)$

图 8.15　例 8.9 的仿真结果

本例的状态观测器还可设计成现时观测器或降维观测器形式，具体设计问题留给读者作为习题。

本 章 小 结

计算机控制系统的状态空间设计主要有状态反馈与输出反馈两种控制结构。状态反馈控制结构由于是全状态信息的反馈，可以获得更为有效的控制规律，并且在系统状态完全可控的前提下，可以通过状态反馈设计任意配置闭环控制系统的极点。输出反馈是反馈控制系统的最基本形式，但是，由于输出变量一般都比状态变量少，即输出变量的个数一般都低于系统的维数，输出信息包含的信息并不是系统的全部信息，因此，通过输出反馈一般并不能任意配置闭环极点，即输出反馈增益矩阵参数的变化对应闭环系统一定的根轨迹，而并非整个状态空间，其极点只能配置于其根轨迹上。这也是状态反馈和状态空间方法优越于经典反馈控制理论的一个重要特征。

基于上述原因，本章重点讨论的是状态反馈设计，而对于输出反馈设计，主要给出了其基本概念与性质，而在设计上一般是寻求一定条件下输出反馈与状态反馈的等价关系，由此得到形式上是输出反馈，而本质上却是状态反馈的闭环控制系统。

状态反馈控制结构需要通过获取系统的状态信息进行反馈控制，而状态信息一般是不能完全直接测量的，于是需要通过其他途径来获取状态信息。一种方法是如果系统的状态变量可以表示成输出变量的线性组合，则可直接用系统的输出变量线性组合表示状态信息，其实这就是形式上的输出反馈，但这种方法的前提条件一般较难满足；另一种常用的方法就是构造状态观测器，其中较常规的方法是直接利用系统的动态模型与输出序列来构造状态观测器，构造观测器的前提条件是系统状态完全可观，同时，如果系统状态完全可观，则可以任意配置观测器的极点，常用的有预报观测器、现时观测器和降维观测器等。

将状态观测器与状态反馈控制规律结合起来便构成了带状态观测器的状态反馈控制系统。带状态观测器的状态反馈控制系统设计可以将状态观测器与状态反馈控制规律分开来设计，二者在主要性能上互不影响，这就是分离性设计原理。将所设计的状态观测器与状态反馈规律结合起来就得到实际可实现的状态反馈控制规律，即状态反馈控制器。

习题与思考题

8.1　设被控系统的状态方程为

$$\boldsymbol{x}(k+1) = \begin{bmatrix} 0 & 1 \\ -0.16 & 1 \end{bmatrix} \boldsymbol{x}(k) + \begin{bmatrix} 0 \\ 1 \end{bmatrix} \boldsymbol{u}(k)$$

引入状态反馈控制规律 $u(k) = -Kx(k)$，试用系数匹配法确定其状态反馈增益矩阵 K，使系统具有闭环极点 $z_{1,2} = 0.5 \pm j0.5$，并画出闭环系统结构图。

8.2 设被控系统的状态方程为

$$x(k+1) = \begin{bmatrix} 0 & 1 \\ -1 & 1 \end{bmatrix} x(k) + \begin{bmatrix} 0 \\ 1 \end{bmatrix} u(k)$$

引入状态反馈控制规律 $u(k) = -Kx(k)$，试用可控标准型法确定其状态反馈增益矩阵 K，使系统具有闭环极点 $z_1 = 0.2$ 与 $z_2 = 0.5$。

8.3 设被控系统的状态方程为

$$x(k+1) = \begin{bmatrix} 0.16 & 2.16 \\ -0.16 & -0.16 \end{bmatrix} x(k) + \begin{bmatrix} -1 \\ 1 \end{bmatrix} u(k)$$

引入状态反馈控制规律 $u(k) = r(k) - Kx(k)$，试用阿克曼公式法确定其状态反馈增益矩阵 K，使系统具有闭环极点 $z_{1,2} = 0.5 \pm j0.4$，并画出闭环系统结构图。

8.4 设被控系统的状态方程为

$$x(k+1) = \begin{bmatrix} 0 & 1 & 0 \\ 0 & 0 & 1 \\ -2 & 1 & -1 \end{bmatrix} x(k) + \begin{bmatrix} 0 \\ 0 \\ 1 \end{bmatrix} u(k)$$

引入状态反馈控制规律 $u(k) = r(k) - Kx(k)$，试确定其状态反馈增益矩阵 K，使系统具有闭环极点 $z_{1,2} = 0.5 \pm j0.25, z_3 = 0.5$。

8.5 设被控系统的状态方程为

$$x(k+1) = \begin{bmatrix} 1 & 0 & 0 \\ 0 & 0.5 & 0 \\ 0 & 0 & -1 \end{bmatrix} x(k) + \begin{bmatrix} 2 & 0 \\ -1 & 1 \\ 3 & 0 \end{bmatrix} u(k)$$

引入状态反馈调节规律 $u(k) = -Kx(k)$，试确定其状态反馈增益矩阵 K，使其为有限拍状态反馈调节器（即系统闭环极点均在 $z=0$ 处）。

8.6 设原开环系统的状态空间描述为

$$x(k+1) = \begin{bmatrix} 0 & 1 \\ -0.16 & 1 \end{bmatrix} x(k) + \begin{bmatrix} 0 \\ 1 \end{bmatrix} u(k) \qquad y(k) = \begin{bmatrix} 1 & 0 \\ 1 & 1 \end{bmatrix} x(k)$$

能否通过引入输出反馈 $u(k) = -Fy(k)$ 来任意配置闭环系统极点？为什么？如能够，试求输出反馈矩阵 F，使系统的闭环极点为 $z_{1,2} = 0.5 \pm j0.5$。

8.7 设系统的状态空间描述为

$$x(k+1) = \begin{bmatrix} 3 & -2 \\ 1 & 0 \end{bmatrix} x(k) + \begin{bmatrix} 1 \\ 2 \end{bmatrix} u(k) \qquad y(k) = \begin{bmatrix} 0 & 1 \end{bmatrix} x(k)$$

试设计预报状态观测器，并要求观测器具有特征值 0.1 与 0.3。

8.8 设系统的状态空间描述为

$$x(k+1) = \begin{bmatrix} -2 & 1 & 0 \\ -1 & 0 & 1 \\ 1 & 0 & 0 \end{bmatrix} x(k) + \begin{bmatrix} 1 & -2 \\ 1 & 1 \\ 1 & -1 \end{bmatrix} u(k) \qquad y(k) = \begin{bmatrix} 1 & 0 & 0 \end{bmatrix} x(k)$$

试设计一个所有特征值均为 0.5 的预报状态观测器。

8.9 设系统的状态空间描述为

第 8 章 计算机控制系统的状态空间设计

$$x(k+1) = \begin{bmatrix} 0.5 & 1 \\ -0.25 & 0 \end{bmatrix} x(k) + \begin{bmatrix} 2 \\ -2 \end{bmatrix} u(k) \qquad y(k) = \begin{bmatrix} 1 & 0 \end{bmatrix} x(k)$$

试设计现时状态观测器，并要求观测器具有的特征值均为 0.2。

8.10 设系统的状态空间描述为

$$x(k+1) = \begin{bmatrix} 3 & 1 & 0 \\ -2 & 0 & 1 \\ 1 & 0 & 0 \end{bmatrix} x(k) + \begin{bmatrix} 1 \\ 2 \\ -2 \end{bmatrix} u(k) \qquad y(k) = \begin{bmatrix} 1 & 0 & 0 \end{bmatrix} x(k)$$

试设计一个有限拍预报状态观测器（即观测器所有特征值均为 0）。

8.11 设系统的状态空间描述为

$$x(k+1) = \begin{bmatrix} 1 & 2 \\ 0 & -1 \end{bmatrix} x(k) + \begin{bmatrix} 4 \\ 4 \end{bmatrix} u(k) \qquad y(k) = \begin{bmatrix} 2 & 3 \end{bmatrix} x(k)$$

试设计降维（一维）状态观测器，并要求观测器具有特征值 0.25。

8.12 设系统的状态空间描述为

$$x(k+1) = \begin{bmatrix} 3 & 0 & 1 \\ -2 & -1 & 0 \\ 0 & 1 & 1 \end{bmatrix} x(k) + \begin{bmatrix} 3 & -1 \\ 0 & 0 \\ 2 & -2 \end{bmatrix} u(k) \qquad y(k) = \begin{bmatrix} 0 & 1 & 1 \end{bmatrix} x(k)$$

试设计降维（二维）状态观测器，并要求观测器具有特征值 $\pm j0.25$。

8.13 设被控系统的状态空间描述为

$$x(k+1) = \begin{bmatrix} -1 & 0 \\ 1 & 2 \end{bmatrix} x(k) + \begin{bmatrix} 1 \\ 1 \end{bmatrix} u(k) \qquad y(k) = \begin{bmatrix} 1 & 1 \end{bmatrix} x(k)$$

（1）试设计带状态观测器的状态反馈调节系统，其中反馈系统具有闭环极点 0.25 与 0.5，而观测器的特征值均为 0，求相应的状态反馈控制规律与状态观测器；

（2）求该调节器的 z 传递函数。

8.14 设被控系统的状态空间描述为

$$x(k+1) = \begin{bmatrix} -1 & 0 \\ 1 & 2 \end{bmatrix} x(k) + \begin{bmatrix} 1 \\ 1 \end{bmatrix} u(k) \qquad y(k) = \begin{bmatrix} 1 & 1 \end{bmatrix} x(k)$$

（1）试设计带一维状态观测器的状态反馈调节系统，其中反馈系统具有的闭环极点均为 0.25，而观测器的特征值为 0，求相应的状态反馈控制规律与状态观测器；

（2）求该调节器的 z 传递函数。

8.15 已知某飞机纵向运动简化离散状态空间描述为

$$x(k+1) = \begin{bmatrix} 0.9250 & 0.0953 \\ -0.9363 & 0.9188 \end{bmatrix} x(k) + \begin{bmatrix} -0.0344 \\ -0.6240 \end{bmatrix} u(k) \qquad y(k) = \begin{bmatrix} 0 & 1 \end{bmatrix} x(k)$$

（1）试设计状态反馈调节规律，使闭环系统的两个极点均为 0.7；

（2）若 x_1 不能直接测取，试设计一个一维状态观测器进行估计，并使观测器的极点为 0.4；

（3）求该调节系统调节器的 z 传递函数。

8.16 试分别用现时观测器与降维观测器形式完成例 8.9 控制系统的设计，并通过仿真分析，比较其控制性能。

第 9 章 分级分布式计算机控制系统

分级分布式计算机控制系统是在计算机监督控制系统、直接数字控制系统和计算机多级控制系统的基础上发展起来的，面向较复杂的或控制规模较大且控制点较为分散的工业过程控制的一种控制系统架构，是同时将控制与管理结合起来的具有分级分散性结构的控制系统，而集散控制系统（DCS）与现场总线控制系统（FCS）是其应用得较多的具体体现形式。分级分布式计算机控制系统由多台计算机分别控制生产过程中的多个控制回路，同时又可集中获取数据、集中管理和集中控制的自动控制系统。各回路之间和上下级之间通过数据通道交换信息。

分级分布式计算机控制系统所涉及的问题较广泛，与之密切相关的有大系统理论、递阶控制理论、数据通信及分布式数据库等方面。鉴于本书任务所限及篇幅所限，本章仅简要介绍分级分布式计算机控制系统的基本理论，并对其具体应用形式，即集散控制系统与现场总线控制系统进行介绍。

9.1 分级分布式计算机控制系统基本原理

分级分布式计算机控制系统比较复杂，涉及许多新的理论与技术。本节主要介绍有关的基本知识，以便读者了解分级分布式计算机控制系统的基本思想，也为后面分析集散控制系统与现场总线控制系统打下基础。

9.1.1 分级分布式计算机控制系统的产生

最早形成的经典控制论以研究单变量系统为主，这与当时的生产水平还比较低相适应，而用常规方式实现经典控制论提供的控制方案困难不大，所谓常规方法是指除计算机之外的所有方法，比如过程控制中的自动化仪表，逻辑控制中的继电器、接触器，运动控制中的晶闸管及电子调节器、触发器等。现代控制论研究多输入多输出系统，这与比较复杂的生产过程相适应，它研究五个基本问题：最优控制、最优估计、随机最优控制、动态系统辨识和自适应控制。它围绕的核心是面对一个复杂对象怎样实现按某一目标的最优控制。对象的复杂性表现在：有些状态不能直接测量，必须进行估计；对象受到随机扰动；而对象的参数又在动态地变化着，因此，现代控制论提供的控制方案从结构上看是多回路的，甚至需要改变结构。采用的控制算法通常比较复杂，有些系数需要随时修改。对于这样的控制方案，用常规方法实现起来十分困难，甚至根本行不通，用计算机软件去实现，相对而言要容易得多，改变结构与参数也很方便。因此，计算机控制系统是实现现代控制论的有效手段与先进工具。

随着现代化的工业生产规模日益庞大，生产工艺过程更加复杂，生产对象越来越表现出工业大系统的性质来：具有高维的被控对象；整个系统的性能不仅体现在单个对象上，同时还体现在对象之间的相互关联特性上；系统地域分布很广。大系统理论正是研究这种变量维数多、地理分布广又十分复杂的对象，这些特殊性则要求大系统理论提出与现代控制论不同的解决问题的方案来。由于对象比较复杂、维数多、地域广，大系统理论解决这种问题的思路是先设法把大系统分解为若干子系统，使每个子系统的维数减少、复杂程度降低、地域相对也比较集中。由此形成了两种不同的基本控制结构：递阶控制与分散控制，分别如图 9.1 和图 9.2 所示。

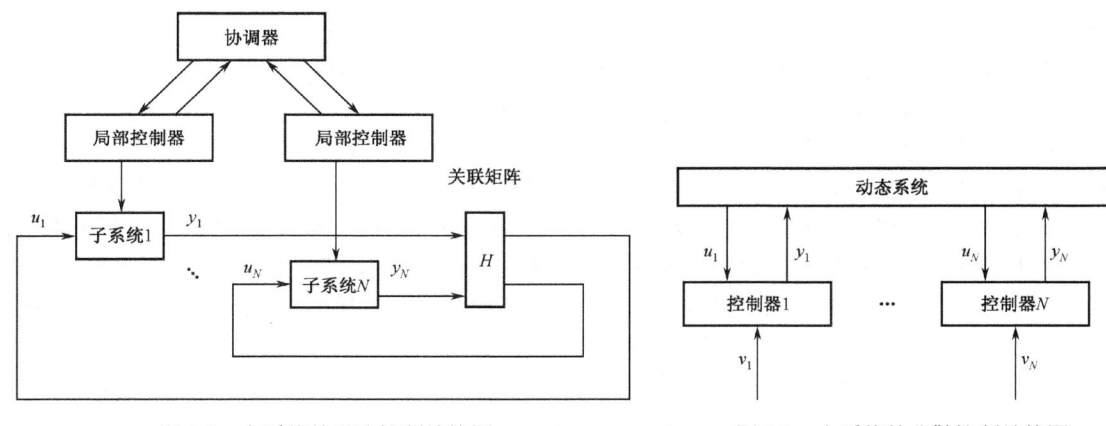

图 9.1　大系统的递阶控制结构图　　　　图 9.2　大系统的分散控制结构图

面对变量众多、结构复杂的大系统，要解决的是整体的总目标函数最优化问题。总目标函数不但包括产量、质量等指标，还包括能耗、成本、污染等各种综合指标。这些指标反映了技术、经济、环境等各方面的要求。整体的最优化又可分成动态最优化和静态最优化两个方面。动态最优化解决生产过程的最优化，静态最优化则解决生产的规划、组织、决策、管理的最优化。显然，对一个复杂的大系统进行直接多目标最优化控制是很困难的，几乎不可能实现。为了实现工程大系统的最优化控制，递阶控制结构采用分解-协调控制方法。所谓分解，就是在设计过程中，将高阶对象的大系统划分为若干低阶小系统，并解除小系统之间的耦合，使它们之间相互独立，以便使用一般最优化控制理论，设计局部控制器，分别控制各个小系统，使之最优化。系统的分解包括对象的分解和目标函数的分解。所谓协调，就是在局部最优化的基础上考虑各子系统之间的相互影响及相互耦合作用，设计协调控制器，使各局部控制器之间协调起来，达到整个系统的最优化。整个控制结构包含许多局部控制器及协调控制器，上下级需要通信。

分散控制结构采用分散控制方法。图 9.2 表示分散控制结构框图。表面看上去，似乎它与常规仪表控制很类似，都是孤立地对一个或几个参数进行控制，相互之间不发生联系。其实它们是完全不同的两种控制方式。常规仪表控制确实是对于系统进行孤立控制，而大系统分散控制尽管表面上是各个分散控制器对各个子系统进行孤立控制，其实不然，在设计各分散控制器时，是在承认各个子系统相互关联的基础上进行的，它必须解决两个问题：一个是分散化镇定问题，即按某种原则使各个子系统镇定，从而保证整个大系统也稳定。另一个问题是对各个子系统实行分散的鲁棒控制，以确保当大系统中的参数摄动时，系统仍然稳定，而且品质也比较好。分散控制结构的各控制器之间不需要通信，这似乎比递阶控制结构简单，其实并不是这样，在设计分散控制结构时考虑了关联，使得分散控制器里的控制算法变得远比递阶控制结构的控制算法复杂，实现起来也困难得多。因此，目前对大系统的控制通常采用递阶控制结构，很少采用分散控制结构。

如果说由一台（或两台）计算机组成的集中控制系统能够实现现代控制论提供的复杂控制方案的话，那么要实现大系统理论提供的递阶控制结构则需要由数台计算机组成的系统。即前者为集中式计算机控制系统，后者为分散式计算机控制系统。在计算机控制发展的初期，几乎全是集中式系统。这是有客观原因的，因为当时计算机的价格比较昂贵，人们总希望它能承担较多的任务，尤其是当时一些大型生产装置或过程的测量控制点比较多，需要集中在操作室由一两个人全面监视，这样集中式控制就显出一定的优越性。但是在使用了一段时间后，发现了许多缺点，一是由于集中式系统主机过于庞大，所以可靠性较差，而一旦失效就会影响全局，造成很大损失；二是在同一台计算机上完成不同任务，无效开销太大，反应不及时；三是缺乏扩展的灵活性；四是如果被控设备或信息源距主机过远，所用线缆过多过长会造成投资的大量增加。后来由于小型机特别是微型机的出现，使得系统总成本中主机所占比重降低了很多,这样就对一些控制对象或管理对象分处各地的系统采取了分散式的结构。这种分散式系统比集中式系统或"群控"系统要优越得多。在分散式系统中,每一台计算机只控制或管理一个子系统,各有各的目标与运行方式,整个系统的可靠性有了很大的提高。其原因是子系统规模小,所用计算机也较小,涉及的电子器件与装置较少,可靠性就相对较高;另一方面,一个子系统失效只影响局部,不会波及全局,反应也比较及时。因为计算机分处各地,不需要像集中式那样,用过多的通信线缆,系统的扩展也比较容易。但是对一个系统整体来说,各子系统之间总要有联系,系统要有总的目标,各子系统要按总目标加以协调。为了完成这一任务,就产生了所谓分级分布式系统,通常也称为分布式系统。分布式计算机控制系统是本着功能分散、管理集中的思路开发的,即以分散的控制来适应分散的过程对象这一现实,以集中的监视、操作和管理达到掌控全局的目的。分布式计算机控制系统是实现大系统综合控制的理想方案。

9.1.2 分级分布式计算机控制系统的组成原理

分级分布式计算机控制系统,是一种多计算机系统,它们按照一定的结构组织在一起,配以软件及其他辅助设备,共同完成对工业大系统的控制任务。

1. 系统的基本组成

分级分布式计算机控制系统的基本组成如图 9.3 所示,包括:过程对象、过程通道、局部控制或数据采集用的计算机(也称下位机)、通信子网、监控计算机(也称上位机)及操作台。

(1) 过程对象:分级分布式计算机控制系统的过程对象一般比较大,可以是一个工段,一个车间,一家工厂,甚至一家公司,形成一个工业大系统。

(2) 过程通道:它是过程对象与下位机之间传递信息的通道,分为模拟量通道、数字量通道(含开关量)。它们实现数据采集,电平、功率转换,A/D、D/A 转换,控制量输出等功能。工业大系统地域分布比较广,因此对过程通道的传输距离、抗干扰能力都有一定要求。

(3) 下位机:局部控制用的计算机,可以为上位机采集数据,但主要承担 DDC 直接控制任务。当采用分解-协调控制方式时,还要完成局部决策任务,它带着必要的外设,实现子系统的人机交互。

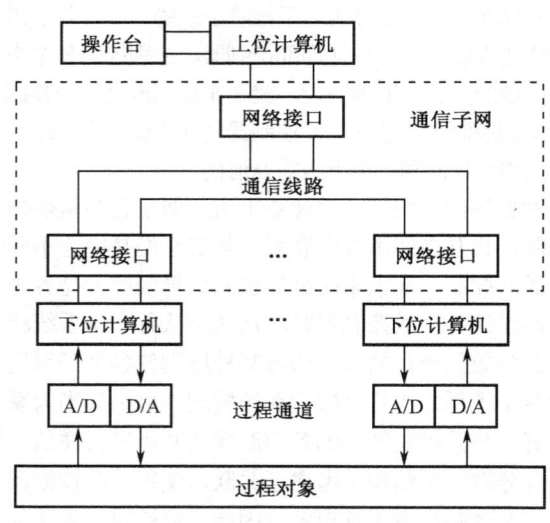

图 9.3 分级分布式计算机控制系统的基本组成

数据采集用的计算机具有数据巡回采集功能和数据处理功能。下位机设置相应的通信机制后,可接入通信子网,与上位机通信。

(4) 上位计算机与操作台:它们既要承担协调控制与企业管理任务,又要作为人机接口,实现集中显示、集中操作、集中报警、集中记录等功能。它们配有通信机制,以便联网。

(5) 通信子网:它是分级分布式计算机控制系统最关键的部分,是把各部分联系在一起的纽带。由网络接口与通信线路两部分组成。

2. 几种常见的组织方案

分级分布式计算机控制系统常采用三种拓扑结构,即星形、总线形与环形拓扑结构。通信子网的通信线路大多采用串行总线,也有采用并行总线的。网络接口含 CPU 或用接口芯片。由于拓扑结构不同、网络接口不同、采用的总线不同,使得分级分布式计算机控制系统有不同的组织方案。

(1) 并行方式的组织方案

所谓并行组织方案 (PIO),是指网络接口为并行可编程接口芯片,而通信线路为并行总线的分级分布式计算机控制系统的组织方案。依据各计算机连接时采用的不同拓扑结构,PIO 组织方案又分为星形结构和总线形结构两种。

PIO 星形结构如图 9.4 所示,其拓扑结构为以上位计算机为中心节点的星形结构,网络接口为并行可编程接口芯片 (PIO);通信线路为并行总线。PIO 星形结构的特点是:网络接口为便宜而简单的可编程并行接口芯片;采用通信速度快的并行总线;星形结构的中心节点既是控制用的主计算机又是通信的主节点。主计算机采用主从方式管理通信,简单且易实现。但是,这种组织方案所需的信道昂贵,干扰比较严重,传送距离近。只有对那些通信速度要求高、地理上又比较集中的场合才考虑选用这种方案。

PIO 总线形结构如图 9.5 所示,其拓扑结构为总线形结构;网络接口为可编程并行接口芯片;通信线路采用并行总线。它与 PIO 星形结构的差别主要表现在拓扑结构上。这种方案相对于 PIO 星形结构方案来说,其信道费用明显下降,可编程并行接口芯片的用量显著减少,驱动费用下降。不过,这种方案的通信距离仍比较近,通信管理也比 PIO 星形结构要复杂一些。它既可以用主从方式也可以用分散方式管理通信。其通信速度较高,使用场合与 PIO 星形结构相似。

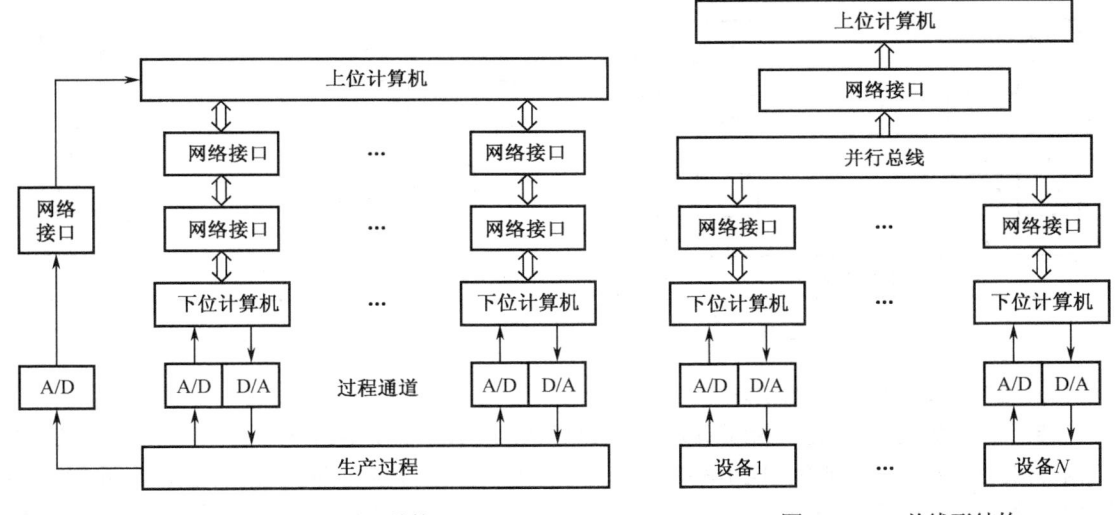

图 9.4　PIO 星形结构　　　　　　　图 9.5　PIO 总线形结构

(2) 串行方式的组织方案

所谓串行方式的组织方案 (SIO),是指网络接口为串行可编程接口芯片,通信线路为串行总线的分级分布式计算机控制系统的组织方案。依据各计算机连接时采用的不同拓扑结构,SIO 组织方案也可分为星形结构和总线形结构两种。

SIO 星形结构如图 9.6 所示,其通信线路为串行总线,网络接口为串行可编程接口芯片,拓扑结构为星形结构。由于网络接口用串行接口芯片充当,造价便宜,实现方便;信道费用比并行总线大大下降;串行总线条数少,驱动起来费用低。如果选用 RS-422 或 RS-423 电气标准,通信距离可达到 1.5 km,经过 Modem 调制解调,则可做远程传送。SIO 星形结构以星形中心节点为主,实行主从式通信管理,简单易实现。它是小型分级分布式计算机控制系统中常用的组织方案之一。

SIO 总线形结构如图 9.7 所示,其网络接口也为串行可编程接口芯片,通信线路也采用串行总线,但其拓扑结构为总线形结构而不是星形结构。SIO 总线形结构的通信线路共享,使信道费用进一步下降,串行接口芯片用量减半,驱动费用比 SIO 星形结构低,通信距离可达到同样指标。这种方式更适合用 Modem 调制解调,实现远程传送。但是由于总线共享,通信管理比较复杂,既可采用集中式存取控制也可采用分散式存取控制,还可组成逻辑环用令牌方式。不过后两种方式实现起来比较复杂,将大量占用主计算机时间,影响主计算机正常工作。因此,用接口芯片充当网络接口的总线结构多半采用集中式存取控制方式。这种组织方案便宜简单,较易实现,是分级分布式计算机控制系统常用的一种方案。

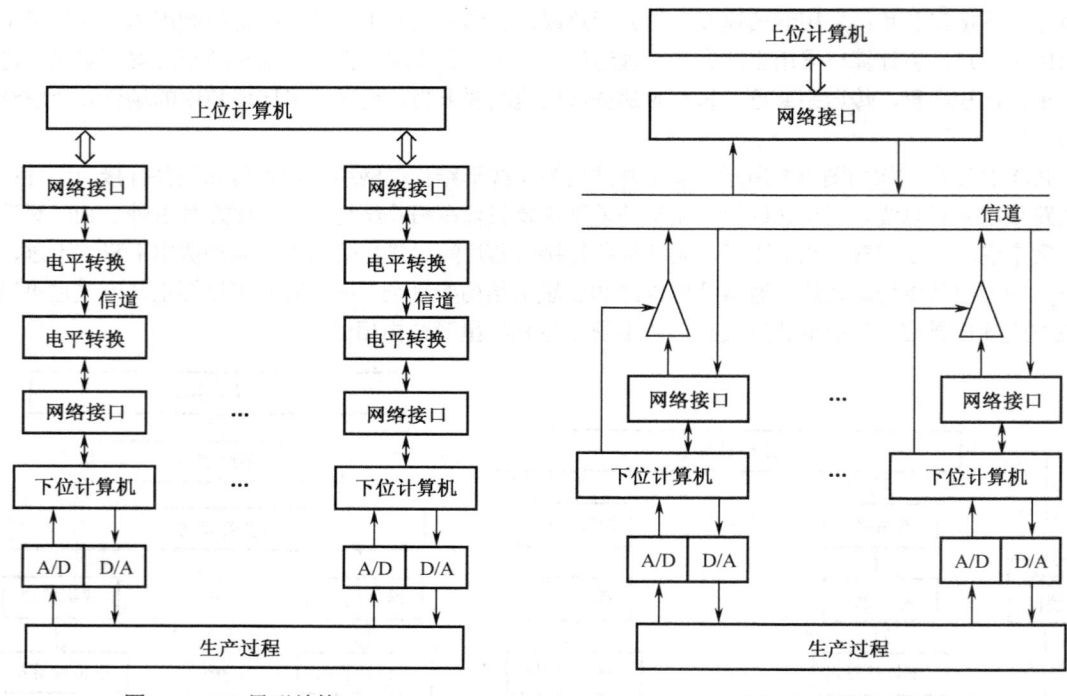

图 9.6　SIO 星形结构　　　　　　图 9.7　SIO 总线形结构

（3）网络接口含 CPU 的组织方案

如果上位计算机、局部控制用的计算机、数据采集用的计算机所承担的任务比较重,没有多余的时间来实现通信协议,这时就不能由串行接口芯片或并行接口芯片来单独充当网络接口,网络接口中必须含 CPU,由网络接口中的 CPU 实现一部分通信协议,为主机腾出时间来。采用网络接口含 CPU 的组织方案时,其通信线路均为串行线路,拓扑结构常取为星形、总线形、环形,也可把总线组成逻辑环。网络接口含 CPU 的组织方案,是分级分布式计算机控制系统中最常用、最基本的方案。

9.1.3　分级分布式计算机控制系统的评价

怎样具体评价一个分级分布式计算机控制系统的质量,是一个涉及许多因素的复杂的综合性问题。通常从下述几个方面进行系统评价。

1. 对系统控制质量的评价

这包括对采用的控制结构、设计的控制算法具有的各种功能及达到的控制指标的评价。一个优良的控制系统所采用的控制结构应当简单而且合理。控制算法也是评价控制质量的标准之一。控制算法有一个复杂程度与实现难易的问题。在能够实现指定功能的前提下，当然算法越简单越易实现越好，并应当设计成标准化模块。一个控制系统带有的控制算法越丰富，将来适应性越好。一个优良的系统还应当包含其他许多功能，比如入机对话功能、手动/自动切换功能、报警功能、自诊断功能、故障检测及维修功能等。

2. 对系统工程化程度的评价

系统工程化程度是一个很难具体描述的指标。一个工程化程度比较高的分级分布式计算机控制系统，只需用简单的方法做比较少的改动，就能适应于多种工业大系统。这就要求设置标准算法模块库，采用组态方式组织用户程序，生成各种控制系统、表格及图形。在硬件上，应当设置有限品种的单元，像搭积木一样，把它们组合起来，构成系统硬件。因此，标准算法库中标准算法的丰富程度、组态方法的难易与直观程度及硬件组合扩展的方便程度都可以用来衡量系统工程化程度。

3. 对系统实时性的评价

对系统实时性应当采用分级分回路分别进行评价，因为它们对实时性要求不同。不同的级对实时性的要求不同，愈靠近底层，实时性要求愈高。在同一级，不同的任务对实时性的要求也不相同。即使在同一台直接控制的计算机中，不同控制回路对实时性要求也是不一样的。实时性用"反应时间"来描述。凡反应时间小于或等于生产工艺对该任务要求的时间，则认为其实时性符合要求。当各级各回路所有任务的实时性均符合要求时，才能认为整个系统实时性符合要求。

4. 对系统可靠性的评价

实时控制系统对系统可靠性要求很高。系统可靠性有一套完整的衡量指标与设计方法。系统可靠性的主要指标有：系统设备故障率、系统故障累积概率、系统的利用率、系统平均无故障时间、修复时间等。提高系统可靠性的主要方法有硬件冗余、软件容错、故障检测及处理技术。

5. 对系统可扩展性的评价

为了适应生产的发展变化，可扩展性是必不可少的。对于一台控制计算机而言，可扩展性主要表现为留有多少过程通道，可提供多少存储容量，可以扩展几个接口，可以扩展多少内存，可以再增加几个采样点，增加几个控制回路。对于分级分布式计算机控制系统的每一台 DDC 计算机，其可扩展性的含义与上述含义相同。除此之外，对整个分级分布式计算机控制系统，可扩展性还表现为通信子网上可以增加新站，删除旧站，通信子网本身可以进一步扩展延伸。通信子网站数的扩展及通信子网本身扩展的难易程度与采用的拓扑结构有很大关系。

6. 对系统经济指标的评价

分级分布式计算机控制系统一次性投资很大，因此进行经济指标评价是必要的。通常采用性能价格比来评价。一种方法是与常规仪表比较，比较一下控制同样数量的参数，常规仪表的费用是多少，分级分布式系统的费用是多少。因为后者控制质量高，而这种比较方法只考虑了控制参数的数量，而未考虑质量，因此应当经加权后比较。如果生产本身要求必须用分级分布式计算机控制系统，则应当选择不同类型的分级分布式计算机控制系统进行比较，这时可以按技术性能指标选项比较，以确定选哪种型号。

9.2 集散控制系统

集散控制系统是分级分布式计算机控制系统在工业上的典型应用，是以满足现代化企业生产中控制对象相互关系日益复杂的要求为目标，从过程综合自动化的角度出发，以微型计算机为核心，集中处理信息和管理，而控制权分散的系统，即集中管理、分散控制类型的系统，称为集中分散型综合控制与管理系统，简称为集散型系统或集散系统（total Distributed Control System，DCS），亦称分散型综合控制系统。

9.2.1 集散控制系统的概念和特点

集散控制系统需要处理复杂的工业生产过程，既要分散控制又要集中管理，它的功能决定了必须采用递阶控制结构，而这种结构的优点也就显示出来，譬如这种系统结构灵活，容易改变，系统容量可以扩大或缩小；系统控制功能强，除了直接控制，还有现代控制相互配合；这种结构可降低信息存储量和计算量，减少计算时间；可配置备用子系统，降低成本，提高可靠性。简要地说，它是一个为满足大型工业生产和日益复杂的过程控制要求，从综合自动化的角度出发，按功能分散、管理集中的原则构思，具有高可靠性指标，以微处理器、微型计算机技术为核心的，与数据通信技术、CRT 显示、人机接口技术、输入/输出接口技术相结合的，用于生产管理、数据采集和各种过程控制的新型控制系统。DCS 是集先进的计算机技术、通信技术、CRT 技术和控制技术即 4C 技术于一体的新型控制系统。集散控制系统具有如下特点：

（1）分散性和集中性

DCS 的分散性是指控制分散、地域分散、设备分散、功能分散，从而危险分散，系统的可靠性和安全性得到提高。DCS 的集中性是指集中监视、集中操作和集中管理。

（2）自治性和协调性

DCS 的自治性是指系统中的各台计算机均可独立地完成分配给自己的任务。DCS 的协调性是指系统中的各台计算机用通信网络互连在一起，相互传送信息，相互协调工作，以实现系统的总体功能。DCS 的分散是相互协调的分散，各台分散的自主设备在统一集中管理和协调下各自分散独立地工作，构成统一的有机整体。

（3）友好性

DCS 为操作人员提供了友好的人机界面。DCS 的集中监控装置无论是采用专用人机接口系统还是采用通用 PC 系统，操作人员都能通过高分辨彩色显示器和操作键盘及鼠标等，方便地监视生产装置乃至整个工厂的运行情况，快捷地操控各种机电设备。

（4）灵活性和扩展性

DCS 的硬件和软件均采用开放式、标准化和模块化设计方式，容易解决系统的扩充与升级问题。DCS 硬件采用积木式结构，类似儿童搭积木那样，可灵活地配置成小、中、大各类系统。另外，还可根据企业的财力或生产要求，逐步扩展系统，改变系统的大小配置；DCS 软件采用模块式结构，利用组态方法构成各种控制回路，可根据生产工艺和流程的改变，随时修改方案，而不需要修改硬件配置。

（5）适应性

集散系统通过人机接口和 I/O 接口，可进行实时数据采集、分析、记录、监视和控制，由于配备有丰富的标准控制算法模块，其中包括许多模拟方式无法实现的控制规律，使得它对被控对象适应性更强。DCS 采用高性能的电子元器件、先进的生产工艺和各项抗干扰技术，可使 DCS 能够适应恶劣的工作环境。DCS 设备的安装位置可适应生产装置的地理位置，尽可能满足生产的需要。DCS 的各项功能可适应现代化大生产的控制和管理需求。

（6）可靠性

DCS 的分散性使得系统的危险分散，提高了系统的可靠性。集散控制系统中广泛采用了冗余技术和容错技术。各单元都具备自诊断、自检查、自修理功能，故障出现时还可自动报警，大大提高了系统的安全性和可靠性。

9.2.2 集散控制系统的层次结构

DCS 按功能分层的层次结构充分体现了其分散控制和集中管理的设计思想，通过网络拓扑结构，按一定的层次结构完成对被控对象群体的分散检测和控制，及对整个控制系统的集中监视、操作和管理。一般从下而上地分为分散过程控制级、集中操作监控级、生产管理级和综合信息管理级（决策管理级），如图 9.8 所示。

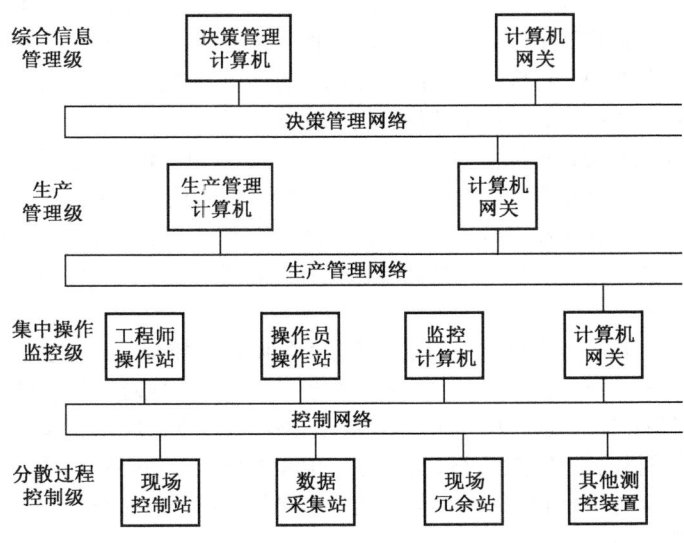

图 9.8 DCS 的体系结构

1. 分散过程控制级（直接控制级）

在这一级上，过程控制计算机直接与现场各类装置（如变送器、执行器、记录仪表等）相连，对所连接的装置实施监测、控制，同时它还向上与第二级的计算机相连，接收上级的管理信息，并向上传递装置的特性数据和采集到的实时数据。不同的集散控制系统中，分散过程控制级所采用的装置结构形式大致相同，但名称各异，如过程控制单元（现场控制站）、基本控制器、多功能控制器、过程接口单元等。它实际上是一台或多台负责过程控制的微型计算机系统，是集散控制系统的基础设备，也是决定系统能否正常工作的关键设备。DCS 的现场控制站是比较昂贵的，通常采取一个控制站执行多个回路控制的结构形式，因为 DCS 的现场控制站有足够的能力完成多个回路的控制计算，而且由一个现场控制站执行多个控制回路的计算和控制功能更便于这些控制回路之间的协调，这在模拟仪表系统中是无法实现的。

分散过程控制级是集散型控制系统的基础，其主要任务如下。

（1）进行过程数据采集：即对被控设备中的每个过程量和状态信息进行快速采集，使进行数字控制、开环控制、设备监测、状态报告的过程等获得所需要的输入的信息。

（2）进行直接数字的过程控制：根据控制组态数据库、控制算法模块来实施实时的过程量（如开关量、模拟量等）的控制。

（3）进行设备监测和系统的测试、诊断：把过程变量和状态信息取出后，分析是否可以接受及是否可以允许向高级传输。进一步确定是否对被控装置实施调节，并根据状态信息判断计算机系统硬件和控制板件的性能（功能），在必要时实施报警、错误或诊断报告等措施。

(4) 实施安全性、冗余化方面的措施：一旦发现计算机系统硬件或控制板有故障，就立即实施备用件的切换，保证整个系统安全运行。

2. 操作监控级

分散过程控制级的上一级一般称为操作监控级。集散控制系统的分散过程控制级对生产过程实现了彻底的分散控制。为了能实现集中操作和统一管理，从而设置了操作监控级。该级主要设备是操作站（或监控计算机）和通信设备等。用通信电缆把分散于生产现场的过程控制单元、过程输入/输出单元与操作站连接起来，使操作站不仅成为操作中心，而且是管理过程控制单元等的控制管理中心。

操作站通常由操作站主机、CRT 或 LCD 显示器、打印机和拷贝机等组成。它可以实现各种复杂的控制规律。控制可以是手动的、自动的或串级的。操作者可以在中央控制室内操作整个过程，利用 CRT 或 LCD 的显示功能和键盘的操作功能，对生产过程进行集中操作和监视。利用高性能的操作站主机，不仅能管理过程控制单元和过程输入/输出单元，而且能实现高级控制算法。操作站有操作员键盘和工程师键盘，分别由操作员和工程师来操作，相应地也就有操作员功能和工程师功能之分。

因此，操作监控级主要是应付单元内的整体优化，并对其下级产生确切的命令，在这一级的主要任务如下。

(1) 优化过程控制：这可以根据过程的数学模型及所给定的控制对象来进行，优化控制只有在优化执行条件确保的条件下方能达到，即使在不同策略条件下仍能完成对控制过程的优化。

(2) 自适应回路控制：在过程参数希望值的基础上，通过数字控制的优化策略。当现场条件发生改变时，经过过程管理级计算机的运算处理就得到新的设定值和调节值，并把调节值传送到直接控制级。

(3) 优化单元内各装置，使它们密切配合：这主要是根据单元内的产品、原材料、库存及能源的使用情况，以优化准则来协调相互之间的关系。

(4) 通过获取直接控制级的实时数据以进行单元内的活动监视、故障检测存档、历史数据的存档、状态报告和备用。

3. 生产管理级

在这一级上的管理计算机根据产品各部件的特点，协调各单元级的参数设定，是产品的总体协调员和控制器。在这一级，要求有比系统和控制工程更宽的操作和逻辑分析功能，能根据用户的订货情况、库存情况、能源情况来规划各单元中的产品结构和规模，并且可使产品重新计划，随时更改产品结构，这一点是工厂自动化系统高级管理所需要的，有了产品重新组织和柔性制造的功能，就可以应付由于用户订货变化所造成的不可预测的事件。由此，一些较复杂的工厂在这一控制级就实施了协调策略。此外，统观全厂生产和产品监视及产品报告也都在这一级来实现，并与上级交互传递数据。在中小企业的自动化系统中，这一级可能就充当最高一级管理级。

4. 综合信息管理级（决策管理级）

综合信息管理级居于工厂自动化系统的最高一级，它管理的范围很广，包括工程技术方面、经济方面、商业事务方面、人事活动方面及其他方面的功能。把这些功能都集成到软件系统中，通过综合的产品计划，在各种变化条件下，结合多种多样的材料和能量调配，以最优地解决这些问题。在这一级中，通过与公司的经理部、市场部、计划部及人事部等办公室自动化相连接，来实现整个制造系统的最优化。在综合信息管理这一级，其典型的任务为

(1) 市场分析

(2) 用户信息的收集

(3) 订货统计分析

(4) 销售与产品计划
(5) 合同事宜
(6) 接收订货与期限监测
(7) 产品制造协调
(8) 价格计算
(9) 生产能力与订货的平衡
(10) 订货的分发
(11) 生产与交货期限的监视
(12) 生产、订货和合同的报告
(13) 财政方面的报告

9.2.3 集散控制系统的基本控制器

基本控制器（Basic Controller，简称 BC）以微处理器为核心，是基本控制单元的核心，也是集散控制系统的最基本、最主要的功能部件。基本控制器通常也称为现场控制器或现场控制站，可由可编程控制器、单回路可编程调节器、多回路可编程调节器、多功能控制器等承担。这些基本控制器具有组态功能，能够组织多种控制回路独立地对一个或几个参数进行控制，自成系统。

1. 基本控制器的硬件组成

基本控制器一般由 CPU、存储器、输入/输出通道、通信接口等部件组成，如图 9.9 所示。

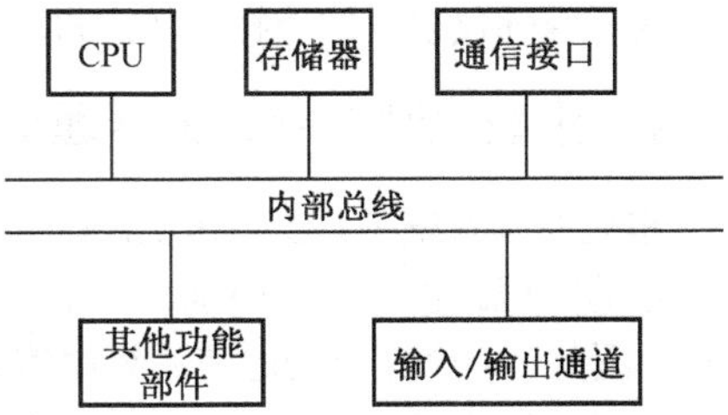

(1) CPU

CPU 采用微处理芯片，进行信号的测量，实现算术运算和逻辑运算，可以执行复杂的先进控制算法，如自动整定、预测控制、模糊控制和自适应控制等；另外，还要完成 BC 内部各功能部件的故障诊断。

图 9.9 基本控制器的一般结构图

(2) 存储器

基本控制器的存储器分为程序存储器和工作存储器两部分。程序存储器一般由 ROM 组成，存放用于控制管理的监控器程序、自诊断程序和标准算法程序。工作存储器一般由 E^2PROM 和 RAM 组成。E^2PROM 用于存放能改写的但相对稳定且关系重大的系统组态信息等重要信息，RAM 用于保存现场信息、运算结果等。

(3) 输入/输出通道

输入/输出通道实现 BC 与过程之间的接口功能，其作用是对生产现场的模拟量信号、开关量信号进行采样、转化、处理成微处理器能接收的标准数字信号，并将微处理器的运算输出结果（二进制码）转换、还原成模拟量或者开关量信号，去控制现场执行机构。按工作方式可分为模拟量输入/输出通道和开关量输入/输出通道。许多集散系统同时包括了模拟量和开关量的输入/输出功能。

(4) 通信接口

通信接口实现 BC 与高速公路的连接。其主要功能是：数据的转换与发送、数据的接收与转换、管理信息的插入、删除及差错控制等。

(5) 其他功能部件

其他的功能部件主要包括：对 BC 实现就地操作和系统组态的数据输入板；进行就地操作显示的显示单元；执行诊断程序的诊断部件；用于对监视系统状态、实现控制器冗余切换及 BC 的功能扩展部件。

2. 基本控制器的控制方式

基本控制器的本质是实现直接数字控制（DDC）的微机装置，其 DDC 算法具有以下的控制方式。
（1）回路方式：由回路模拟显示器进行手动操作。
（2）手动方式：由操作站（包括本地操作站）经通信系统进行手动操作。
（3）自动方式：以本回路就地设定值为基准进行自动运算，实现闭环回路控制。
（4）串级方式：以另一个控制回路的输出值为本回路的设定值，进行自动运算，实现串级控制。
（5）计算机方式：经由数据公路接收上位机的输出数据，作为本回路的设定值进行自动运算的控制方式，或者直接作为输出值的控制方式。

3. 基本控制器的工作原理

基本控制器的 CPU 在监控管理程序的控制下，以采样周期为节拍，进行扫描式的工作。其流程为：复位→初始诊断→周期性诊断→回路控制→状态字修改→显示更新，然后回到周期性诊断进行下一次扫描。诊断出某一故障时会产生相应的故障显示，且修改相应状态字，以便在操作站上显示出来。

4. 基本控制器的软件

基本控制器是靠存储器中的功能模块或称内部仪表来实现各种功能控制的。一个 BC 的存储器可以存放（固化）几十种或上百种功能块，如程序模块、运算处理模块、控制运算模块、逻辑运算模块及控制处理模块等。将所需功能块用"程序"连接起来，完成回路控制就称为系统组态。系统组态所完成的"内部仪表"的连接是软连接，这是 BC 的一大特点。

9.2.4 集散控制系统的数据通信

集散控制系统是 4C 技术的产物。人们普通认为其中最关键的是通信技术。通俗地说，通信为传递信息的过程。传递信息必须有一个产生信息的源，有一个接收信息的宿，同时还必须有运载信息的通道。因此，一个完整的通信系统由信源（发信器）、信道（通信介质）及信宿（受信器）三部分组成。信息可以表达为语言、文字、图像、数字等多种形式。如果把信源提供的信息转换为离散数据编码的电信号，选择合适的信道，把信源与信宿联系起来，而信宿对信源提供的离散数据编码电信号能够理解，这样构成的通信系统称为数据通信系统，它们之间发生的信息传递过程就称为"数据通信"。众所周知，在计算机内处理的信号都是离散数据编码信号。因此，数据通信是集散控制系统的重要组成部分，必须选择合适的通信网络结构、通信控制方案和通信介质，使信息高速可靠地在网络中传送，才能协调网络内各计算机共同完成系统的控制与管理任务。

1. 数据传输的介质

数据传输的介质即数据通信的线路有多种，如双绞线、光纤、同轴电缆等，需要根据实际情况进行选择。双绞线是最普通的传输介质，通常它适用于低速传输场合，传输速率为 1～10 Mbps。双绞线的成本比较低，因此，若网络范围有限或在业务量要求不太大的场合，双绞线传输介质是性能价格比最好的选择方案。如果性能要求再高些，同轴电缆则是比较合适的传输介质，它既能保证高的吞吐量，也能支持大量的设备。如果要可靠、高速地长距离传送数据，这种情况下，光纤就是一个理想的选择。光纤具有圆柱形的形状，由三部分组成：纤心、包层和护套。纤心是最内层部分，它由一根或多根非常细的由玻璃或塑料制成的绞合线或纤维组成。每一根纤维都由各自的包层包着，包层是玻璃或塑料涂层，它具有与纤心不同的光学特性。最外层是护套，它包着一根或一束已加包层的纤维。护套是由塑料或其他材料制成的，用来防止潮气、擦伤、压伤或其他外界带来的危害。

2. 数据传输方式

集散控制系统中的数据传输形式可分为基带传输方式和频带传输方式两种。基带传输是指由数据终端设备送出的二进制"1"或"0"的电信号直接送到电路的传输方式。基带信号未经调制，可以经过码形变换（或波形变换）进行驱动后直接传输。基带传输多用在短距离的数据传输中，这是因为二进制脉冲信号经远距离传输后会产生较大的畸变，且大多数传输信道是带通型特性，基带信号通不过。

将需要传送的信号"寄载"在另一种载波信号上，携带数字数据的载波在信道上传送，接收端通过解调方法再还原出基带信号的方式，称为频带传输。由于频带必须采用调制解调器，使得它实现起来比较复杂，成本较基带传输高一些。但是，采用频带传输对提高信号抗干扰能力、扩大通信范围、提高通信量等许多方面有明显的改进。

3. 数据通信网络的拓扑结构

如果把网络中的节点抽象成数学上的点，把通信线路抽象成线段，这样构成的图形就称为网络的拓扑结构。一般数据通信网络中采用的拓扑结构有星形、环形、树形和总线形等，如图 9.10 所示。

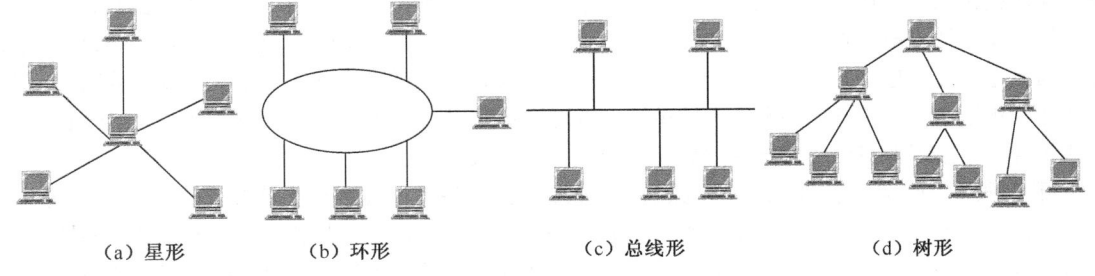

　　(a) 星形　　　　(b) 环形　　　　　(c) 总线形　　　　　(d) 树形

图 9.10　局域网拓扑结构

星形结构的特点是：存在一个中心节点，其他节点都与中心节点直接相连，皆为从节点。信道不共享，而是点-点式专用型信道；共享的是中心节点，中心节点也是所有节点中唯一具有中继作用的节点。任何两点的通信都必须经过中心节点。星形拓扑结构便于集中控制，因为端用户之间的通信必须经过中心站。由于这一特点，也带来了易于维护和安全等优点，其缺点是可靠性较低，如果中心节点发生故障，将影响整个网络的通信。为提高可靠性，可采用冗余技术和切换技术。

环形结构中的传输媒体从一个端用户到另一个端用户，直到将所有的端用户连成环形。数据在环路中沿着一个方向在各个节点间传输，信息从一个节点传到另一个节点。显而易见，这种结构消除了端用户通信时对中心系统的依赖性。环形结构的特点是：每个端用户都与两个相邻的端用户相连，因而存在着点到点链路，但总以单向方式操作，于是便有上游端用户和下游端用户之称；信息流在网中是沿着固定方向流动的，两个节点仅有一条道路，故简化了路径选择的控制；由于信息源在环路中是串行地穿过各个节点的，当环中节点过多时，势必影响信息传输速率，使网络的响应时间延长；环路是封闭的，不便于扩充；可靠性低，一个节点故障，将会造成全网瘫痪；维护难，对分支节点故障定位较难。环形结构不适用于信息流量大的场合。

总线形结构是使用同一媒体或电缆连接所有端用户的一种方式，也就是说，连接端用户的物理媒体由所有设备共享。总线是树的一种特殊情况，其中只有一条主干而没有分支。使用这种结构必须解决的一个问题是，确保端用户使用媒体发送数据时不能出现冲突。这种拓扑结构通常采用一种分布式媒体访问协议，以确定下一次是哪个站传输。总线结构具有费用低、数据端用户入网灵活、站点或某个端用户失效不影响其他站点或端用户通信的优点。缺点是一次仅能有一个端用户发送数据，其他用户必须等待获得发送权。媒体访问获取机制较复杂。

鉴于以上各种网络拓扑结构的特点及实际的过程应用要求，目前集散系统采用的网络结构主要有总线形和环形两种。

4. 网络的访问控制方式

访问控制方式又称存取控制方式，是计算机局部网络的通信控制及管理的一项非常关键的技术，关系到通信是否能正常进行，避免碰撞与冲突。集散控制系统采用的存取控制方式主要有：带有冲突检测的载波侦听多路存取（CSMA/CD）法、令牌环法和令牌总线法三种。

载波侦听多路存取（CSMA）法适合于总线形结构，其核心是"先听后讲"。挂在总线上的每个节点都设有监测机构，需要发送信息的节点在发信前先监听一下信道，看看是否空闲。如果空闲，则向总线上发信；如果不空闲，则等待并继续监听。为了进一步减少冲突的可能性，在监测到信道空闲后，并不立即发信，而是继续监听，等待一定时间后再发送。CSMA/CD 法比 CSMA 法要求更多一些。它不仅要求"先听后讲"，而且要求"边讲边听"。尽管在发信前已监测到信道是空闲的，但由于信道有时延，发生冲突的可能性仍然存在，一旦发生冲突，要立即停止发送，并组织重发。这样处置要比等报文发送完后由差错控制功能去发现差错并组织报文重发有利得多。采用这种方法，在发送器中设置了一种边发送边收听的机构，而发送站的接收器也挂在总线上参加接收。发送站一旦发现自己收到的报文与自己刚才发出的报文不一样，则说明发生了冲突，破坏了刚才发送的报文。发生冲突后，发送器立即停止发送该帧信息，并发出一简单的"堵塞信号"，用来通知各站此报文作废。发送器在发送完堵塞信号后，按退避算法等待一个"随机延时"之后重发该帧。

环形网络由点-点式信道构成，环路只有一条路径，没有其他路径可供选择。但是，这样仍然存在产生冲突的可能性。因为环上各节点均可以自主平等地要求通信，于是就有可能发生这样的情况：一个节点刚刚开始发出信息，上方节点发来的信息已到达了，这两帧信息将重叠而出错，显然这是一种冲突，必须通过适当的存取控制来避免发生这种冲突。令牌法就是对环网进行存取控制的一种常用方法。这种方法不仅适用于环形网络，也可用于总线形网络，不过使用时要先把总线形网络组织成逻辑环，才能使用令牌法。在环形网络构成的物理环上使用令牌法控制时，称为令牌环。当由总线先构成逻辑环再用令牌法控制时，则称该总线为令牌总线。

对于过程控制级，由于可靠性和实时性要求较高，数据包较短，地理分布区域较小，数据量不大，所以采用令牌总线或主从总线结构比较合适。监控级的特点是数据量比较大，数据包较长且规整，实时性、可靠性、灵活性要求也较高，所以采用令牌总线比较好。管理级的主要特点是数据多，系统地域分布较广，灵活性要求相对低一些，工作站容量大，因此采用令牌环较合适。

9.2.5 集散控制系统的组态原理

组态（configuration）是集散控制系统的工程化特点之一，其含义是用 DCS 所提供的功能模块或算法组合成所需的系统结构，使计算机或软件按照预先设置，自动执行特定任务，满足使用者的要求。在集散控制系统中，如何组态与操作是极其重要的问题，虽然各生产厂家的集散控制系统型号不同，组态与操作方法和形式也不一样，但是其基本思路是非常接近的。

1. 集散控制系统的组态类型

组态包括系统组态、画面组态和控制组态。其中系统组态完成组成系统的各设备的连接；画面组态完成操作站的各种画面、画面间的连接；控制组态完成各控制器、过程控制装置的控制结构连接、参数设置等。趋势显示、历史数据压缩、数据报表打印及画面拷贝等组态常作为画面组态或控制组态的一部分来完成。也可以分开进行，单独组态。

系统组态中主要包括系统构成组态、系统常数组态、工程单位组态、开关标签组态等。组态时需对组态表格进行填写。对于系统组态中其他内容如状态标签、报警表、报警优先级等则用其默认值。但是默认值组态画面仍需要存储，然后再与其他系统组态画面一起完成下装。

在系统组态中，需要对网络中连接各站的站名、地址、连接网络的类型及操作站之间的连接网络进行说明。系统常数组态需要定义工位显示的格式和位数，采用的语言版本、显示日期的格式等。对于工程单位组态，系统中有一张默认的工程单位表。使用时，如果在仪表功能块中用到的工程单位未包括在此工程单位表中，则需要把要用的工程单位登录在工程单位表中。对于系统中默认的开关标签表，根据用户需求，将需要增加的开关标签加入到开关标签表中。

过程画面是操作站的显示屏所显示的画面，包括系统画面和过程操作画面。系统画面通常由系统的结构、通信网络、各组成设备运行状态等信息组成，用于系统的维护，一般由系统自己生成。过程操作画面包括用户过程画面、概貌画面、仪表画板画面、检测和控制点画面、趋势画面及各种画面编号一览表、报警事件一览表等。

控制组态需要用到各种相关的功能模块。功能模块或算法是控制系统结构中的基本单元。集散系统的产品中都提供该产品具有的功能模块名称及数量。从可组态性的观点出发，提供的功能模块的数量是一个评估的指标，但不是主要指标。功能模块通常由结构参数、设置参数和可调整参数组成。

结构参数包括功能参数和连接参数。采用功能参数可以充分利用内存单元，减少不必要的消耗。连接参数用于表示功能模块与外部的连接关系。由于采用软连接方法，因此，实施和修改比硬连接方便。

设置参数包括系统设置参数和用户设置参数。系统设置参数由系统产生，用于系统的连接、数据共享等。用户设置参数由功能模块位号、描述、报警和打印设备号、组号等不需要调整的参数组成。

可调整参数分操作员可调整参数和工程师可调整参数。操作员可调整参数包括开停、控制方式切换、设定值设置、报警处理、打印操作等参数。工程师可调整参数包括控制器参数、限值参数、不灵敏区参数、扫描时间常数、滤波时间常数等。

从可组态性的要求出发，功能模块的参数应具有易设置和调整的特点。因此，不少集散控制系统制造商对参数提供有默认值来减少组态的工作量，对一些可调整参数提供了用手握式传送器、编程器和操作台的多重方式的调整参数环境。

集散系统的功能模块的数量固然重要，但质量更重要，为集散系统的组态性考虑，功能模块应具备以下特点：

（1）功能模块的灵活性

功能模块的灵活性首先表现在能否满足过程控制要求上，即是否能通过调整功能参数的设置，灵活地组成各种有关的功能；其次，其灵活性表现在组态的易操作性及实施组态的易操作性上；功能模块的灵活性还表现在维修和调试时的操作上，是否能通过一些系统给出的参数检查模块的运行情况，或者通过切换有关参数来调试系统相应元器件的运行情况。

（2）功能模块的先进性

在集散控制系统中，包括单回路控制器，都已有相应的功能模块。模块的先进性体现在是否能实现一些先进的控制算法、一些采用仪表时投资较大的计算指标控制算法上。例如 Smith 预估补偿控制用模拟仪表难以实现，而在集散控制系统中，采用数字平移可方便地实施纯滞后补偿。

（3）功能模块的完善性

控制算法有常规控制、顺序控制、批量控制，它们各有特点。因此，功能模块所包含的功能应能适应这些控制的要求。即使在一个功能模块中也应该了解它能否适应各种应用的需要。设置专用功能模块，扩大功能，简化组态操作，既是功能模块完善的体现，也是功能模块灵活性的体现。

按照功能分类,功能模块可以分为:I/O 类、控制算法类、运算类、信号发生器类、转换类、信号选择及状态类(包括信号的多路切换、信号高低限及报警状态)等。

组态信息的输入方法,总的来说,可以分为下列两种。

(1) 功能表格或功能图法

集散控制系统的控制方法需要通过编程器输入组态信息才能实施。组态信息可通过对不同模块内部数据的填写来完成。功能表格是由制造商提供的用于组态的表格。早期的 DCS 产品常采用与机器码或助记符相类似的方法,如用组态字表示某一特性或算法、连接等。现在,则采用菜单方式,逐行填入相应参数。功能图主要用于表示连接关系,模块内的各种参数则通过填表法或者建立数据库等方法输入。

(2) 编制程序法

编制程序法采用厂商提供的编程语言或者允许采用的高级语言编制程序输入组态信息。在顺序逻辑控制的组态和厂商提供的计算模块及优化控制计算编程时,常采用编制程序法。由于供用户使用的程序容量有限,因此,编制的程序步数有一定限制。为扩大程序容量,必须建立相应的软件接口。

2. 集散控制系统的软件组态

集散系统的组态软件,是指一些包括数据采集与工程控制的专用软件,属于监控层一级的软件平台和开发环境,使用灵活的组态方式,使用户能根据自己的控制对象和控制目的进行组态,完成最终的自动化控制工程。监控组态软件一般具有以下特点:

(1) 实时多任务。组态软件最突出的特点是实时多任务。例如数据采集与输出、数据处理与算法实现、图形显示及人机对话、实时数据的存储器、检索管理、实时通信等多个任务要在同一台计算机上同时运行。

(2) 延续性和可扩充性。用组态软件开发的应用程序,当现场(包括硬件设备或系统结构)或用户需求发生改变时,不需要做很多修改而方便地完成软件的更新和升级。

(3) 封装性(易学易用)。组态软件所能完成的功能都用一种方便用户使用的方法包装起来,对于用户,不需要掌握太多的编程语言技术(甚至不需要编程技术),就能很好地完成一个复杂工程所要求的所有功能。

(4) 通用性。每个用户根据工程实际情况,利用组态软件提供的底层设备(PLC、智能仪表、智能模块、板卡、变频器等)的 I/O 驱动、开放式的数据库和画面制作工具,就能完成一个具有动画效果、实时数据处理、历史数据和曲线并存、具有多媒体功能和网络功能的工程,不受行业限制。

最早开发的组态软件是 DOS 环境下的组态软件,其特点是具有简单的人机界面(MMI)、图库、绘图工具箱等基本功能。随着 Windows 的广泛应用,Windows 环境下的组态软件成为主流。目前推出的运行于 32 位 Windows 平台的组态软件都采用类似于资源浏览器的窗口结构。

组态软件的使用者是自动化工程设计人员。组态软件包的主要目的是使使用者在生成适合自己需要的应用系统时不需要修改软件程序的源代码,因此组态软件在设计时必须充分了解自动化工程设计人员的基本需求,并加以总结提炼,重点集中解决公共性问题。组态软件的主要功能包括:

- 对工业控制系统中的各种资源进行配置和编辑;
- 使来自设备的数据与计算机图形画面上的各元素关联起来;
- 处理数据报警和系统报警;
- 存储历史数据并支持历史数据的查询;
- 各类报表的生成和打印输出;
- 提供多种数据驱动程序;
- 使用脚本语言提供二次开发的功能。

自动化工程设计技术人员在组态软件中只需填入一些事先设计的表格，利用图形功能把被控对象形象地画出来，通过内部数据连接把被控对象的属性与 I/O 设备的实时数据进行逻辑连接。当由组态软件生成的应用系统投入运行后，与被控对象连接的 I/O 设备数据发生变化直接带动被控对象的属性变化。若要对应用系统进行修改，也十分方便，这就是组态软件的方便性。

世界上第一个把组态软件作为商品进行开发、销售的专业软件公司是美国的 Wonderware 公司，它于 20 世纪 80 年代末率先推出第一个商品化监控组态软件 InTouch。目前国际上较知名的监控组态软件有：美国 Intellution 公司的 iFiX、西门子公司的 WINCC、悉雅特集团（Citect）的 Citech 等。国内自行开发的国产化产品有北京亚控科技发展有限公司的组态王、北京三维力控科技有限公司的力控、北京世纪长秋科技有限公司的世纪星组态软件等。下面介绍了一些有代表性的国内外组态软件。

InTouch 堪称组态软件的"鼻祖"，率先推出 16 位 Windows 环境下的组态软件，在国际上曾得到较高的市场占有率。InTouch 软件的图形功能比较丰富，使用较方便，但控制功能较弱。其 I/O 硬件驱动丰富，只是使用 DDE（Dynamic Data Exchange，动态数据交换）连接方式，实时性较差，另外它的驱动程序须单独购买。32 位 Windows 环境下的 7.0 版在网络和数据管理方面有所加强，并实现了所谓的实时关系数据库，其实只是在 SQL Server 上增加了数据传输插件而已。在 32 位 Windows 环境下，InTouch 已受到其他产品的猛烈冲击。

Intellution 公司以 IFix 组态软件起家，1995 年被 Emerson（艾默生）收购，但在 2002 年，美国 GE Fanuc 又将其收购。IFix 软件提供工控人员熟悉的概念和操作界面，并提供完备的驱动程序。Intellution 将自己最新的产品系列命名为 iFiX，在 iFiX 中，Intellution 提供了强大的组态功能，但新版本与以往的版本并不完全兼容。原有的 Script 语言改为 VBA（Visual Basic For Application），并且在内部集成了微软的 VBA 开发环境。在 iFiX 中，Intellution 的产品与 Microsoft 的操作系统、网络进行了紧密的集成。Intellution 也是 OPC（OLE for Process Control）组织的发起成员之一。iFiX 也提供相应的 OPC 组件和驱动程序。

德国西门子公司的 WINCC 组态软件在网络结构和数据管理方面要比 iFiX 差，但也属于比较先进的产品之一。西门子似乎仅是想把这个产品当做其硬件的陪衬，对第三方硬件的支持也不热衷。若选用西门子公司的硬件，能免费得到 WINCC，所以对于使用其他硬件的用户不是个好的选择。

组态王是国内较早出现的组态软件产品之一。早期的组态王仿造 InTouch，只是个人机接口。到了 5.1 版本，在数据管理和开放性方面有了一些改进。但体系结构却没有实质性的突破，有可能还没有摆脱早期形成的不合理的程序构架。其网络功能较为薄弱，支持不了真正意义上的分布式系统。6.0 以上系列版本在体系结构上有了很大的改进。目前的组态王具有良好的可维护性，具有诊断、监视、记录工具，能够进行快速的故障定位和排除，具有可定制性，即定制 OEM 版本快速方便。

从时间概念上来说，力控也是国内较早已出现的组态软件之一。1.0 版的力控在体系结构上就已经具备了较为明显的先进性，其最大的特征之一就是其基于真正意义的分布式实时数据库的三层结构。在 1999 年至 2000 年期间，推出的 2.0 版在功能的丰富性、易用性、开放性和 I/O 驱动数量方面都得到了很大的提高。目前，力控 7.0 在秉承力控软件成熟技术的基础上，对历史数据库、人机界面、I/O 驱动调度等主要核心部分进行了大幅提升与改进，重新设计了其中的核心构件，在数据处理性能、容错能力、界面容器、报表等方面具有较大改进。

3. 组态设计步骤

组态设计的目的是如何就具体的工程应用在组态软件中进行完整、严密的开发，使组态软件能够正常工作。下面列出了组态设计的一般步骤：

（1）将所有 I/O 点的参数收集齐全，并填写表格，以备在监控组态软件和 PLC 上组态时使用。

（2）搞清楚所使用的 I/O 设备的生产商、种类、型号、使用的通信接口类型，采用的通信协议，以便在定义 I/O 设备时做出准确选择。

（3）将所有 I/O 点的 I/O 标识收集齐全，并填写表格，I/O 标识是唯一地确定一个 I/O 点的关键字，组态软件通过向 I/O 设备发出 I/O 标识来请求其对应的数据。在大多数情况下 I/O 标识是 I/O 点的地址或位号名称。

（4）根据工艺过程绘制、设计画面结构和画面草图。

（5）按照第（1）步统计出的表格，建立实时数据库，正确组态各种变量参数。

（6）根据第（1）步和第（2）步的统计结果，在实时数据库中建立实时数据库变量与 I/O 点的一一对应关系，即定义数据连接。

（7）根据第（4）步的画面结构和画面草图，组态每一幅静态的操作画面（主要是绘图）。

（8）将操作画面中的图形对象与实时数据库变量建立动画连接关系，规定动画属性和幅度。

（9）视用户需求，制作历史趋势、报警显示，以及开发报表系统。之后，还需加上安全权限设置。

（10）对组态内容进行分段和总体调试，视调试情况对软件进行相应修改。

（11）将全部内容调试完成以后，对上位软件进行最后完善，让系统投入正式（或试）运行。

9.2.6 集散控制系统的发展概况

集散控制系统发展至今已经 40 余年，现在已经发展到第四代。无论已推出的型号和系统怎样千差万别，从以下 DCS 的发展历程，可以看到 DCS 的基本结构具有同一性。

（1）第一代（初创期）：1975 年至 1980 年

这个时期的 DCS 基本上由过程控制装置、数据采集装置、操作管理装置、监控计算机和高速数据传输通道等部分组成，特点是：控制功能较强，操作功能较弱，但满足了集中监视分散控制目的。初创期 DCS 的典型代表有：美国 Honeywell（霍尼威尔）公司的 TDC-2000、Foxboro（福克斯波罗）公司的 Spectrum、日本 YOKOGAWA（横河）公司的 Centum 及德国 Siemens（西门子）公司的 Teleperm M 等。

（2）第二代（成熟期）：1980 年至 1985 年

这一时期的 DCS 由局部网络、多功能过程控制站、增强型操作站、主计算机、系统管理站和网间连接器等部分组成。DCS 的技术重点是实现全系统信息的综合管理。第二代 DCS 产品的一个明显变化是数据通信系统的发展，从主从式的星形网络通信转变为对等式的总线网络通信或环形网通信。特点是：画面功能不断强大，使用了局域网概念，扩大了系统规模，并兼容了早期产品。成熟期 DCS 的典型代表有：美国 Honeywell 公司的 TDC-3000、Taylor（泰勒）公司的 MOD-300 等。

（3）第三代（扩展期）：1986 年至 1999 年

扩展期的主要变化是局部网络采用标准化开放型的通信协议。如采用制造自动化协议（MAP）或者是与 MAP 兼容，或者局部网络本身就是实时的 MAP 局部网络。扩展期 DCS 的一个显著特点是：由于系统网络通信功能的增强，从而克服了第二代 DCS 应用过程中的难于互连的、多种不同标准的"自动化孤岛"等困难。另一个特点是增加了上层网络，将生产管理纳入到系统中去。扩展期 DCS 的典型代表有：美国 Foxboro 公司的 I/A Series、日本 YOKOGAWA 公司的 Centum-XL 等。

（4）第四代（智能期）：2000 年至今

2000 年至今，随着 DCS 规模的不断扩大，功能的不断扩充，通过网络传输的信息量大大增加，而且信息的种类也越来越复杂，仅靠简单的数据通信难以满足要求，网络通信必须要能够容纳大量的、多种类型的信息传递，因此高速、通用及标准的网络产品，如以太网，逐步进入了 DCS 的体系中。标准的网络产品提供了完全规范并兼容的程序接口，屏蔽了底层，如物理层、数据链路层、网络层等与具体设备相关的特性,使 DCS 软件在网络设备改变、网络拓扑结构变化,甚至底层网络驱动软件改变时不必进行修改而直接沿用;对于需要传输的信息,无论信息量的大小,信息传递的频率,信息内容是什么,都可以用统一的网络通信命令实现通信。第四代 DCS 的特点是:全面支持企业信息化,系统构成集成化,混合控制功能兼容,营建进一步分散化、智能化和低成本化,系统平台开放化,应用系统专业化。智能期 DCS 的典型代表有:美国 Honeywell 公司的 Experion PKS(过程知识系统)、Emerson(艾默生)公司的 PlantWeb(Emerson Process Management)等。

我国 DCS 发展较晚,大约在 20 世纪 70 年代末、80 年代初,才开始技术引进和自主研发并逐渐普及。发展初期,由于制造工艺落后,冗余等核心技术并未完全掌握,系统在应用中不稳定,实时性不够,硬件、软件性能与进口系统存在较大差距。多年来,我国 DCS 系统市场的基本格局是国产 DCS 系统在中小工程项目市场与国外 DCS 系统竞争,而重大工程项目市场则被国外 DCS 系统垄断。这几年,在中小工程项目市场上,国产 DCS 系统以更高的性能价格比逐渐占有优势。例如,现在一套国产 300MW 火电机组的 DCS 系统价格只是 20 世纪 80 年代国外 DCS 系统价格的三分之一,而控制的功能则大大提高。由于利润空间的大幅度减小,有些国外 DCS 系统已经逐步从中小项目市场中退出。近几年国产 DCS 系统的销售额已经占市场总销售额的 30%以上,工程项目数则超过 50%。现在,国产 DCS 系统在重大工程项目的突破,打破了原有的市场格局,形成了与国外产品竞争的局面。国产 DCS 系统在综合技术水平上已经和国外系统相当,这是大家公认的事实。比较有代表性的产品是浙大中控科技自动化有限公司的 ECS-700、北京和利时系统工程股份有限公司的 MACS、上海新华控制工程有限公司的 XDC-800 等。

9.3 现场总线控制系统

现场总线控制系统(Fieldbus Control System,FCS)实质上是一种开放的、具可互操作性的、彻底分散的分布式控制系统,是现场总线与控制系统的集成。现场总线控制系统作为新一代控制系统,一方面突破了 DCS 系统采用专用通信网络的局限,采用了基于公开化、标准化的解决方案,克服了封闭系统所造成的缺陷;另一方面把 DCS 的集中管理与分散控制相结合的集散系统结构,变成了新型全分布式结构,把控制功能彻底下放到现场。

9.3.1 现场总线控制系统概述

传统控制系统中的控制器与现场设备之间通过 I/O 连线连接,传送 4~20 mA 模拟量信号或 24VDC 开关量信号,并以此监控现场设备。这样,控制器获取信息量有限,如设备参数、故障记录等有用数据很难得到。现场设备采用标准的 4~20 mA 或者 24VDC 连接,系统其他软、硬件通常只能使用同一家产品。不同厂家产品之间缺乏互操作性、互换性,因此可集成性差。对于大范围的分布式控制系统,大量的 I/O 电缆及敷设施工,不仅增加成本,更增加了系统的故障点,降低了系统的可靠性。由于现场级设备信息不全,现场级设备的在线故障诊断、报警、记录功能不强。另一方面也很难完成现场设备的远程参数设定、修改等参数化功能,影响了系统的可维护性。现场总线技术就是为了克服上述缺点而产生和发展的。

1983 年,Honeywell 推出了智能化仪表,它在原模拟仪表的基础上增加了计算功能的微处理器芯片,在输出的 4~20 mA 直流信号上叠加了数字信号,使现场与控制室之间的连接模拟信号变为数字信号。之后,世界上各大公司推出了各种智能仪表,智能仪表功能日趋强大。智能仪表利用超大规模集成电路技术和嵌入式技术,将微处理器、存储器、A/D 转换器和输入、输出功能集成在一块芯片上,传感器信号可以直接以数字量形式输出,使信号的模数转换工作从计算机下移到现场端。现代智能仪表还能给出传感器自身的状况信息,具有数据通信功能,使系统控制人员能够随时掌握系统中各传感器的运行状况,为整个系统的安全运行提供了可靠的保障。智能仪表自带控制功能,许多简单的控制算法(如 PID)可以直接由智能传感器完成,进一步简化了系统的结构。智能仪表的问世,为现场总线奠定了技术基础。

现场总线是连接智能现场设备和自动化系统的数字式、双向传输、多分支结构的通信网络,它的关键标志是能支持双向、多节点、总线式的全数字通信。

随着现场总线技术的出现和成熟,促进了控制系统由 DCS 向 FCS 的过渡。DCS 经过多年的发展,具有集中监控、分散控制、操作方便、可靠性高的优点,如 DCS 采用多操作站对等式的结构,利用网络通信技术和冗余技术,每一台操作站可以操作控制系统内的任一台仪表,加上多操作站的互相备份方式,使得可靠性大为提高。但是,在应用中也发现 DCS 的结构存在一些不足之处,如控制不能做到彻底分散,危险仍然相对集中;由于系统的不开放性,不同厂家的产品不能互换、互连,限制了用户的选择范围。FCS 利用现场总线技术和智能仪表,对现存 DCS 的某些不足进行改进,提高了其性能和通用性。在一般的 FCS 系统中,遵循一定现场总线协议的现场仪表可以组成控制回路,使控制站的部分控制功能下移分散到各个现场仪表中,从而减轻了控制站负担,使得控制站可以专职于执行复杂的高层次的控制算法。对于简单的控制应用,甚至可以把控制站取消,在控制站的位置代之以起连接现场总线作用的网桥和集线器,操作站直接与现场仪表相连接。

虽然 FCS 本身是开放的,但不同种类的现场总线却是不开放的。为此,需要形成统一的现场总线的国际标准。美国仪表协会(ISA)于 1984 年开始制定现场总线标准。现场总线基金会(Fieldbus Foundation,FF)在 1994 年成立,致力于国际电工委员会(International Electro Technical Commission, IEC)的现场总线控制系统国际标准化工作,制定了基金会现场总线。然而,不同行业出现了有影响力的总线标准,如控制局域网络 CAN、局部操作网络 LonWorks、过程现场总线 PROFIBUS 和 HART 协议等。这些标准都隶属于一些大公司和企业集团,由于涉及自身利益,建立一个现场总线的国际标准的工作迟迟不能进行。但是无论如何,制定单一的开放国际现场总线标准,真正形成开放式互连系统是发展的必然。

基于现场总线技术和智能设备的 FCS 从设计、安装、投运到正常生产运行及检修维护,都体现出优越性,具体表现在以下几个方面。

(1)FCS 实现全数字化通信

DCS 采用层次化的体系结构,通信网络分布于各层并采用数字通信方式,唯有生产现场层的常规模拟仪表仍然是一对一模拟信号传输方式,因此 DCS 是一个"半数字信号"系统。FCS 采用全数字化、双向传输的通信方式。从最底层的传感器、变送器和执行器就采用现场总线网络,逐层向上直到最高层均为通信网络互连。多条分支通信线延伸到生产现场,用来连接现场数字仪表,采用一对 N 连接。

(2)FCS 实现彻底的全分散式控制

在 DCS 中,生产现场的多台模拟仪表集中接于输入/输出单元,每台仪表只有单一的信号变换功能,而与控制有关的输入、输出、控制、运算等功能块都集中于 DCS 的控制站内。从这个意义上讲,DCS 只是一个"半分散"系统。FCS 舍弃了 DCS 的输入/输出单元,由现场仪表取而代之,即把 DCS 控制站的功能化整为零,功能块分散地分配给现场总线上的数字仪表,从而构成虚拟控制站,实现彻底的分散控制。

(3)FCS 实现不同厂商产品互连、互操作

DCS 系统的硬件、软件甚至现场级设备都是各制造商自行研制开发的,不同厂商的产品由于通信协议的专有与不兼容,彼此难以互连、互操作。而 FCS 的现场设备只要采用同一总线标准,不同厂商

的产品既可互连也可互换,并可以统一组态,从而彻底改变传统 DCS 控制层的封闭性和专用性。FCS 允许用户选用各制造商性能价格比最优的产品集成控制系统,因而具有很好的可集成性。

(4) FCS 增强系统的可靠性、可维护性

FCS 采用总线连接方式替代传统的 DCS 一对一的 I/O 连线,对于大规模的 I/O 系统来说,减少了 DCS 由接线点造成的不可靠因素。同时,数字化的现场设备替代模拟仪表,FCS 具有现场设备的在线故障诊断、报警、记录功能,可完成现场设备的远程参数设定、参数修改等工作,因而增强了系统的可维护性。

(5) FCS 降低了系统工程成本

FCS 对于大范围、大规模分布式控制系统来说,节省了电缆、I/O 装置及电缆敷设费用。以每 2~3 台现场仪表接到一根电缆计算,平均可减少 1/2 到 2/3 的输入/输出卡、输入/输出柜和隔离器等。因此,现场总线仪表与控制室间的电缆连接和安装等费用估计可节约 40%以上。

9.3.2 现场总线控制系统的体系结构

随着控制技术、计算机技术和通信技术的飞速发展,数字化作为一种趋势正在从工业生产过程的决策级、管理级、监控级和控制级一直渗透到现场设备。现场总线的出现,使数字通信技术迅速占领工业过程控制系统中模拟量信号的最后一块领地。现场总线控制系统是一种全数字化、全分散式、可互操作的和全开放式的新型控制系统。现场总线控制系统的体系结构如图 9.11 所示。最底层是 Infranet (现场总线控制网络),各控制器节点下放分散到现场,构成一种彻底的分布式控制体系结构,网络拓扑结构任意,可为总线形、星形、环形等,通信介质不受限制,可用双绞线、电力线、光纤、无线、红外线等多种形式。由 FCS 形成的 Infranet 控制网很容易与 Intranet 企业内部局域网和 Internet 全球信息网互连,构成一个 3 级体系结构。

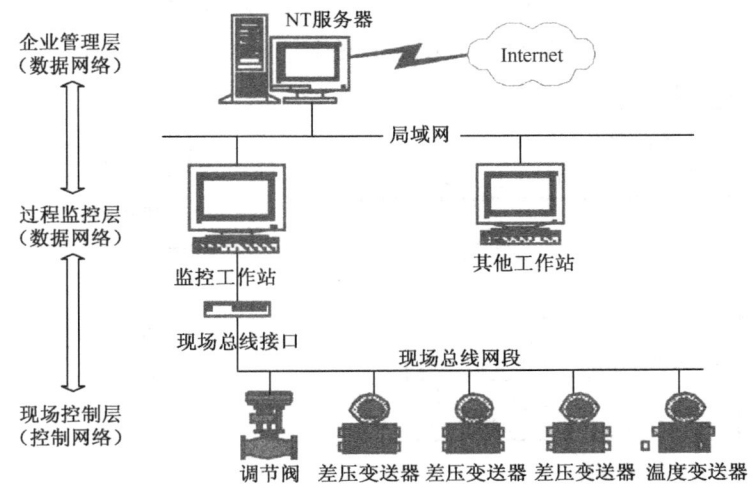

图 9.11 FCS 的体系结构

上述 FCS 体系结构的特点主要体现在以下几个方面。

(1) 现场通信网络

现场总线是用于过程自动化和制造自动化的现场设备或现场仪表(遵循一定现场总线协议的变送器、执行器、服务器和网桥、辅助设备、监控设备等)互连的现场通信网络,把通信线一直延伸到生产现场或生产设备。

(2)现场设备互连

依据实际需要使用不同的传输介质(如双绞线、同轴电缆、光纤和电源线等)把不同的现场设备或者现场仪表相互关联。

(3)互操作性

互操作性的含义是采用不同制造厂的现场设备,不仅可以相互通信,而且可以统一组态,构成所需的控制回路,共同实现控制策略。也就是说,用户选用各种品牌的现场设备集成在一起,实现"即接即用"。现场设备互连是基本要求,只有实现互操作性,用户才能自由地集成FCS。

(4)分散功能块

FCS废弃了DCS的输入/输出单元和控制站,把DCS控制站的功能块分散给现场仪表,从而构成虚拟控制站。由于功能块分散在多台现场仪表中,并可以统一组态,因此用户可以灵活选用各种功能块,构成所需要的控制系统,实现彻底的分散控制。

(5)通信线供电

通信线供电方式允许现场仪表直接从通信线上获取能量,这种低功耗现场仪表可以用于本质安全环境,与其配套的还有安全栅。有的生产现场有可燃性物质,所有现场设备必须严格遵循安全防爆标准,现场总线设备也不例外。

(6)开放式互联网络

现场总线为开放式互联网络,既可与同类网络互连,也可与不同类网络互连,还体现在网络数据库共享,通过网络对现场设备和功能块统一组态,使不同厂商的网络及设备融为一体,构成统一的现场总线控制系统。

9.3.3 现场总线控制系统与集散控制系统的比较

FCS系统比DCS系统更好地体现了"信息集中,控制分散"的思想。DCS代表传统与成熟,而FCS代表潮流与发展方向,图9.12为FCS与DCS的对比。

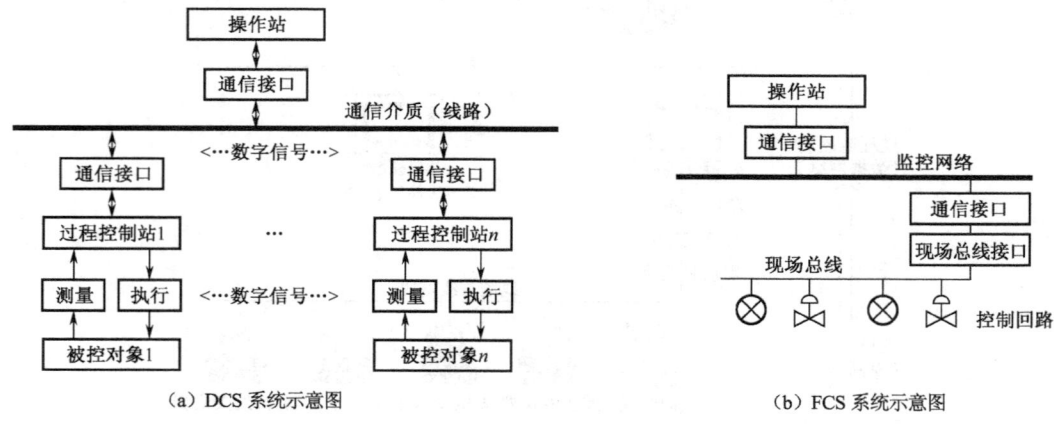

图9.12 DCS与FCS的比较

(1)结构

DCS为一对一结构,即一对传输线接一台仪表,单向传输一个信号。FCS为一对多结构,即一对传输线接多台数字仪表,双向传输多个信号。

(2)可靠性

DCS可靠性较差:模拟信号传输不仅精度低,而且容易受干扰。FCS可靠性好:数字信号传输抗干扰能力强,精度高。

（3）可控状态

DCS：操作员在控制室既不了解模拟仪表的工作情况，也不能对其进行参数调整，更不能预测故障，导致操作员对仪表处于"失控"状态。FCS：操作员在控制室既可以了解现场设备和现场仪表的工作情况，也能对设备进行参数调整，还可以预测或寻找故障，使设备始终处于操作员的过程监控与可控状态之中。

（4）控制功能

DCS将所有的控制功能集中在控制站中，而FCS将控制功能分散在各个智能仪器中。

（5）互换性

在DCS系统中，尽管模拟仪表统一了信号标准（4~20 mADC），可是大部分技术参数仍由制造厂自定，致使不同品牌的仪表不能互换。而FCS系统中，用户可以自由选择不同制造厂提供的性能价格比最优的现场设备和仪表，并将不同品牌的仪表互连，实现"即插即用"。

（6）仪表

DCS系统中的模拟仪表只具有检测、变换、补偿等功能。FCS中的智能仪表除了具有模拟仪表的检测、变换、补偿等功能外，还具有数字通信能力，并且具有控制和运算能力。

9.3.4 几种典型的现场总线

现场总线是FCS的核心。目前，世界上出现了多种现场总线的企业或国家标准。这些现场总线技术各具特点，已经逐渐形成自己的产品系列，并占有相当大的市场份额，但由于技术和商业利益的原因，尚没有统一。以下介绍目前流行的几种著名的现场总线。

1. 开放式系统互连参考模型

网络发展中一个重要的里程碑便是国际标准组织（International Standard Organization，ISO）对开放式系统互连（Open System Interconnection，OSI）参考模型的定义。它不但成为以前的和后续的各种网络技术评判、分析的依据，也成为网络协议设计和统一的参考模型。

如图9.13所示，OSI为七层网络模型，其主要目的是为解决异种网络互连时所遇到的兼容性问题。它的最大优点是将服务、接口和协议这三个概念明确地区分开来。服务说明某一层为上一层提供一些什么功能，接口说明上一层如何使用下层的服务，而协议涉及如何实现本层的服务。这样各层之间具有很强的独立性，互联网络中各实体采用什么样的协议是没有限制的，只要向上提供相同的服务并且不改变相邻层的接口就可以了。网络七层的划分也是为了使网络的不同功能模块（不同层次）分担起不同的职责。作为工业控制现场底层网络的现场总线的通信模型大都在OSI模型的基础上进行了不同的简化。

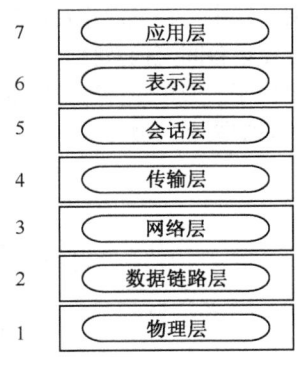

图9.13 OSI参考模型

物理层：OSI模型的最低层或第一层，其任务就是为它的上一层提供一个物理连接，以及它们的机械、电气、功能和过程特性。如规定使用电缆和接头的类型、传送信号的电压等。在这一层，数据还未被组织，仅作为原始的位流或电气电压处理，单位是比特。

数据链路层：OSI模型的第二层，它控制网络层与物理层之间的通信，分为介质访问控制层（MAC）和逻辑链路控制层（LLC）。该层解决的问题是如何在不可靠的物理介质上提供可靠的传输，其作用包括：物理地址寻址、数据的成帧、流量控制、数据的检错、重发等。

网络层：OSI模型的第三层，其主要功能是将网络地址翻译成对应的物理地址，并决定如何将数据从发送方路由到接收方，即完成路由选择与中继、网络流量控制、网络的连接和管理。这一层本身没有任何错误检测和修正机制，因此，网络层必须依赖于端-端之间的由数据链路层提供的可靠传输服务。

传输层：OSI 模型中最重要的一层。传输层是两台计算机经过网络进行数据通信时，第一个端到端的层次，在端点之间提供可靠的、透明的数据传输，提供端对端的错误恢复和流量控制。

会话层：负责在网络中的两节点之间建立和维持通信。会话层的功能包括：建立通信链接，保持会话过程通信链接的畅通，同步两个节点之间的对话，决定通信是否被中断及通信中断时决定从何处重新发送。

表示层：完成有用的数据转换，提供一个标准的应用接口和公共的通信服务，解决如何描述数据结构并使之与机器无关。同时，表示层管理数据的解密与加密。除此之外，表示层协议还对图片和文件格式信息进行解码和编码。

应用层：负责两个应用进程之间的通信，为网络用户间的通信提供专用的应用程序包。

工业生产现场存在大量传感器、控制器和执行器等，它们通常相当零散地分布在一个较大范围内。对由它们组成的工业控制底层网络来说，单个节点面向控制的信息量不大，信息传输的任务相对比较简单，但实时性、快速性的要求较高。因此，为满足实时性要求，也为了实现工业网络的低成本，现场总线采用的通信模型大都在 OSI 模型的基础上进行了不同程度的简化。

2. 基金会现场总线

基金会现场总线（Foundation Fieldbus，FF）是以 Fisher-Rousemount 公司为首的联合了横河、Foxboro、ABB、西门子、英维斯等 80 家公司制定的 ISP 协议和以 Honeywell 公司为首的联合欧洲等地 150 余家公司制定的 World FIP 协议于 1994 年 9 月合并的。该总线在过程自动化领域得到了广泛应用，具有良好的发展前景。

基金会现场总线采用 ISO/OSI 的简化模型（取其 1，2，7 层），即物理层、数据链路层、应用层，并在应用层上增加了用户层。PF 现场总线标准共有四层协议，即物理层，数据链路层、应用层和用户层。其中，物理层规定信号如何发送；数据链路层规定如何在设备间共享网络和调度通信；应用层规定在设备间交换数据、命令、事件信息及请求应答中的信息格式；用户层则用于组成用户所需要的应用程序，如规定标准的功能块、设备描述，实现网络管理、系统管理等。其通信模型的主要部分及其关系如图 9.14 所示。

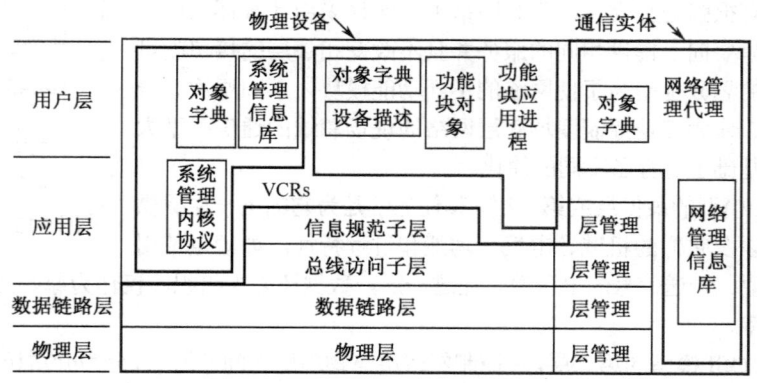

图 9.14 FF 通信模型的主要组成部分

基金会现场总线为现场设备提供两种供电方式：总线供电和非总线式单独供电方式。总线供电的场合，总线上既要传送数字信号，又要由总线为现场设备供电。非总电源线供电的现场设备的工作电源直接来自外部电源。

FF 分低速 H1 和高速 HSE/H2 两种通信速率，前者的传输速率为 31.25 kbps，通信距离可达 1.9 km，可支持总线供电和本质安全防爆环境。后者的传输速率为 100 Mbps 到 1 Gbps，或以更高的速率运行，支持所有 H1 总线的功能，支持 H1 设备对点通信。HSE 和 H1 两种网络都符合 IEC61158 标准（用于测量和控制的数据通信-工业控制系统使用的现场总线标准）。HSE 和 H1 各有所长：H1 可以更好地用于过程控制应用，HSE 更适合高性能的应用和系统集成。低速现场总线 H1 支持点对点连接、总线形、菊花链形、树形拓扑结构，而高速现场总线 H2 只支持总线形拓扑结构。

数据链路层位于物理层和总线访问子层之间，为系统管理内核和总线访问子层访问总线媒体提供服务。总线通信中的链路活动调度、数据的接收/发送、活动状态的探测与响应、总线上各设备的链路时间同步，都是通过该层实现的。每个总线段上有一个媒体访问控制中心，称为链路活动调度器（LAS）。LAS 拥有总线上所有设备的清单，由它来掌管总线段上各设备对总线的操作。基金会现场总线的通信活动分为两类：受调度通信，预定调度时间表，到时就由 LAS 发送强制数据（CD）给基本设备，适于现场设备之间周期性通信；非调度通信，LAS 在调度时间表之外，发令牌到总线，适于现场设备之间非周期通信，是令牌总线方式。

现场总线访问子层（FAS）和现场总线报文规范层（FMS）一起构成应用层。现场总线访问子层提供三类服务：客户/服务器，报告分发，发布/预定接收，这三类服务被称为虚拟通信关系（Virtual Communication Relationship，VCR）。FF 的设备之间传送信息是通过预先组态好的通信通道进行的，即现场设备应用进程之间的连接是一种逻辑上的连接，一种软连接。现场总线报文规范 FMS，规定了访问应用进程（AP）的报文格式及服务。FMS 与对象字典（OD）配合，为现场设备规定了功能接口。FMS 通过调用 VCR，在现场设备之间传递报文。

用户层是在 ISO/OSI 参考模型中七层结构的基础上添加的一层，利用功能块应用进程作为用户层的重要组成部分，用于完成 FF 现场总线中的自动化系统功能。功能块应用进程中的典型用户应用块有功能块、资源块和变换块。资源块表达了应用进程的网络硬件和软件对象，描述了现场总线设备的特征，如设备名、制造者、系列号。变换块读取传感器硬件，并写入到相应的要接受这一数据的硬件中。功能块是参数、算法和事件的完整组成。由外部事件驱动功能块的执行，通过算法把输入参数转换为输出参数，实现应用系统的控制功能。

3. 控制器局部网络 CAN

CAN（Controller Area Network）总线是德国 Bosch 公司为解决现代汽车中众多的控制与测试仪器之间的数据交换而开发的一种串行数据通信协议，是交通运载工具电气系统中应用较广的总线。CAN 总线最初是为汽车行业的监测、控制而设计的，现已应用到铁路、交通、国防、工程、工业机械、纺织、农用机械、数控、医疗器械机器人、楼宇、安防等方面。支持 CAN 协议的公司有 Intel、Siemens、Motorola、Philips、NEC、Honeywell 等。

CAN 总线属于工业现场总线的范畴，与一般的通信总线相比，CAN 总线的数据通信具有突出的可靠性、实时性和灵活性。其优点可以概括如下：

（1）废除传统的站地址编码，代之以对通信数据块进行编码，可以多种方式工作，因而可以方便地构成多机备份系统。

（2）对应网络上的节点信息可以有不同优先级，采用非破坏性仲裁技术，当多个节点同时向网络上传送数据时，优先级低的节点主动停止数据发送，而最高优先级的节点可不受影响继续传输数据，有效避免了总线冲突。

（3）采用短帧结构，每一帧的有效字节数为 8 个，数据传输时间短，受干扰的概率低，重新发送的时间短。

（4）每帧数据都有 CRC 校验及其他检错措施，保证了数据传输的高可靠性，适于在高干扰环境下使用。

（5）节点在错误严重的情况下，具有自动关闭总线的功能，切断它与总线的联系，以使总线上其他操作不受影响。

（6）通过报文滤波而无须专门的调度就可以实现点对点、一对多及全局广播几种方式传送和接收数据。

由于其良好的性能及独特的设计，CAN 总线越来越受到人们的重视。由于 CAN 已为愈来愈多不同领域采用和推广，导致要求各种应用领域通信报文的标准化。为此，CAN 技术规范（VERSION 2.0）于 1991 年颁布。该技术规范包括 A 和 B 两部分。2.0A 给出了曾在 CAN 技术规范版本 1.2 中定义的 CAN 报文格式，能提供 11 位地址；而 2.0B 给出了标准的和扩展的两种报文格式，提供 29 位地址。此后，CAN 又通过 ISO11898 及 ISO11519 进行了标准化，为控制器局部网标准化、规范化推广铺平了道路。

4．局部操作网络 LonWorks

LonWorks（Local Operating Network）是美国 Echelon 公司推出，并由 Motorola、Toshiba 公司共同倡导，于 1990 年正式公布而形成的。它采用 ISO/OSI 模型的全部七层通信协议，采用面向对象的设计方法，通过网络变量把网络通信设计简化为参数设置。LonWorks 最初主要用于楼宇自动化，但很快发展到工业现场网。LonWorks 技术为设计和实现可互操作的控制网络提供了一套完整、开放、成品化的解决途径。LonWorks 技术的核心是具备通信和控制功能的神经元芯片（Neuron Chip）。芯片内部装有 3 个微处理器：MAC 处理器完成介质访问控制；网络处理器完成 OSI 的 3～6 层网络协议；应用处理器完成用户现场控制应用。它们之间通过公用存储器传递数据。

在控制单元中需要采集和控制功能，为此，神经元芯片特设置 11 个 I/O 口。这些 I/O 口可根据需求不同来灵活配置与外围设备的接口，如 RS232、并口、定时/计数、间隔处理、位 I/O 等。

神经元芯片还有一个时间计数器，从而能完成 Watchdog、多任务调度和定时功能。神经元芯片支持节电方式，在节电方式下系统时钟和计数器关闭，但状态信息（包括 RAM 中的信息）不会改变。一旦 I/O 状态变化或网线上信息有变，系统便会激活。其内部还有一个独立于介质的收发器。由此可见，一个小小的神经元芯片不仅具有强大的通信功能，更集采集、控制于一体。在理想情况下，一个神经元芯片加上几个分离元件便可成为 DCS 系统中一个独立的控制单元。对于一些复杂的控制，以神经元芯片为核心的控制节点就显得力不从心，必须采用 Host Base 结构来解决这一问题，即将神经元芯片作为通信协处理器，用高级主机的资源来完成复杂的测控功能。

LonWorks 提供的不仅仅是一套高性能的神经元芯片，更重要的是，它提供了一套完整的开发平台。工业现场中的通信不仅是数据的实时发送、接收，更多的是数据的打包、拆包、流量处理、出错处理。这使控制工程师不得不在数据通信上投入大量精力。LonWorks 在这方面提供了非常友好的服务，提供了一套完整的建网工具——LonBuild。

首先，它提供了一套 C 语言的编译器，从而大大减少了开发时间。在这个编译器中，提供了对 11 个 I/O 非常详尽的库函数。在通信方面，它也提出了一个全新的概念——网络变量。通过网络变量，网络上的通信只需将相关节点上的网络变量连接一下即可。网络变量是应用程序定义的一个特殊静态变量，可以是 ANSI C 所定义的各种类型，也可以是自定义类型，还可以规定优先级、响应方式等。

网络变量被定义为输入或输出,当定义为输出的网络变量被赋予新值时,与该输出变量相连的输入网络变量就会被立刻赋予同样的新值。

另外,LonBuild 还集成开发环境和编译于一体,具备 C 调试器,可在多个仿真器上调试应用程序,并具备网络协议分析和通信分析的功能。

LonWorks 技术中的一个重要特色是采用路由器。正是路由器的采用,使得 LonWorks 总线可以突破传统现场总线的限制——不受通信介质、通信距离、通信速率的限制,被誉为通用控制网络。Lonworks 技术采用的 LonTalk 协议被封装到 Neuron(神经元)的芯片中,并得以实现。采用 Lonworks 技术和神经元芯片的产品,被广泛应用在楼宇自动化、家庭自动化、保安系统、办公设备、交通运输、工业过程控制等行业。

5. 过程现场总线 PROFIBUS

PROFIBUS(Process Field Bus)是符合德国国家标准 DIN19245 和欧洲标准 EN50170 的现场总线。PROFIBUS 是一种国际化、开放式、不依赖于设备生产商的现场总线标准。广泛适用于制造业自动化、流程工业自动化和楼宇、交通、电力等其他领域的自动化。PROFIBUS 由三个兼容部分组成,即 PROFIBUS-DP(Decentralized Periphery)、PROFIBUS-PA(Process Automation)、PROFIBUS-FMS(Fieldbus Message Specification)。

(1) PROFIBUS-DP:定义了第一、二层和用户接口。第三到七层未加描述。用户接口规定了用户和系统及不同设备可调用的应用功能,并详细说明了各种不同 PROFIBUS-DP 设备的设备行为。PROFIBUS-DP 应用于现场级。经过优化的高速、廉价的传输形式适用于自动控制系统与现场设备之间的实时通信,它采用 RS-485 传输。使用 Profibus-DP 模块可取代价格昂贵的 24V 或 0～20 mA 并行信号线。用于分布式控制系统的高速数据传输,最大传输速率为 12 Mbps。

(2) PROFIBUS-FMS:定义了第一、二、七层,应用层包括现场总线信息规范(Fieldbus Message Specification,FMS)和低层接口(Lower Layer Interface,LLI)。FMS 包括了应用协议并向用户提供了可广泛选用的强有力的通信服务。LLI 协调不同的通信关系并提供不依赖设备的第二层访问接口。PROFIBUS-FMS 用于车间级。要求面向对象、提供较大数据量的通信服务,也采用 RS-485 传输,解决车间级通用性进化服务,提供大量的通信服务,完成中等传输速度的循环和非循环通信任务,用于纺织工业、楼宇自动化、电气传动、传感器和执行器、可编程控制器、低压开关设备等一般自动化控制。目前,它已被以太网所取代。

(3) PROFIBUS-PA:专为过程自动化设计,通过采用标准的本质安全的传输技术,实现 IEC61158-2 中规定的通信规程,用于对安全性要求高的场合及由总线供电的站点。

PROFIBUS-DP 和 PROFIBUS-FMS 使用相同的传输技术和总线访问协议,所以它们可以在同一根电缆上同时操作;而 PROFIBUS-PA 设备可通过段耦合器集成到 PROFIBUS-DP 网络。PROFIBUS 总线有 3 种传输类型:PROFIBUS-DP 和 PROFIBUS-FMS 的 RS-485(H2)、PROFIBUS-PA 的 IEC61158-2(H1)、光纤(FO)。

PROFIBUS 的技术优势如下:

(1) 远距离高速传输

PROFIBUS-DP/FMS 通信介质为屏蔽双绞电缆或光纤,其传输速率为 9.6 kbps～12 Mbps,传输距离为 100～1200 m,通过中继器后传输距离还可加长。

(2) 灵活的配置

根据不同的应用对象,可灵活选取不同规格的总线系统,如简单设备一级的高速数据传送可选用 PROFIBUS-DP 单主站系统,稍微复杂一些的设备级高速数据传送,可选用 PROFIBUS-DP 多主站系统，更为复杂一些的系统可以混合选用 PROFIBUS-DP 与 PROFIBUS-FMS，两套系统可方便地在同一根电缆上同时操作，而无须附加任何转换装置。

(3) 本质安全

本质安全是工控网络在过程控制领域应用时首先需要考虑的问题，否则即使网络功能设计得再完善，也无法在化工、石油等工业领域现场使用。目前各种现场总线技术中考虑本质安全特性的只有 PROFIBUS 与 FF。PROFIBUS-PA 现场总线技术提供了成熟的解决方案，它只需一条双绞线就可传送信息并向现场设备供电，由于总线的操作电源来自单一供电装置，因而不再需要绝缘装置和隔离装置，设备在操作过程中进行的维修、接通或断开，即使在潜在的爆炸区也不会影响到其他站点。使用分段式耦合器，PROFIBUS-PA 可以方便地集成到 PROFIBUS-DP 网络上，并且经过扩展的 PROFIBUS-DP 诊断能对故障进行快速定位，将诊断信息在总线上传输并由主站采集。诊断信息分为本站诊断操作、模块诊断操作和通道诊断操作三级。

(4) 功能强大的 FMS

FMS 提供上下文环境管理、变量的存取、定义域管理、程序调用管理、事件管理、对 VFD（Virtual Field Device）的支持及对象字典管理等服务功能。FMS 同时提供点对点或有选择广播通信、带可调监视时间间隔的自动连接、本地和远程网络管理等功能。

(5) 硬件支撑

由于 PROFIBUS 协议芯片具备多种系列，故 PROFIBUS 协议的具体实现既简单又便宜。原则上，PROFIBUS 协议在任何微处理器上都可以实现，同时在微处理器内部或外部装上异步串行口即可，但当传输速率超过 500 kbps 或需要连接使用 IEC1158-2 传输技术时，最好使用西门子公司的 ASIC 协议芯片。

(6) 总线存取协议

三种兼容系列的 PROFIBUS 均使用单一的总线存取协议，数据链路层采用混合介质存取方式，即主站间按令牌方式、主站和从站间按主/从方式。得到令牌的主站可在一定的时间内执行本站的工作，这种方式保证了在任意时刻只能有一个站点发送数据，并且任一个主站在一个特定的时间片内都可以得到总线操作权，这就完全避免了冲突。这样的好处在于传输速度较快；而其他有些总线则采用冲突碰撞检测法，在这种情况下，某些信息组需要等待，然后再发送，从而使系统传输速度降低。此外，PROFIBUS 的协议结构以开放式系统网络作为参考模型，它定义了第一层、第二层和用户接口。根据这些规范的接口，不同的设备可实现网络通信。

PROFIBUS 的最大优点在于具有稳定的国际标准 EN50170 作为保证，并经实际应用验证具有普遍性。市场调查确认，在德国和欧洲市场中 PROFIBUS 占开放性工业现场总线系统的市场份额超过 40%。PROFIBUS 有国际著名自动化技术装备的生产厂商支持，它们都具有各自的技术优势并能提供广泛的优质新产品和技术服务。

6. HART 总线

HART（Highway Addressable Remote Transducer），可寻址远程传感器高速通道的开放通信协议，是美国 Rosement 公司于 1986 年推出并得到 80 多家著名仪表公司支持的一种用于现场智能仪表和控制室设备之间的通信协议。HART 通信基金会于 1993 年成立。HART 协议被认为是事实上的工业标准，但它本身并不算现场总线，只能说是现场总线的雏形，是一种过渡协议。其不足之处在于速度较慢，而一台智能设备要么选用"成组"方式，要么在"主从"方式中充当从设备，它不能像一台现场总线设备既可以作为从设备，又可以作为主设备。由于目前使用 4～20 mA 标准的现场仪表大量存在，所以，在其他现场总线进入工业应用后，HART 仍会应用很多年。

HART 协议采用基于 Bell202 标准的 FSK 频移键控信号,在低频的 4~20 mA 模拟信号上叠加幅度为 0.5 mA 的音频数字信号进行双向数字通信,数据传输速率为 1.2 Mbps。由于 FSK 信号的平均值为 0,不影响传送给控制系统模拟信号的大小,保证了与现有模拟系统的兼容性。在 HART 协议通信中主要的变量和控制信息由 4~20 mA 传送,在需要的情况下,另外的测量、过程参数、设备组态、校准、诊断信息通过 HART 协议访问。

HART 包括 ISO/OSI 模型的物理层、数据链路层和应用层。它的物理层采用 Bell202 国际标准,数据链路层用于按 HART 通信协议规则建立 HART 的信息格式。其信息构成包括开头码、终端与现场设备地址、字节数、现场设备状态与通信状态、数据、奇偶校验等。应用层的作用在于使 HART 指令付诸实现,即把通信状态转换成相应的信息。

HART 通信采用的是半双工的通信方式,其特点是在现有模拟信号传输线上实现数字信号通信,属于模拟系统向数字系统转变过程中的过渡性产品,因而在当前的过渡时期具有较强的市场竞争能力,得到了较快发展。HART 规定了一系列命令,按命令方式工作。它有三类命令,第一类称为通用命令,这是所有设备都理解、都执行的命令;第二类称为一般行为命令,所提供的功能可以在许多现场设备(尽管不是全部)中实现,这类命令包括最常用的现场设备的功能库;第三类称为特殊设备命令,以便于在某些设备中实现特殊功能,这类命令既可以在基金会中开放使用,又可以为开发此命令的公司所独有。在一个现场设备中通常可发现同时存在这三类命令。

HART 采用统一的设备描述语言 DDL。现场设备开发商采用这种标准语言来描述设备特性,由 HART 基金会负责登记管理这些设备描述并把它们编为设备描述字典,主设备运用 DDL 技术来理解这些设备的特性参数而不必为这些设备开发专用接口。但由于这种模拟数字混合信号制,导致难以开发出一种能满足各公司要求的通信接口芯片。HART 能利用总线供电,可满足本质安全防爆要求,并可组成由手持编程器与管理系统主机作为主设备的双主设备系统。

本 章 小 结

本章介绍了分级分布式计算机控制系统的基本理论及应用较多的两种形式,即 DCS 与 FCS。主要内容包括:

(1) 介绍了分级分布式计算机控制系统的产生过程,讲解了分级分布式计算机控制系统的构成,给出了分级分布式计算机控制系统的一般评价方法。这对理解分级分布式计算机控制系统的基本思想很有帮助。

(2) 集散控制系统作为分级分布式计算机控制系统在工业上的典型应用,具有分散控制、集中管理的特点,其本质是利用计算机技术对生产过程进行集中监视、操作、管理和分散控制,是计算机技术、信息处理技术、测量控制技术、通信网络技术和人机接口技术相互发展、相互渗透的产物。本章给出了集散控制系统的特点及其体系结构,在此基础上,对其最主要的功能部件做了介绍,同时,对集散控制系统重要的理论,即数据通信和组态原理进行了讲解。最后,对集散控制系统的发展情况进行了概述。

(3) 现场总线控制系统是分级分布式计算机控制系统的一种较新应用形式。FCS 克服了 DCS 系统中通信由封闭的专用网络系统实现中所产生的缺陷,把基于封闭专用的解决方案变成基于公开标准化的解决方案;同时,把控制功能彻底下放到现场,依靠现场智能设备本身实现基本控制功能,变成彻底的全分布式结构。同样,给出了 FCS 的体系结构,并将 FCS 与 DCS 进行了比较。现场总线是 FCS 的核心。目前,世界上出现了多种现场总线的企业或国家标准,本章介绍了较有影响力的几种著名的现场总线。

习题与思考题

9.1 简述分级分布式计算机控制系统的产生原因及其形成条件。
9.2 阐述分级分布式计算机控制系统与传统计算机控制系统的区别。
9.3 集散控制系统的体系结构是怎样的?
9.4 集散控制系统有什么样的优缺点?
9.5 什么是集散控制系统的组态?为什么需要进行组态?
9.6 现场总线具有什么样的体系结构?
9.7 简述现场总线的概念。
9.8 现场总线控制系统与集散控制系统相比,其优越性主要体现在哪里?

第 10 章　计算机数值控制系统

本书前面各章讨论的计算机控制系统分析与设计方法，理论上适用于各种形式的计算机闭环控制系统，包括常见的工业过程控制系统与运动（或伺服）控制系统，这类控制系统与相应的模拟式闭环控制系统有较好的对应关系，同时也构成了计算机控制系统的主要形式。本章将简单介绍计算机在运动控制中应用的另外一类特殊形式，即计算机数值控制（Computer Numerical Control，CNC）系统，通常也简称为"数控"系统。

10.1　计算机数值控制基础

计算机数值控制技术主要用于数控机床、线切割机、焊接机及一些数字绘图仪中，尤其是在数控机床中应用最为广泛。计算机数值控制技术已成为实现现代柔性制造（Flexible Manufacturing，FM）或计算机集成制造最重要的基础技术之一。本节将简要介绍计算机数值控制的基本概念与一般原理。

10.1.1　计算机数值控制的基本概念

数值控制（Numerical Control，NC）的概念源于机床对机械零件的加工。在传统的手动机床加工中，对零件的加工形状与尺寸等都需要经过人工操纵机械来实现，这很难满足复杂零件对加工的要求，且加工效率低，精度差。所谓数值控制，就是将被加工的机械零件的相关要求，如形状、尺寸、精度等信息，通过相应的数值计算结果，即以数值的形式来表示诸如形状、尺寸、精度等信息，并将计算结果转换成控制装置所能够接受的指令信号传送到电子控制装置，由该控制装置驱动机床刀具（或工作台、加工零件）等运动而加工出所要求的零件。显然，数值控制是一个自动化加工过程。

数值控制的概念早于计算机的诞生，因此二者并非天生就联系在一起，这有助于我们理解数值控制的概念。其实，早期的数值控制并没有计算机参与（计算机还不成熟，而且很贵），一般可以事先通过人工计算或其他计算形式得到数值计算结果，再将计算结果转化为一系列的指令序列，通过适当的输入装置按顺序自动输入到相应控制装置中，从而使机床按指令序列完成相应的加工过程。1952 年，美国麻省理工学院（MIT）与帕森斯（Parsons）公司合作，开发了世界上第一台三坐标数控铣床，其控制装置由 2000 多个电子管组成，插补计算装置采用脉冲乘法器，尽管其结构十分庞大，但却标志着一代新型机床控制技术的开始。直到 20 世纪 70 年代，随着小型计算机或微型计算机的发展，才将计算机与数值控制技术直接结合起来，由计算机完成数值计算，并直接发出控制指令参与控制过程，因此，称为计算机数值控制系统，即 CNC 系统。在计算机数值控制系统中，由于相应的数值计算与控制指令的形成与输出都是以计算机程序来实现并顺序执行的，因此，也称为数值程序控制。一般地，所谓数值程序控制，就是计算机根据输入的指令和数据，通过相应的计算机程序控制生产机械（如各种加工机床或绘图仪等）按规定的工作顺序、运动轨迹、运动距离和运动速度等规律自动地完成相关工作的自动化控制方法。

现代计算机数值控制系统功能十分强大，能够加工许多非常复杂的零部件，加工精度、加工速度及可靠性等都大大提高。CNC 技术已成为现代制造技术的重要基础和关键技术。

10.1.2 数值控制基本原理

数值控制既可实现对各种平面几何曲线的加工，也可实现对三维立体几何曲面的加工，它们的基本原理是一致的，因此下面以加工平面曲线为例加以说明。

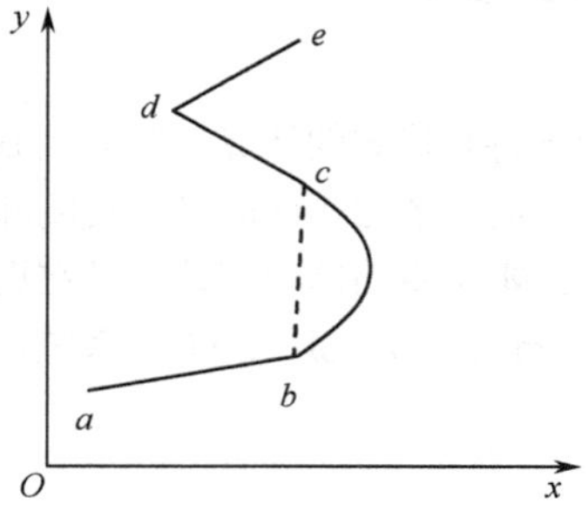

设待加工或绘制的曲线如图 10.1 所示，其为一条不规则曲线，为了加工或绘制这样一条曲线，一般需要经过以下步骤。

1. 曲线分段

为数值计算的方便，将待加工曲线分为若干线段，既可以是直线段，也可以是曲线段，如图 10.1 中所示曲线，可将其分为四段，即 $\overline{ab}$，$\overset{\frown}{bc}$，$\overline{cd}$ 和 $\overline{de}$，然后确定 a，b，c，d，e 五点的坐标并送入计算机。其图形分割原则应保证由分割线段所连接的曲线与原图形（或期望图形）的误差在允许的范围之内。由图可见，b 和 c 两点取弧线段 $\overset{\frown}{bc}$ 比取直线段 $\overline{bc}$ 要精确得多。

图 10.1 曲线分段

2. 插补计算

所谓插补计算，就是由给定线段的基点坐标，求得该线段中间点坐标的数值计算方法。插补计算的基本原则是通过给定的基点坐标，以一定的速度连续定出一系列中间点，而这些中间点的坐标值以一定的精度逼近给定的线段。

理论上，插补的形式可以用任意函数的形式，但为了简化插补计算过程和加快插补速度，常用直线插补和二次曲线插补两种形式。所谓直线插补，即在给定的两个直线段的基点之间用一条近似直线来逼近，也就是由此定出的中间点连接起来的折线近似于一条直线。所谓二次曲线插补，即在给定两个曲线基点之间用一条近似的二次曲线来逼近，也就是实际的中间点连线是一条近似于期望曲线的折线弧。常用二次曲线有圆弧、抛物线和双曲线等。

3. 折线逼近

把插补计算过程中定出的各中间点坐标，以脉冲信号的形式去控制 x，y 方向上的步进电机，带动绘图笔、刀具等，从而绘出图形或加工所要求的轮廓。这里的每一个脉冲信号代表步进电机走一步，即刀具或绘图笔在 x 方向或 y 方向移动一个单位位移量，常称之为坐标进给。同时，把对应于每个脉冲移动的单位位移量称为脉冲当量，也称为步长，通常用 Δx 和 Δy 表示，并且有 $\Delta x = \Delta y$。

图 10.2 所示是用一段折线逼近直线段的插补线段，其中 (x_0, y_0) 为该线段的起点坐标值，(x_e, y_e) 为终点坐标值，则 x 方向和 y 方向应移动的总步数 N_x 和 N_y 分别为

$$N_x = \frac{x_e - x_0}{\Delta x}$$

$$N_y = \frac{y_e - y_0}{\Delta y}$$

如果将 Δx 和 Δy 定义为单位坐标增量值，即以脉冲当量为单位来表示各基点和中间点的坐标值，则有

$$N_x = x_e - x_0$$

$$N_y = y_e - y_0$$

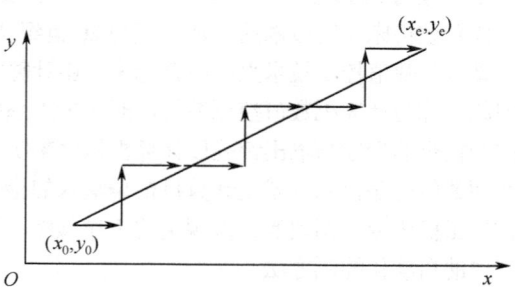

图 10.2 用折线逼近直线段示意图

这样，插补计算就是如何分配 x 方向和 y 方向的脉冲数，使实际的中间点连接成的折线轨迹尽可能地逼近理想轨迹。由图 10.2 可见，实际的中间点连接线是一条由 Δx 和 Δy 增量值组成的折线。当 Δx 和 Δy 足够小时，以至肉眼难以分辨出来，看起来就近似于一条直线。显然，Δx 和 Δy 增量值越小，就越逼近于理想的直线段。

实现直线插补和二次曲线插补的方法有多种，常见的有数字脉冲乘法器、数字积分法和逐点比较法等，其中以逐点比较法使用最广。因此，本书将以逐点比较法为例阐述插补计算与数值控制原理。

10.1.3 计算机数值控制系统一般组成

根据以上数值控制基本原理，一个完整的计算机数值控制系统的一般组成（以数控机床为例）如图 10.3 所示。

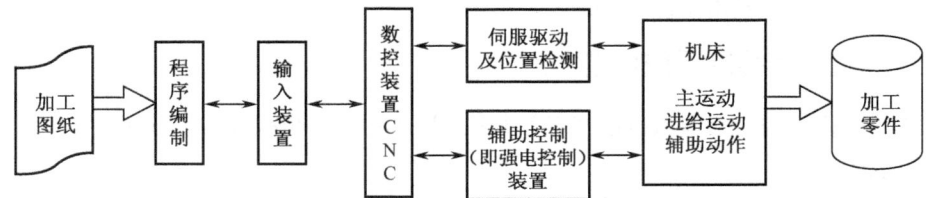

图 10.3 计算机数值控制系统的一般组成

1. 程序编制

在对加工零件图纸进行工艺分析的基础上，确定零件在机床坐标系上的相对位置、刀具与零件相对运动参数、加工的工艺路线及路线分段、切削加工的工艺参数及辅助装置的动作等。然后用由文字、数字和符号组成的标准数控代码，按规定的方法和格式，编制零件加工的数控程序（即规格化的零件加工关键参数、路线及工艺要求）。程序编制可人工进行，对复杂零件加工，则要在专用的编程机或通用计算机上进行自动编程设计。

2. 输入装置

将上述编制好的零件加工程序及控制参数、补偿量等数据通过输入装置输入控制装置。输入装置可采用光电阅读机、键盘、磁盘、连接上级计算机的 DNC 接口、网络等多种形式。CNC 装置在输入过程中通常还要完成无效码删除、代码校验和代码转换等工作。

3. 数值控制装置

数值控制装置是计算机数值控制系统的核心，一般由插补计算单元与控制器两部分构成。由于输入的零件加工程序只能是各线段轨迹的起点、终点坐标值、加工线型及工艺参数等数据，因此还要进行轨迹插补，也就是在线段的起点和终点坐标值之间求出一系列中间点的坐标值，这就是插补计算单元完成的功能。根据插补计算的结果，控制器向相应坐标驱动装置输出脉冲信号，控制各坐标轴的进给运动，包括进给速度、进给方向和进给位移量等，同时，也对加工过程机床的主运动及相关辅助动作进行控制。

4. 伺服驱动与位置检测

伺服驱动装置接受来自数值控制器的指令信息，经功率放大后，按照指令信息的要求驱动机床移动部件（伺服电机或步进电机），以加工出符合图样要求的零件。

位置检测装置将数控机床各坐标轴的实际位移量检测出来，经反馈系统输入到机床的数控装置之后，数控装置将反馈回来的实际位移量值与设定值进行比较，控制驱动装置按照指令设定值运动。

5. 辅助控制装置

辅助控制装置接收数值控制器输出的开关量指令信号，经过编译、逻辑判别和运动，再经功率放大后驱动相应的电器，带动机床的机械、液压、气动等辅助装置完成指令规定的开关量动作。这些控制包括主轴运动部件的变速、换向和启停指令，刀具的选择和交换指令，冷却、润滑装置的启动停止，工件和机床部件的松开、夹紧，分度工作台转位分度等开关辅助动作。

由于可编程逻辑控制器（PLC）具有响应快、性能可靠、易于使用并可直接启动机床开关等特点，现已广泛用做数控机床的辅助控制装置。

6. 机床本体

数控机床的机床本体与传统机床相似，由主轴传动装置、进给传动装置、床身、工作台及辅助运动装置、液压气动系统、润滑系统、冷却装置等组成。

10.1.4 计算机数值控制系统的控制结构

与其他控制系统一样，计算机数值控制系统也分为开环与闭环两种基本的控制结构。

1. 开环数值控制

在开环数值控制结构中没有位置反馈检测元件，工作台一般由步进电机驱动，其一般控制结构图如图 10.4 所示。步进电机接收来自步进电机驱动电路发来的指令脉冲做相应的旋转，带动刀具（或零件）移动与指令脉冲相对应的位移量，至于刀具（或零件）是否到达了指令脉冲规定的位置，系统本身并不做位置检测。因此，这种控制结构的可靠性与精度主要由步进电机的性能与传动装置的精度来决定。

图 10.4　开环数值控制结构图

由于开环数值控制结构简单，可靠性高，成本低，易于调整和维护，并且随着步进电机及传动机构精度的提高，其控制精度也完全能满足常规加工精度的要求，因而应用最为广泛。同时，由于采用了步进电机作为驱动元件，使得系统的控制变得更加灵活，更易于实现各种插补计算和运动轨迹控制。

2. 闭环数值控制

闭环数值控制是带有位置或速度反馈的控制系统，如图 10.5 所示。这种结构的执行机构多采用伺服电机（小惯性伺服电机或宽调速力矩电机）作为驱动元件，反馈测量元件通常采用光电编码器（旋转码盘）、光栅、感应同步器等。闭环控制结构可以保证较高的控制精度，主要用于大型精密加工机床。但由于其结构与控制规律较为复杂，难于调整和维护，一般常规数控机床中较少采用。

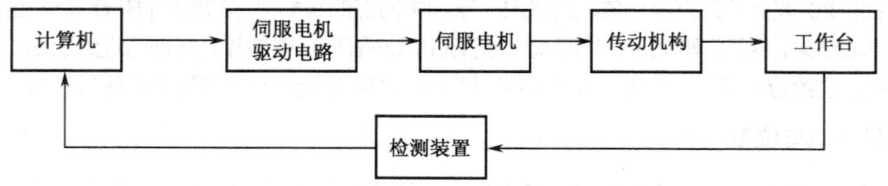

图 10.5　闭环数值控制结构图

图 10.5 所示的闭环数值控制结构是直接检测工作台（刀具或零件）的位置信息进行反馈的，如果反馈信息取自伺服电机的传动轴（角速度或角位移），这种结构也称为半闭环控制结构。半闭环控制结构的性

能与复杂性介于开环与闭环数值控制结构之间,因而在一些精度要求较高的中小型数控机床应用较多。

由于本章重点在于讨论数值控制的基本原理,鉴于篇幅限制,本章将只讨论开环数值控制结构。而闭环或半闭环结构主要是在开环数值控制的基础上,引入了反馈比较,控制规律相对复杂一些。

10.1.5 数值控制系统的控制方式

按照被控机床的运动轨迹来分类,数值控制系统通常包括点位控制、直线切削控制和轮廓切削控制三种基本控制方式。

1. 点位控制

在点位控制中,只要求控制刀具行程终点的坐标值,即工件加工点准确定位,而对于点与点之间移动的轨迹不进行控制,不要求具体路径、速度、方向等,在移动过程中不做任何加工,只是在准确到达指定位置后才开始加工。这一类系统的设备有数控钻床、数控坐标镗床和数控冲床等。

2. 直线切削控制

这种控制方式也主要是控制行程的终点坐标值,不仅要控制点与点的精确位置,同时还要求刀具相对于工件平行某一坐标轴做直线运动,且在运动过程中工具能以给定的进给速度进行切削加工。此类控制方式的设备主要有数控车床、数控铣床、数控磨床、加工中心等。

3. 轮廓切削控制

这种控制方式能够控制刀具沿工件轮廓曲线不停地运动,并在运动过程中将工件加工成某一形状。这类系统能够对两个或两个以上坐标方向进行严格控制,借助于插补器,根据加工的工件轮廓向每一个坐标轴分配速度指令,以获得图纸坐标之间的中间点,各坐标的运动按规定的比例关系相互配合,协调连续进行加工,以形成所需要的直线、斜线或曲线、曲面。采用此类控制方式的设备有数控车床、铣床、加工中心、电加工机床和特种加工机床等。

在三种控制方式中,点位控制最简单,它对运动轨迹没有特殊要求,且运动时不加工,因此控制电路只要具有记忆功能即可,而不需要插补计算。由于直线切削控制要求进行直线加工,其控制电路要复杂一些。轮廓切削控制要求控制刀具准确地完成复杂的曲线运动,所以不仅控制电路复杂,而且还需要一系列的插补计算和判断。

10.2 逐点比较法插补原理

所谓逐点比较法插补原理,就是刀具或绘图笔每走一步都要和给定轨迹上的坐标值进行比较,从而决定下一步的进给方向。如果原来在给定轨迹的下方,下一步就向轨迹的上方走,如果原来在给定轨迹的里面,下一步就向轨迹的外面走。这样走一步、比较一次、决定下一步的走向,以便逼近给定轨迹,即"一步一比较,步步来逼近",故称为逐点比较插补。

逐点比较法插补是以阶梯折线来逼近直线或圆弧等曲线,它与指定加工的直线或圆弧之间的最大误差为一个脉冲当量,因此,只要把脉冲当量取得足够小,就可以达到加工精度的要求。下面分别介绍逐点比较法直线插补和圆弧插补原理。

10.2.1 逐点比较法直线插补原理

对于直线插补来说,如果把直线段的起点坐标放在坐标系原点,则任何一条直线段总是落在这个二维平面坐标系四个象限中的某一个象限内,除非这条直线正好与坐标轴重合(那就对应于直线切削控制,无须插补)。因此,下面先讨论第一象限内的直线插补,再推广到其他象限。

1. 第一象限内直线插补

设待加工的轨迹为第一象限中的一条直线段 OA，如图 10.6 所示。下面以此为例来阐述第一象限内的直线插补原理。

（1）偏差计算

根据逐点比较法插补原理，必须把每一插值点（动点）的实际位置与给定轨迹的理想位置间的偏差计算出来，根据偏差的正、负决定下一步的走向，来逼近给定轨迹。因此，偏差计算是逐点比较法中关键的一个步骤。

在图 10.6 中，待加工直线起点坐标为 $O(0, 0)$，终点坐标为 $A(x_e, y_e)$，直线 OA 将第一象限平面分成两个区域，并形成三个点集。第一个点集是与直线 OA 重合的所有点；第二个点集是直线 OA 上方的所有点；第三个点集是直线 OA 下方的所有点。下面推导三个点集的坐标关系。

对于第一个点集，动点（中间点）m 在直线 OA 上，即 Om 与 OA 重合，二者斜率相等，即有

$$y_m / x_m = y_e / x_e$$

由此可得

$$y_m x_e - x_m y_e = 0 \quad (10.1)$$

对于第二个点集，动点（中间点）m' 在直线 OA 上方，即 Om' 的斜率大于 OA 的斜率，即有

$$y_m / x_m > y_e / x_e$$

于是可得

$$y_m x_e - x_m y_e > 0 \quad (10.2)$$

对于第三个点集，动点（中间点）m'' 在直线 OA 下方，

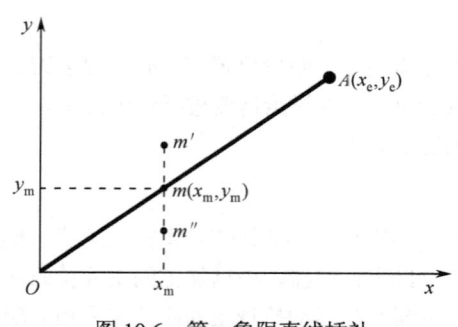

图 10.6 第一象限直线插补

即 Om'' 的斜率小于 OA 的斜率，即有

$$y_m / x_m < y_e / x_e$$

即

$$y_m x_e - x_m y_e < 0 \quad (10.3)$$

考察式（10.1）、式（10.2）和式（10.3），可以定义直线插补的偏差计算式为

$$F_m = y_m x_e - x_m y_e \quad (10.4)$$

式（10.4）称为直线插补基本偏差计算式。由以上分析可知，当 $F_m = 0$ 时，表明点 m 在直线 OA 上；当 $F_m > 0$ 时，表明点 m 在直线 OA 上方；当 $F_m < 0$ 时，表明点 m 在直线 OA 下方。这样根据式（10.4）的计算结果就可判定当前动点所属的点集，并可由此确定刀具的进给方向：

当 $F_m > 0$ 时，动点 m 在 OA 上方，为了逼近直线 OA，应当沿 $+x$ 方向进给一步；

当 $F_m < 0$ 时，动点 m 在 OA 下方，则应当沿 $+y$ 方向进给一步；

当 $F_m = 0$ 时，即动点 m 在 OA 上，但并未到达终点，通常规定按 $F_m > 0$ 的情况处理，即沿 $+x$ 方向进给一步。

第一象限直线插补进给方向示意图如图 10.7 所示。

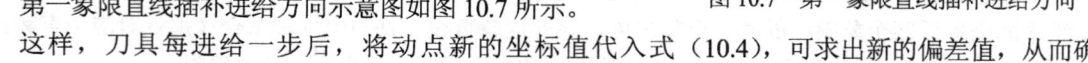

图 10.7 第一象限直线插补进给方向

这样，刀具每进给一步后，将动点新的坐标值代入式（10.4），可求出新的偏差值，从而确

定下一步的进给方向。如此反复下去，即可完成直线插补。但是在式（10.4）的偏差计算中，需要进行两次乘法运算和一次减法运算，而且还需要计算动点的坐标，插补计算速度受到一定影响。为此可将式（10.4）进一步简化。

当 $F_m \geq 0$ 时，沿+x方向走一步后，新点坐标为

$$\begin{cases} x_{m+1} = x_m + 1 \\ y_{m+1} = y_m \end{cases}$$

代入式（10.4），则得新点的偏差为

$$F_{m+1} = y_{m+1}x_e - x_{m+1}y_e = y_m x_e - (x_m+1)y_e = F_m - y_e \tag{10.5}$$

当 $F_m < 0$ 时，沿+y方向走一步后，新点坐标为

$$\begin{cases} x_{m+1} = x_m \\ y_{m+1} = y_m + 1 \end{cases}$$

代入式（10.4），则得新点的偏差为

$$F_{m+1} = y_{m+1}x_e - x_{m+1}y_e = (y_m+1)x_e - x_m y_e = F_m + x_e \tag{10.6}$$

式（10.5）与式（10.6）就是简化后的偏差计算公式。可见，简化后的新点偏差计算仅需利用进给前的偏差值和终点坐标(x_e, y_e)之一进行加/减运算求得，而且不需要求新点坐标，从而使偏差计算过程大为简化。

（2）终点判断方法

以上讨论了如何根据偏差计算结果确定进给方向，插补计算过程就是按上述偏差判别、坐标进给、新点偏差计算不断重复进行，直至终点。因此，需要引入终点判断这个步骤，终点判断通常有两种方法。

一种称为总步数法，即设置一个终点计数器 N_{xy}，计数初值为 x, y 两个坐标方向进给的总步数，x 和 y 坐标每进给一步，N_{xy} 就减 1，直到 N_{xy} 减到零，就达到终点。

另一种方法称为终点坐标法，设置 N_x, N_y 两个减法计数器，在加工开始前，在 N_x, N_y 计数器中分别置入终点坐标值 x_e, y_e。加工时，x 坐标每进给一步，就在 N_x 计数器中减去 1，y 坐标每进给一步，就在 N_y 计数器中减去 1，直到这两个计数器中的数都减到零，就到达终点。

（3）直线插补步骤

综上所述，直线插补过程一般包括偏差判别、坐标进给、偏差计算、终点判断等四个步骤。

① 偏差判别，判断上一步进给后的偏差是 $F \geq 0$ 还是 $F < 0$；

② 坐标进给，根据所在象限和偏差判别的结果，决定进给坐标轴及其方向；

③ 偏差计算，计算进给一步后新的偏差，作为下一步进给的偏差判别依据；

④ 终点判断：进给一步后，终点计数器减1，判断是否到达终点，到达终点则停止运算；若没有到达终点，则返回①，重复上述步骤。如此不断循环直到到达终点。

第一象限直线插补流程图如图10.8所示。图

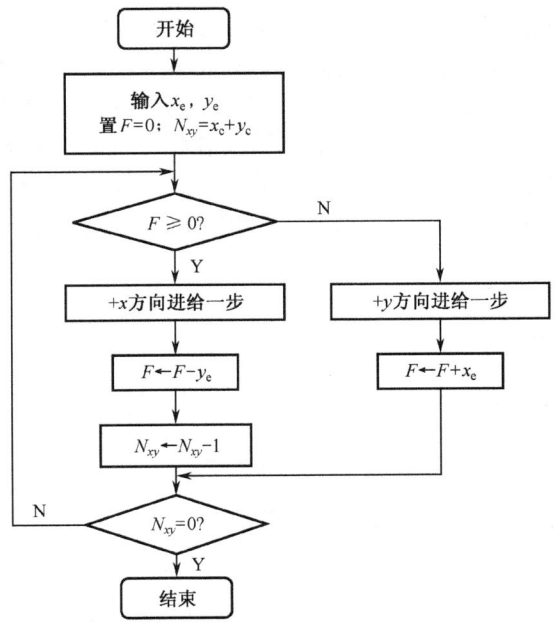

图 10.8 第一象限直线插补流程图

中终点判断采用总步数法，即计数初值为 $N_{xy}=x_e+y_e$。在初始化时，即置入终点坐标值，求出总计数长度 N_{xy}，并置初始偏差 $F_0=0$。

例 10.1 设加工第一象限直线 OA，起点坐标为 $O(0,0)$，终点坐标为 $A(6,4)$，试进行插补计算，并画出其进给轨迹图。

解 由题可知 $x_e=6$，$y_e=4$，进给总步数为

$$N_{xy}=x_e+y_e=6+4=10$$

置 $F_0=0$，按如图 10.8 所示插补计算流程进行插补计算，其计算过程如表 10.1 所示。

表 10.1 直线插补计算过程

步 数	偏差判别	坐标进给	偏差计算	终点判断
起点			$F_0=0$	$N_{xy}=10$
1	$F_0=0$	$+x$	$F_1=F_0-y_e=0-4=-4$	$N_{xy}=9$
2	$F_1<0$	$+y$	$F_2=F_1+x_e=-4+6=2$	$N_{xy}=8$
3	$F_2>0$	$+x$	$F_3=F_2-y_e=2-4=-2$	$N_{xy}=7$
4	$F_3<0$	$+y$	$F_4=F_3+x_e=-2+6=4$	$N_{xy}=6$
5	$F_4>0$	$+x$	$F_5=F_4-y_e=4-4=0$	$N_{xy}=5$
6	$F_5=0$	$+x$	$F_6=F_5-y_e=0-4=-4$	$N_{xy}=4$
7	$F_6<0$	$+y$	$F_7=F_6+x_e=-4+6=2$	$N_{xy}=3$
8	$F_7>0$	$+x$	$F_8=F_7-y_e=2-4=-2$	$N_{xy}=2$
9	$F_8<0$	$+y$	$F_9=F_8+x_e=-2+6=4$	$N_{xy}=1$
10	$F_9>0$	$+x$	$F_{10}=F_9-y_e=4-4=0$	$N_{xy}=0$

其进给轨迹如图 10.9 所示。

2. 四象限的直线插补

以上讨论了第一象限内的直线插补原理，如果需要在其他三个象限内进行直线加工，只要通过一定的对称关系，将该直线化做第一象限的插补处理即可。因为这样处理，偏差计算公式不会变化，仅仅是进给方向对于不同的象限做相应的改变即可。

设 A_1，A_2，A_3，A_4 分别为第一、第二、第三、第四象限内直线的终点，而起点均为坐标原点。根据其他三个象限与第一象限的对称关系，可得四个象限的偏差判别与坐标进给方向的关系如图 10.10 所示。可见，凡是 $F_m \geqslant 0$，均在 x 方向进给，在第一、四象限，向 $+x$ 方向进给，在第二、三象限，向 $-x$ 方向进给；凡是 $F_m<0$，均在 y 方向进给，在第一、二象限，向 $+y$ 方向进给，在第三、四象限，向 $-y$ 方向进给。同时，不管在哪个象限，都采用第一象限的偏差计算公式，只是式中的终点坐标值均取绝对值。

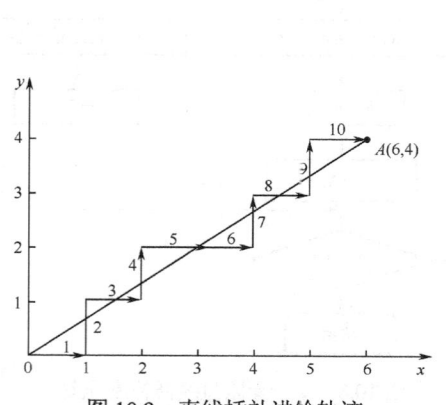

图 10.9 直线插补进给轨迹

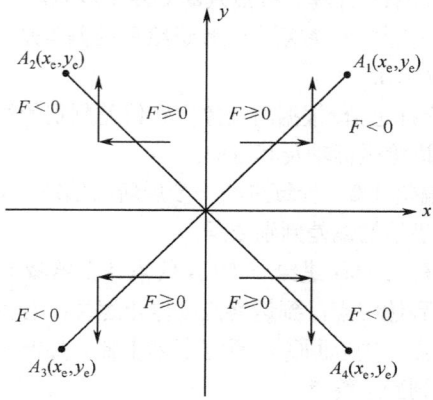

图 10.10 四个象限的偏差判别与坐标进给方向的关系

四象限的直线插补进给方向与偏差计算公式如表 10.2 所示，其中终点坐标值均为绝对值。

表 10.2 四象限的直线插补进给方向与偏差计算公式

	$F_m \geq 0$			$F_m < 0$	
所有象限	进给方向	偏差计算	所在象限	进给方向	偏差计算
一、四	$+x$	$F_{m+1} < F_m - y_e$	一、二	$+y$	$F_{m+1} < F_m + x_e$
二、三	$-x$		三、四	$-y$	

综上所述，可得到四个象限的直线插补流程图如图 10.11 所示，其中，终点坐标均输入绝对值，同时，设置一个象限标志变量 Q（$Q = 1, 2, 3, 4$），根据所在象限确定具体的进给方向，而终点判断仍采用总步数法。

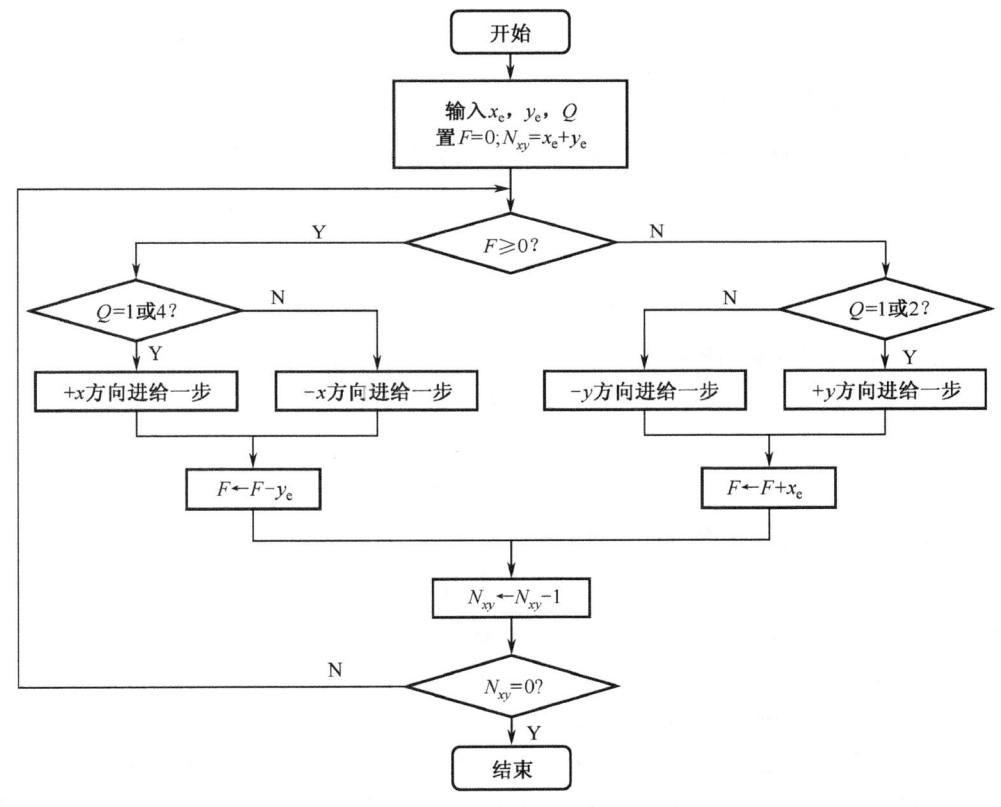

图 10.11 四象限直线插补流程图

10.2.2 逐点比较法圆弧插补原理

如果要绘制或加工一段圆弧，首先应该知道该圆弧的半径，然后将圆弧的圆心作为坐标系的原点，并确定圆弧起始点与和终止点坐标。同样，为讨论及计算方便，也将其分为四个不同象限内的圆弧插补。同时，由于起点与终点的不同，圆弧的走向也有两个方向。一个是按顺时针方向来加工，另一个是按逆时针方向来加工。为便于表示圆弧所在象限及加工方向，这里用 SR_1, SR_2, SR_3, SR_4 依次表示第一、二、三、四象限中的顺圆弧，用 NR_1, NR_2, NR_3, NR_4 分别表示第一、二、三、四象限中的逆圆弧。

1. 第一象限逆圆弧插补原理

设加工第一象限逆圆弧 $\overset{\frown}{AB}$，其圆心为坐标系原点，起点 A 的坐标为 (x_0, y_0)，终点 B 的坐标为 (x_e, y_e)，R 为圆弧的半径，如图 10.12 所示。

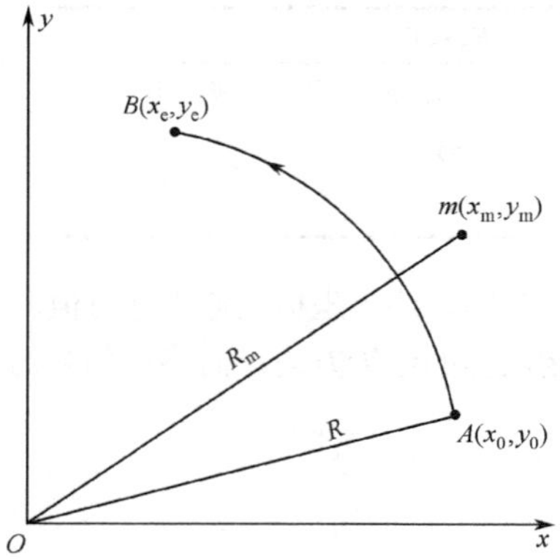

（1）偏差计算

与逐点比较直线插补一样，偏差计算也是逐点比较法圆弧插补的关键步骤。

根据圆弧上任意一点到圆心的距离等于半径这一事实，可以将第一象限的所有点分为三个点集。

第一个点集为待加工圆弧 $\overset{\frown}{AB}$ 上的所有点，对于这些点 (x_m, y_m)，有下式成立：

$$R_m = x_m^2 + y_m^2 = x_0^2 + y_0^2 = x_e^2 + y_e^2 = R^2$$

即

$$x_m^2 + y_m^2 - R^2 = 0 \tag{10.7}$$

图 10.12 第一象限逆圆弧

第二个点集为待加工圆弧 $\overset{\frown}{AB}$ 外侧区域的所有点，对于这些点，有

$$x_m^2 + y_m^2 = R_m > R^2$$

于是有

$$x_m^2 + y_m^2 - R^2 > 0 \tag{10.8}$$

第三个点集为待加工圆弧 $\overset{\frown}{AB}$ 内侧区域的所有点，对于这些点，有

$$x_m^2 + y_m^2 = R_m < R^2$$

即

$$x_m^2 + y_m^2 - R^2 < 0 \tag{10.9}$$

综合起来，可以将圆弧插补的偏差计算式定义为

$$F_m = x_m^2 + y_m^2 - R^2 \tag{10.10}$$

于是，根据式（10.10）的偏差计算结果的符号，可以确定当前动点所属的点集，由此可确定刀具（或绘图笔）的进给方向。

当 $F_m > 0$ 时，动点 m 在圆弧 $\overset{\frown}{AB}$ 外，应向圆弧内进给，即沿 $-x$ 方向进给一步；

当 $F_m < 0$ 时，动点 m 在圆弧 $\overset{\frown}{AB}$ 内，则应向圆弧外进给，即沿 $+y$ 方向进给一步；

当 $F_m = 0$ 时，动点 m 在圆弧 $\overset{\frown}{AB}$ 上，但并未到达终点，通常规定按 $F_m > 0$ 的情况处理，即沿 $-x$ 方向走一步。

用式（10.10）进行偏差计算，需进行三次乘方运算和两次加减法运算，比较费时。为此可对式（10.10）做一些简化。

当 $F_m \geqslant 0$ 时，应沿 $-x$ 轴方向进给一步，其新点坐标值为

$$\begin{cases} x_{m+1} = x_m - 1 \\ y_{m+1} = y_m \end{cases}$$

于是，新点偏差为

$$F_{m+1} = x_{m+1}^2 + y_{m+1}^2 - R = (x_m - 1)^2 + y_m^2 - R^2 = F_m - 2x_m + 1 \tag{10.11}$$

同理，当 $F_m < 0$ 时，应沿 $+y$ 方向进给一步，其新点坐标值为

$$\begin{cases} x_{m+1} = x_m \\ y_{m+1} = y_m + 1 \end{cases}$$

于是，新点偏差为

$$F_{m+1} = x_{m+1}^2 + y_{m+1}^2 - R = x_m^2 + (y_m+1)^2 - R^2 = F_m + 2y_m + 1 \tag{10.12}$$

式（10.11）和式（10.12）就是简化后的偏差计算公式。

（2）终点判断

与直线插补一样，圆弧插补也需要进行终点判断，判断方法也与直线插补类似，也有总步数法和终点坐标法两种形式，只是圆弧插补的起点不再是坐标原点。

对于总步数法，计数器初值为

$$N_{xy} = |x_e - x_0| + |y_e - y_0| \tag{10.13}$$

对于终点坐标法，两个计数器的计数初值分别为

$$N_x = |x_e - x_0| \tag{10.14}$$

$$N_y = |y_e - y_0| \tag{10.15}$$

（3）第一象限逆圆弧插补步骤

综合以上分析，可得到第一象限逆圆弧插补步骤。一般包括偏差判别、坐标进给、偏差计算、坐标计算和终点判断五个步骤。

① 偏差判别，判断上一步进给后的偏差是 $F \geq 0$ 还是 $F < 0$；

② 坐标进给，当 $F \geq 0$ 时，沿 $-x$ 方向进给一步，当 $F < 0$ 时，沿 $+y$ 方向进给一步；

③ 偏差计算，计算进给一步后新的偏差，沿 $-x$ 方向进给后，按式（10.11）计算新偏差，沿 $+y$ 方向进给后，则按式（10.12）计算新偏差；

④ 坐标计算，由于偏差计算中需要中间点坐标值，因此，每次进给后，需要对动点坐标进行更新；

⑤ 终点判断，进给一步后，终点计数器减1，判断是否到达终点，到达终点则停止运算；若没有到达终点，则返回①，重复上述步骤。如此不断循环直到到达终点。

第一象限逆圆弧插补流程图如图 10.13 所示。流程图中终点判断也采用总步数法。

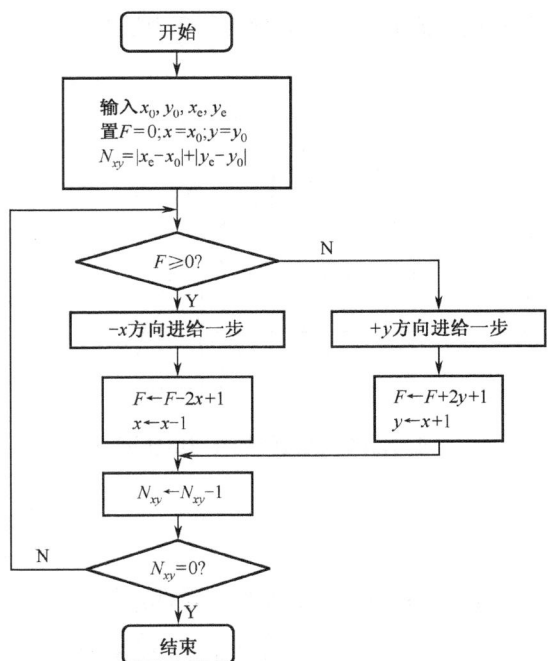

图 10.13 第一象限逆圆弧插补流程图

例 10.2 设加工第一象限逆圆弧 $\widehat{AB}$，已知圆弧的起点坐标为 $A(4,0)$，终点坐标为 $B(0,4)$，试用逐点比较法进行圆弧插补，并作出进给轨迹图。

解 终点判断采用总步数法

$$N_{xy} = |x_e - x_0| + |y_e - y_0| = |0-4| + |4-0| = 8$$

置 $F_0 = 0$，按图 10.13 的流程进行圆弧插补，其插补过程如表 10.3 所示。

表 10.3 圆弧插补计算过程

步 数	偏差判别	坐标进给	偏差计算	坐标计算	终点判别
起点			$F_0 = 0$	$x_0 = 4$，$y_0 = 0$	$N_{xy} = 8$
1	$F_0 = 0$	$-x$	$F_1 = F_0 - 2x_0 + 1 = -7$	$x_1 = x_0 - 1 = 3$，$y_1 = 0$	$N_{xy} = 7$
2	$F_1 < 0$	$+y$	$F_2 = F_1 + 2y_1 + 1 = -6$	$x_2 = 3$，$y_2 = y_1 + 1 = 1$	$N_{xy} = 6$
3	$F_2 < 0$	$+y$	$F_3 = F_2 + 2y_2 + 1 = -3$	$x_3 = 3$，$y_3 = y_2 + 1 = 2$	$N_{xy} = 5$
4	$F_3 < 0$	$+y$	$F_4 = F_3 + 2y_3 + 1 = 2$	$x_4 = 3$，$y_4 = y_3 + 1 = 3$	$N_{xy} = 4$
5	$F_4 > 0$	$-x$	$F_5 = F_4 - 2x_4 + 1 = -3$	$x_5 = x_4 - 1 = 2$，$y_5 = 3$	$N_{xy} = 3$
6	$F_5 < 0$	$+y$	$F_6 = F_5 + 2y_5 + 1 = 4$	$x_6 = 2$，$y_6 = y_5 + 1 = 4$	$N_{xy} = 2$
7	$F_6 > 0$	$-x$	$F_7 = F_6 - 2x_6 + 1 = 1$	$x_7 = x_6 - 1 = 1$，$y_7 = 4$	$N_{xy} = 1$
8	$F_7 > 0$	$-x$	$F_8 = F_7 - 2x_7 + 1 = 0$	$x_8 = x_7 - 1 = 0$，$y_8 = 4$	$N_{xy} = 0$

其进给轨迹如图 10.14 所示。

2. 第一象限顺圆弧插补原理

仿照第一象限逆圆弧的插补分析过程，可以得到第一象限顺圆弧插补规律。

采用式（10.10）偏差计算基本公式，由图 10.15 可得，当 $F \geq 0$ 时，动点 m 在圆弧 $\overset{\frown}{AB}$ 外（或圆弧上），则应沿顺时针方向向圆弧内进给，即沿 $-y$ 方向进给一步，此时新点坐标为

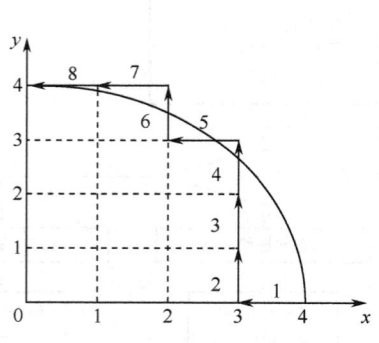 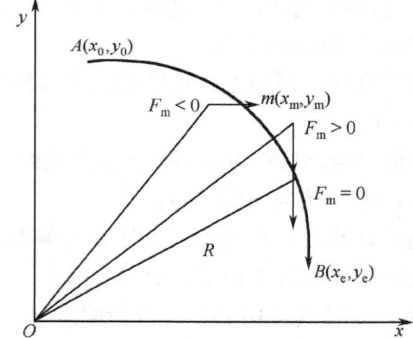

图 10.14 逆圆弧插补进给轨迹图　　　图 10.15 第一象限顺圆弧插补进给示意图

$$\begin{cases} x_{m+1} = x_m \\ y_{m+1} = y_m - 1 \end{cases}$$

于是，同样可得其偏差计算的简化公式为

$$F_{m+1} = x_{m+1}^2 + y_{m+1}^2 - R = x_m^2 + (y_m - 1)^2 - R^2 = F_m - 2y_m + 1 \tag{10.16}$$

当 $F_m < 0$ 时，动点 m 在圆弧 $\overset{\frown}{AB}$ 内，则按顺时针方向向圆弧外进给，即沿 $+x$ 方向进给一步，而新点坐标为

$$\begin{cases} x_{m+1} = x_m + 1 \\ y_{m+1} = y_m \end{cases}$$

相应的偏差简化计算公式为

$$F_{m+1} = x_{m+1}^2 + y_{m+1}^2 - R = (x_m + 1)^2 + y_m^2 - R^2 = F_m + 2x_m + 1 \tag{10.17}$$

3. 四象限的圆弧插补

以上分别讨论了第一象限逆圆弧和顺圆弧的插补原理，根据坐标系中四个象限的对称关系，可以将第一象限的逆圆弧和顺圆弧的插补规律推广到其他几个象限。

四个象限 8 种圆弧插补的对称关系如图 10.16 所示。由图 10.16 可见，其他三个象限的 6 种圆弧插补均与第一象限的逆圆弧或顺圆弧插补有对称关系，而且，沿对称轴的进给的方向相同，沿非对称轴的进给的方向相反。

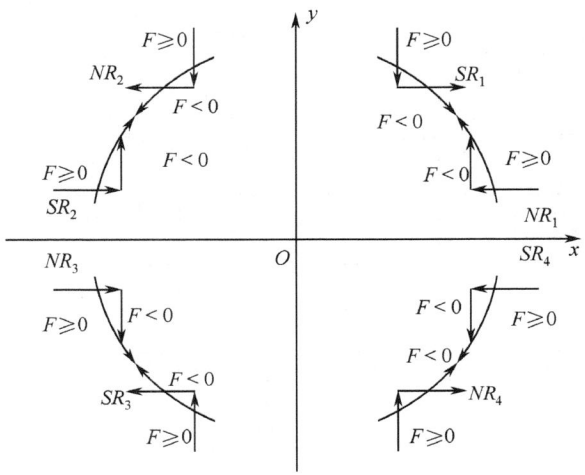

图 10.16　四个象限 8 种圆弧插补的对称关系

以上所有其它三个象限圆弧的偏差计算公式，只要参与运算的坐标值都取绝对值，则均与第一象限中所对应的逆圆弧或顺圆弧的偏差计算公式相同。四个象限 8 种圆弧的偏差计算公式与进给方向如表 10.4 所示。

表 10.4　四个象限 8 种圆弧的偏差计算公式和进给方向

偏　　差	圆弧种类	进给方向	偏差计算	坐标计算
$F_m \geqslant 0$	SR_1, NR_2	$-y$	$F_{m+1} = F_m - 2y_m + 1$	$x_{m+1} = x_m$ $y_{m+1} = y_m - 1$
	SR_3, NR_4	$+y$		
	NR_1, SR_4	$-x$	$F_{m+1} = F_m - 2x_m + 1$	$x_{m+1} = x_m - 1$ $y_{m+1} = y_m$
	NR_3, SR_2	$+x$		
$F_m < 0$	SR_1, NR_4	$+x$	$F_{m+1} = F_m + 2x_m + 1$	$x_{m+1} = x_{m+1}$ $y_{m+1} = y_m$
	SR_3, NR_2	$-x$		
	SR_1, NR_2	$+y$	$F_{m+1} = F_m + 2y_m + 1$	$x_{m+1} = x_m$ $y_{m+1} = y_m + 1$
	SR_3, NR_4	$-y$		

为了便于程序实现，将四个象限 8 种圆弧分为两组，一组为 NR_1, NR_3, SR_2, SR_4，该组的偏差计算公式与第一象限逆圆弧相同；另一组为 SR_1, SR_3, NR_2, NR_4，此组的偏差计算公式与第一象限顺圆弧相同。于是，可得到四象限圆弧插补程序实现的流程图如图 10.17 所示。同样，在流程图中，需定义一个变量存放圆弧类型值（或类型标志字）R，这里定义 $R = 1 \sim 8$，依次对应于 SR_1, SR_2, SR_3, SR_4, NR_1, NR_2, NR_3, NR_4，然后根据具体圆弧类型所属组别，进入不同分支程序。在程序实现中，所有坐标均采用绝对值参与运算。

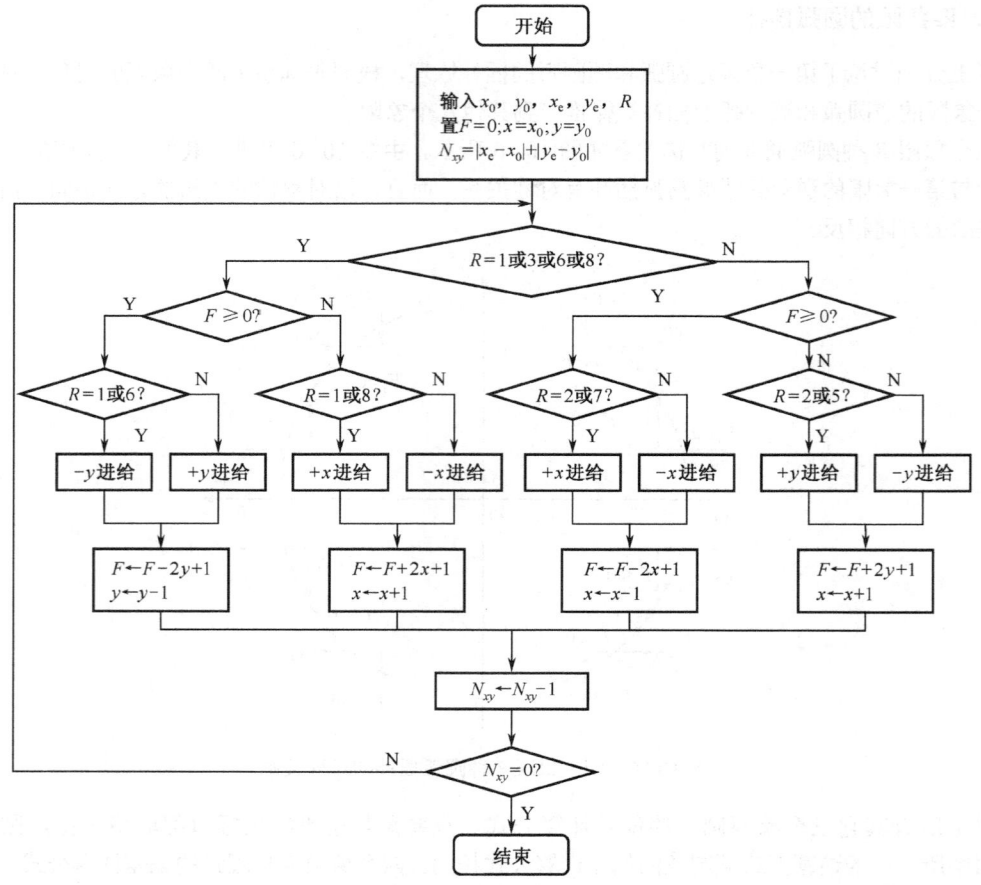

图 10.17　四象限圆弧插补程序实现的流程图

10.2.3　八方向逐点比较法线性插值

以上讨论的直线或圆弧插补方法中，每次的进给方向只能是平行于两个坐标轴的正或负方向中的一个，即共有四个进给方向。如果在相邻两个坐标轴方向同时进给，则又有四个合成进给方向，即$(+x, +y)$，$(-x, +y)$，$(+x, -y)$ 和 $(-x, -y)$，这样总共就有 8 个进给方向。显然，采用八方向进给绘制的图形或加工的零件的质量要比四方向进给的高，如图 10.18 所示。其实，这里的合成进给方向相当于两轴联动，而在许多较高精度的数控机床中，采用多轴联动可以加工比较复杂且有较高精度的零部件。

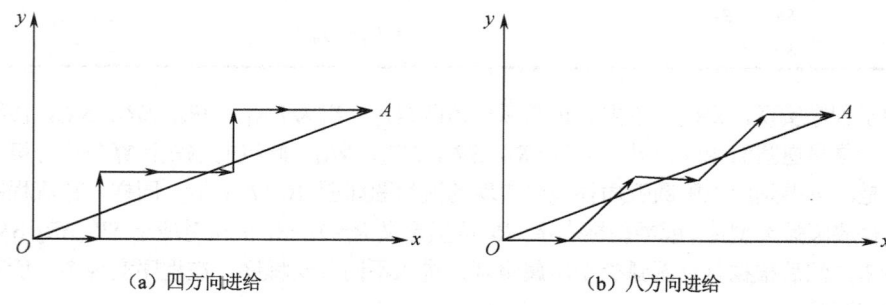

图 10.18　四方向进给与八方向进给效果比较

由于增加了加工过程的进给方向，使得逼近精度有较大提高，于是引入了线性插值方法。所谓线性插值，就是对于任何待加工或要绘制的曲线，不管其多么复杂，总能用若干直线段去逼近，这样就可避开各自不同的直线与圆弧等插补计算公式，而按统一的线性插值方法，用若干段折线取逼近理想线型。

由于存在 8 个可能的进给方向，为此，将只沿单一坐标轴方向的进给定义为"单指令"插补输出命令，而将沿两个相邻坐标轴方向同时进给定义为"双指令"插补输出命令，即需要对相邻两个坐标轴同时发进给指令。

执行单指令的结果，是只在一个指定的坐标轴方向进给一步，而执行双指令的结果则是在相邻的两个坐标轴方向上同时各自进给一步，即沿两轴的合成方向进给一步。显然，如果假定单指令的进给步长为 1，则双指令的进给步长为 $\sqrt{2}$。

为了讨论单指令和双指令的确定原则，将单个步长放大后形成一个网格，如图 10.19 所示，其中 O 为当前动点位置，P 为待加工直线在网格中与 O 非相邻边的交点，M 是 P 所在边的中点。为讨论简便，假定 M 和 P 位于垂直边上。若 P 点位于 M 点下方，如图 10.19(a)所示，就选择单指令进给，即沿+x 方向进给一步；若 P 点位于 M 点上方，如图 10.19(b)所示，就选择双指令进给，即沿+x 和+y 轴合成方向进给一步。如果 M 和 P 位于水平边上，单指令即对应+y 方向，双指令仍为+x 和+y 轴合成方向。

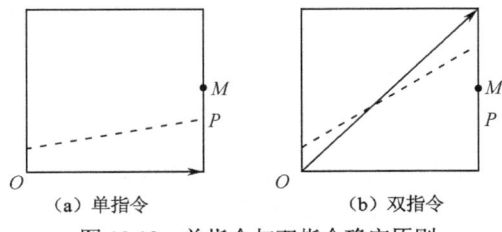

图 10.19　单指令与双指令确定原则

有了单、双指令的确定原则，就可以根据线性插值偏差计算的结果来确定其进给方向。线性插值偏差计算相对复杂一些，这里不做详细讨论。

除偏差计算与单、双指令的区别之外，八方向逐点比较法线性插值步骤与四方向逐点逼近插补步骤基本相同，故不再赘述。

10.3　步进电机的控制技术

步进电机是一种将电脉冲信号转换为角位移的电磁装置，其转子的角位移与输入的电脉冲数成正比，角速度或转速与脉冲频率成正比，运动的方向由步进电机各相的通电顺序决定。步进电机是工业控制及仪器仪表中应用较为普遍的主要控制元件之一。

作为控制电机，步进电机具有惯性小、定位精度高、可直接接受数字量进行控制、运行可靠等特点，在一些定位控制系统中得到了广泛的应用。如在绘图仪、打印机及光学仪器中，都采用步进电机来定位绘图笔、打印头及光学镜头等。在数控机床的开环数值控制结构中，也通常采用步进电机作为相应坐标轴的驱动转置。

10.3.1　步进电机工作原理

步进电机从磁场产生机制来看，可分为永磁式步进电机、反应式步进电机与混合式步进电机三类；从通电绕组数角度考虑，可分为单相、两相、三相、四相、五相和六相等步进电机。而较常使用的是反应式步进电机，因此，下面以三相反应式步进电机为例简要介绍步进电机的工作原理。

图 10.20 所示是三相反应式步进电机结构示意图。其中，定子由三对磁极构成，每对磁极由一组绕组通电励磁，因此共需三相绕组。定子的每个极靴一般均有若干小齿，并与转子上的小齿相对应。当定子三相绕组按一定方式轮流通电时，相应磁极产生的磁场将驱使转子齿与该定子磁极的齿对齐，从而产生一定的角位移或旋转。

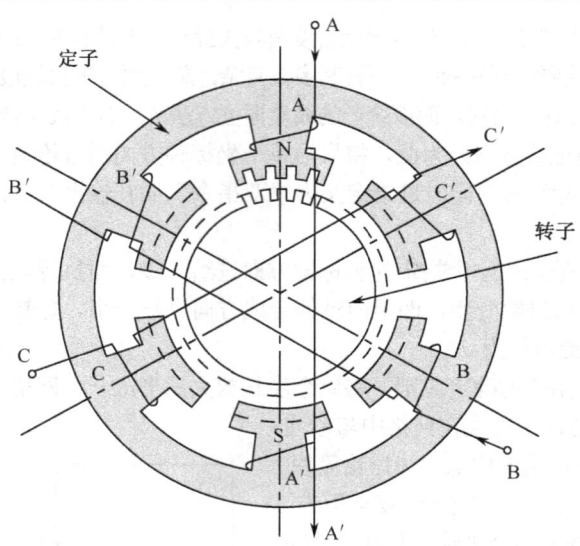

图 10.20 三相反应式步进电机结构示意图

为便于讨论，假定每个极靴上仅有一个齿，转子共有 4 个齿，同时，采用三相单三拍通电方式，即每次只有一个绕组通电。如图 10.21(a)所示，初始状态时，A 相绕组通电，即 A 相磁极与转子的 1、3 号齿对齐，同时，转子的 2、4 号齿与 B、C 相磁极形成错齿状态。

在下一个脉冲时刻，A 相绕组断开，B 相绕组通电，在 B 相磁极与转子 2、4 号齿之间磁力线的作用下，使得转子的 2、4 号齿与 B 相磁极对齐，相应地，转子的 1、3 号齿则与 A、C 相磁极形成错齿状态。

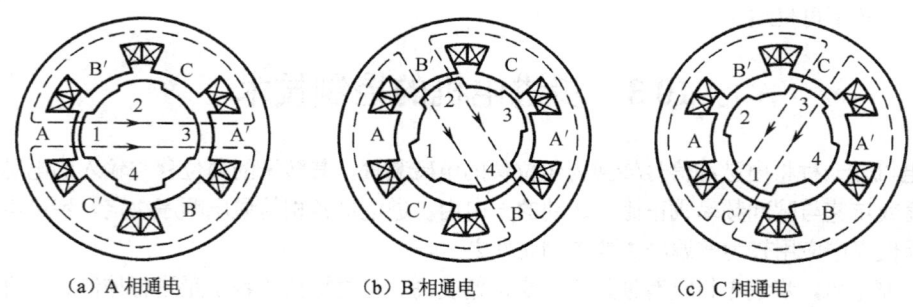

(a) A 相通电　　　　(b) B 相通电　　　　(c) C 相通电

图 10.21 步进电机工作原理图

此后，B 相绕组断开，C 相绕组通电，同样，在 C 相磁极与转子 1、3 号齿之间磁力线的作用下，使得转子的 1、3 号齿与 C 相磁极对齐，相应地，转子的 2、4 号齿则与 A、B 相磁极形成错齿状态。

如果 C 相绕组断开，A 相绕组再次通电，在 A 相磁极与转子 2、4 号齿之间磁力线的作用下，使得转子的 2、4 号齿与 A 相磁极对齐。至此，完成了一个通电循环，很明显，转子正好逆时针方向转过了一个齿距角，即 90°。经过三次通电（即三拍）完成一个循环，这样每拍移动 1/3 个齿距，即 30°，这通常称为步距角。

如果将通电顺序改为 A→C→B→A，则转子将顺时针转过一个齿距，即实现了步进电机的反向旋转。

以上分析的是每次只有一个绕组通电的情况，即所谓三相单三拍。如果每次两个绕组通电，并按照 AB→BC→CA→AB（或 AC→CB→BA→AC）顺序依次轮流通电，同样也是三拍完成一个循环，即转过一个齿距。这种方式称为三相双三拍。

还有一种通电方式是单、双交叉通电，即绕组通电顺序为 A→AB→B→BC→C→CA→A （或 A→AC→C→CB→B→BA→A），也就是经过六拍完成一次通电循环，转子转过一个齿距，这种方式称为三相六拍工作方式。由此可见，对于同样的步进电机，三相六拍工作方式的步距角是三相三拍工作方式的一半。

对于一个步进电机，设其转子的齿数为 Z，则它的齿距角 θ_Z 为

$$\theta_Z = \frac{2\pi}{Z} = \frac{360°}{Z} \tag{10.18}$$

如上所述，设步进电机运行 N 拍可使转子转动一个齿距，则步进电机的步距角 θ_S 可表示为

$$\theta_S = \frac{\theta_Z}{N} = \frac{360°}{NZ} \tag{10.19}$$

如果某步进电机的转子齿数为 60，工作方式为三相六拍，则其步距角为

$$\theta_S = \frac{360°}{NZ} = \frac{360°}{6 \times 60} = 1°$$

10.3.2 步进电机的计算机控制

由于步进电机可以直接接受的脉冲形式的控制信号，而不需要进行 A/D 转换，因此用计算机来对步进电机进行控制是比较方便的。

1. 步进电机控制系统一般组成

典型的计算机控制步进电机的组成原理如图 10.22 所示。计算机根据控制任务（如插补计算）要求，通过相应的算法确定步进电机的进给方向，并经过脉冲分配程序确定输出的控制指令（即控制字），控制指令经并行接口与驱动器相连，其中，控制字中每一位（或两位）即对应步进电机的一相绕组控制脉冲。计算机在相关算法程序的控制下，将按一定的时间间隔（或频率）向输出端口发出控制命令，即形成了步进电机绕组的控制脉冲序列。这些脉冲序列用于控制各驱动电路中的开关元件（如三极管等）的通断，从而达到控制对应绕组通断的目的，以实现对步进电机的控制。

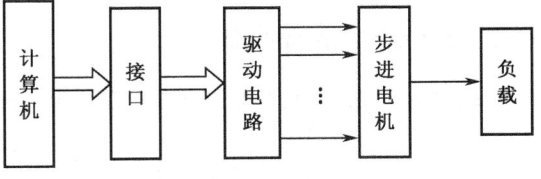

图 10.22 步进电机计算机控制系统组成原理图

2. 步进电机驱动电路

步进电机驱动电路的作用是将计算机输出的控制脉冲进行功率放大，产生步进电机工作所需要的励磁电流。常用的步进电机驱动电路有单电压型、双电压型、斩波型和调频调压型等多种形式。这里仅对单电压型和双电压型做简要介绍。

（1）单电压型驱动电路

单电压型驱动电路的原理图如图 10.23(a)所示。其电源电压 E 一般为 10~100 V，根据具体的步进电机的功率要求，有的也高达 200 V 左右。三极管 VT 起开关作用，L 是步进电机一相绕组的电感，R_L 为绕组电阻，R_C 为外接的限流电阻，与 R_C 并联的电容 C 可以改善通入步进电机绕组的电流脉冲前沿波形，VD 为续流二极管。

单电压型驱动电路结构简单，但工作效率较低，因为限流电阻 R_C 要消耗相当大一部分能量，并会引起发热。因此，单电压型驱动电路一般只用于驱动小功率的步进电机。

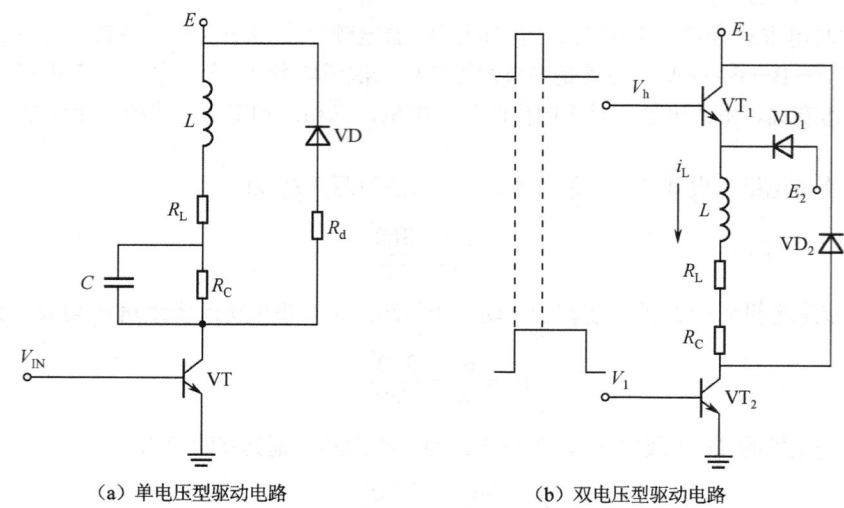

(a) 单电压型驱动电路　　　　　　　(b) 双电压型驱动电路

图 10.23　步进电机驱动电路

（2）双电压型驱动电路

双电压型驱动电路就是采用高、低两种电压的电源交替供电的驱动电路，其原理图如图 10.23(b)所示。电路中 E_1 是高压电源，一般为 80～150 V，E_2 为 5～20 V 左右的低压电源。在双电压型驱动电路中，每相绕组需要两个脉冲控制信号，其中控制高压电源开关管 VT_1 的脉冲信号 V_h 的宽度远小于控制开关管 VT_2 的脉冲宽度。VD_1 为低压电源 E_2 的钳位二极管，在 VT_1 导通时处于反向截止，绕组为高压供电；而在 VT_1 截止时 VD_1 处于正偏而向绕组提供低压电源，从而避免了长时间高压供电而增加功率损耗。

双电压型驱动电路功耗较低，效率较高，高频工作时有较大的力矩，所以多用于中功率和大功率的步进电机中。

3. 步进电机的脉冲分配

步进电机控制的关键是脉冲分配。在步进电机的常规控制方法中，其控制电路主要由脉冲分配器与驱动电路构成，如果采用计算机控制，则可以用软件的方法来实现步进电机控制脉冲的分配，从而可以简化控制电路，提高系统可靠性，并可较为方便地实现对步进电机转向、转速及进给步数的控制。

通常，用一个并行接口芯片就可以实现计算机与步进电机驱动电路之间的接口。如图 10.24 所示是一种用可编程并行接口芯片 8255 组成的控制两台（x 轴和 y 轴）步进电机的接口电路框图。其中，8255 的 PA 口的 PA_0，PA_1，PA_2 通过驱动电路分别控制 x 轴步进电机的 A，B，C 三相绕组，而 PB 口的 PB_0，PB_1，PB_2 通过驱动电路分别控制 y 轴步进电机的三相绕组。计算机通过向 PA 口（或 PB 口）输出相应的数据（即控制字）实现对 x 轴（或 y 轴）步进电机的控制。显然，图 10.24 中的驱动电路应为单电压型驱动电路，如果用双电压型驱动电路，其接口及控制过程将稍微复杂一些。

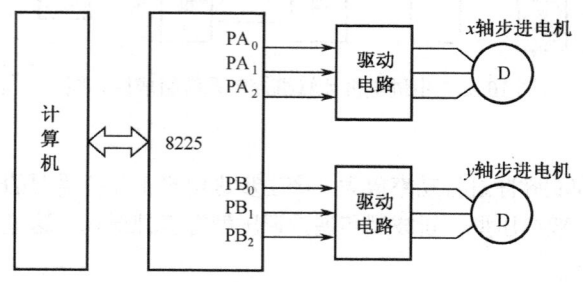

图 10.24　步进电机控制接口电路框图

为了通过软件形式实现脉冲分配，需要建立步进电机各种工作方式的输出控制字列表，在具体控制时,就根据选定的工作方式,从相应的控制字列表中按一定顺序读出控制字输出到相应端口。下面以图 10.24 中的 x 轴步进电机工作于三相六拍方式为例说明控制字列表的建立。

设三相六拍的绕组正向通电顺序为 A→AB→B→BC→C→CA→A,根据 A,B,C 三相绕组与 PA 口的对应关系,假定绕组对应位输出数据为"1"时,该绕组通电,输出数据为"0"时,则绕组断电,由此可建立其控制字列表如表 10.5 所示,其中 ADX 为控制字列表存储区首地址。如果要控制步进电机正向运行,可从 ADX 单元开始,按从低到高的顺序读出控制字送 PA 端口输出;如果控制步进电机反向进给,则从 ADX+5 单元开始,按从高到低的顺序读出控制字送 PA 端口输出。

表 10.5 三相六拍控制字表

存储单元	PA 口输出控制字	存储单元	PA 口输出控制字
ADX	00000001	ADX + 3	00000110
ADX + 1	00000011	ADX + 4	00000100
ADX + 2	00000010	ADX + 5	00000101

为了配合计算机数值控制中插补过程的坐标进给,通常将步进电机进给(即脉冲分配)控制程序设计为子程序或中断服务程序的形式。对于 x 轴步进电机,设方向标志全局变量为 Z_x,且该变量为"0"时表示+x 方向,为"1"时表示-x 方向,同时引入全局变量 $L_x(L_x = 0, 1, 2, 3, 4, 5)$ 来表示上一次 x 轴步进电机的通电绕组,于是可得到如图 10.25 所示的 x 轴步进电机进给(脉冲分配)子程序流程图。

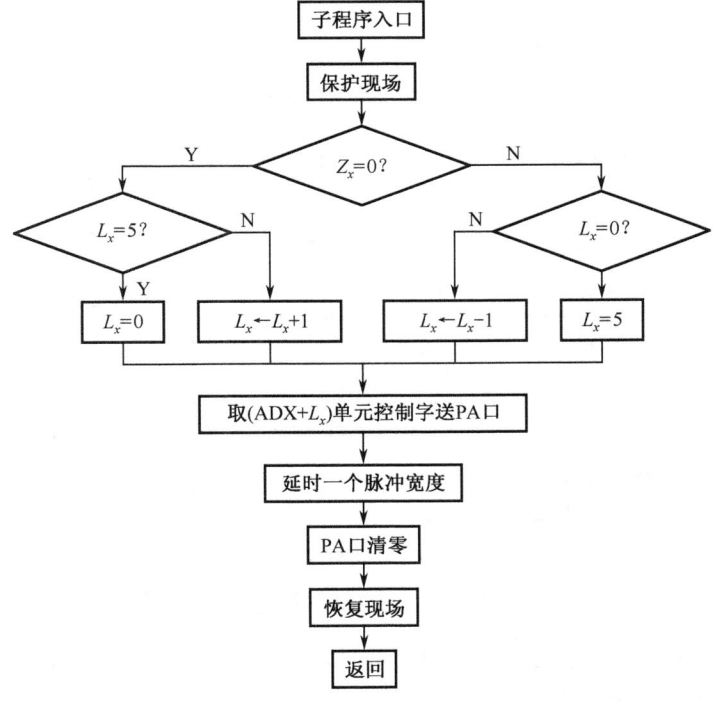

图 10.25 x 轴步进电机脉冲分配子程序流程图

同理,对于 y 轴步进电机,也可按上述同样的方式建立输出控制字列表,并可得到与图 10.25 类似的脉冲分配子程序流程图。

将上述步进电机脉冲分配控制程序与插补计算程序结合起来,由插补程序在坐标进给时设置方向标志并调用相应轴的进给子程序,即可实现二维平面加工(或绘图)轨迹的数值控制。

4. 步进电机的速度控制

所谓步进电机的速度控制，就是控制步进电机产生进给动作的时间，即控制步进电机各绕组通电控制脉冲的间隔时间，使步进电机按照给定的速度规律进行工作。

在步进电机做匀速进给时，其相邻两组通电脉冲之间的时间间隔是相等的，如果给定的速度 V 的单位为每秒进给的步数（步/s），即则匀速进给的时间间隔 $T=1/V$ (s)。

由于步进电机的转子及其所带负载均有一定惯性，故步进电机在工作过程中不能立即启动和立即停止。在启动时应慢慢加速到一个预定速度（即期望的匀速进给速度），而在停止时也应提前减速，慢慢停止，否则将产生失步现象。因此，对步进电机的速度控制应遵循加速→匀速→减速的运动规律。下面以加速过程的速度控制为例，介绍其脉冲时间间隔的确定方法。

图 10.26 描述了一个步进电机的加速过程。图 10.26(a)表示速度对时间的变化曲线，其中实线代表每次进给后的末速度 V_i，虚线代表每段时间间隔内的实际速度；图 10.26(b)中的实线表示理想位置对时间的变化曲线，而虚线表示步进电机对变速命令做出的振荡性响应。因此，要控制步进电机接近线性的匀加速过程，就是要控制进给脉冲序列的时间间隔逐步由大到小并最终恒定（匀速）的过程。

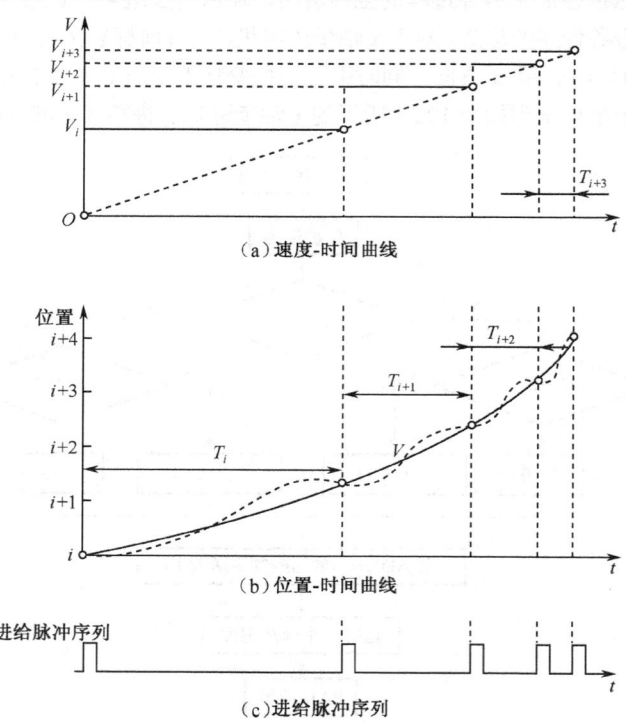

图 10.26　步进电机的加速过程与进给脉冲序列

设 T_i 为第 i 个进给脉冲到第 i+1 个进给脉冲的时间间隔，单位为秒，V_i 为第 i 步进给一步后的末速度，单位为步/s，a 为通常指定的恒定加速度（步/s^2），则有

$$V_i = \frac{1}{T_i} \qquad V_{i+1} = \frac{1}{T_{i+1}}$$

$$V_{i+1} - V_i = \frac{1}{T_{i+1}} - \frac{1}{T_i} = aT_{i+1}$$

从而可得

$$T_{i+1} = \frac{-1+\sqrt{1+4aT_i^2}}{2aT_i} \tag{10.20}$$

根据式（10.20）可以计算出步进电机加速过程中相邻两步之间的进给脉冲时间间隔。由于用式（10.20）进行在线计算比较烦琐，同时对于同一工作条件的相同步进电机而言，其加速过程基本是固定的（即对应于系统最佳加速过程），因此，一般可以先采用离线计算求得各个 T_i，从而建立一个加速过程进给脉冲间隔时间列表。在具体应用时，按照表地址依次取出相应的脉冲时间间隔值，然后用软件延时或定时器延时方式产生给定的时间间隔即可。由于软件延时需要占用 CPU 工作时间，故一般常采用定时器中断方式来产生进给脉冲时间间隔。即定时器每次定时时间到，产生一次中断，就转入中断服务程序，由中断服务程序直接完成进给脉冲输出，或由中断转脉冲分配子程序完成进给脉冲输出。

步进电机的减速过程与加速过程相似，相关处理过程也基本一致，只是读取的时间间隔值 T_i 的次序是按从大到小次序进行。而匀速进给的脉冲间隔就是以加速过程的最后一个值 T_i 作为固定的定时周期，从而以固定时间间隔发出进给脉冲。

如图 10.27 所示是按照加速→匀速→减速的运动规律得到的步进电机的速度控制曲线，这里是按匀加速（减速）原理得到的控制曲线，对于某些特殊场合也可采用变加速原理实现速度控制。在图 10.27 中，曲线 A 代表进给总步数大于达到最高进给速度的加速和减速步数之和的情况，这种情况在匀速段可达到最高进给速度；曲线 B 代表进给总步数较少，小于达到最高进给速度的加速和减速步数之和，因而不能达到最高进给速度。因此在具体进行速度控制时，还需要结合控制过程的总进给步数来确定速度控制规律。

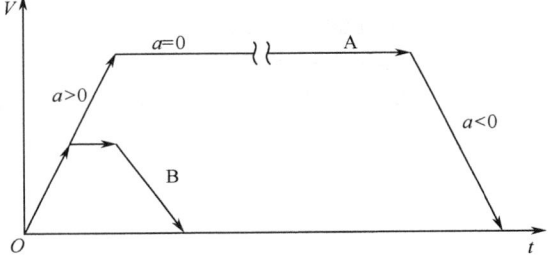

图 10.27 步进电机的速度控制曲线

本 章 小 结

计算机数值控制系统是计算机在工业控制（特别是数控机床控制）中的一种重要应用形式。

所谓计算机数值控制，就是计算机根据输入的指令和数据，通过相应的计算机程序控制生产机械（如各种加工机床）或绘图仪等按规定的工作顺序、运动轨迹、运动距离和运动速度等规律，自动地完成相关工作的自动化控制方法。本章主要阐述了开环数值控制的相关原理和方法。

数控机床加工的零件轮廓或绘图仪绘制的曲线一般由直线段、二次曲线及高次曲线组成，为了处理的方便，通常只用直线段与二次曲线段（圆弧）去逼近加工轮廓或待绘制曲线。在实际加工或绘制过程中，需要确定这些曲线的中间点的坐标值，这个过程称为插补过程。其中以逐点比较法插补方法最为常用。所谓逐点比较法插补，就是刀具或绘图笔每走一步，都要和给定轨迹上的坐标值进行比较，从而决定下一步的进给方向，以便逼近给定轨迹。通常包括直线插补与圆弧插补两大类。偏差计算及坐标进给是逐点比较法插补计算中的关键步骤。

开环数值控制中坐标进给的执行装置通常为步进电机。对步进电机控制的关键在于按照一定的工作方式及速度控制的要求，确定步进电机控制脉冲的分配规律与脉冲时间间隔。

本章主要讨论了二维（x 轴与 y 轴）开环数值控制技术的基本原理和方法，其相关结论同样可以推广到三维及多轴联动数控系统中。

习题与思考题

10.1 什么是计算机数值控制？数值控制通常有哪些控制方式？

10.2 什么是逐点比较插补法？直线插补过程和圆弧插补过程各有哪几个步骤？

10.3 试用 C 语言编写下列插补计算程序。

（1）第一象限直线插补程序；

（2）第一象限顺圆弧插补程序。

10.4 若加工第一象限直线 OA，起点坐标为 $O(0, 0)$，终点坐标为 $A(10, 6)$。要求

（1）按逐点比较法插补进行列表计算；

（2）画出其进给轨迹图，并标明进给方向和步数。

10.5 设加工第一象限顺圆弧 $\overset{\frown}{AB}$，已知圆弧的起点坐标为 $A(0, 6)$，终点坐标为 $B(6, 0)$。要求

（1）用逐点比较法圆弧插补进行列表计算；

（2）画出其进给轨迹图，并标明进给方向和步数。

10.6 如果采用并行接口芯片 8255A 作为 x 轴和 y 轴三相步进电机的控制接口。

（1）画出控制接口电路原理图；

（2）分别建立 x 轴和 y 轴步进电机在三相单三拍、三相双三拍和三相六拍工作方式下的输出控制字列表。

10.7 步进电机的速度控制为什么要按照加速→匀速→减速的运动规律进行？

第 11 章 计算机控制系统的设计与实现

控制系统的分析与控制器的设计是计算机控制系统设计中的核心问题,本书的第 2~8 章主要就是围绕这一核心问题来讨论的。确切地说,就是在被控系统数学模型的基础上,利用计算机控制系统的相关理论与方法对系统性能进行分析,并根据系统性能指标的要求设计相应的数字控制器。同样,该数字控制器也是以相应的数学形式(如 z 传递函数或状态空间描述形式)给出的。但是,一个完整的计算机控制系统的设计还涉及其他很多问题,如过程输入/输出通道设计、控制算法的实现、量化效应对系统的影响以及计算机控制系统的抗干扰与可靠性问题等。本章将对计算机控制系统设计与实现过程中的上述问题进行讨论。

11.1 计算机控制系统的设计原则与步骤

计算机控制系统的设计是一项复杂的系统工程,也是一个综合运用各种相关知识的过程,不仅需要控制理论、计算机技术和检测技术等方面的知识,而且还要求设计人员具备一定的生产工艺知识。

由于被控对象、控制要求、控制方式与规模大小等各不相同,因此具体系统的设计与构成方式也是灵活多样的。但是,从总体上来看,计算机控制系统设计的基本要求与主要步骤还是大体相同的。本节将对计算机控制系统设计的一般原则与步骤进行简要介绍。

11.1.1 计算机控制系统设计的一般原则

尽管对于不同的被控系统,控制系统设计的具体要求会有所不同,但有一些基本原则或要求却是所有计算机控制系统设计都需要考虑的。

1. 足够的硬件和软件支撑能力

一个良好的计算机控制系统离不开良好的计算机硬件与软件系统的支撑。与通用计算机系统相比,作为计算机控制系统中的计算机硬件与软件有它自身的特点,除了常规的 CPU 处理速度、内存容量、输入/输出接口等要求外,一般还要求具备良好的实时处理能力、中断处理能力及环境适应能力。

计算机控制系统是实时运行的,实时处理能力是对其计算机系统最基本的要求。就目前计算机的硬件处理速度而言,对于一般的控制系统是能够满足要求的,因此,影响系统实时性的主要因素还是软件系统的实时性。软件系统的实时性一般取决于系统软件的配置与相关应用软件的实时性,这些需要根据具体被控系统的具体要求进行综合考虑,必要的情况下,应采用专门定制的实时操作系统。

除了实时响应速度外,计算机控制系统还必须能够及时地处理系统中出现的各种紧急或异常情况。在系统运行过程中,操作人员或工程师可能会直接对系统进行某些干预或操作,比如修改参数、改变工作程序或直接给出控制指令。同时,在系统输入/输出异常、出现故障或紧急情况时应有相应的报警和处理。处理这类事件一般都采用中断控制方式。因此,计算机控制系统必须具备比较完善和丰富的中断处理能力。

计算机控制系统大多数都面向复杂环境中的被控对象,有些工业控制现场的环境甚至十分恶劣,特别是电磁干扰比较严重,因此,计算机控制系统中硬件、软件系统都必须具备较好的环境适应能力。这也是工业控制专用计算机(即工控机)区别于通用计算机系统的一个重要特点。

2. 系统具有良好的人机交互界面

计算机控制系统必须便于实现人机联系。尽管计算机控制系统在运行过程中一般人为直接干预较少，但人与计算机控制系统之间的联系仍然必不可少。计算机控制系统通常配有现场操作人员使用的操作台，现场人员通过它可以了解生产过程的运行情况，并向计算机输入需要的信息，必要时改变相关参数，发生紧急情况时能及时进行人工干预。此外，一些计算机控制系统还配有供系统工程师专用的交互通道，用于对系统的配置、修改和维护等。因此，计算机控制系统的人机交互界面必须使用方便，符合现场操作环境与操作工人或工程师的操作习惯，并具备良好的操作安全性。

一个良好的计算机控制系统人机交互界面一般应具备以下基本功能：

（1）能及时显示操作人员所需的信息及生产过程的相关参数状态；

（2）具有各种功能键，如打印、报警、自动/手动切换、直接人工控制等，功能键的设置简单明了，并具有很强的容错功能；

（3）具备信息输入功能，必要时可以设置或修改控制参数或控制规律；

（4）具有符合操作人员认知习惯的操作提示功能，以指导操作人员顺利完成相关操作。

3. 系统可靠性高

可靠性主要指系统的无故障运行能力，常用系统的平均无故障工作时间（Mean Time Between Failures，MTBF）来度量可靠性，一般要求该时间应不小于数千小时，甚至上万小时。

高可靠性是计算机控制系统最重要的一个基本要求。系统一旦出现故障，将可能造成整个生产过程混乱，引起严重后果，这种情况必须尽量避免。因此，计算机控制系统设计时一般都要针对系统的可靠性进行专门的设计，以提高系统的可靠性。

计算机控制系统的可靠性包括系统硬件可靠性与软件可靠性两个方面。硬件可靠性主要取决于各种原部件的可靠性。提高硬件可靠性除了采用可靠性高的元部件外，对关键元部件采用两个或多个相同或相似的部件并行运行是一个常用的重要措施。就一般的计算机系统而言，软件出错的概率往往比硬件高，因此，软件的可靠性也相当重要。一个好的软件应该减少出错的可能性，保证系统正常运行。对计算机控制系统而言，其软件系统应具备较强的自诊断、自检测及容错功能，即对系统运行过程中偶然出现的数据超界、运算溢出或其他运算错误及操作人员的误操作均能进行适当处理，避免系统失效。

4. 良好的可维护性

系统的可维护性是指系统常规维护和故障排除与检修的方便程度。对计算机控制系统而言，常规维护要尽量方便，一般应设有专门的系统维护界面，通过相应的硬件、软件配合完成对系统的诊断与维护；系统一旦出现故障，要能迅速查明故障原因与部位，并便于维修。一般采用模块化插件式硬件，配备相应的系统自检测与自诊断程序，以便及时发现故障与排除故障。

5. 较好的可扩充性

计算机控制系统区别于传统控制系统的特点之一，是一个计算机控制系统可以控制多个设备或多个不同的过程参数，并可随着控制任务的需求变化进行较为方便的增减。因此，在计算机控制系统设计时，就需要充分考虑到与该控制系统相关的控制任务的需求变化情况，在硬件、软件设计方面应为今后系统功能的适当扩充留有一定的空间与方便的实现途径，即在系统某些控制对象或控制任务发生变化时，能够不必对系统进行大改动，采用标准的模块化组件形式就能很快适应新的情况。

除以上一些基本要求外，控制系统的成本与开发周期也是需要重点考虑的问题。也正是由于需要考虑系统成本与开发周期，才不至于片面追求上述任何一个方面，而是将各个方面结合起来综合考虑，寻求一个最佳的可行性方案。

11.1.2 计算机控制系统的设计步骤

尽管计算机控制系统的设计十分复杂，而且随着被控对象与系统具体要求的不同，具体的设计过程与细节也会千差万别。但从宏观来看，计算机控制系统的设计一般都包括以下一些主要步骤。

1. 控制系统调研与控制任务确定

在进行系统设计之前，首先应该调查、分析被控系统及其工作过程，熟悉其相关工艺流程，了解控制需求，并广泛调研国内外相同被控系统的相关情况，通过综合分析确定是否必要采用计算机控制系统，确定计算机控制系统的主要控制任务与主要性能指标的要求。

这一阶段工作一般属于项目论证范畴，需要设计人员与用户一同进行相关调研与论证，最后，通过适当的方式较为清晰地描述系统控制过程、控制任务及系统要达到的性能指标，从而形成设计任务说明书，以此作为整个控制系统设计的依据。

2. 控制系统总体方案设计

在确定了控制任务之后，就应依据设计任务书的技术指标与功能要求，开展控制系统总体方案的设计。

根据系统的控制任务与性能指标要求，确定是采用开环控制结构还是采用闭环控制结构。根据任务的复杂程度、规模大小与地域分布情况，确定是采用直接数字控制方案，还是采用分级分布式控制方案。

依据所确定的控制结构，明确控制系统中所需的各个功能单元或模块，并形成系统的总体框图，明确各个单元模块及被控对象的输入信号、输出信号、功能要求及它们之间的逻辑关系。同时还要特别明确系统中需要检测的过程参数及需要输出的控制信号的性质与数量。

综合考虑控制系统的实时性与性价比等，对硬件功能与软件功能进行划分，决定哪些功能由硬件实现，哪些功能由软件完成。从而形成系统硬件、软件的总体组成框图，明确各单元模块的任务或功能要求。

3. 建立数学模型，确定控制策略与控制算法

确定控制策略是计算机控制系统设计中的关键步骤。一般来说，在硬件系统确定后，计算机控制系统的控制效果优劣，主要取决于采用的控制策略与控制算法是否合适。而很多控制策略与算法都是基于模型的，因此，必须首先建立被控过程的数学模型。

所谓数学模型，就是系统动态特性的数学表达式，它反映了系统输入、内部状态和输出之间的逻辑与数量关系，为系统的分析、设计或综合提供了依据。确定数学模型，有各种不同的方法，也有各种不同形式的数学模型，一般应根据具体被控过程的特点与控制要求来确定建模方法与模型形式。

每个特定的控制对象均有其特定的动态特性与控制要求，必须选择与之相适应的控制策略和控制算法，否则就会导致系统品质不好，甚至会出现系统不稳定、控制失败等现象。因此，应针对具体控制对象和控制指标的要求，选择合适的控制策略和控制算法，以满足控制速度、控制精度和系统稳定性等方面的要求。同时，同样的控制策略与控制算法，针对不同的具体被控对象，一般可以根据具体需求进行必要的改进或补充，以适应具体被控对象的要求。

此外，在确定控制策略与控制算法时，还要考虑到系统实时性的要求，某些过于复杂的算法，除了实现、调试困难之外，还可能降低系统的实时性，因此不宜选用或需要做必要的简化。

4. 系统硬件设计

系统硬件设计主要包括计算机系统选择与配置、过程输入/输出通道设计、人机交互界面硬件设计及可靠性设计等几个方面。

（1）计算机系统的选择与配置

计算机是计算机控制系统的神经中枢，需要根据具体控制任务、控制策略与算法、过程通道的形式、数量与处理方式等相关需求，确定计算机系统的配置方案。

计算机系统的配置一般有两种方式，即基于现成计算机系统的配置与基于 MCU 等微处理机芯片开发专用计算机应用系统。

选择现成计算机系统主要是作为系统监控与管理服务或后台计算之用，一般不直接参与控制，如作为分级控制系统的上位监控管理计算机等。有些计算机控制系统把控制任务和管理任务集中由一台计算机完成，一般也选择现成的计算机系统。在具体配置时，还应根据系统可靠性等相关要求，决定是采用普通计算机，还是采用专用的工控机，同时根据控制及管理任务的需求来选取合适的 CPU、主频与系统内存等。对于计算机控制系统而言，除了一些对检测与控制精度及实时性均要求特别高的控制系统外，当前的一些主流计算机的 CPU、主频及内存等配置均能满足运算精度与速度的要求。

目前，不少工控领域的生产商也提供用于通用计算机（特别是工控机）的标准化功能模块，可根据具体控制任务的要求进行选配。

基于 MCU 等微处理机芯片开发专用计算机系统也是计算机控制系统中控制器设计的常用方式。这一般源于通用计算机系统可能在成本、体积、实时性或控制的灵活性等方面难以满足具体控制任务的要求，需要为其量身定做专用控制器。这相对于选择现成计算机系统而言，其设计上所需要考虑的问题要更多一些。其中首要的就是微处理机的处理速度与字长问题，这直接影响其数据处理能力、运算速度与精度和实时性。一般来说，字长越长，对数据处理越有利。对于同一算法、相同精度要求，当微处理机的字长较短时，就要采用多字节运算，完成控制和计算的时间就会增加，为保证控制的实时性，就应当选用指令执行速度较快的微处理机。同时，对于某些复杂的控制算法或数值计算，可能会涉及浮点运算，因此还必须考虑所选用的 MCU 是否支持浮点运算，如不支持，其有关计算时间就会大为增加。目前，在工业控制中用得较多的一般为具有高性价比的 16 位单片机，一些控制精度要求不高的系统中，采用 8 位字长的 MCU 也能满足要求，32 位嵌入式微处理机技术目前也非常成熟，也正在被用于计算机控制系统的一些高端控制器的设计中。

在微处理机的选择中，其寻址能力与寻址方式、接口类型与接口数量也是需要考虑的问题。寻址能力反映了微处理机可扩展的存储器空间与 I/O 端口空间的大小，其寻址方式越丰富，操作越灵活，编程也就越方便。接口类型与接口数量应与控制任务的需求相适应，如不够，则需要扩展片外 I/O，但会增加外围电路的复杂性。

计算机控制系统是一个实时控制系统，这包括两层含义：一是在系统正常运行时的实时控制能力，为保证实时控制，除了选择速度较快的微处理机外，往往对某些变化速度较快或较重要的信号采用中断方式处理；二是在发生故障时具有紧急处理的能力，一般是将故障信号作为系统的最高级中断源。因此，计算机控制系统所用的微处理机应具备完善的中断系统，提供足够的中断源与复杂的中断管理方式等。

（2）过程输入/输出通道设计

过程输入/输出通道是计算机与被控过程之间进行信息交换的重要纽带，也是计算机控制系统硬件设计的一个重点内容。这需要根据待检测的被控过程的信号特性与被控过程执行装置所接收的信号形式来确定，一般包括模拟量输入/输出通道与开关量（数字量）输入/输出通道。对于模拟量输入通道，需确定信号的标度变换、滤波、线性化处理等是由硬件完成还是由软件完成,信号是否需要电平变换和放大,并选择满足转换精度和速度要求的 A/D 转换器,设计合适的接口连接到计算机。对于模拟量输出通道,主要考虑转换精度、转换速度、输出放大(或功率驱动)、计算机接口等。开关量(数字量)输入通道,一般应考虑电平转换、去抖动电路及接口设计等问题。开关量(数字量)输出通道,应解决与计算机接口及功率驱动等问题。

(3) 人机交互界面硬件设计

在计算机控制系统中,为了便于人机交互操作,通常都要设计一个现场操作人员使用的控制台或小型控制面板。控制台与控制面板的设计必须符合现场操作人员的认知与操作习惯。在操作员控制台或控制面板上,一般设有具有特定风格的显示装置,用于显示状态参数、指示故障或以图形方式显示生产过程情况等;配置有一组或几组数据输入键,用于输入或更新给定值、修改控制参数或其他必要的数据,同时还根据需要设置了各种功能键或转换开关,用于转换工作方式、启动/停止系统或完成某种特定的功能,一般还会设置一个或多个"紧急按钮",以便在发生故障或事故时停止系统的运行、转入故障处理。相关输入操作,将配合软件设计的容错处理,避免操作人员误操作引起严重后果。

随着计算机技术的飞速发展与应用普及,在某些情况下,也可以直接用常规计算机的通用输入/输出设备(如键盘、鼠标、显示器等)作为人机交互的硬件平台,并通过相应的软件技术设计适合于操作人员使用的人机交互界面,并通过设置操作权限与容错技术增强人机界面系统的安全性。

(4) 可靠性设计

在计算机控制系统硬件设计的每一步骤,均应考虑系统运行现场的复杂、恶劣环境而采取提高系统可靠性的措施,如在系统电源、输入/输出通道采用抗干扰措施,采取光电隔离或变压器隔离措施以防止强电信号破坏计算机系统,采用硬件冗余设计以提高系统的平均无故障时间,设计一些测试电路增强系统实时故障诊断能力等。

在以上硬件设计的每一个阶段,都应该遵循边设计、边调试、边修改的原则,包括进行元器件测试、电路模块调试、子系统调试等。这样,问题发现得越早,对全系统的设计、研制的影响就越小,付出的代价也越小。

5. 软件设计

在计算机控制系统中,计算机除控制生产过程外,还要用于生产过程的监督与管理,一旦硬件系统确定了,整个系统的性能将主要取决于软件系统的设计。软件设计包括选择系统软件与设计应用软件。前者主要是选择适合于本控制任务及系统的操作系统和计算机语言,后者则是根据控制任务的要求编制应用程序。

软件设计的原则是用较少的资源开销和较短的开发时间设计出功能正确、易于阅读、便于修改的好程序。应用软件的设计除了完成控制系统要求的控制与相关管理功能之外,还需要特别注意系统的实时性、可靠性与容错性设计等。

同硬件设计一样,软件设计也是一个边设计、边调试的过程,主要包括问题定义、细化设计、程序实现与调试等几个步骤。问题定义即明确软件需要完成的功能、与硬件配合方式及出错处理方法等,并绘制软件总体流程框图;细化设计就是对总体流程框图进行自顶向下的划分,逐步定义软件的各级功能模块,并进行底层模块的详细设计,最终形成详细的软件流程框图;之后,就按照这个细化的软件流程框图,编制软件的源代码,并生成目标代码进行相应的调试,以检验软件模块的功能及整个软件的正确性。

6. 系统联调与系统仿真

在硬件、软件的设计过程中,一般已经分模块进行了调试。在系统投入现场运行之前,还需要在实验室进行硬件、软件的联合调试与系统的仿真调试。

硬件联调是整个调试的基础，这个步骤在硬件设计时就开始了，即边设计边调试，逐个功能模块进行，并将调试好的模块逐步加入硬件系统进行联调。

在硬件调试通过的情况下，就可将软件系统加入进去，进行控制系统硬件软件的联合调试，联合调试的目的是检验系统硬件、软件设计的正确性与运行的可靠性。在联合调试过程中，不但会发现软件错误，也会发现一些在硬件调试中未发现的硬件故障或设计缺陷，并予以修正。

上述软件、硬件的联合调试一般是脱离实际的被控过程进行的，主要在于检验系统硬件、软件设计在功能上的正确性，还不能全面反映整个控制系统的性能，因此，还必须经过必要的系统仿真试验来检验系统的实际控制性能是否能满足指标要求。

系统仿真就是通过建立被控过程的简易物理模型、半物理模型或全数字模型，将上述调试过的硬件、软件与被控过程的模型连接起来，由模型来模拟被控过程的运行情况。通过模拟实际生产过程的相关情况，检验控制系统的控制效果与设计缺陷。

目前，在系统仿真实验中用得较多的是计算机数字仿真技术，只有在某些特殊情况下才建立系统的简易物理模型或半物理模型进行系统仿真。

通过计算机控制系统的仿真实验，可以评价整个控制系统的性能，发现硬件和软件设计中的故障或缺陷，并予以修正或改进。

7．现场调试与投入运行

将经过系统仿真调试并取得满意控制性能的计算机控制系统运到现场进行安装调试。现场调试是实际生产过程对计算机控制系统的全面检查与性能考评，与实验室调试相比，还需要特别注意系统的安全性与抗干扰等问题。

在通过现场安装调试后，就可以投入实际生产过程进行试运行。在试运行过程中，往往会出现许多错综复杂、时隐时现的现象，暴露设计缺陷。这时设计者应当认真分析问题根源，寻求解决方法。同时，系统的可靠性与稳定性也应当长期考验，针对现场特殊环境，采取行之有效的措施。

在经过一段时间的试运行并取得满意的性能评价之后，控制系统就可以正式投入实际运行。

11.2 过程输入/输出通道设计

在计算机控制系统中，为了实现对生产过程的控制，需要将被控过程的各种被测参数转换成计算机能够接收的信号形式后再送入计算机进行运算处理，处理后的结果也必须变换成适合于对生产过程进行控制的信号形式。因此，在计算机与生产过程之间，必须设置信息的变换和传递装置，即过程输入/输出通道。过程输入/输出通道一般包括模拟量输入/输出通道和开关量（数字量）输入/输出通道。模拟量输入通道将被控对象的模拟信号（如电压、电流、温度、压力等）转换为数字信号送给计算机；模拟量输出通道将计算机输出的数字控制信号转换为模拟信号（电压或电流）作用于执行机构，以实现对被控对象的控制；开关量（数字量）输入通道用于输入反映生产过程或设备状况的开关信号（如继电器触点信号、行程开关信号等）、脉冲信号（如流量脉冲、旋转码盘脉冲信号等）；开关量（数字量）输出通道用于控制那些可以接受开关信号（或数字信号）的执行机构和指示装置。本节主要讨论计算机控制系统中输入/输出通道的一般构成、关键部件及设计过程中需要考虑的一些特殊问题，而对于较为通用的计算机接口与一些具体器件等知识，在这里不做详细讨论，读者可参阅其他相关资料。

11.2.1 模拟量输入通道

在过程通道的设计中，模拟量输入通道的设计是一个重点内容。模拟量输入通道一般都涉及对被控系统关键参数的检测,对这些参数的检测准确性与实时性都将直接影响到整个控制系统的性能。因此,模拟量输入通道必须在全面研究被测信号的特性的基础上,结合控制系统性能指标的要求,进行细致的设计。

模拟量输入通道的一般结构如图 11.1 所示,一般包括信号调理、多路转换器、放大器、采样保持器、A/D 转换器及其接口电路等。图 11.1 中采用的是多路模拟量输入公用一个 A/D 转换器的结构,其主要优点在于可降低过程通道的硬件成本。但是,当各路模拟量的输入信号差异较大,同时又对系统采样频率要求较高时,则应采用各路独立的 A/D 转换器结构。

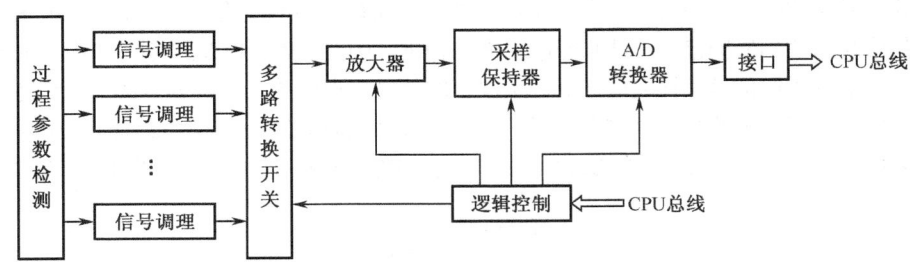

图 11.1 模拟量输入通道一般结构

在图 11.1 中,多路转换开关之后的公用放大器一般为一个可编程增益放大器,可将来自前级处理的各路检测信号放大到 A/D 转换器所要求的电平范围。如经前级处理的各路信号均已在所需的电平范围内,则可不必设置该放大器。采样保持器则是在采样时刻进行快速采样,然后在 A/D 转换过程中保持该采样信号不变,以确保转换的准确度。目前,绝大多数 A/D 转换器均包含了相应的采样保持器功能,因此不用再单独设计。因此,对于模拟量输入通道的设计,这里主要讨论信号调理与 A/D 转换器的设计或选择原则。

1. 信号调理

信号调理是对来自传感器或变送器的信号进行必要的调整处理,使之成为较为标准的模拟信号,根据具体需要可包含信号放大、信号滤波、信号隔离、阻抗匹配、电平转换、非线性补偿、电压/电流转换等功能。

(1) 信号调整

对于模拟量输入通道,传感器测得的信号一般为直流电压信号或直流电流信号,这些信号需要调整为 A/D 转换器所要求的输入信号范围内的信号,才能通过 A/D 转换及其接口送入计算机进行处理。

若被检测的直流电压信号为 TTL 电平,则最简单的可行方案是直接采用满足精度要求的 A/D 转换器。反之,就要设计相应的调理电路(如分压、放大等),将这类信号转换成 A/D 转换器所能接收的电平形式,再连接到 A/D 转换器输入端。

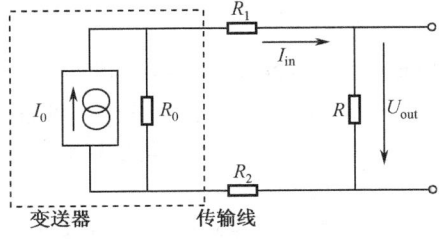

图 11.2 电流信号传输及 I/V 变换

若检测的信号为直流电流信号,对于要求电压信号形式输入的计算机控制系统,在电流回路中串入一个精度等级为 0.1%级的 250 Ω 的 I/V 变换电阻 R,就可将 4~20 mA 的电流信号 I_{in} 变换成 1~5 V 的直流电压信号 U_{out},即

$$U_{out} = I_{in} R \tag{11.1}$$

电流信号传输及 I/V 变换的典型电路如图 11.2 所示。

采用这种方法,可以将直流电流信号转换为直流电压信号,然后再采用直流电压信号的调整方法来处理。

(2) 信号滤波

在控制系统中,来自于各类传感器或变送器的模拟信号在检测与传输过程中将不可避免地会受到各种噪声干扰的污染。针对不同的干扰源,采取不同的抑制和消除干扰措施,可以极大地削弱进入系统的各种噪声的强度。但这样做并不能保证完全消除噪声,仍有部分噪声会混入测量信号中。如果噪声与有用信号的频谱范围不同,通常采用不同的带通滤波器来滤除干扰信号。

采用滤波技术消除干扰信号的影响对任何控制系统都是必要的,但对计算机控制系统更为重要。因为一般噪声的频率较高,对模拟式的连续控制系统而言,由于系统本身具有低通特性,这些高频干扰对系统输出的影响较小。但在计算机控制系统中,当混有高频干扰的低频有用信号被采样后,将会使高频干扰信号折叠到低频范围,严重影响系统的输出。因此,在计算机控制系统中,如果系统干扰较为严重,一般都应在信号采样之前(对应于本节的信号调理或放大器部分)加入一个适当的模拟低通滤波器(即抗频率混叠的前置滤波器),将高于奈奎斯特频率(即 $\omega_N = \omega_s/2$)的干扰信号滤掉。

通常采用较为简单的一阶或二阶低通网络构成这种前置滤波器。其中,一阶低通滤波器的传递函数为

$$G_{f1}(s) = \frac{1}{T_f s + 1} \qquad (11.2)$$

式中,$T_f = 1/\omega_f$,ω_f 为滤波器的转折频率。该滤波器可采用 RC 网络来实现,如图 11.3 所示,其中时间常数 $T_f = RC$。

在选取滤波器参数时,应尽量保证在系统频带内信号幅值变化比较平坦,而在该频带外,信号幅值有较大的衰减,成为较陡峭衰减的形状。一般依据信号在奈奎斯特频率 ω_N 处要求衰减的百分比来确定。为了使高于 ω_N 的频率成分得到有效衰减,通常应选择

$$\omega_f = (0.1 \sim 0.2)\omega_s \qquad (11.3)$$

一个标准二阶模拟低通滤波器的传递函数为

$$G_{f2} = \frac{\omega_f^2}{s^2 + 2\zeta\omega_f s + \omega_f^2} \qquad (11.4)$$

式中,ω_f 即为滤波器的转折频率。其相应的模拟电路实现如图 11.4 所示,其中 $\omega_f = 1/RC$。

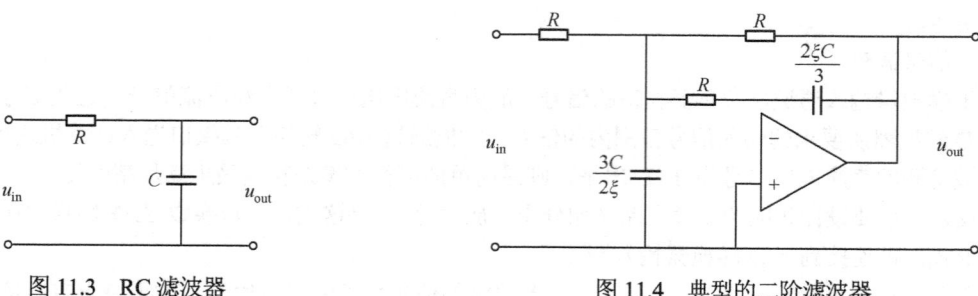

图 11.3 RC 滤波器　　　　　　图 11.4 典型的二阶滤波器

理论上,如果滤波器的转折频率 ω_f 远远大于系统的频带,则前置滤波器将不会对系统的性能产生较大的影响。但是,一般正常情况下,采样频率相对于系统频带而言不会很高,结合式(11.3)可知,ω_f 一般不大可能远远大于系统的频带。因此,一般情况下,应考虑前置滤波器对系统性能的影响。也就是说,在设计控制器时,应将前置滤波器包括在被控对象中。

当然,如果采样频率选得足够高,相应地 ω_f 也可提高,则可忽略前置滤波器对系统性能的影响。分析表明,若要求引入的前置滤波器基本不影响系统原来的特性,而同时又要起到抑制频率混叠的作用,则其采样频率要比正常情况下差不多高出 10 倍左右。

2. A/D 转换器

A/D 转换器是模拟量输入通道中的关键器件，A/D 转换器的分辨率、转换精度与转换速度等相关技术指标对控制性能有重要影响，因此在设计时需要根据具体被检测参数的特性与被控系统的性能指标要求来综合考虑选择合适的 A/D 转换器。

（1）A/D 转换器的分类

目前常用 A/D 转换器就其工作原理来讲，可分为逐次逼近式、双斜积分式、并行比较（闪速）式、串行比较（流水线）式、压频（V/F）转换式、Σ-Δ调制式等 A/D 转换类型。

逐次逼近式 A/D 转换器由一个比较器和 D/A 转换器通过逐次比较逻辑构成，从最高位开始，顺序地对每一位将输入电压与内置 D/A 转换器输出进行比较，经 n 次比较而输出数字值。其优点是速度较高、功耗低，在低分辨率（<12 位）时价格便宜，但高分辨率（>12 位）时价格很高。逐次逼近式是目前应用最为广泛的一类主流 A/D 转换器，如 ADC0809、ADC574 等。

双斜积分式 A/D 转换器是将输入电压先用固定时间进行积分，再切换到基准电源，使积分器按固定的斜率（速度）放电，同时启动计数器计数，放电到零电平时，计数数值即为转换结果。其优点是对信号中交流干扰有较强的抑制能力，但转换速度较慢。对信号变换缓慢、现场干扰较重的场合，宜采用积分式 A/D 转换器。常用的有 MC14433、ICL7135 等。

并行比较式 A/D 转换器也称为闪速（Flash）A/D 转换器，其内部采用多个比较器，仅做一次比较便可实现转换，因此采样速率极高（可达到 1～4 Gsps）。但其体积和功耗相对较大，而分辨率有一定限制（一般限制在 8 位以内），价格也高。该类转换器主要用于视频和通信领域，如 UPD6950C 等。

串行比较式 A/D 转换器也称为流水线式（Pipeline）A/D 转换器。这种结构介于逐次逼近式和闪速式结构之间，通过多次并行比较和输出数值，从而减少体积和功耗，同时也能做到高速（达到 100～300 Msps）。最典型的是由 2 个 $n/2$ 位的并行型 A/D 转换器配合 D/A 转换器组成，用两次比较实行转换，所以称为半闪速（Half Flash）型，如 TLC5510 等。

压频变换（V/F）式 A/D 转换器先将输入的模拟信号转换成频率，然后用计数器将频率转换成数字量。从理论上讲其分辨率几乎可以无限增大，只要采样的时间能够满足输出频率分辨率要求的累积脉冲个数的宽度。其优点是分辨率高、功耗低、价格低且环境适应能力较强，但速度有一定限制，适合于非快速的远距离信号的 A/D 转换过程。常用的有 LM311、AD650 等。

Σ-Δ调制式 A/D 转换器由积分器、比较器、1 位 D/A 转换器和数字滤波器等组成。原理上近似于积分型，将输入电压转换成时间（脉冲宽度）信号，用数字滤波器处理后得到数字值。电路的数字部分基本上容易单片化，因此容易做到高分辨率。主要用于音频信号测量和高精度仪表中，如 AD7705。

（2）A/D 转换器的编码方式

由第 2 章信号变换的相关讨论可知，A/D 转换中的量化结果将被转换成一定位数的二进制数码形式输出，这个过程称为编码。在 A/D 转换器中，主要存在两种不同进制的编码形式，即二进制编码与十进制编码（即 BCD 码），同时，二者也都可分为单极性编码与双极性编码。

单极性二进制编码，通常就是标准二进制编码，即所有二进制位均表示数值，且所有位全为 1 时，对应于 A/D 转换器允许输入模拟量的最大值（即满量程值，如 5 V），而所有位全为 0 时，则对应于允许输入模拟量的最小值（一般为零）。

在计算机中，带符号数二进制编码有源码、反码、补码和偏移二进制码等多种形式，但从数值运算的角度来看，最常用还是补码。同样，在 A/D 转换器中，为表示双极性信号，也需增加一位"符号位"，理论上可以采用上述任何一种编码形式，但从易于实现和实用性的角度来说，最常用的却是偏移二进制编码方式。

偏移二进制码实际上是一种将标准二进制编码以满量程值加以偏移而得到的，其在硬件电路上实现较为方便，同时与计算机内最常用的补码之间的转换也很容易，即直接将最高位取反，因而在 A/D 转换器中使用最多。

以上各种二进制编码之间的转换关系如表 11.1 所示。

表 11.1 不同二进制编码间的转换关系

原编码	转换后编码	转换关系
原码	补码	若最高位=1，则其余各位取反，末位再加 1；若最高位=0，则不变
	反码	若最高位=1，则其余各位取反；若最高位=0，则不变
	偏移二进制码	若最高位取反后=0，则其余各位取反，末位再加 1；若最高位取反后=1，则其余各位不变
补码	原码	若最高位=1，则其余各位取反，末位再加 1；若最高位=0，则不变
	反码	若最高位=1，则加 11…11；若最高位=0，则不变
	偏移二进制码	最高位取反
反码	原码	若最高位=1，则其余各位取反；若最高位=0，则不变
	补码	若最高位=1，则末位加 1；若最高位=0，则不变
	偏移二进制码	若最高位取反后=1，则其余各位取反，末位再加 1；若则，其余各位不变
偏移二进制码	补码	最高位取反
	反码	若最高位取反后=1，则加 11…11；其余各位不变

在 A/D 转换中，BCD 编码也是一种常用的编码方式，即用 4 位二进制位表示一位十进制数。常用的 A/D 转换器十进制位数包括 3 位半（或 $3\frac{1}{2}$ 位）、4 位半与 5 位半，其中所谓的半位是指最高位为一个二进制位，即只能取 0 或 1，而其余位则为十进制位，取值范围为 0～9。同样，也有单极性 BCD 编码和双极性 BCD 编码。单极性 BCD 码无须符号位，而双极性 BCD 编码则需要在最高位的基础上再增加一个二进制符号位，构成符号数值 BCD 编码。BCD 编码方式的 A/D 转换器通常用于数字化仪表中。

（3）A/D 转换器的主要性能指标

衡量 A/D 转换器性能高低的指标主要包括分辨率、转换精度、转换速率与量程等几个方面。

① 分辨率。A/D 转换器的分辨率是指输出数字量对输入模拟量变化的分辨能力，对应于 A/D 转换中的最小量化单位 q。对于单极性信号，如果 A/D 转换器允许输入的模拟量的最大值为 x_{max}，输出为单极性 n 位二进制编码信号，则其分辨率可表示为

$$D = q = \frac{x_{max}}{2^n} \tag{11.5}$$

这表明该 A/D 转换器能够分辨出最小为 D 的模拟变化量，即输出数字量能够对最小变化量为 D 的模拟量变化做出反应。显然，D 越小，分辨率越高。

如前所述，这里的 D 或者 q 也就是二进制编码输出的最低有效位（LSB）代表的物理量。由于 n 位二进制数的最大输出为 $2^n - 1$，因此，分辨率有时也表示成

$$D = q = \frac{x_{max}}{2^n - 1} \tag{11.6}$$

从概念上讲，A/D 转换器的分辨率取决于量化过程的量化单位，因此，其分辨率是与各 A/D 转换器的具体量化原理有关的。如逐次逼近式 A/D 转换器的分辨率用式（11.5）表示，而双积分式与并行比较式等 A/D 转换器的分辨率则应用式（11.6）描述。显然，当 n 比较大时，式（11.5）与式（11.6）是近似相等的，因此，在做一般分析时，以上二式均可使用。

对于双极性 A/D 转换器,其输出数字量位数中的最高位将用做符号位,因此在输出二进制位数相同的情况下,由式(11.5)表示的分辨率在数值上将是单极性 A/D 的 2 倍,即分辨率降低了 50%。

对于输出为 n 位半 BCD 编码的数字信号,其分辨率相应地可表示为

$$D = q = \frac{x_{\max}}{2 \times 10^n} \tag{11.7}$$

或

$$D = q = \frac{x_{\max}}{2 \times 10^n - 1} \tag{11.8}$$

以上分辨率是以对模拟量的最小分辨值来表示的,事实上,这个最小分辨值是与 A/D 转换器编码形式与数码位数直接相关的,因此通常也直接用 A/D 转换位数来表示分辨率,如对于二进制编码,通常有 4 位、8 位、12 位、16 位、24 位等,对于 BCD 编码,常用 $3\frac{1}{2}$ 位、$4\frac{1}{2}$ 位、$5\frac{1}{2}$ 位表示分辨率。

② 转换精度。A/D 转换精度是指 A/D 转换输出数字量所对应的实际模拟输入量与理论模拟输入量的接近程度。通常有绝对精度与相对精度两种表示形式。绝对精度通常用数字量对应的模拟输入量的实际值与理论值之差来表示,也称为绝对误差,绝对误差一般为一个统计值,有时也用最大误差表示。

相对精度也称为相对误差,是指数字量所对应的模拟输入量的实际值与理论值之差与 A/D 转换所允许输入模拟量的最大值(即满量程)之比,一般用百分比表示,相对误差一般也为统计值。

A/D 转换器的精度主要由 A/D 转换器中包括量化误差在内的各种误差决定。A/D 转换器一般由数字电路与模拟电路构成。在系统工作正常情况下,数字电路部分的误差主要来源于量化误差,即由 A/D 转换位数决定;而模拟电路部分的误差则主要由电路中各种元器件的精度与基准电压的精度决定。

A/D 转换器的绝对精度通常也用其最低有效位(LSB)作为度量单位,一般为 0.5~2 LSB。有的 A/D 转换器也用二进制位数表示精度,如 8 位、10 位等。

需要指出的是,A/D 转换器的转换精度与分辨率是两个完全不同的概念。分辨率是指在精度无限高的理想情况下,A/D 转换器对输入模拟量的最小增量做出反应的能力,它完全由 A/D 转换器的位数决定。转换精度反映 A/D 转换结果的准确度,由 A/D 转换的原理误差与其电路元器件和基准信号的精度来决定。二者不能混淆,特别在都用二进制位数来表示的时候尤其如此。此时,对同一个 A/D 转换器,有可能分辨率与精度的数值表示是一样的,如都是 10 位,但多数情况下,精度的位数会低于分辨率的位数,如 12 位的分辨率,可能是 11 位精度等。尽管转换精度与分辨率是两个不同的概念,但对于同一个 A/D 转换器而言,精度与分辨率应是相匹配的。要么都比较高,或都比较低,二者差异不能太大,比如一个低精度的高分辨率 A/D 转换器中,其高分辨率是没有多少实际价值的。

③ 转换速率。转换速率指 A/D 转换器在 1 秒时间内完成 A/D 转换的次数,也是完成一次从模拟量转换到数字量所需的时间(以秒位单位)的倒数,其单位通常为 sps、ksps、Msps,即每秒的采样次数。A/D 的转换速率与 A/D 转换电路类型及位数有关,如并行比较式 A/D 一般都在每秒数百万次以上,高的可达千兆级,而双积分式 A/D 一般每秒只能完成几十次转换,且一般位数越高,转换速率也就越慢。

转换速率也常用完成一次转换的时间来表示,比如并行比较式 A/D 通常为纳秒级,逐次逼近式 A/D 通常为微秒级,而双积分式则一般要几十至几百毫秒。

④ 量程。量程是指 A/D 转换器允许输入模拟量的变化范围,包括单极性输入(如 0~5 V、0~10 V 等)和双极性输入(如-2~+2 V、-5~+5 V 等)两种形式。

此外,A/D 转换器的性能指标还有温度系数及对电源电压波动的抑制比等,这些在高精度的测量中是需要考虑的。

(4)A/D 转换器的选择原则

在选择模拟量输入通道的 A/D 转换器时,主要根据系统被检测信号的特性与控制系统性能要求来

确定，一般应考虑 A/D 芯片的启动信号与转换结束机制或结束信号、输出编码方式、分辨率、转换精度与转换速率、A/D 芯片转换的稳定性与抗干扰能力等是否符合要求。

一般地，A/D 启动与结束信号、输出编码方式是根据系统要求和接口实现及运算处理的方便性来确定的；A/D 转换的精度选择除了与整个系统精度要求相关外，还与前端的传感器与变送器精度有关，一般应比传感器的精度高一个数量级；而转换速率的选择则与系统的频带有关，即应根据被检测信号的频带与系统采样频率的要求来选择，转换速率应高于系统的采样频率。

A/D 转换芯片的分辨率（即转换位数）的选择，要依据输入模拟信号的动态变化范围和控制系统的精度要求来共同确定。对于单极性转换器，如果实际模拟信号的最大值为 u_{max}，最小值为 u_{min}（假定该最小值对应于 A/D 转换器的输入零点），而根据控制精度要求折算到 A/D 输入端的最大允许误差为 e_{max}，为了保证实际模拟信号在 A/D 模拟量输入的允许范围内和控制精度要求，如果选择 A/D 转换为 n 位，则必须满足

$$\frac{u_{max} - u_{min}}{2^n} \leqslant e_{max} \tag{11.9}$$

由此可得

$$n \geqslant \frac{\lg \frac{u_{max} - u_{min}}{e_{max}}}{\lg 2} \tag{11.10}$$

为了使控制系统具有良好的精度，一般选择 A/D 芯片的位数比由式（11.10）确定的最低位数 n_{min} 要高 1～2 位。

11.2.2 模拟量输出通道

模拟量输出通道的任务是把计算机输出的离散数字量变换成连续模拟量，这个任务主要由 D/A 转换器来完成，因此 D/A 转换器是模拟量输出通道的关键部件。由于模拟量输出通道直接与被控过程的执行机构相连，要求可靠性高，并满足一定的精度，同时还必须具有将离散时间信号变为连续时间信号的保持功能。此外，由于这些经保持器输出的阶梯状信号将去驱动执行机构动作，因此，在必要的情况下，还需引入功率驱动电路及后置滤波电路。

1. 模拟量输出通道的基本结构

在许多计算机控制系统中，要求具有多路模拟量输出通道。多路模拟量输出通道的结构形式，主要取决于输出保持器的构成方式。输出保持器的作用是在新的输出信号到来之前，使本次输出信号维持不变。输出保持器一般有数字量保持和模拟量保持两种方案，这就决定了模拟量输出通道的两种基本结构形式。

（1）各路独立 D/A 转换器结构

如图 11.5 所示，在各路独立 D/A 转换器结构中，计算机和输出通道之间通过独立的接口缓冲器传送信息，在新的数字量到来之前，本次数字量将在该缓冲器中维持不变，因此这种结构是数字量保持方案。其优点是转换速度快、工作可靠，每条输出通路相互独立，不会由于某一路 D/A 转换器故障而影响其他通路的工作。但由于使用了较多的 D/A 转换器，因而硬件电路成本相对较高。但随着大规模集成电路技术的发展，其成本也明显下降。

（2）多路公用 D/A 转换器结构

多路公用 D/A 转换器结构如图 11.6 所示，因为多路公用一个 D/A 转换器，因此它必须在计算机

的控制下分时工作，即 D/A 转换器依次把各路对应的数量转换成的模拟信号（电压或电流信号），并通过多路模拟开关传送给相应的输出保持器进行保持，直至下一轮输出信号到来之前，即数字量保持方案。

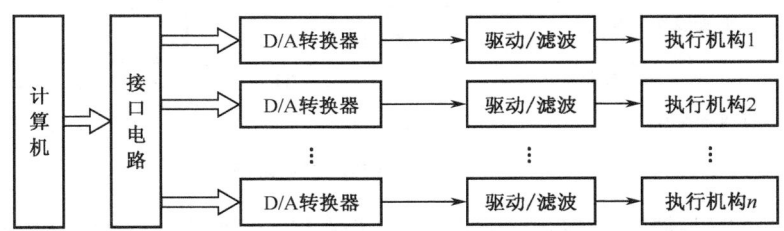

图 11.5　各路独立 D/A 转换器多通道结构

多路公用 D/A 转换器结构节省了 D/A 转换器，经济性较好，但因为要分时工作，只适用于通道数量较多且整体速度要求不高的场合。由于需用多路转换器，而且要求输出保持器的保持时间要远远大于其采样时间，因而这种结构的可靠性较独立 D/A 转换器的结构差。

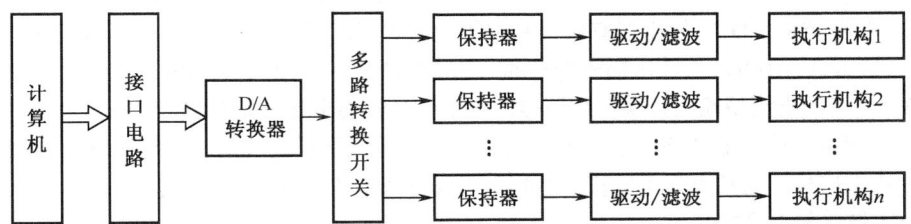

图 11.6　多路公用 D/A 转换器多通道结构

2. D/A 转换器

D/A 转换器是模拟量输出通道中将数字量变换成模拟量（电压信号或电流信号）的信号变换装置。数字量是用代码按数位组合起来表示的，每位代码都有一定的位权。为了将数字量转换成模拟量，必须将每一位的代码按其位权的大小转换成相应的模拟量，然后将这些模拟量相加，即可得到与数字量成正比的总模拟量，从而实现 D/A 转换。实现 D/A 转换过程的关键电路是解码网络。构成解码网络的形式很多，但通常为 T 形或倒 T 形电阻解码网络。

（1）D/A 转换器主要性能指标

与 A/D 转换器一样，D/A 转换器的主要性能指标也包括分辨率、转换精度、转换时间等关键参数，同时还涉及输出信号类型等其他指标。

① 分辨率。D/A 转换器的分辨率可定义为输入数字量发生单位变化时输出模拟量的变化量。与 A/D 转换器一样，D/A 转换器的分辨率也是由数字量的位数决定的，一般为

$$D = \frac{V_{REF}}{2^n} \quad \text{或} \quad D = \frac{I_{REF}}{2^n} \tag{11.11}$$

式中，V_{REF}、I_{REF} 分别为基准电压和基准电流。D/A 转换器的分辨率也通常用输入数字量的位数来表示。

② 转换精度。D/A 转换精度反映数字量对应的实际输出模拟量与其理论输出信号的接近程度。同样也有绝对误差与相对误差两种表示形式。D/A 转换的精度主要由 D/A 转换电路的元器件及基准电压精度与电路特性来决定，具体而言，其精度主要由电路的线性误差、增益误差及偏移误差的大小决定，如图 11.7 所示。

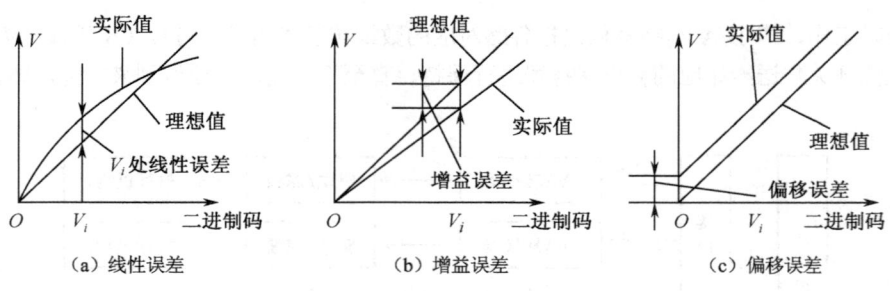

图 11.7 D/A 转换器的主要误差

同样，分辨率与转换精度也是两个不同的概念，但在同一转换器中，二者应协调一致，即如果分辨率很高，即位数较多，其精度也应该要求很高，否则这样的高分辨率是无效的。

③ 转换时间。当 D/A 转换器输入的数字量发生变化时，输出的模拟量并不能立即达到所对应的量值，而需要一段时间，这个时间称为转换时间。但对于不同数字量的变化，这个时间也可能是不同的，因此为指标的统一起见，通常将 D/A 转换时间定义为输入的数字量从全 0 变为全 1 时，输出电压或电流达到规定的误差范围（通常为±LSB/2）时所需的时间，一般为几十纳秒到几微秒。

④ 输出信号类型。D/A 转换器有两种基本的输出类型，即电压型与电流型。对于电压型输出，一般为 0～5 V 或 0～10 V，而高压输出型有的可达 24～30 V；对于电流型输出，低的有 4～20 mA，高的可达 3 A，有的电流型输出转换芯片还提供两个互补的输出端，如 DAC0832。

与 A/D 转换器相同，D/A 转换器的输入数字量编码形式通常也包括二进制编码与 BCD 编码两种形式，对双极性信号，通常也采用偏移二进制编码或符号数值 BCD 编码形式。

（2）D/A 转换器的选择原则

D/A 转换芯片的输入端口通常有两种不同的结构形式，即带输入缓冲寄存器和不带输入缓冲寄存器的结构。

选择 D/A 转换器时，主要考虑芯片的性能、结构及应用特性，即在性能上必须满足模拟量输出通道对 D/A 转换的技术要求，在结构和应用上应满足接口方便、外围电路简单、价格低廉等要求。

对于 D/A 转换器的性能指标，在芯片选择时，主要考虑分辨率、转换精度等。由于一般情况下，D/A 转换器的转换时间比 A/D 转换时间小得多，因此在一般的计算机控制系统中，绝大多数 D/A 转换的速度都是能够满足要求的。转换精度一般应与其对应的执行机构的精度匹配，并约高于执行机构的精度。

对于 D/A 转换器位数（即字长）的选择，一般由与其对应的执行机构的动态输入范围和精度要求来共同确定。设执行机构的最大有效输入为 $u_{\max}$，执行机构的死区电压为 u_D，而根据控制精度要求折算到 D/A 输出端的最大允许误差为 $e_{\max}$，D/A 转换的字长为 n，从执行机构的动态输入范围考虑，计算机控制系统的最小输出单位模拟量应小于执行机构的死区，而结合控制精度要求，则有

$$\frac{u_{\max}}{2^n} \leqslant \min\{u_D, e_{\max}\} \tag{11.12}$$

由此可得

$$n \geqslant \frac{\lg \dfrac{u_{\max}}{\min\{u_D, e_{\max}\}}}{\lg 2} \tag{11.13}$$

11.2.3 开关量（数字量）输入通道

开关量（数字量）输入通道的基本功能是，把来自生产现场的呈两态变化的状态量或数字量信息

经过适当的处理，转化为计算机能够接收的数字信号。这类两态输入信息包括开关信号、脉冲信号及数字编码信号等。

开关量（数字量）输入通道主要由输入调理电路与输入缓冲器两部分构成，如图 11.8 所示。

输入调理电路的主要功能是对输入的开关量（数字量）信号进行必要的滤波、电平转换、隔离等处理，最终转换成计算机可以接收的 TTL 电平信号。输入缓冲器的作用是对外部输入信号进行缓冲、加强和选通，以实现与计算机的接口。

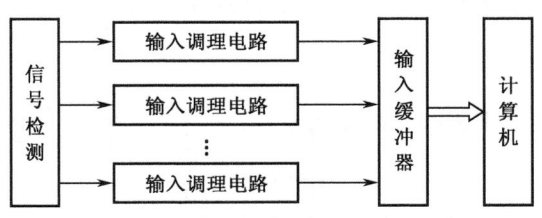

图 11.8　开关量（数字量）输入通道一般结构

通过开关量（数字量）输入通道输入的信号形式可能是电压、电流或开关的触点信号，这类外部输入信号可能会引入干扰、瞬时高压、过电压及接触抖动等现象，因此必须经过必要的处理才能送入计算机。常用的开关量（数字量）输入信号调理措施除必要的电平转换外，主要还包括滤波、防抖、隔离、整形、过压保护等。通常用 RC 滤波器抑制高频干扰，用限流电阻与齐纳二极管等构成稳压电路做过压保护。下面主要介绍防抖、隔离与整形等处理。

1．防抖

开关和继电器触点等闭合和断开时，常存在一定的抖动问题，即由于机械触点的弹性作用开关闭合不会马上稳定地接通，在断开时也不会一下子断开，通断瞬间会产生一连串的颤动。为了消除这种抖动的影响，一般都应加入有较长时间常数的积分电路来消除这种振荡。如图 11.9(a)所示是一种简单的采用积分电路消除开关抖动的方法；而图 11.9(b)所示为用 R-S 触发器消除开关两次反跳的方法。

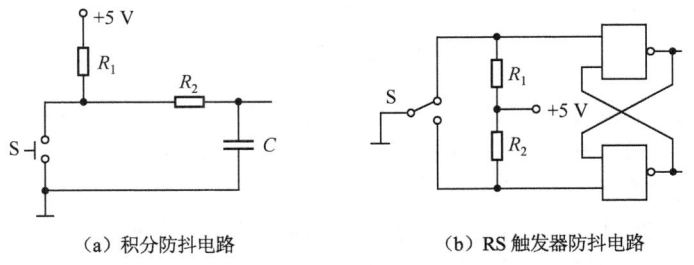

（a）积分防抖电路　　　　（b）RS 触发器防抖电路

图 11.9　开关量防抖电路

2．隔离

一般情况下，加在现场开关或触点两端的电压为 12～36 V，同时，现场还有许多其他强电设备，为了提高系统可靠性，防止高电压及干扰信号引入，一般应在输入端加隔离措施。常见的隔离措施包括光电隔离与脉冲变压器隔离两种。光电隔离是在输入/输出之间采用光电耦合，其原理如图 11.10 所示。当开关 S 闭合时，发光二极管点亮，光敏三极管导通，对应于"1"状态输入；反之，则发光二极管灭，光敏三极管截止，对应于"0"状态输入。当输入信号为频率连续变化的脉冲信号时，还可以采用脉冲变压器隔离技术，脉冲变压器的匝数较少，一次绕组和二次绕组分别绕于铁氧体磁心的两侧，这种工艺使得它的分布电容很小，仅为几个 pF，所以可作为脉冲信号的隔离元件。如图 11.11 所示是脉冲变压器的结构示意图。

3．整形

实际的输入信号总存在一定的噪声，同时，几乎所有的现场开关、触点甚至非接触式传感器的输出，都并非具备理想开关特性，即其输出波形并非理想脉冲波形，因此，为了消除噪声及改善开关信号或脉冲信号特性，通常接入具有迟滞特性的整形电路。一般的脉冲整形电路通常采用施密特触发器。

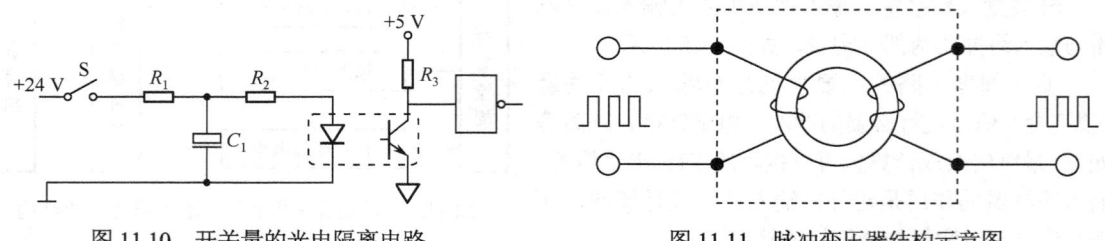

图 11.10　开关量的光电隔离电路　　　　图 11.11　脉冲变压器结构示意图

11.2.4　开关量（数字量）输出通道

开关量（数字量）输出通道的主要功能是，根据计算机输出的数字信号，经适当的电平变换或功率驱动去控制相应执行机构的通/断或启/停等。这类输出通道一般由输出锁存器与输出信号调理电路构成，如图 11.12 所示。

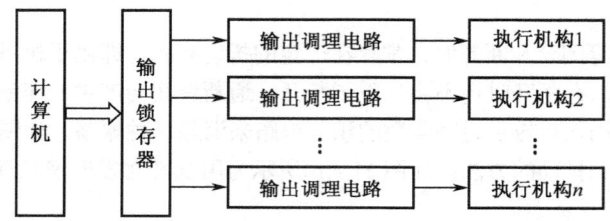

图 11.12　开关量（数字量）输出通道一般组成

当对生产过程进行控制时，一般要对当前控制状态（控制信号）进行保持，直到下次输出新的控制信号为止，这就需要对输出信号进行锁存。通常，采用具有锁存功能的器件，如触发器或锁存器等对输出的控制信号进行锁存。

由于输出的开关或脉冲信号将用于控制被控过程执行机构的通/断或启/停，因此开关量（数字量）输出调理主要是进行必要的隔离与功率放大，使控制信号具有足够的功率去驱动执行机构或其他负载。

对于低压小功率开关量输出，可采用三极管、OC 门或运算放大器等方式输出，一般能够提供几十毫安级的驱动电流，通常采用光电隔离，图 11.13 所示就是带光电隔离的开关量输出电路。

对于较大功率的执行机构，可用继电器作为计算机输出的初级执行机构，通过继电器的触点控制较大功率的接触器的通断，同时，也通过继电器实现小功率低压信号与大功率电路的隔离，其原理如图 11.14 所示。

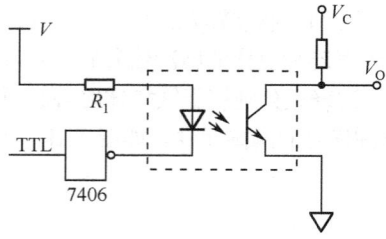　　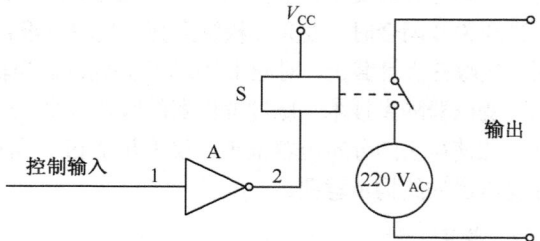

图 11.13　带光电隔离低压小功率开关量输出电路　　　图 11.14　继电器隔离原理图

对于大功率交流负载的开关控制,其开关信号的输出可采用固态继电器来实现。固态继电器（SSR）是一种带光电隔离的无触点的通断型功率电子开关,即具有隔离与驱动双重功能。图 11.15(a)和(b)所示分别是直流型 SSR 和交流型 SSR 的原理图。

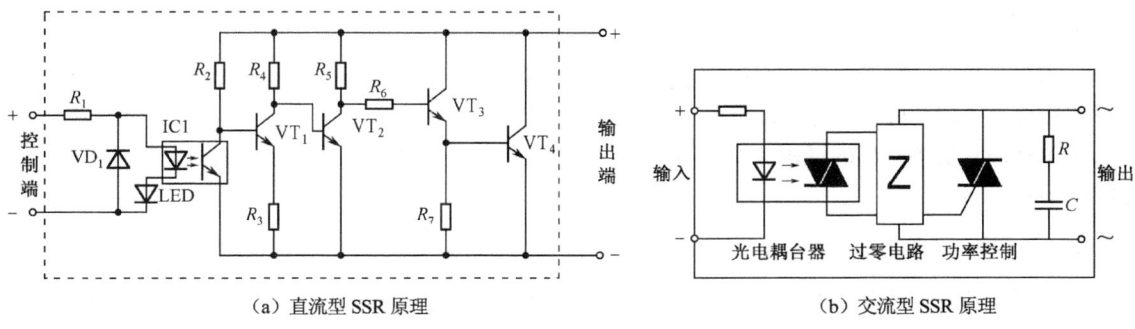

图 11.15　固态继电器原理图

11.3　数字信号调理

在 11.2 节中,从过程输入/输出通道设计的角度,主要从硬件方面讨论了有关信号的调理问题。对于检测信号而言,当其转换为数字信号进入计算机后,还可通过数字信号调理技术对其做进一步处理。常用的数字信号调理包括数字滤波、标度变换与非线性补偿等。本节将对这些数字调理方法进行讨论。

11.3.1　数字滤波

由于工业控制过程的环境比较复杂恶劣,干扰源比较多（如环境温度、电场与磁场等）,检测信号中一般可能混入较多干扰噪声,尽管在采样之前,一般通过前置滤波器已基本上将高于奈奎斯特频率的干扰信号滤除,但一般仍存在不少低于奈奎斯特频率的噪声信号,所以通常采用数字滤波方法对其进行处理。

所谓数字滤波,就是通过一定的计算程序对数字信号进行滤波与平滑,加强有用信号成分,消除或减少各种干扰和噪声信号。

数字滤波可以对各种干扰信号,包括频率很低的干扰信号,进行滤波。由于数字滤波不涉及硬件,故可靠性高,参数调整方便,而且一个数字滤波程序可以被多个通道共同使用,因而数字滤波得到了广泛应用。

常用的数字滤波方法主要有限幅滤波、中值滤波、平均值滤波与惯性滤波等。

1. 限幅滤波

限幅滤波是最简单的一种数字滤波。所谓限幅滤波,就是把相邻两次的采样值进行相减,求出其增量,并与所允许的最大增量（由被控过程的实际情况决定）进行比较,如果小于或等于该最大增量,则取本次采样值,否则,仍取上一次的采样值。其滤波算式为

$$\begin{cases} y(k) = y_s(k), & |y_s(k) - y_s(k-1)| \leqslant \Delta Y \\ y(k) = y_s(k-1), & 其他 \end{cases} \quad (11.14)$$

其中 ΔY 为相邻两次采样值之差的最大允许值。

限幅滤波的含义是:如果本次采样值 $y_s(k)$ 与上次采样值之差不超过 ΔY,表示本次采样值是真实

的(即在被测信号正常变化范围内),则予以采用,否则表示本次采样不真实,于是用上一次的采样值代替。

限幅滤波对随机脉冲干扰和采样器不稳定引起的失真有良好的滤波效果。

2. 中值滤波

所谓中值滤波,就是对某一个被测信号连续采样 n 次($n \geq 3$,且 n 一般为奇数),然后把 n 次采样值按大小排序,再取中间值作为本次采样的输出值。

中值滤波对缓慢变化的过程参数中的脉冲干扰有良好的滤波效果,但对于快速变化的过程参数的滤波则不宜采用。

3. 算术平均值滤波

算术平均值滤波就是把对信号进行的 n 次采样值相加,求其算术平均值作为 $t = kT$ 时刻的滤波器输出,即

$$y(k) = \frac{1}{n}\sum_{i=0}^{n-1} y_s(k-i) \tag{11.15}$$

算术平均值滤波对周期性干扰信号有较好的抑制作用,但会产生一定的延迟,且延迟时间与采样的次数 n 成正比。同时,采样次数 n 也决定了滤波的平滑度与灵敏度。随着 n 的增大,平滑度提高,而灵敏度降低。算术平均值滤波常用于对压力、流量等参数受周期型干扰时的滤波与平滑,通常流量 n 取 12,压力取 5,而温度等慢变信号取 2 即可。

4. 加权平均值滤波

在式(11.15)中,n 次采样值对滤波结果的影响是相同的,即具有相同的权重。有时为了提高滤波效果,将各个采样值取不同的比例,即具有不同的权重,然后再相加,这称为加权平均值滤波。其一般算式为

$$y(k) = \sum_{i=0}^{n-1} \lambda_i y_s(k-i) \tag{11.16}$$

其中 $\lambda_i > 0 (i = 0, 1, 2, \cdots, n-1)$,为加权系数,并满足

$$\sum_{i=0}^{n-1} \lambda_i = 1 \tag{11.17}$$

加权系数的选取应视具体情况而定,最常见的选取方法是,越靠近当前时刻的采样值,选取的加权系数越大,离当前采样时刻越远,选取的加权系数越小,这样可以增加新的采样值在平均值中的比例,既强调新息的重要性,同时又具有较好的滤波效果。

5. 惯性滤波

惯性滤波实际上是模拟 RC 低通滤波器的数字实现形式。普通 RC 滤波器的传递函数为

$$\frac{Y(s)}{Y_s(s)} = \frac{1}{1 + T_f s} \tag{11.18}$$

其中 $T_f = RC$ 为滤波器的滤波时间常数。将式(11.18)用后向差分方法进行离散化,整理之后可得

$$y(k) = \frac{T_f}{T_f + T} y(k-1) + \frac{T}{T_f + T} y_s(k) = \alpha y(k-1) + (1-\alpha) y_s(k) \tag{11.19}$$

式中，T 为采样周期，而 $\alpha = T_f/(T_f+T)$ 称为惯性滤波系数，且 $0 < \alpha < 1$。

由式（11.19）可知，α 越大，频带越窄，滤波平滑性越好，但其相位滞后也相应增大。因此，具体应用时应根据实际情况，选取适当的 α 值，使得滤波器既无明显的纹波，滤波响应又不太迟缓。

惯性滤波适用于波动频繁的工艺参数滤波，它能很好地消除周期性干扰信号。

以上介绍的各种数字滤波方法，各有其适用场合，应根据具体情况来合理选用。在选用时一般主要考虑滤波效果与滤波时间两个方面。就滤波效果而言，对于变化比较慢的过程参数，可选限幅滤波与惯性滤波方法；而对于变化比较快的脉动参数，则可选用平均值滤波方法，特别是加权平均值滤波效果更好。对于滤波时间，在滤波效果相同的情况下，应尽量采用运算时间较短的滤波方法。

在实际应用中，有时为了进一步提高滤波效果，可以同时将两种以上的滤波方法结合起来使用，从而构成复合滤波算法。比如把中值滤波方法与算术平均值滤波方法结合起来，即将 n 个采样值先按大小排序，分别去掉最大值与最小值，再将剩余的采样值进行算术平均值滤波。这种滤波兼有平均值滤波与中值滤波的优点，它既可去掉脉冲干扰，又可对采样值进行平滑处理，适用面更广。

值得指出的是，数字滤波虽然是消除计算机控制系统干扰的好方法，但并不是在任何一个系统中都需要进行数字滤波，有时不适当地采用数字滤波反而适得其反，造成不良影响。比如在某些反馈控制系统中，采用数字滤波有时会把由扰动引起的偏差值滤掉，从而失去必要的调节作用。因此，是否选用数字滤波及选用何种数字滤波方法，都需要根据具体情况来确定。

11.3.2 非线性补偿

在实际的参数检测过程中，通过模拟量输入通道采集到的数字量与该数字量所代表的被测参数值之间不一定呈线性关系，而在进行显示或控制时，必须将其转换为该数字量所代表的被测参数值。但是这类非线性关系的直接转换往往是比较复杂的。因此，通常需要对它们进行非线性补偿，将非线性关系转化为线性关系，以便于实现显示和控制。

在检测元件中，被测物理量与传感器输出的电信号之间的关系，一般都是在出厂前经过测试标定的，这通常表现为一条或多条拟合的高次曲线。例如，铜-康铜电偶热电势 E（传感器输出电信号）与被测温度 T 之间的关系可由以下曲线方程来描述：

$$T = \sum_{i=1}^{8} a_i E^i \tag{11.20}$$

其中

$a_1 = 3.8740773840 \times 10^{-2}$ $a_2 = 3.3190198092 \times 10^{-5}$ $a_3 = 2.0714183645 \times 10^{-7}$

$a_4 = -2.1945834823 \times 10^{-9}$ $a_5 = 1.1031900550 \times 10^{-11}$ $a_6 = -3.0927581890 \times 10^{-4}$

$a_7 = 4.5653337160 \times 10^{-19}$ $a_8 = -2.7616878040 \times 10^{-20}$

设模拟信号热电势 E 经采样得到的数字量为 D，且 $D = kE$，即它们之间为线性关系。如果根据采样值 D，直接按式（11.20）计算其对应的温度值，计算量将很大，程序也比较复杂，不利于实时控制。因此，通常采用分段线性化的方法，即用多段折线近似代替曲线进行计算，这种线性化处理方法称为线性插值法。基于线性插值的非线性补偿具体步骤如下：

（1）依据传感器厂家提供的数据绘制高精度传感器输入/输出曲线，或用实验方法经反复多次测量，求出一条比较精确的输入/输出曲线。

（2）将所得到的输入/输出曲线进行分段，选取各段的插值基点，即各段的端点。为了使分段与基点选取更合理，分段可以是等距的，也可以是非等距的。一般分段数越多，线性化精度越高，但相应的软件开销也增加，因此分段数应当视具体情况和要求而定。

（3）确定并计算各段插值基点坐标及各段拟合直线的斜率，由此可确定各段的直线方程，同时考虑到由传感器输出的模拟量到数字量之间的比例系数 k，建立各段数字量与被测参数的转换关系，即线性化计算式。

（4）根据所采样的数据量，判断其属于哪一段折线内，然后按照相应段的线性化计算式计算出其参数值。

11.3.3 标度变换

被控过程中各个被测参数都有各自不同的量纲和数值范围，如温度的量纲为℃，压力的量纲为 Pa 等。所有这些过程参数要经过传感器及变送器变成模拟量送往 A/D 转换器，从而转换成无量纲的数字量输入计算机。这些数字量并不一定等于原来带有量纲的被测参数值，它仅仅与这些参数值的大小有一定的对应关系。也就是说，这些数字量一般是不能直接应用于控制系统的，还必须把它们转换成带有量纲的数值后才能参与运算、显示、记录和打印，同时也便于操作人员进行监视和管理，这种转换称为标度变换。根据被测参数值与 A/D 转换结果之间是否呈线性关系，标度变换通常也分为线性标度变换与非线性标度变换。

1. 线性标度变换

线性标度变换的前提是过程参数值与 A/D 转换结果之间必须呈线性关系。线性标度变换的一般公式为

$$A_x = A_o + (A_m - A_o)\frac{D_x - D_o}{D_m - D_o} \tag{11.21}$$

其中，A_m，A_o 分别为过程参数的上、下限值，D_m，D_o 是与过程参数上、下限值所对应数字量的上、下限，D_x 为测量值所对应的数字量，A_x 为待求（转换）的过程参数测量值。

对于某一个具体的过程参数来说，A_m，A_o，D_m，D_o 均为常数，对不同的过程参数，这些值也是不同的。

为了使程序简单，一般将过程参数的起点 A_o 所对应的 A/D 转换值设定为 0，即 $D_o = 0$，则式 (11.21) 又可写为

$$A_x = A_o + (A_m - A_o)\frac{D_x}{D_m} \tag{11.22}$$

2. 非线性标度变换

如果被测过程参数值与 A/D 转换结果之间呈非线性关系，则其标度变换应根据具体问题具体分析。通常，对于非线性关系比较复杂的过程参数，一般应先进行非线性补偿，即线性化处理，再进行线性标度变换。而对于一些不太复杂的非线性关系，则可先求出它所对应的标度变换公式，再按标度变换公式进行变换。

例如，在流量测量中，其流量与压差的公式为

$$Q = k\sqrt{\Delta P} \tag{11.23}$$

其中，Q 是被测参数流量，k 是刻度系数，ΔP 为节流装置的压差，且该压差信号与对应的数字量 D 成正比关系。于是，根据式（11.23）可得到测量流量时的标度变换公式为

$$\frac{Q_x - Q_o}{Q_m - Q_o} = \frac{k\sqrt{D_x} - k\sqrt{D_o}}{k\sqrt{D_m} - k\sqrt{D_o}}$$

即

$$Q_x = \frac{\sqrt{D_x} - \sqrt{D_o}}{\sqrt{D_m} - \sqrt{D_o}}(Q_m - Q_o) + Q_o \tag{11.24}$$

式中，Q_m 和 Q_o 分别为流量仪表的上、下限值，D_m 和 D_o 是与上述上、下限值所对应数字量的上、下限，D_x 为测量值所对应的数字量，Q_x 为待求（转换）的流量测量值。

同样，如果将下限均取为0，即 $Q_o = 0$ 和 $D_o = 0$，则式（11.24）可简化为

$$Q_x = Q_m \sqrt{\frac{D_x}{D_m}} \tag{11.25}$$

11.4 数字控制器算法设计与实现

在计算机控制系统中，数字控制器的设计结果通常是以 z 传递函数或状态空间描述的形式表示的，但这种形式还不能由计算机程序直接实现，因此，在完成数字控制器控制规律设计后，还需要将其转化为便于计算机程序实现的算法形式，即所谓控制算法设计。控制算法的设计与实现是计算机控制系统中实时控制软件设计的核心内容。而计算机控制系统的软件设计则是一个较为复杂的系统工程问题，涉及软件工程设计的相关专业知识与软件开发技巧，本书对此不做详细讨论，而仅对数字控制算法的设计与实现中的一些相关问题进行讨论。

11.4.1 计算延时与控制算法设计

在计算机控制系统中，A/D 转换、D/A 转换、数据处理及控制规律的计算均需要一定的时间，这个时间统称为计算延时。这个计算延时不仅取决于 A/D 转换、D/A 转换的速度及计算机本身的运算速度，同时，还取决于控制系统所采用的控制算法。对于控制算法，将计算机延时具体定义为由信号采样输入开始到输出控制信号之间的时间间隔。因此，就计算延时而言，可将控制算法分为两类基本的算法形式，即一拍延时控制算法与非固定延时控制算法。

1. 一拍延时控制算法

所谓一拍延时控制算法，即在采用固定计算延时，且延时时间固定为一个采样周期，即 $\tau = T$ 时，其信号采样与控制信号输出的时间关系，如图 11.16(a)所示，即在第 k 时刻对被控参数 y 进行采样，然后经过 A/D 转换输入计算机进行处理，一直要到第 $k+1$ 时刻才输出所处理的结果，即控制量 $u(k+1)$。

一拍延时控制算法的基本流程如图 11.16(b)所示，即所有的计算结果均在下一个采样时刻输出，计算延时为一个采样周期。这种算法形式的延时为最大，但延时大小固定为一个采样周期，不随控制规律对应的具体算法而改变。这类算法形式相当于在控制器中采用了预报观测器或其他形式的一步预报器的情况，即通过一步预报的形式较为有效地补偿了计算延时对系统性能的影响，这在控制算法的计算时间接近于一个采样周期时尤其如此。具体到传递函数形式，当控制器的传递函数中分子比分母低一阶时，所得到的差分算式从输入到输出之间就有一拍的固定滞后，这意味着在控制器设计时就已经考虑了一拍的延迟，因此设计结果对于给定的模型来说是准确的，因而应该采用一拍延时控制算法的形式来实现。当然，当算法计算时间远比采样周期小时，特别是当控制器本身不具备一拍滞后的形式时，这类算法形式将引入不必要的附加延时。

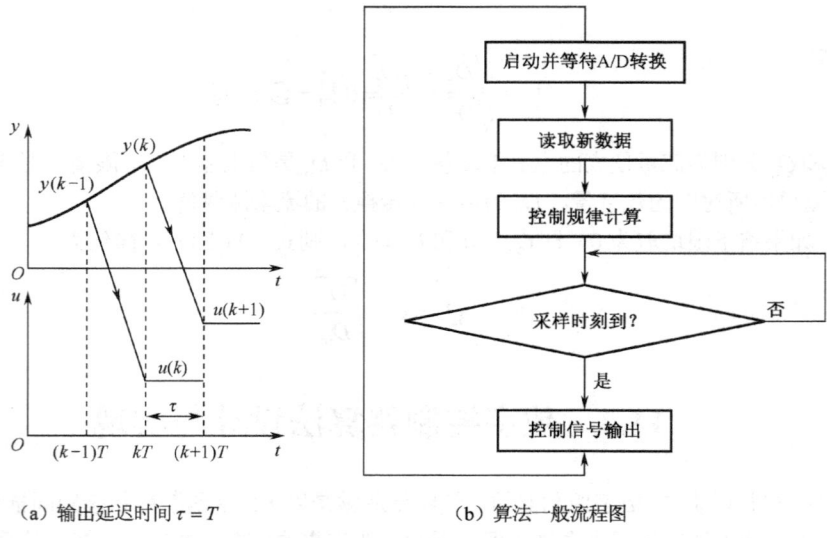

图 11.16　一拍延时控制算法

2. 非固定延时控制算法

非固定延时控制算法的基本思想是，当采样信号输入后，立即进行处理，处理完毕即输出控制信号，因此计算延时与算法的计算时间密切相关，不同的控制规律或不同的数据形式与范围对应的计算时间可能是不一样的，因而总的计算延时将是不固定的，但 $\tau < T$，如图 11.17(a)所示。即在第 k 时刻对被控参数 y 进行采样，然后经过 A/D 转换输入计算机进行处理之后，立即输出控制量 $u(k)$，但此时距离 k 时刻已延迟了时间 τ。这种算法相当于在控制器中采用现时观测器的情况。用传递函数描述时，则相当于控制器的分子与分母同阶的情况。

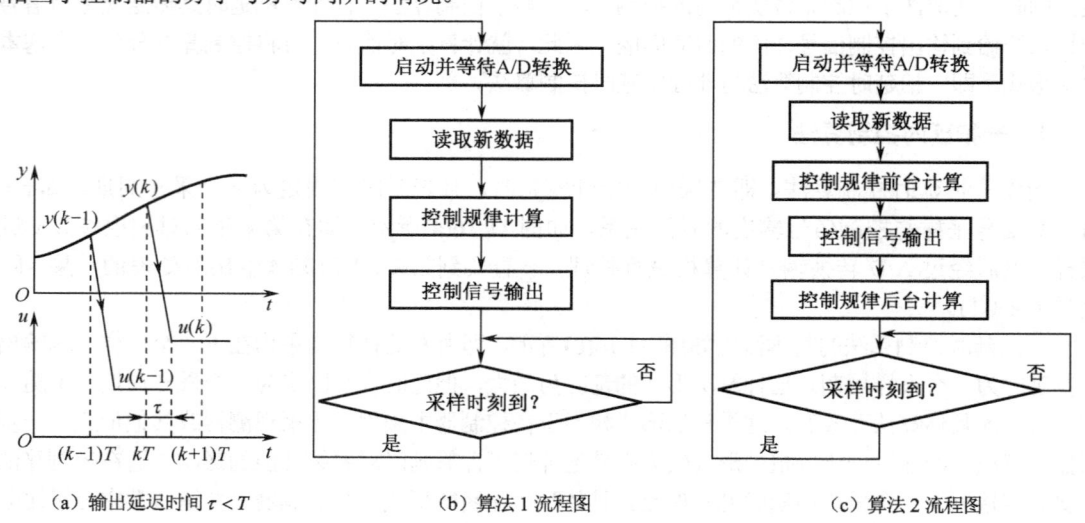

图 11.17　非固定延时控制算法

非固定延时控制算法中，计算时间除了与具体的控制规律有关外，还与实际采用的控制规律实现算法有关。通常有两种不同的实现算法。算法 1 如图 11.17(b)所示，即控制信号的输出安排在全部计算的末尾，这种算法的计算延时较大（即全部计算时间）。算法 2 如图 11.17(c)所示，它将与当前控制信号直接相关的前台计算处理完毕后,立即输出控制信号,然后再处理与当前输出不直接相关的后台计算。这种算法的计算延时较小,从而对系统性能的影响也较小,是较为常用的一种算法形式。第二种算法中的关键是前台计算与后台计算的划分,通常把控制信号计算式中与当前输入信号直接相关的运算作为前台运算,而将其他非当前信号直接相关的计算作为后台计算,后台计算既是本次输出之后的后续处理,更是为下一次计算做准备,并提前完成与新输入数据无关的所有运算。

11.4.2 数字控制器 $D(z)$ 的算法设计与实现

在基于连续系统理论的等价设计和 z 域直接设计中,所得到的数字控制器都是 z 传递函数的形式,但这还并不是计算机能够直接实现的算法形式。计算机能够直接实现的算法形式通常为具有明确的计算步骤和顺序的差分算式的形式。对于同一控制规律 $D(z)$,通常可以有多种不同的差分算式计算形式,即对应于不同的算法结构与实现方式,其相应的计算效率及量化误差的影响也有所不同。

1. 直接型结构

设控制器 $D(z)$ 可表示为

$$D(z) = \frac{U(z)}{E(z)} = \frac{b_0 + b_1 z^{-1} + \cdots + b_m z^{-m}}{1 + a_1 z^{-1} + \cdots + a_n z^{-n}} \tag{11.26}$$

于是有

$$U(z)[1 + a_1 z^{-1} + \cdots + a_n z^{-n}] = E(z)[b_0 + b_1 z^{-1} + \cdots + b_m z^{-m}]$$

即

$$U(z) = E(z) \sum_{i=0}^{m} b_i z^{-i} - U(z) \sum_{j=1}^{n} a_j z^{-j} \tag{11.27}$$

对式(11.27)求 z 反变换,可得

$$u(k) = \sum_{i=0}^{m} b_i e(k-i) - \sum_{j=1}^{n} a_j u(k-j) \tag{11.28}$$

式(11.28)即为直接型结构所对应的差分算式。下面讨论该差分算式的算法实现。

当 $b_0 = 0$ 时,相当于控制器有一步延迟,此时一般应按照一拍延时控制算法形式,于是将式(11.28)改写为

$$u(k+1) = \sum_{i=1}^{m} b_i e(k-i+1) - \sum_{j=1}^{n} a_j u(k-j+1) \tag{11.29}$$

式(11.29)即对应于图 11.16(b)中的控制规律计算式。依据如图 11.16(b)所示的流程图便可对该数字控制器进行程序实现。

当 $b_0 \neq 0$ 时,一般应按非固定延时控制算法。如果采用非固定延时控制算法 1,则其控制规律计算式即为式(11.28);如果按非固定延时控制算法 2,则需要将式(11.28)分解为前台计算式与后台计算式,即后台计算式为

$$\bar{u}(k) = \sum_{i=1}^{m} b_i e(k-i) - \sum_{j=1}^{n} a_j u(k-j) \tag{11.30}$$

而相应的前台计算式为

$$u(k) = b_0 e(k) + \bar{u}(k) \tag{11.31}$$

直接型结构算法实现比较简单,并且许多运算可在 $e(k)$ 采集前进行(即后台计算),因而计算延时相对较小。但直接型结构也存在一个严重的缺陷,即如果控制算法中参数 b_i 和 a_j 中任意一个参数存在一定误差(比如量化误差等),将使该控制器所有的零极点产生相应的变化,从而影响到系统的动态性能。

2. 串行结构

将 $D(z)$ 的分子或分母多项式进行因式分解,可将 $D(z)$ 表示成一系列一阶或二阶环节的串联(乘积)形式,即

$$D(z) = \frac{U(z)}{E(z)} = k D_1(z) D_2(z) \cdots D_l(z) \tag{11.32}$$

其中 $D_i(z)(i=1,2,\cdots,l)$ 为一阶或二阶环节。具体实现时,将这些 $D_i(z)$ 分别以直接型结构实现,再将其串联起来而得到 $D(z)$。下面以一阶环节为例进行讨论。

设 $D(z)$ 的分子分母的阶次分别为 m 和 n,且 $m \leqslant n$,将 $D(z)$ 按零极点进行分解,则可分解为 n 个一阶环节,为算法实现与书写方便,这里将 $D_i(z)$ 的顺序颠倒,即

$$D_n(z) = \frac{U_{n-1}(z)}{E(z)} = \frac{1}{z - p_n} = \frac{z^{-1}}{1 - p_n z^{-1}}$$

$$D_{n-1}(z) = \frac{U_{n-2}(z)}{U_{n-1}(z)} = \frac{1}{z - p_{n-1}} = \frac{z^{-1}}{1 - p_{n-1} z^{-1}}$$

$$\vdots$$

$$D_{m+1}(z) = \frac{U_m(z)}{U_{m+1}(z)} = \frac{1}{z - p_{m+1}} = \frac{z^{-1}}{1 - p_{m+1} z^{-1}}$$

$$D_m(z) = \frac{U_{m-1}(z)}{U_m(z)} = \frac{z - z_m}{z - p_m} = \frac{1 - z_m z^{-1}}{1 - p_m z^{-1}}$$

$$\vdots$$

$$D_2(z) = \frac{U_1(z)}{U_2(z)} = \frac{z - z_2}{z - p_2} = \frac{1 - z_2 z^{-1}}{1 - p_2 z^{-1}}$$

$$D_1(z) = \frac{U(z)}{U_1(z)} = k \frac{z - z_1}{z - p_1} = k \frac{1 - z_1 z^{-1}}{1 - p_1 z^{-1}}$$

由此可求得其相应的差分算式为

$$\begin{cases} u_{n-1}(k) = e(k-1) + p_n u_{n-1}(k-1) \\ u_{n-2}(k) = u_{n-1}(k-1) + p_{n-1} u_{n-2}(k-1) \\ \quad\vdots \\ u_m(k) = u_{m+1}(k-1) + p_{m+1} u_m(k-1) \\ u_{m-1}(k) = u_m(k) - z_m u_m(k-1) + p_m u_{m-1}(k-1) \\ \quad\vdots \\ u_1(k) = u_2(k) - z_2 u_2(k-1) + p_2 u_1(k-1) \\ u(k) = k u_1(k) - k z_1 u_1(k-1) + p_1 u(k-1) \end{cases} \tag{11.33}$$

从形式上看,串行结构应当依次顺序执行。即如果 $m < n$,宜采用一拍延时控制算法形式;而当 $m = n$ 时,形式上应采用非固定延时控制算法 1 的形式实现,但如果仔细观察,则仍可将其分解为前台与后台计算,即后台计算为

$$\begin{cases} \bar{u}_{m-1}(k) = -z_m e(k-1) + p_m u_{m-1}(k-1) \\ \quad\vdots \\ \bar{u}_1(k) = -z_2 u_2(k-1) + p_2 u_1(k-1) \\ \bar{u}(k) = -kz_1 u_1(k-1) + p_1 u(k-1) \end{cases} \quad (11.34)$$

相应的前台计算为

$$\begin{cases} u_{m-1}(k) = e(k) + \bar{u}_{m-1}(k) \\ \quad\vdots \\ u_1(k) = u_2(k) + \bar{u}_1(k) \\ u(k) = ku_1(k) + \bar{u}(k) \end{cases} \quad (11.35)$$

即用式（11.34）和式（11.35），便可由非固定延时控制算法 2 的形式实现。

串行结构根据具体分解、组合及顺序的不同，式（11.33）在形式上也会有所不同。与直接型结构相比，串行结构的优点在于：如果控制算法中某一个参数产生误差，它也只能使其对应环节的零点或极点发生变化，而对其他环节没有影响。这对于控制器的设计，特别是对于零极点配置设计与调试，是比较方便的。

3. 并行结构

并行结构是利用部分分式展开法将 $D(z)$ 分解为若干一阶或二阶环节的形式，即

$$D(z) = \frac{U(z)}{E(z)} = D_1(z) + D_2(z) + \cdots + D_l(z) \quad (11.36)$$

其中 $D_i(z)(i = 1, 2, \cdots, l)$ 为一阶或二阶环节，即 $D(z)$ 相当于由若干一阶或二阶环节并联而成。下面以一阶环节为例进行讨论，并考虑可能含有滞后的一般形式，即

$$D(z) = \frac{U(z)}{E(z)} = \frac{c_1 z^{-l}}{1 + p_1 z^{-1}} + \frac{c_2 z^{-l}}{1 + p_2 z^{-1}} + \cdots + \frac{c_n z^{-l}}{1 + p_n z^{-1}} \quad (11.37)$$

其中 z^{-l} 表明控制器 $D(z)$ 具有 l 拍滞后。

令

$$\begin{cases} D_1(z) = \dfrac{U_1(z)}{E(z)} = \dfrac{c_1 z^{-l}}{1 - p_1 z^{-1}} \\ D_2(z) = \dfrac{U_2(z)}{E(z)} = \dfrac{c_2 z^{-l}}{1 - p_2 z^{-1}} \\ \quad\vdots \\ D_n(z) = \dfrac{U_n(z)}{E(z)} = \dfrac{c_n z^{-l}}{1 - p_n z^{-1}} \end{cases} \quad (11.38)$$

对式（11.38）求 z 反变换，得到其差分算式为

$$\begin{cases} u_1(z) = c_1 e(k-l) + p_1 u_1(k-1) \\ u_2(z) = c_2 e(k-l) + p_2 u_2(k-1) \\ \quad\vdots \\ u_n(z) = c_n e(k-l) + p_n u_n(k-1) \end{cases} \quad (11.39)$$

而

$$u(k) = \sum_{i=1}^{n} u_i(k) \tag{11.40}$$

当控制器 $D(z)$ 存在滞后时，通常 $l=1$，则应当采用一拍延时控制算法形式实现；而当控制器不含有滞后时，即 $l=0$ 时，则可采用非固定延时控制算法 1 或算法 2 形式实现，这里不再赘述。

相对于直接型与串行结构，并行结构的一个突出优点就是各个通道彼此独立，一个环节的运算误差只影响到本环节的输出，而对其他环节的输出没有影响。同时，如果系统条件允许的话，在算法设计时还可采用并行计算方式，从而提高算法的实时性。此外，与串行结构一样，并行结构中，如果某一参数产生误差，也只影响对应环节的零点或极点，对其他环节没有影响。

以上介绍了数字控制器 $D(z)$ 三种不同结构的算法设计与实现。三种结构各有其特点，直接型结构实现简单，但运算误差与参数误差对系统性能影响较大，在计算机字长较短及控制器阶数较高时不宜采用；相对于直接型结构，串行与并行结构对参数误差不是很敏感，同时，并行结构运算量化误差对输出影响也较小，因而对于高阶控制器通常优先考虑采用并行结构；就计算效率而言，当控制器分子分母阶次相差较大时，串行结构效率最高，同时，串行结构对于零、极点配置设计与调试也是较为方便的。

例 11.1 设数字控制器的 z 传递函数为

$$D(z) = \frac{5(1+0.25z^{-1})}{(1-0.5z^{-1})(1-0.1z^{-1})}$$

试分别用直接型、串行及并行结构设计其控制算法。

解 （1）直接型结构

由 $D(z)$ 可得

$$\frac{U(z)}{E(z)} = \frac{5+1.25z^{-1}}{1-0.6z^{-1}+0.05z^{-2}}$$

即

$$U(z)(1-0.6z^{-1}+0.05z^{-2}) = E(z)(5+1.25z^{-1})$$

取 z 反变换，可得

$$u(k) = 5e(k) + 1.25e(k-1) + 0.6u(k-1) - 0.05u(k-2)$$

采用非固定延时算法 2 实现，将上式分解为

$$\overline{u}(k) = 1.25e(k-1) + 0.6u(k-1) - 0.05u(k-2)$$
$$u(k) = 5e(k) + \overline{u}(k)$$

得到直接型结构的算法流程如图 11.18 所示。

需要注意的是，后台计算实质上相当于提前进行下一次的部分计算，因此算法实现中的变量时刻也应超前一个时刻。

（2）串行结构

将 $D(z)$ 写成如下形式：

$$D(z) = \frac{1+0.25z^{-1}}{1-0.5z^{-1}} \cdot \frac{5}{1-0.1z^{-1}} = \frac{U_1(z)}{E(z)} \cdot \frac{U(z)}{U_1(z)}$$

可得

$$U_1(z) = E(z) + 0.25z^{-1}E(z) + 0.5z^{-1}U(z)$$
$$U(z) = 5U_1(z) + 0.1z^{-1}U(z)$$

即
$$u_1(k) = e(k) + 0.25e(k-1) + 0.5u(k-1)$$
$$u(k) = 5u_1(k) + 0.1u(k-1)$$

为减少计算延时,也可将其分解为前台计算与后台计算。前台计算为
$$u_1(k) = e(k) + \bar{u}_1(k)$$
$$u(k) = 5u_1(k) + \bar{u}(k)$$

后台计算为
$$\bar{u}_1(k) = 0.25e(k-1) + 0.5u(k-1)$$
$$\bar{u}(k) = 0.1u(k-1)$$

其对应的算法流程如图 11.19 所示。

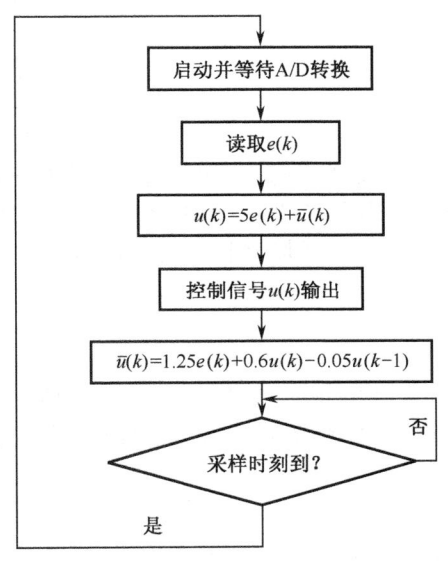

图 11.18 直接型结构流程图

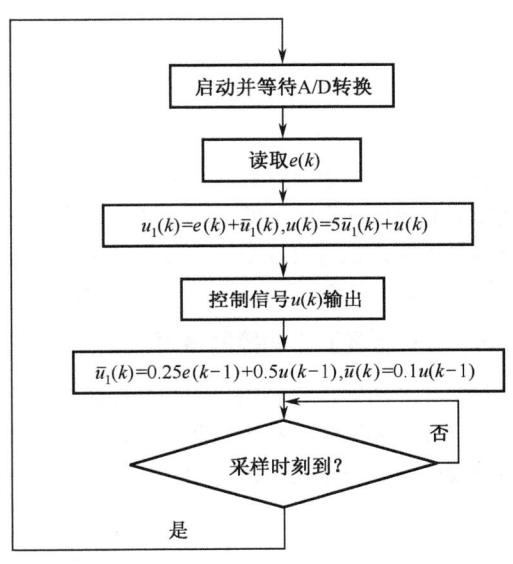

图 11.19 串行结构流程图

(3) 并行结构

将 $D(z)$ 分解为如下形式:
$$D(z) = \frac{9.375}{1-0.5z^{-1}} - \frac{4.375}{1-0.1z^{-1}} = \frac{U_1(z)}{E(z)} - \frac{U_2(z)}{E(z)}$$

可得
$$U_1(z) = 9.375E(z) + 0.5z^{-1}U_1(z)$$
$$U_2(z) = 4.375E(z) + 0.1z^{-1}U_2(z)$$
$$U(z) = U_1(z) - U_2(z)$$

即
$$u_1(k) = 9.375e(k) + 0.5u_1(k-1)$$
$$u_2(k) = 4.375e(k) + 0.1u_2(k-1)$$
$$u(k) = u_1(k) - u_2(k)$$

对本例的并行算法,用非固定延时的两种算法实现形式均可,这里不再赘述。从本例中可注意到,采用非固定延时算法 2 一方面可以减少计算延时,并可减少一个延迟时刻的变量存储单元,但同时也可能相应增加一些中间变量的存储单元,因此需要根据具体情况精心设计,以提高算法效率,并减少计算延时。

11.4.3 状态空间描述控制器算法设计与实现

相对于用 z 传递函数描述的数字控制器,基于状态空间描述的数字控制器的实现就要简单一些,因为它本身就具有差分算式的形式。下面对此做简要讨论。

1. 不带状态观测器的控制器算法设计与实现

在本书所讨论的状态空间数字控制器设计中,主要有两种结构,即带状态观测器的控制器和不带状态观测器的控制器。不带状态观测器的控制器,主要是指直接利用状态变量或输出变量反馈构成控制规律,即

$$u(k) = r(k) - Kx(k) \quad (11.41)$$

或

$$u(k) = r(k) - Fy(k) \quad (11.42)$$

在式(11.41)和式(11.42)中,形式上使用的都是各个变量的当前值,不存在滞后,因而一般就直接用非固定延时算法 1 的形式实现。具体实现时,既可直接采用式(11.41)或式(11.42)的向量及矩阵运算形式,也可将各个控制分量分别以相应的差分算式计算。一般情况下,当向量维数较高时,采用矩阵与向量运算,因为其计算效率更高。

2. 带状态观测器的控制器算法设计与实现

如第 8 章所述,在利用状态变量构成反馈控制规律的控制器设计中,如果状态变量不能够直接测量,则一般需要构造状态观测器来获取状态变量的信息。这样,数字控制器就由状态观测器及状态反馈控制规律两部分组成,如图 11.20 所示。

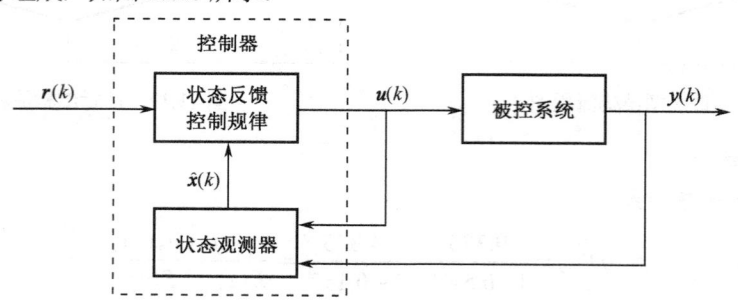

图 11.20 带状态观测器的状态反馈一般结构图

在图 11.20 中,状态反馈控制规律一般仍为式(11.41),只是其中的状态变量换成了状态观测值 $\hat{x}(k)$。状态观测器可以具有不同的形式,如预报观测器、现时观测器或降维观测器等,对于不同形式的观测器,其算法设计与实现形式也可能有所不同,下面主要以预报观测器和现时观测器为例进行讨论。

(1)带预报观测器的控制器算法设计与实现

在带预报观测器的数字控制器中,其预报观测器通常为

$$\hat{x}(k+1) = A\hat{x}(k) + Bu(k) + L[y(k) - C\hat{x}(k)] \quad (11.43)$$

式中,A,B 和 C 分别为被控系统的系统矩阵、控制矩阵与输出矩阵,L 为观测误差反馈增益矩阵。

而状态反馈控制规律为

$$u(k) = r(k) - K\hat{x}(k) \quad (11.44)$$

为提高算法的计算效率，将式（11.44）代入式（11.43）并进一步整理为

$$\begin{aligned}\hat{x}(k+1) &= [A - BK - LC]\hat{x}(k) + Br(k) + Ly(k) \\ &= A_{op}\hat{x}(k) + Br(k) + Ly(k)\end{aligned} \quad (11.45)$$

由于预报观测器具有一步预报的形式，因此采用一拍延时算法是合理的。为与式（11.45）相对应，将状态反馈控制规律式（11.44）也写为

$$u(k+1) = r(k+1) - K\hat{x}(k+1) \quad (11.46)$$

对此，算法设计思路为：在 k 时刻，采样系统输出值 $y(k)$，然后按式（11.45）与式（11.46）进行计算，等到 $k+1$ 时刻，再把计算结果输出。其算法流程如图 11.21 所示，算法中假定参考输入 $r(k+1)$ 已事先获取并存储在计算机中（这是符合一般计算机控制系统参考输入的实际情况的），否则，在 $k+1$ 时刻，须先采样 $r(k+1)$。

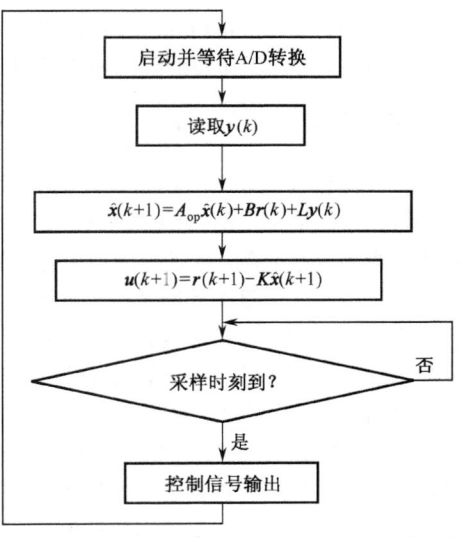

图 11.21 带预报观测器状态反馈控制算法流程图

同样，对于式（11.45）与式（11.46），如果向量维数不高，一般可展开为标量差分算式计算，如果维数较高，特别是对于多输入多输出系统，则一般采用矩阵及向量形式计算。

上述算法是关于带预报观测器的状态反馈的一般算法实现，如果对于 $r(k) = 0$ 的调节器设计，其算法实现将更为简单。

（2）带现时观测器的控制算法设计与实现

如第 8 章所述，现时状态观测器一般可表示为

$$\hat{x}(k) = [A - LCA]\hat{x}(k-1) + [B - LCB]u(k-1) + Ly(k) \quad (11.47)$$

式中的系数矩阵定义与预报观测器一样，结合式（11.44），式（11.47）还可进一步写为

$$\begin{aligned}\hat{x}(k) &= [A - LCA - BK - LCBK]\hat{x}(k-1) + [B - LCB]r(k-1) + Ly(k) \\ &= A_{oc}\hat{x}(k-1) + B_{oc}r(k-1) + Ly(k)\end{aligned} \quad (11.48)$$

显然，带现时观测器的状态反馈控制算法只能以非固定延时算法形式实现，为了减少计算延时，将式（11.48）分解为前台运算与后台运算两部分，即

$$\hat{x}(k) = \bar{x}(k) + Ly(k) \quad (11.49)$$

$$\bar{x}(k) = A_{oc}\hat{x}(k-1) + B_{oc}r(k-1) \quad (11.50)$$

于是，基于式（11.49）、式（11.50）和式（11.44），采用非固定延时算法 2 的结构形式，可得到带现时观测器的控制算法流程，如图 11.22 所示。

以上分别讨论了带预报观测器和带现时观测器的状态反馈控制算法设计与实现，带降维观测器的控制算法设计与带现时观测器的算法类似，故不再讨论。

在第 8 章中讨论带状态观测器的状态反馈控制器时，曾以带预报观测器的控制器为例，给出了控制器的 z 传递函数（矩阵）的形式，对于单输入单输出系统的调节器

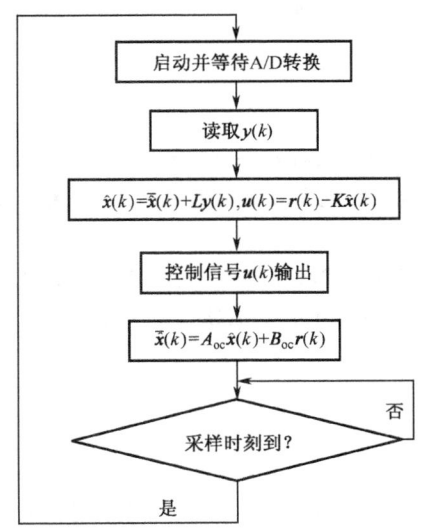

图 11.22 带现时观测器状态反馈控制算法流程图

[即 $r(k)=0$] 设计，也可先求出控制器的 z 传递函数形式 $D(z)$，然后再对 $D(z)$ 进行算法设计与实现。而对于多输入多输出系统及跟踪问题 [或伺服问题，即 $r(k)\neq 0$] 等，一般不宜采用 z 传递函数形式。

11.4.4 控制算法中比例因子的设置

在计算机控制系统中，若计算机不支持浮点运算，或根据实时性要求只能使用定点运算，这就要求参与运算的数据及所得结果均应在给定定点数的表示范围内，若超出这个范围（即发生溢出），则可能严重影响控制性能。因此，为使所有计算不产生溢出，同时又要求量化误差足够小，在控制算法中，必须对每个参与运算的参数及中间变量配置一定的比例因子。

由于这里仅讨论控制算法的比例因子配置，所以一般假定控制器的输入/输出变量均在定点数的表示范围以内（关于这个假定，在输入/输出通道设计及数据调理中一般就已经考虑了），因此，控制算法中比例因子配置主要针对算法中的参数及运算可能溢出的情况。一般是先配置参数的比例因子，使各个参数在定点数的表示范围内，保证比例因子配置前后，各支路及控制器总的增益保持不变；然后，再考查算法中各步运算是否可能溢出，如可能存在溢出，则需要与参数比例因子综合考虑，协调配置比例因子。同时，为了提高运算速度，比例因子应尽量采用 2 的整数次幂的形式来表示，以便可以通过简单的移位操作来实现。

例 11.2 设数字控制器 $D(z)=\dfrac{5(1+0.25z^{-1})}{(1-0.5z^{-1})(1-0.1z^{-1})}$，如采用定点小数（纯小数）运算，试针对其直接型结构算法配置合适的比例因子。

解 由例 11.1 可知，其直接型结构算法的基本算式为

$$u(k)=5e(k)+1.25e(k-1)+0.6u(k-1)-0.05u(k-2)$$

（1）参数比例因子配置

由算法基本算式可见，其中参数 5 和 1.25 均超界，如果以基本算式直接构成控制算法（即相当于非固定延时算法 1），则对算式中所有参数必须配置比例因子 2^{-3}。为使整个控制增益不变，则在控制算法输出结果前还需乘比例因子 2^3，即算法变为

$$u'(k)=(5/2^{-3})e(k)+(1.25/2^{-3})e(k-1)+(0.6/2^{-3})u(k-1)-(0.05/2^{-3})u(k-2)$$
$$=0.625e(k)+0.15625e(k-1)+0.075u(k-1)-0.00625u(k-2)$$

$$u(k)=2^3 u'(k)$$

（2）运算过程比例因子配置

如果以非固定延时算法 1 形式实现，考查原基本算式，算法中直接对 4 个乘法结果进行加减运算，最坏的溢出可能是其中间结果绝对值接近 6.9，因此，为防止溢出，也需配置比例因子 2^{-3}。由于在参数中已经配置了同样的比例因子，故这里无须再次配置。

如果按上述算法配置比例因子时，使得某些参数过小（即可能出现下溢），则需要将算法分解，以便分别配置比例因子。在串行或并行结构中，这种形式是比较明显的，而直接型结构分解后，则需注意整个算式比例因子的匹配问题。

11.5 量化效应分析

在计算机控制系统中，由于计算机字长有限，所有参与计算的变量、参数及中间数据用有限字长表示时就涉及幅值的量化问题。这里的量化概念与第 2 章中 A/D 转换过程中的量化概念是一样的，所

以不再赘述。由于量化过程将产生量化误差,并可能引起一些特殊问题,本节主要针对计算机控制系统的量化误差与量化效应进行简要分析。

11.5.1 计算机控制系统中量化误差来源

在计算机控制系统中,除了 A/D 转换涉及量化处理之外,在计算机内部及运算过程也存在各种形式的量化处理,只要需要量化处理的地方,就会产生量化误差。为了便于分析,以如图 11.23 所示的计算机控制系统典型结构为例进行讨论,图中将采样过程单独画出。而实际的 A/D 转换器中已包含了采样过程。

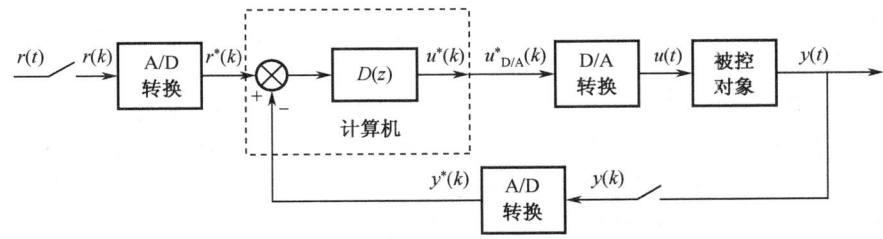

图 11.23　计算机控制系统典型结构图

从图中可以看出,产生量化误差的原因主要有以下几个方面。

1. A/D 转换的量化效应

如第 2 章所述,A/D 转换经过采样、量化与编码三个过程,就将输入的连续时间模拟信号转换为离散时间数字信号。其中,量化就是将原来幅值上可连续取值的模拟量用量化单位 q 的整数倍表示,从而变成幅值离散量。而这个量化单位的大小就对应于 A/D 转换字长中最低二进制有效位所代表的模拟量的数值。通常有舍入与截尾两种不同的量化尾数处理方式。对于舍入处理,其最大量化误差为 $q/2$,而对于截尾处理,其最大量化误差为 q。

显然,A/D 转换的量化误差与 A/D 转换的字长密切相关。当 A/D 转换字长 n 足够大时,如 $n>12$,A/D 转换的量化效应对系统性能的影响较小,一般可以忽略;但当 n 比较小时,如 $n<10$,则 A/D 转换的量化效应将可能对系统性能产生较大影响。

2. 参数的量化效应

在计算机控制算法中,将涉及很多常量数据,如系统模型参数、控制器参数等,在图 11.23 中则主要体现为数字控制器 $D(z)$ 的相关参数,这些数据在计算机内部必须以一定字长的二进制数来表示和存储,因此也存在一个量化过程。同样,计算机内部所表示的参数值与理论参数值之间也将存在一定的误差。计算机字长越长,这种误差就越小。在工程上,由于被控对象的模型一般不可能做到绝对精确,且一般闭环控制器与控制系统都具有一定的鲁棒性(即抗系统参数变化或不精确性的能力),因而,一般也不要求控制器的参数非常精确。因此,在计算机字长不是很低的情况下,有关控制器参数的量化效应通常是可以忽略的。但是,在有些实际问题中,如果系统本身对控制器的参数或整个控制程序中涉及的其他参数比较敏感,此时,参数的量化效应也可能对系统性能产生较大的影响。

3. 运算过程的量化效应

控制算法程序在计算机内部运行时,由于计算机字长有限,其运算过程中也会产生量化误差。对于定点数运算,加减法运算是准确的,并可通过适当选取比例因子,避免出现运算结果的溢出问题;

而乘法或除法运算将产生双倍字长的运算结果,但由于最终结果只能用一个字长表示,因此就产生了量化问题。对于浮点运算,一般采用双倍字长,因而量化误差通常很小,可以忽略不计。但浮点运算相对较慢,在一些对算法实时性要求较高的控制系统中,通常还是以定点运算为主。因此,在采用定点运算时,通常需要考虑乘除法运算的量化效应对系统性能的影响。在图 11.23 中,这种运算过程量化效应主要体现在控制器 $D(z)$ 对应算法的乘法运算中。

4. D/A 转换的量化效应

由于计算机内部运算所用的字长通常要比 D/A 转换的字长长,因此,在运算结果输出到 D/A 转换输入端之前,也要经过一个量化过程,即把运算结果以 D/A 转换字长进行量化,若采用高位对齐,则多余的低位即被舍掉。在图 11.23 中,这对应于从 $D(z)$ 运算结果 $u^*(k)$ 到 D/A 转换输入端信号 $u^*_{D/A}(k)$ 之间存在一个量化的过程。

以上介绍了计算机控制系统中产生量化效应的几个主要方面。但是,在实际系统中要严格地分析量化效应对控制系统的影响是十分困难的。由于通常情况下,被控对象的模型本身并不是很准确,因而对于量化效应的准确分析和计算也就不是十分必要。通常可采用一些近似的分析方法来研究量化的影响,以得到其影响程度的一个大致的数量级,从而可以帮助确定 A/D 和 D/A 转换所需的字长,并解释一些量化效应引起的特殊现象,进而找出一些克服其不良影响的解决方法。

在上述量化误差的来源中,主要可以分成两大类:一类是变量的量化误差,如 A/D 转换量化误差、D/A 转换量化误差及运算过程的乘除法量化误差;另一类是参数量化误差,即控制算法中的参数在计算机中的表示所产生的量化误差。下面将分别就这两类误差进行讨论。理论上,量化误差可以认为是系统的随机干扰噪声,并可用其统计特性来描述。但是,量化噪声的随机分析较为复杂,通常情况下,也可将量化误差视为一个近似的确定性外界干扰,从而也可按确定性系统进行近似分析。本书只讨论量化误差的确定性分析。

11.5.2 变量的量化误差分析

如第 2 章所述,在量化过程中,输入信号与量化输出信号之间呈现出一种如图 11.24 所示的典型非线性特性,因此,对于变量的量化误差分析,理论上应该按照量化过程的非线性特性进行非线性分析,但是,为简化分析,也可将它视为作用于线性系统的外界干扰,从而按线性系统分析方法进行分析。这里只讨论线性分析方法,而在 11.5.4 节中再对其进行非线性分析。

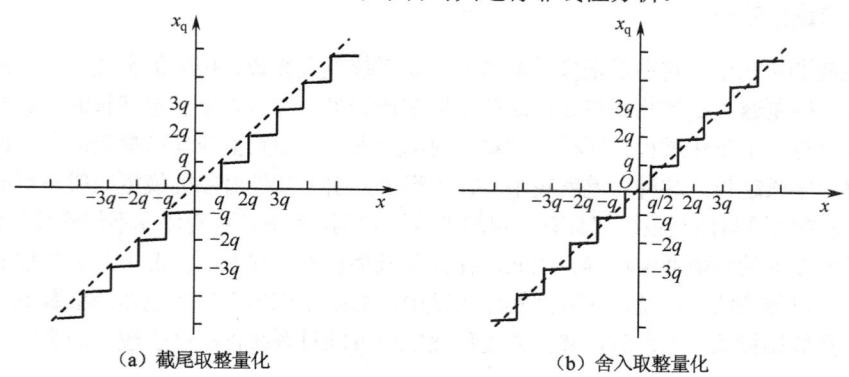

(a) 截尾取整量化　　　　(b) 舍入取整量化

图 11.24　量化特性

为了便于分析,设图 11.23 中的控制器 $D(z) = K$,同时将广义对象离散化,并将变量误差作为外界干扰输入,从而得到图 11.25。

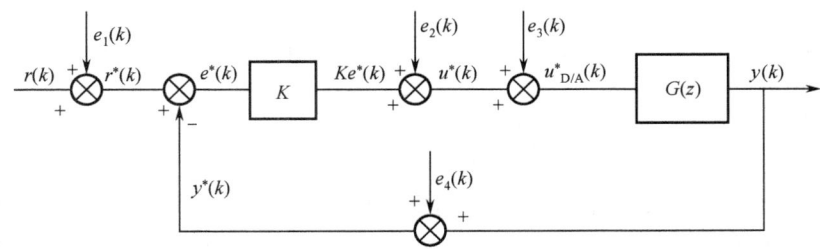

图 11.25 考虑变量量化误差的结构图

在图 11.25 中，$e_1(k)$ 和 $e_4(k)$ 表示 A/D 转换的量化误差，$e_2(k)$ 表示乘法的量化误差，$e_3(k)$ 表示 D/A 转换的量化误差。

如上所述，为分析方便，这里将变量的量化误差视为确定性外界干扰作用于线性系统，从而对量化误差进行确定性线性分析。为此，通常假设该量化误差为确定性常数，并取为量化误差的最大值 $e_{\max}$，同时，认为各量化误差源对输出的影响是线性叠加的，并只考虑其对输出稳态值的影响。

一般地，一个确定性常值干扰信号（这里为其量化误差的最大值 $e_{\max}$）作用于线性系统，如果设由干扰作用点到系统输出端的闭环传递函数为 $\Phi_e(z)$，且闭环系统本身是稳定的，则由终值定理可得由量化误差引起的最大输出误差为

$$|\tilde{y}_{\max}| = \left|\lim_{z \to 1}(1-z^{-1})E(z)\Phi_e(z)\right| = \left|\lim_{z \to 1}(1-z^{-1})\frac{e_{\max}}{1-z^{-1}}\Phi_e(z)\right| \\ = \left|e_{\max}\lim_{z \to 1}\Phi_e(z)\right| = |e_{\max}\Phi_e(1)| \tag{11.51}$$

由于假定各量化误差源对输出的影响是线性叠加的，因此，所有量化误差源对系统输出引起的总误差即为各量化环节所产生的输出误差之和。下面以图 11.25 中的量化误差分析为例进行讨论。

在图 11.25 中，设控制器 $K > 0$，连续被控对象为一阶惯性环节

$$G(s) = \frac{1}{\tau s + 1}$$

将其加零阶保持器离散化，可得

$$G(z) = \frac{(1-\mathrm{e}^{-T/\tau})z^{-1}}{1-\mathrm{e}^{-T/\tau}z^{-1}} = \frac{(1-\beta)z^{-1}}{1-\beta z^{-1}}$$

式中，$\beta = \mathrm{e}^{-T/\tau}$。

先考虑 A/D 量化误差 $e_1(k)$，由结构图 11.25 可求得由 $e_1(k)$ 到输出 $y(k)$ 的闭环传递函数

$$\Phi_{e1}(z) = \frac{KG(z)}{1+KG(z)} = \frac{K(1-\beta)z^{-1}}{1+[K(1-\beta)-\beta]z^{-1}}$$

对于舍入量化，$e_{\max} = q/2$，于是由式（11.51）可得

$$|\tilde{y}_{e1\max}| = |e_{1\max}\Phi_{e1}(1)| = \frac{q_1}{2} \cdot \frac{K}{1+K}$$

对于截尾量化，$e_{\max} = q$，则有

$$|\tilde{y}_{e1\max}| = |e_{1\max}\Phi_{e1}(1)| = \frac{Kq_1}{1+K}$$

由相同的分析可得，A/D 量化误差 $e_4(k)$ 对稳态输出的影响也同为

$$|\tilde{y}_{e4\max}| = \frac{q_4}{2} \cdot \frac{K}{1+K} \quad \text{(舍入)}$$

$$|\tilde{y}_{e4\max}| = \frac{Kq_4}{1+K} \quad \text{(截尾)}$$

由此可见，对于本例中 A/D 转换量化误差对稳态输出的影响主要取决于系统的比例控制器 K，且 K 越大，量化误差对输出影响也越大。

对于乘法量化误差 $e_2(k)$ 和 D/A 量化误差 $e_3(k)$，其对应的闭环传递函数同为

$$\Phi_{e2}(z) = \Phi_{e3}(z) = \frac{G(z)}{1+KG(z)} = \frac{(1-\beta)z^{-1}}{1+[K(1-\beta)-\beta]z^{-1}}$$

可得

$$|\tilde{y}_{e2\max}| = |e_{2\max}\Phi_{e2}(1)| = \frac{q_2}{2} \cdot \frac{1}{1+K} \quad \text{(舍入)}$$

$$|\tilde{y}_{e3\max}| = |e_{3\max}\Phi_{e3}(1)| = \frac{q_3}{2} \cdot \frac{1}{1+K} \quad \text{(舍入)}$$

$$|\tilde{y}_{e2\max}| = |e_{2\max}\Phi_{e2}(1)| = \frac{q_2}{1+K} \quad \text{(截尾)}$$

$$|\tilde{y}_{e3\max}| = |e_{3\max}\Phi_{e3}(1)| = \frac{q_3}{1+K} \quad \text{(截尾)}$$

由上述计算结果可知，在本例中，运算量化误差和 D/A 量化误差对稳态输出的影响同样与控制器增益 K 有关，但 K 越大，量化误差对输出影响却越小。

综合起来，考虑本例中所有的变量量化误差，可得其对稳态输出的最大误差为

$$|\tilde{y}_{\max}| = |\tilde{y}_{e1\max}| + |\tilde{y}_{e2\max}| + |\tilde{y}_{e3\max}| + |\tilde{y}_{e4\max}|$$
$$= \frac{K}{1+K}\left[\frac{q_1}{2}+\frac{q_4}{2}\right] + \frac{1}{1+K}\left[\frac{q_2}{2}+\frac{q_3}{2}\right] \quad \text{(舍入)}$$

$$|\tilde{y}_{\max}| = |\tilde{y}_{e1\max}| + |\tilde{y}_{e2\max}| + |\tilde{y}_{e3\max}| + |\tilde{y}_{e4\max}|$$
$$= \frac{K}{1+K}[q_1+q_4] + \frac{1}{1+K}[q_2+q_3] \quad \text{(截尾)}$$

需要指出，以上分析的是量化误差对稳态输出的最大影响，是一种极端情况，即给出了其上限值，实际系统中量化误差对系统稳态输出的影响应比这个值低。另一方面，这里分析的是稳态输出，而在动态过程中，由量化误差引起的输出误差则有可能超过上述稳态值。

11.5.3 参数的量化误差分析

在控制算法实现时，需要将算法中涉及的相关参数由通常的十进制数表示转换为二进制数表示，并预先存储在计算机中。由于计算机字长所限，用二进制数表示的这些参数与实际参数之间就可能存在误差，即参数量化误差。一般情况下，参数量化误差对系统性能的影响比较小，可以忽略。但在有些问题中，如果系统本身对参数变化比较敏感，则参数量化误差的影响就不可忽略。

参数量化误差对系统性能的影响可以通过计算机系统性能对参数的灵敏度来进行分析。由于零极

点的分布是表征控制系统性能的一种常用方法，因此，可以通过研究零极点对参数的灵敏度来分析参数量化误差对系统性能的影响。

下面采用灵敏度分析方法来分析参数变化对控制器零极点的影响。

设控制器的传递函数为

$$D(z) = \frac{N(z)}{M(z)} = \frac{b_m z^m + b_{n-2} z^{n-2} + \cdots + b_0}{z^n + a_{n-1} z^{n-1} + \cdots + a_0} \tag{11.52}$$

下面以分母多项式为例，分析参数变化对控制器极点的影响。为此，将分母多项式表示为

$$M(z) = z^n + a_{n-1} z^{n-1} + \cdots + a_0 = (z - p_1)(z - p_2) \cdots (z - p_n) \tag{11.53}$$

其中，$p_j (j = 1, 2, \cdots, n)$ 即为控制器的极点。若多项式 $M(z)$ 中的某个参数由于量化误差的影响由 a_k 变为 $a_k + \delta a_k$，而多项式 $M(z)$ 中 p_j 也因此变为 $p_j + \delta p_j$，下面建立参数变化与极点变化之间的关系。

由于 $p_j + \delta p_j$ 是对应于参数 $a_k + \delta a_k$ 时的极点，因此有

$$M(p_j + \delta p_j, a_k + \delta a_k) = 0 \tag{11.54}$$

用泰勒级数展开，得

$$M(p_j + \delta p_j, a_k + \delta a_k) = M(p_j, a_k) + \left.\frac{\partial M}{\partial z}\right|_{z = p_j} \delta p_j + \left.\frac{\partial M}{\partial a_k}\right|_{z = p_j} \delta a_k + \cdots = 0 \tag{11.55}$$

将 $M(p_j, a_k) = 0$ 代入式（11.55），并忽略其高次项，可得

$$\delta p_j \approx -\left.\frac{\partial M / \partial a_k}{\partial M / \partial z}\right|_{z = p_j} \delta a_k \tag{11.56}$$

根据式（11.53），可以求得

$$\left.\frac{\partial M}{\partial a_k}\right|_{z = p_j} = \left.\frac{\partial}{\partial a_k}(z^n + a_{n-1} z^{n-1} + a_k z^k + \cdots + a_0)\right|_{z = p_j} = p_j^k \tag{11.57}$$

同理，由式（11.53）还可求得

$$\begin{aligned}
\left.\frac{\partial M}{\partial z}\right|_{z = p_j} &= \left.\frac{\partial}{\partial z}\left[(z - p_j) \prod_{\substack{i=1 \\ i \neq j}}^{n} (z - p_i)\right]\right|_{z = p_j} \\
&= \left.\left[(z - p_j) \frac{\partial}{\partial z} \prod_{\substack{i=1 \\ i \neq j}}^{n} (z - p_i)\right]\right|_{z = p_j} + \left.\left[\prod_{\substack{i=1 \\ i \neq j}}^{n} (z - p_i) \frac{\partial}{\partial z} (z - p_j)\right]\right|_{z = p_j} \\
&= \prod_{\substack{i=1 \\ i \neq j}}^{n} (p_j - p_i)
\end{aligned} \tag{11.58}$$

将式（11.58）与式（11.57）代入式（11.56），可得

$$\frac{\delta p_j}{\delta a_k} \approx \frac{-p_j^k}{\displaystyle\prod_{\substack{i=1 \\ i \neq j}}^{n} (p_j - p_i)} \tag{11.59}$$

其中 $\delta p_j / \delta a_k$ 称为极点 p_j 对参数 a_k 变化的灵敏度，而式(11.59)就是该灵敏度的计算公式。从式(11.59)可以得出以下结论：

（1）极点对参数的灵敏度与该极点在 z 平面的位置及参数在多项式中的位置有关。通常控制器本身是稳定的，因而极点均在单位圆内，即 $|p_j|<1$，此时，k 越大，δa_k 对极点 p_j 的影响越小，而当 $k=0$ 时，δa_k 对极点 p_j 的影响最大，即如式（11.53）表示的控制器分母多项式中常数项对极点的影响最大，而高次项系数对极点的影响较小。同时，该极点越接近单位圆，则受参数影响越大。

（2）极点对参数的灵敏度与该极点与其他极点之间的距离成反比，即极点分布越分散，则极点受参数变化的影响越小。

（3）灵敏度与采样周期有关。设连续控制器某一极点为 $-\alpha$，在采样周期为 T 时，离散化后对应的极点为 $e^{-\alpha T}$。随着 T 的减小，该极点越靠近 1，从而灵敏度越高。同时，对于多极点而言，采样周期减小，各极点均向 1 靠近，使得各极点之间的距离也减小，从而增加了极点对参数变化的灵敏度。因此，采样周期较小，灵敏度将增高，参数量化误差对极点的影响越严重。

以上结论是针对 n 个相异的极点得到的，如果存在多重极点，式（11.59）理论上将为无穷大，尽管这不能很好地描述多重极点的灵敏度，但通过分析可以也得到一般性结论，即多重极点对参数变化的灵敏度高于两两相异的极点。

应用类似的方法，也可求得控制器零点 z_j 对参数 b_k 变化的灵敏度，并可得到类似的结论。

例 11.3 试分析比较以下 4 阶控制器串联实现形式与直接实现形式极点对参数变化的灵敏度。

$$D(z) = \frac{(z-1)^3}{(z-0.9)(z-0.85)(z-0.8)(z-0.75)}$$

相应的直接形式为

$$D(z) = \frac{z^3 + 3z^2 + 3z + 1}{z^4 - 3.3000z^3 + 4.0775z^2 - 2.2358z + 0.4590}$$

解 如果控制器以 4 个一阶环节的串联结构实现，要使离单位圆最近的极点 $z=0.9$ 移动到单位圆从而导致不稳定，则需要与该极点对应的参数变化 0.1，其参数变化的百分比为

$$\frac{0.1}{0.9} \times 100\% = 11.1\%$$

将其用二进制定点数表示，5 位量化精度即可满足要求。

但是，如果用直接结构实现上述控制器，通过式（11.59）的近似计算或数值实验表明，如果直接实现形式中的常数项参数由 0.4590 变到 0.4580，则有一个极点就移到了单位圆上，此时参数变化的百分比为

$$\frac{0.001}{0.4590} \times 100\% = 0.22\%$$

可见，直接结构中极点对参数变化很灵敏，此时，若以二进制定点数表示，则至少需要 10 位的量化精度。比较而言，串联结构对参数变化则具有较好的鲁棒性。因此，在实现高阶控制器时，一般应尽量避免采用直接型结构。

在分析参数量化误差对系统性能的影响的具体应用中，根据极点对参数变化的灵敏度计算公式，即可根据控制器参数量化误差的大小估计出控制器零极点的变化情况，并进一步估计其对整个系统性能的影响。

11.5.4 量化效应的非线性分析

量化效应本质上是一种非线性特性。在计算机控制系统中，控制算法通常都是一种递推形式的算法，这样，其运算过程的量化效应意味着使系统变成了一个非线性系统，该系统有可能产生诸如死区

第 11 章 计算机控制系统的设计与实现

和极限环等非线性效应。前面利用线性系统的分析方法可以近似估计量化效应对系统性能的影响,然而量化所引起的这类非线性效应则不能用线性系统的分析方法得以解释。

为使分析简单,下面以一阶数字控制器为例,并以很短字长的十进制数运算来说明量化误差产生非线性效应的相关情况。而计算机内部的二进制运算产生的非线性效应原理与此完全类似。

例 11.4 设一阶数字控制器为

$$D(z) = \frac{U(z)}{E(z)} = \frac{1}{1-0.9z^{-1}}$$

设输入 e 为阶跃函数,且 $u(0)=3$,试分别分析舍入与截尾运算时,控制器的输出序列 $u(k)$。

解 由控制器 $D(z)$ 可得其差分递推算式

$$u(k) = 0.9u(k-1) + e(k)$$

相应地,控制算法的结构图如图 11.26 所示,其中 $a=0.9$。

采用十进制运算,且量化运算结果为整数,即量化单位 $q=1$,仿照计算机进行计算的步骤,分别给出舍入和截尾量化处理时该控制器对应的算法步骤如下:

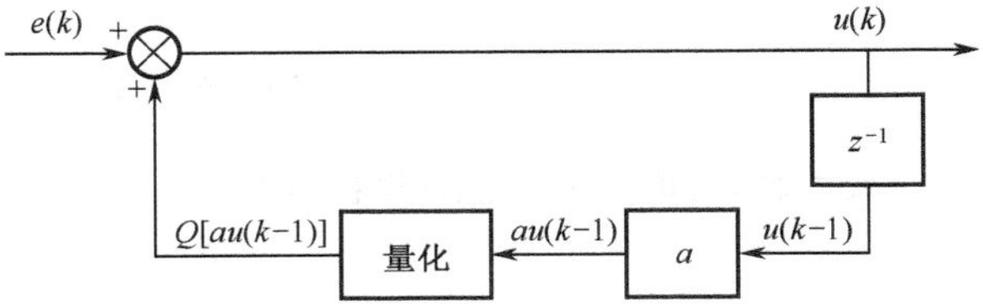

1. 乘法运算舍入量化处理

(1) 置 $u(k-1)=3$,置 $k=1$;
(2) 读取 $e(k)$;
(3) 计算 $0.9u(k-1)$,并将其小数部分四舍五入,结果记为 $Q[0.9u(k-1)]$;
(4) 计算 $u(k) = Q[0.9u(k-1)] + e(k)$,输出 $u(k)$;
(5) $u(k) \to u(k-1)$,$k+1 \to k$,转(2)。

图 11.26 一阶数字控制器结构图

2. 乘法运算截尾量化处理

(1) 置 $u(k-1)=3$,置 $k=1$;
(2) 读取 $e(k)$;
(3) 计算 $0.9u(k-1)$,并将其小数部分舍去,结果记为 $Q[0.9u(k-1)]$;
(4) 计算 $u(k) = Q[0.9u(k-1)] + e(k)$,输出 $u(k)$;
(5) $u(k) \to u(k-1)$,$k+1 \to k$,转(2)。

以上量化处理的运算结果分别如表 11.2 和表 11.3 所示。

表 11.2 乘法舍入误差对输出的影响(阶跃输入)

k	0	1	2	3	4	5	6	7	⋯
$e(k)$		1	1	1	1	1	1	1	⋯
$0.9u(k-1)$		2.7	3.6	4.5	5.4	5.4	5.4	5.4	⋯
$Q[0.9u(k-1)]$		3	4	5	5	5	5	5	⋯
$u(k)$	3	4	5	6	6	6	6	6	⋯

表 11.3 乘法截尾误差对输出的影响(阶跃输入)

k	0	1	2	3	4	5	6	7	⋯
$e(k)$		1	1	1	1	1	1	1	⋯
$0.9u(k-1)$		2.7	2.7	2.7	2.7	2.7	2.7	2.7	⋯
$Q[0.9u(k-1)]$		2	2	2	2	2	2	2	⋯
$u(k)$	3	3	3	3	3	3	3	3	⋯

由表 11.2 和表 11.3 可见，若采用舍入运算，则 $u(k)$ 的稳态值为 6；若采用截尾运算，则 $u(k)$ 的稳态值为 3；而当采用无限字长算法时，由终值定理可得

$$u(\infty) = \lim_{z \to 1}(1-z^{-1})\frac{1}{1-z^{-1}}\frac{1}{1-0.9z^{-1}} = 10$$

由此可见，由于舍入与截尾量化效应的影响，使得控制器输出产生了死区，即在运算过程一旦某次运算结果进行该死区，就再也无法出来，因而不能正确收敛到其理想稳态值。

例 11.5 设一阶数字控制器为

$$D(z) = \frac{U(z)}{E(z)} = \frac{1}{1+0.9z^{-1}}$$

设输入 e 为一个在 $k=1$ 时刻幅值为 10 的脉冲，且 $u(0)=0$。试分别分析舍入与截尾运算时，控制器的输出序列 $u(k)$。

解 对于无限字长运算，由终值定理，可得

$$u(\infty) = \lim_{z \to 1}(1-z^{-1})\frac{10z^{-1}}{1+0.9z^{-1}} = 0$$

由控制器 $D(z)$ 可得其差分递推算式

$$u(k) = -0.9u(k-1) + e(k)$$

采用与例 11.4 同样的运算过程及类似算法，可得到其舍入与截尾量化处理的运算结果分别如表 11.4 和表 11.5 所示。

表 11.4 乘法舍入误差对输出的影响（脉冲输入）

k	0	1	2	3	4	5	6	7	8	9	…
$e(k)$		10	0	0	0	0	0	0	0	0	…
$0.9u(k-1)$		0	−9	8.1	−7.2	6.3	−5.4	4.5	−4.5	4.5	…
$Q[0.9u(k-1)]$		0	−9	8	−7	6	−5	5	−5	5	…
$u(k)$	0	10	−9	8	−7	6	−5	5	−5	5	…

表 11.5 乘法截尾误差对输出的影响（脉冲输入）

k	0	1	2	3	4	5	6	7	8	9	…
$e(k)$		10	0	0	0	0	0	0	0	0	…
$0.9u(k-1)$		0	−9	8.1	−7.2	6.3	−5.4	4.5	−3.6	2.7	…
$Q[0.9u(k-1)]$		0	−9	8	−7	6	−5	4	−3	2	…
$u(k)$	0	10	−9	8	−7	6	−5	4	−3	2	…

由表 11.4 和表 11.5 可见，若采用舍入运算，则输出序列在正负交替衰减到−5 后，形成一个在−5 ~ +5 之间的等幅振荡，其振荡频率为 1/2 采样频率，这就是所谓的极限环振荡；但采用截尾运算时，其输出序列却能收敛到理想的稳态值 0。

以上两例中，输出存在死区和极限环振荡的本质原因是由于乘积量化结果的非线性效应。下面仅就舍入量化产生死区和极限环的条件进行简要分析。

将上述两例中的乘法运算统一表示为 $au(k-1)$，从而将算式也统一表示为

$$u(k) = au(k-1) + e(k) \qquad (11.60)$$

考虑到乘法运算的量化效应，式（11.60）又可表示为

$$u(k) = Q[au(k-1)] + e(k) = au(k-1) + \delta + e(k) \tag{11.61}$$

其中，δ为乘法运算量化误差变量，且$\delta < q/2$。当输出序列达到稳态（包括死区和极限环）时，应有

$$(1-a)u(\infty) - e(\infty) = \delta$$

即

$$u(\infty) - \frac{e(\infty)}{1-a} = \frac{\delta}{1-a} \tag{11.62}$$

将式（11.62）用绝对值表示，并考虑到$\delta < q/2$，可得

$$\left| u(\infty) - \frac{e(\infty)}{1-a} \right| = \left| \frac{\delta}{1-a} \right| \leqslant \left| \frac{1}{1-a} \right| \frac{q}{2}$$

即

$$\left| u(\infty) - \frac{e(\infty)}{1-a} \right| \leqslant \left| \frac{1}{1-a} \right| \frac{q}{2} \tag{11.63}$$

式中，$\frac{e(\infty)}{1-a}$就是控制器稳态输出的理论值，因此式（11.63）可以理解为当实际输出值与理论稳态值之差在某个范围内时，其输出序列即进入死区或极限环状态。将式（11.63）应用于以上两例的舍入量化分析中，所得结论与例题中的数值计算结果一致。

由式（11.63）可知，死区或极限环的大小除取决于乘法运算量化单位的大小外，还取决于参数a的大小。参数a对应于所讨论的一阶控制器的极点，当该极点越接近于1时，其对应的死区或极限环的振幅值就越大；而当$a < 0.5$时，这个死区将在量化误差范围内，即可以认为不存在死区。

以上结论也可推广到二阶控制器等一般形式。综合起来，可以得到一个一般性结论：为了避免量化的非线性特性引起控制器或系统出现死区或极限环振荡，在进行设计时，应尽量使控制器或闭环系统的极点远离单位圆。

这里仅以乘法量化误差为例探讨了控制器输出的非线性效应。计算机控制系统中的其他量化误差也可能对控制器的输出产生非线性效应，比如 A/D 量化误差也可能导致输出死区等。因此，对于实际系统，要较准确地分析量化效应的影响，一般需要考虑各种量化因素，通过大量仿真计算结果来考察其是否存在非线性效应。

11.6 采样周期选择

采样周期T是计算机控制系统的一个重要参数，在控制系统设计时必须综合考虑选择一个合适的采样周期。由前面几章的相关讨论可知，一般情况下，系统采样周期越小，系统的控制性能相对较好，但却增加了对计算机性能的要求。因此，在工程上选择采样周期一般是在满足系统性能指标的前提下，尽可能选择较长的采样周期。

11.6.1 采样周期选择的一般考虑

采样周期对系统性能的影响是多方面的，在实际采样周期的选择中，需要综合分析各方面的因素，进行必要的折中处理，以确定合理的采样周期。在选择采样周期时，通常要综合考虑以下几个主要方面。

1. 闭环系统的稳定性

与连续系统不同，在计算机控制系统里，采样周期T这个重要参数的引入，对闭环系统的稳定性

及其他相关性能有很大影响。但系统其他参数一定时，可以确定使闭环系统稳定的最大采样周期 T_{max}。由于最大采样周期是临界采样周期，实际选择的采样周期应比 T_{max} 小得多。

2. 闭环系统的带宽

在计算机控制系统中，被采样的信号通常是被控对象的输出信号。在这类闭环系统中，通常要求系统输出能准确跟踪输入信号，为此需要采样信号包括原连续输出信号的全部信息，才能形成正确的误差以产生控制输出信号。设被采样信号的最高频率为 ω_{max}，依据采样定理，要求采样频率 $\omega_s \geq 2\omega_{max}$。

但是，在实际系统中，通常不能确切知道被采样信号的具体频谱，此时，对于输出信号的最高频率，可以近似由系统的闭环带宽估计。考虑到实际最高频率较难准确估计，同时可能存在建模的不精确性，为了减少频率混叠，应具体选择，通常要求

$$\omega_s \geq (4 \sim 10)\omega_b \tag{11.64}$$

其中，ω_b 为系统的闭环带宽。

3. 保持器重构误差与相位滞后

由第 2 章的相关讨论可知，由于零阶保持器存在重构误差与相位滞后，即其输出为含有一定高频噪声的阶梯状信号，当采样周期较大时，这种信号将导致执行机构高频抖动，使系统输出不平滑，并使系统闭环稳定性能变差。为了减小重构误差与相位滞后，一般认为选取采样频率为闭环带宽的 $10 \sim 20$ 倍更合适，即

$$\omega_s \geq (10 \sim 20)\omega_b \tag{11.65}$$

4. 系统抗干扰性能

抗干扰能力是反馈控制系统的一种重要性能。系统除了受指令信号的控制外，还经常受到各种不同类型的干扰影响。就抑制干扰的能力而言，通常，计算机控制系统不如连续控制系统。这主要是因为在计算机控制系统中，只在采样瞬间输出采样值才与实际值完全一致，反馈才真正起作用；而在其余时间，即两次采样间隔之间，干扰变换的信息不能被反映出来，反馈控制实际上未起作用。在极端情况下，如果采样开关动作速度比干扰变化的速度慢得多，即采样周期过长，则系统对干扰就如同完全没有控制作用一样，因而无法及时抑制干扰对输出的影响。如果采样频率相对于扰动频率高得多，那么计算机控制系统的抗干扰能力就接近于连续系统。因此理论上，必须依据干扰信号中的最高频率来选择采样频率，即要求采样频率应不低于其干扰信号的最高频率的两倍。但这在通常存在高频干扰的实际系统中，将使采样频率过高，因而无法工程实现。因此应采用必要的折中，即将扰动对系统的影响控制在一定范围之内，而不是完全抑制。

5. 前置滤波器

如前所述，在模拟量输入通道的设计中，若测量信号中含有高频噪声，就需要在采样之前，加一个前置滤波器将高于奈奎斯特频率的高频成分尽量滤除，以消除高频干扰，抑制频率混叠。这个低通滤波器的引入通常会影响到系统的动态性能，为了减小这种影响，通常取前置滤波器的带宽 ω_f 为闭环带宽 ω_b 的 $5 \sim 10$ 倍，而采样频率按 ω_f 的 $4 \sim 10$ 倍选取，即

$$\omega_s \geq (20 \sim 100)\omega_b \tag{11.66}$$

这样，前置滤波器对闭环动态性能的影响就可完全忽略不计。这样确定的采样周期必然很小，对于变化较慢的过程，这种选择是可以的，这样就可以不必考虑加入前置滤波器对系统动态性能的影响，从而简化了控制器的设计。

但是，对于变化较快的过程，按上述原则确定的采样周期必定非常小，以至于工程上难以实现。一般须适当降低滤波器带宽，选取较低的采样频率。但此时就需要考虑前置滤波器对系统性能的影响，即把前置滤波器一起纳入系统的广义对象中，从而增加了控制器设计的复杂性。

6．计算机字长

以上几个方面综合起来，都是希望采样周期越小越好，只是在具体实现时可能受到一定限制。下面我们将看到，即便是在理论上，也不完全是采样周期越小越好。

理论上，当采样周期足够小时，计算机控制系统应该与连续系统完全等价。而实际上，由于计算机字长的影响，计算机控制系统并不能完全趋近于连续系统。一般地，采样周期越小，由于计算机字长有限所产生的量化误差对系统的影响反而增大。一个简单的例子就是，当采样周期非常小时，一个变化速率很慢的信号就会以很高的采样频率被采样，这样，相邻的两个采样信号将有近似的幅值，如果计算机字长较短，那么就可能出现在连续几个采样周期内被采样信号的输出值保持不变，从而使系统调节作用减弱。此外，在利用积分消除静差的调节回路中，如果采样周期太小，将使积分增益过低，当偏差小到一定程度时，积分增量项的计算结果由于受计算机字长限制将始终为零，积分部分不能继续起到消除残差的作用。如果要把这部分残差消除或减小到可以接受的程度，就需要增加字长或增大采样周期。

此外，采样周期过小时，将会增大控制算法对参数变换的灵敏度，即由于字长有限，控制算法的参数不能被准确表示，在采样周期过小时，将使控制算法的特性变化较大。

7．数字控制器的设计方法

在前面几章所讨论的数字控制器设计方法中，有些方法对采样周期也有不同的要求。

在基于连续系统理论的等价设计方法中，一般是在采样周期足够小时，这样的等价精度才比较高，这在设计时为考虑零阶保持器的作用影响时尤其如此。当采样周期较大时，设计得到的数字控制器构成的闭环系统性能将比预期的差很多，甚至可能不能正常工作。因此，对这种设计方法，一般要求具有较小的采样周期。

相反，在最少拍控制设计方法中，理论上，采样周期越小，系统响应越快，但实际系统的响应还受到系统本身特性与控制量的约束。当采样周期较小时，一方面，控制作用将超过约束范围，并不能实施有效的控制；另一方面，这种较强的控制作用使系统可能来不及平滑响应，而使输出采样点之间出现振荡。因此，对这类设计方法，采样周期的选择须考虑到控制量的约束与被控对象的响应特性，而不能选择得太小。

8．计算机工作负荷

前面已经提到采样周期的减小会受到计算机性能的限制，这只是从一般意义上而言。实际设计时，则需要综合考虑计算机的工作负荷。对于计算机控制系统，一般要求计算机在一个采样周期内应完成必要的系统管理、信号采集、信号处理、控制算法计算与控制输出等任务。这些任务的计算或处理都需要一定的时间，因此，当计算机的速度与计算任务确定后，采样周期就要受到一定的限制。尽管现代计算机的运算速度越来越快，但其相应的支撑软件也比较复杂（当然功能越来越强大），并可实现一些非常复杂的先进控制算法，这反过来又增加了计算机的计算负荷，从而限制了采样周期的减小。

11.6.2 采样周期选择的经验规则

由以上分析可知，计算机控制系统采样周期的选择与许多因素有关，而各种因素与采样周期的关系有时又是相互矛盾的，对于一个具体的采样控制系统，采样周期并没有一个精确的计算公式，需要综合考虑以上相关因素，折中选择。对与大多数计算机控制系统合理地缩短采样周期可能会使系统控制性能得到改善，但当采样周期比较小时，又会加重计算机的计算负荷，对计算机、A/D 与 D/A 转换器的速度均提出了更高的要求，从而增加了系统成本。事实上，每个计算机控制系统应该有一个最优的采样周期，但这个最优采样周期却很难找到一个定量的计算方法。

在实际工程应用中，结合上述各方面的考虑，依据实际经验，总结出一些有价值的选取采样周期的经验规则，可以作为实际系统采样周期选择时的参考。

（1）对一个闭环控制系统，如果被控对象的主导极点的时间常数为 T_d，那么采样周期 T 应选取为

$$T < T_d / 10 \tag{11.67}$$

上述规则较广泛地用于实际控制系统的设计中，但如果被控对象的开环特性较差（即主导极点的时间常数 T_d 较大），同时又要求得到一个较高性能的闭环系统，则采样周期应取得更小一些。

（2）如果被控对象具有纯滞后时间 τ，且对系统影响较大，采样周期应选得比纯滞后时间小，通常要求

$$T < (0.1 \sim 0.25)\tau \tag{11.68}$$

（3）如果闭环系统要求稳态调节时间为 t_s，闭环自然频率为 ω_n，则采样周期或采样频率可取为

$$T < t_s / 10 \text{ 或 } \omega_s > 10\omega_n \tag{11.69}$$

在工业过程控制系统中，多数都是具有一定低通特性或惯性的慢过程，其计算机控制系统采样周期一般为几秒到几十秒。表 11.6 给出了工业过程典型变量的采样周期经验数据。对于快速的机电控制系统，则要求取较短的采样周期，通常为几毫秒到几十毫秒。

表 11.6 工业过程控制中典型变量的采样周期经验值

过程变量	流量	压力	液位	温度
采样周期（秒）	1~2	3~8	5~10	15~20

11.7 计算机控制系统的抗干扰技术

工业控制现场环境往往比较复杂，经常存在多种形式的干扰源。计算机控制系统一般也置身于这种具有各种干扰的现场环境中，因而会受到这类干扰的影响，如电网波动、大型设备的启停、高压设备的电磁辐射等都会造成对系统正常工作的危害，甚至使整个系统瘫痪。如果不解决抗干扰问题，系统根本就无法正常工作。因此，系统的抗干扰设计也是计算机控制系统设计的一个重要内容。

由于各个计算机控制系统所处的具体环境不同，相应的干扰也可能不同，因此，必须从实际情况出发，具体问题具体分析，找到干扰源与抑制干扰的办法。

11.7.1 干扰源

对于计算机控制系统，根据干扰产生的原因不同，主要分为来自系统外引线的外部干扰、来自空间的辐射干扰及系统内部干扰等。

1. 来自系统外引线的外部干扰

这类干扰主要通过电源线和信号线引入，通常称为传导干扰，也是计算机控制系统中最主要的一类干扰。

来自系统供电电源的干扰主要表现为电网电压波动，这是最常见的一种外部干扰形式。在工业控

制现场，所有设备或系统的供电电源均由电网供电。而电网中的大功率设备的启停、电网切换或电网自身故障，都会使电网发生瞬变，产生浪涌等脉冲型干扰。这类瞬变电压的波形大多为无规律的正负脉冲，表现在电网上常常出现几百伏甚至几千伏的尖峰脉冲干扰。如果不采取合理的措施，这种干扰将随供电电源传导到控制系统中。

由于计算机控制系统与被控过程现场之间存在各种输入/输出信号传输线，它们除了传输有效的各类信息之外，总会有外部干扰信号侵入。其干扰信号主要包括由检测仪表供电电源窜入的电源干扰及信号线由于受到现场电磁辐射等而感应的干扰。

接地系统的混乱也是干扰的一个重要来源。正确的接地，既能抑制电磁干扰的影响，又能抑制设备向外发出干扰；而错误的接地，反而会引入严重的干扰信号，使系统无法正常工作。

2. 来自空间的辐射干扰

空间的辐射主要是由电力网络、大型电气设备的暂态过程、雷电、电台、电视、雷达、高频感应加热设备甚至太阳及其他天体等产生的电磁辐射，通常称为辐射干扰，其分布极为复杂。这类干扰将可能通过电磁感应的形式引入控制系统的信号中，从而影响系统性能。

3. 内部干扰

内部干扰主要是指由控制系统的内部结构布局与电路设计及制造工艺不完善所引入的干扰。这类干扰主要由系统内部元器件及电路间的相互电磁辐射产生，如数字电路与模拟电路的相互影响，数字地与模拟地的相互影响及元器件间的相互不匹配使用，装置及设备中各种寄生振荡等所引起的干扰。

11.7.2 干扰的作用形式

各种干扰信号通过各种不同的途径进入系统后，按照对系统的作用形式不同，一般分为串模干扰与共模干扰。

1. 串模干扰

串模干扰是指叠加在被测信号上的干扰噪声，即相当于干扰源串联在信号源回路中，也称为差模干扰或常态干扰。一般情况下，被测信号的变化比较缓慢，而串模信号的主要成分是 50 Hz 的工频与特殊高次谐波，且通过电磁耦合与静电耦合等传输形式，叠加到信号或引线上形成干扰。如图 11.27(a)所示。

串模干扰通常来自于高压输电线、与信号线平行铺设的电源线及大电流控制线所产生的空间电磁场。此外，信号源本身固有的漂移、纹波和噪声，以及电源变压器不良屏蔽或稳压滤波效果不良等也会引入串模干扰。

2. 共模干扰

共模干扰是指在信号的两个输入端相对公共接地点同时出现的干扰，也称共态干扰。共模干扰主要是由电源地、放大器地及信号的不同"地"之间存在共模电压，以及模拟信号系统对地存在漏阻抗造成的。

在计算机控制系统中，过程输入/输出通道一般都用一定长度的信号线连接到检测仪表或执行机构，有时这类信号传输线长达几十以至上百米，这样，现场信号的参考接地点与计算机系统的过程通道的参考接地点就存在一个电位差 U_{com}，这个电位差是加在信号输入端共有的干扰电压，即共模干扰信号。其一般表现形式如图 11.27(b)所示。

共模干扰可以是直流电压，也可以是交流电压，其幅值可达几伏甚至更高，这取决于现场产生干扰的环境条件与计算机等设备的接地情况。

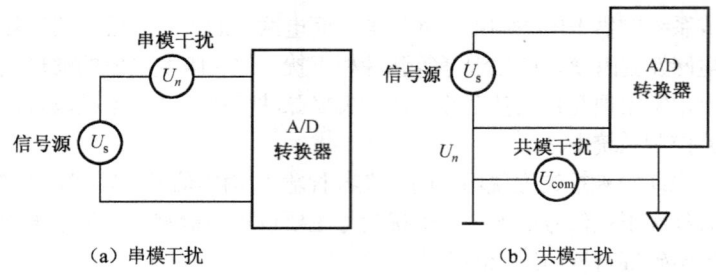

(a) 串模干扰　　　　　　　　　(b) 共模干扰

图 11.27　串模干扰与共模干扰示意图

11.7.3　串模干扰的抑制

由于串模干扰中干扰信号直接与信号源串联叠加,因此对串模干扰的抑制较为困难。主要从干扰信号与有用信号的不同特性出发,针对不同情况采取相应的措施。

1. 采用输入滤波器

在输入回路中接入模拟滤波器抑制串模干扰是一种常用的方法。根据串模干扰频率与被测信号频率的分布特性,可以选用低通、高通或带通滤波器。一般情况下,串模干扰比被测信号频率高,故常采用如图 11.28(a)所示的无源二级阻容低通滤波器,该滤波器可较好地滤除 50 Hz 工频干扰信号,但对有用信号也可能有较大衰减,因此对于小信号也可如图 11.28(b)所示,以反馈放大器构成有源滤波器,它不仅可以达到滤波效果,而且能够提高信号的增益。

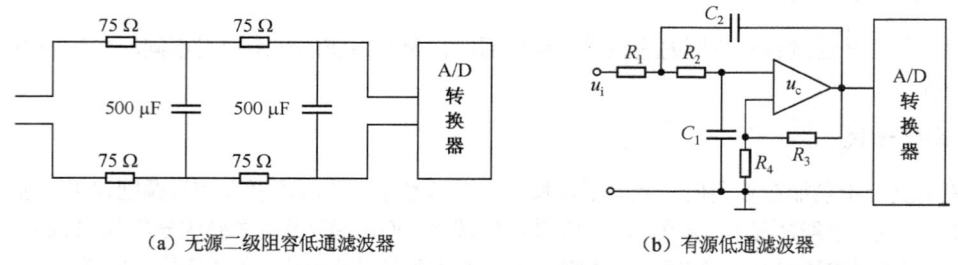

(a) 无源二级阻容低通滤波器　　　　　　　　(b) 有源低通滤波器

图 11.28　低通滤波器

2. 采用电磁屏蔽和良好接地

由于串模干扰与被测信号处于同一回路中,当干扰信号也呈缓慢变化时,则很难用滤波方法消除。此时,只能尽量从根本上切断引起干扰的干扰源。通常可在信号源到计算机之间选用带屏蔽层的双绞线或同轴电缆,并确保接地正确可靠。采用带屏蔽层的双绞线或同轴电缆连接一次仪表与转换设备,再屏蔽接地,以减少电磁感应,使每个小回路的感应电势相互反相抵消,这样就可避免干扰信号从传输导线窜入检测回路。

3. 采用电流信号传输

当检测装置距离计算机较远时,一般很容易引入干扰,如果在传感器输出口通过变送器将被测信号由电压信号转换为 4～20 mA 的电流信号,以电流形式进行传输,将大大提高信噪比,从而提高信号传输过程的抗干扰能力。

11.7.4 共模干扰的抑制

共模干扰的产生主要是由于不同"地"之间存在电位差,因此,共模干扰的抑制就应当有效地隔离不同"地"之间的电联系,消除不同接地点之间的电位差,包括变压器隔离、光电隔离、浮地屏蔽等,同时采用差分放大器以提高抗共模干扰的能力。

1. 变压器隔离

利用变压器将模拟电路与数字电路隔离开,以使共模干扰电压不能形成回路,从而抑制共模干扰。隔离前后应分别采用两组互相独立的电源,以切断两部分的地线联系。同时,若被测信号是直流信号,还应采用调制解调技术,如图 11.29 所示。

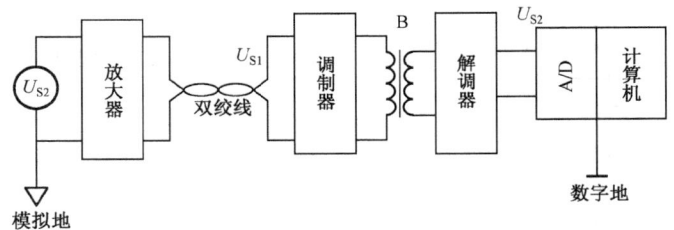

图 11.29 变压器隔离

2. 光电隔离

光电隔离是一种常用的隔离方法,即通过光电耦合器件实现信号的传输与电路的隔离。由于光电耦合器的线性范围有限,对微弱模拟信号难以直接采用光电隔离。如果将光电耦合器与压频(V/F)变换器、频压(F/V)变换器组合起来,构成如图 11.30 所示的组合式模拟信号光电隔离器,不仅隔离方便,信号抗干扰能力强,而且还利于模拟信号的远距离传送。

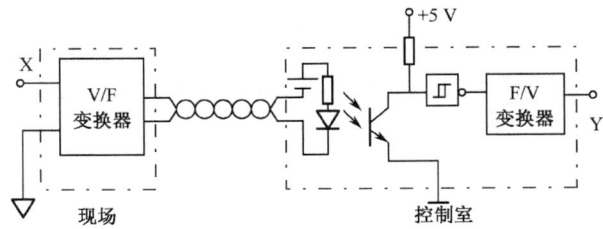

图 11.30 组合式光电隔离器

3. 浮地屏蔽

所谓浮地屏蔽,就是利用屏蔽层使输入信号的模拟地浮空,从而提高共模输入阻抗,以使共模电压在输入回路中引起的共模电流减小,从而达到抑制共模干扰的目的。图 11.31 所示是一种带双层屏蔽的浮地输入放大器,其中,计算机部分采用内外两层屏蔽,且内层对外层(机壳地)是浮地的,同时,内层与信号源及信号线屏蔽层在信号端单点接地,放大器采用双端差动输入方式。这种浮地屏蔽电路的输入阻抗很高,相应的共模电流就很小,使得进入计算机系统的共模干扰几乎为零。

4. 采用差分输入放大器

由于共模干扰电压只有转变为串模干扰时才能对系统产生影响,为了抑制共模干扰,就要尽量做到线路平衡。采用差分放大器可以较为有效地抑制共模干扰。图 11.32 所示是差分输入示意图，其中 Z_1，Z_2 为信号源内阻和引线电阻，Z_{i1}，Z_{i2} 为放大器输入阻抗。共模干扰电压 U_{com} 在放大器输入端产生的串模干扰为

$$U_n = U_{com}\left(\frac{Z_{i1}}{Z_{i1}+Z_1} - \frac{Z_{i2}}{Z_{i2}+Z_2}\right) \tag{11.70}$$

可见，Z_1，Z_2 越小，Z_{i1}，Z_{i2} 越大，且 Z_{i1} 与 Z_{i2} 越接近，共模干扰的影响就越小。

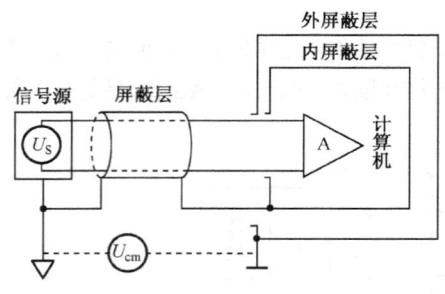 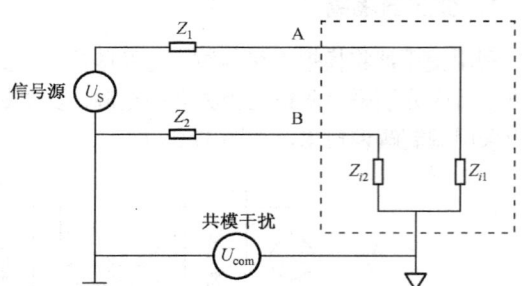

图 11.31　双层屏蔽浮地输入放大器　　　　图 11.32　差分输入示意图

11.7.5　长线传输干扰的抑制

在计算机控制系统中，主机可能与现场相距较远，现场检测信号需要长线传输。长线传输比较容易受到外界干扰，并具有一定的传输延迟，同时高速变化信号在长线中传输时，还会产生波反射现象，从而导致信号失真或畸变。因此，在信号长线传输中应采取必要的抗干扰措施。

一方面，长线传输时通常应采用双绞线，且应对称使用，这样有利于抑制串模干扰。同时，在传输线布线时常采用与其他信号线分开走线和交叉走线的方法，以避免长线传输中的串扰。

此外，为了避免长线传输中高速信号波反射引起信号畸变现象，通常采用阻抗匹配的方法，包括输出端阻抗匹配与输入端阻抗匹配等。

输出端阻抗匹配如图 11.33(a)所示，如果传输线的波阻抗是 R_p，当 $R = R_p$ 时，便实现了阻抗匹配，从而消除波反射。此时输出端波形与输入端波形一致，只是在时间上滞后。由于输出端阻抗变低，会使波形的高电平下降，从而降低了高电平的抗干扰能力。为了克服这个不足，可采用图 11.33(b)所示的输出端阻抗匹配方法。

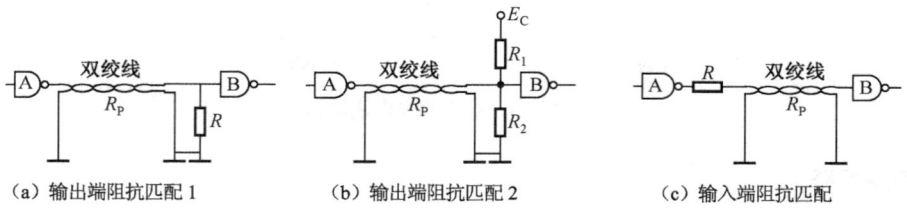

图 11.33　长线传输阻抗匹配

在传输线输入端串入电阻 R，如图 11.33(c)所示，一般选择输入端匹配电阻 $R = R_p - R_{OL}$，其中，R_{OL} 为输入门 A 输出为低电平时的输出阻抗。这种匹配能基本消除波反射，达到改善波形的目的。

11.7.6　电源系统的抗干扰措施

计算机控制系统一般都使用市电供电。电网电压及频率的波动将直接影响到计算机控制系统的可靠性与稳定性。因此在计算机与供电电网之间必须采取一些保护性抗干扰措施，主要有以下几个方面。

1. 合理配置低通滤波器与交流稳压装置

计算机系统的交流配电系统一般示意图如图 11.34 所示。其中，交流稳压器是为了抑制电网电压波动的影响，它能把输出波形畸变控制在 5% 以内，同时对负载短路还有限流保护作用。由供电系统谐波分析可知，毫秒、微秒级的干扰源的大部分为高次谐波，因而使用低通滤波器，保证 50 Hz 的基波通过，而将高次谐波成分滤除。

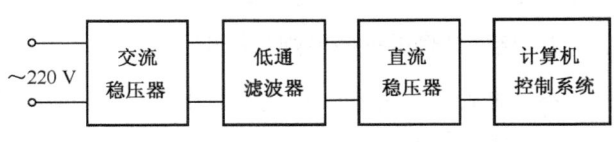

图 11.34 计算机系统的交流配电示意图

2. 采用抗干扰能力强的开关电源

在计算机控制系统中，模拟电路与数字电路需要低压直流电源供电，这些直流电源一般都是经过市电变压变流及稳压而得到的。而开关电源则是以开关频率可达 10~20 kHz 的脉冲宽度调制原理得到的直流稳压电源，无须传统的变压器。这种电源体积小，功率大，效率高，抗干扰能力强，因而得到广泛使用。

3. 采用分布式独立供电

计算机控制系统通常由许多不同的功能模块组成。采用分布式独立供电，就是对每个功能模块采用独立的三端直流稳压器进行稳压。这种供电方式相对于单一集中稳压供电方式而言，可以将稳压器造成的故障危险分散，不会因稳压器的故障使整个系统遭到破坏，同时也加大了稳压器的散热面积，使之工作更加稳定可靠。

4. 采用 UPS 等备用电源

为了防止电源突然中断对计算机系统正常工作的影响，对于一些重要的计算机系统，一般应配备相应的备用电源。不间断电源（Uninterruptible Power Supply，UPS），是目前计算机系统中使用较多的一类备用电源形式。正常情况下，UPS 由交流电网通过交流稳压器、切换开关和直流稳压器向计算机系统供电，同时交流电网也给电池组充电；如果交流供电中断，UPS 检测到断电后会立即切换为由电池组供电，从而保证计算机系统不受交流断电的影响。

11.7.7 接地系统的抗干扰措施

在计算机控制系统中，正确的接地是抑制干扰的有效方法。接地的目的有两个，一是为了保证控制系统稳定可靠地运行，防止地回路引起的干扰，常称为工作接地，二是为了避免操作人员因设备的绝缘损坏遭受到触电危险及保证设备安全，通常称为保护接地。

1. 计算机控制系统的地线种类

计算机控制系统中一般主要包括数字地、模拟地、信号地、交流地、直流地、功率地及屏蔽地等。

（1）数字地。计算机系统中各种数字电路的零电位，也称为逻辑地。

（2）模拟地。一般作为 A/D 和 D/A 转换器、前置放大器或比较器等的零电位。当检测信号比较小时，模拟地必须重点考虑，否则会对系统性能造成严重影响。

（3）信号地。通常为传感器与变送器的零电位。

（4）交流地。即交流供电电源地线，也称为零线。它的零电位很不稳定，对于交流地，任意两点之间往往就有几伏甚至几十伏的电位差，同时，交流地还容易带来各种干扰。

（5）直流地。直流电源的地线与零电位。

(6) 功率地。大电流网络的零电位,在计算机控制系统中主要是指功率放大器与执行机构的地。

(7) 屏蔽地。为防止静电感应和磁感应而设置的接地线,其中包括为了避免机壳带电引起电磁感应和危及人身安全而设置的机壳地或安全地。

2. 接地处理的一般原则与措施

不同的地线有不同的处理方法。下面介绍几种常用的接地处理原则与措施。

(1) 接地方式

保护接地一般均采用一点接地方式,而工作接地根据工作电流频率不同有一点接地和多点接地两种。低频时,因地线的分布电感并不严重,往往采用一点接地;对于高频情况,由于电感分量较大,为减少引线电感,常采用多点接地。

(2) 交流地与直流地分开

交流地与直流地分开,可以避免由于地电阻把交流电力线引进的干扰传输到计算机控制系统各直流设备内部,保证系统内的器件安全和电路工作的可靠性、稳定性。如果有的系统中各个设备不能都做到交直流分开,则可采取加变压器隔离等措施。

(3) 模拟地与数字地分开

为避免数字脉冲电路工作时的突变电流通过地线对模拟信号的干扰,应将模拟电路的地和数字电路的地分开,并分别接在空间上分隔开的数字地汇流条与模拟地汇流条上,再将这些汇流条的末端连接到一个接地板上,通过接地板一点接地。

(4) 屏蔽地接法

对于电场屏蔽来说,由于主要是解决分布电容问题,所以应接大地;对于磁场屏蔽,应采用高磁材料使磁路闭合,并接大地;对于电磁场干扰,应采用低阻金属材料制成屏蔽体,且屏蔽体最好接大地;对于高增益放大器,常用金属罩屏蔽,同时,为了消除放大器与屏蔽层之间的寄生电容影响,应将屏蔽体与放大器的公共端连接起来。

当系统中一个不接地的信号和一个接地的放大器相连时,输入端的屏蔽应接到放大器的公共端。反之,当接地的信号源与不接地的放大器相连时,应把放大器的输入端屏蔽接到信号源的公共端。

11.8 计算机控制系统的可靠性设计

计算机控制系统一般是应用于工业生产过程现场的实时控制系统,这就要求计算机控制系统应具备高可靠性。计算机控制系统一旦出现故障,就可能酿成重大事故,造成重大经济损失。计算机控制系统的可靠性主要是指在工业过程控制的现场条件下,在一定的时间内,按照指定的性能指标要求,完成有关控制任务的能力。计算机控制系统的可靠性一般由系统的平均无故障工作时间(MTBF)来度量。因此,计算机控制系统的可靠性设计的主要目的就是减少系统故障发生的概率,提高系统的无故障工作时间。

计算机控制系统由硬件和软件组成,硬件系统由各种具有特定功能的部件组成。由于这些部件的物理退化会导致它们的失效,部件的故障又将引起系统整体的故障。同时,在软件方面,由于软件的设计、运行、维护等,都贯穿着人的干预,而人难免不犯错误,其结果将导致软件缺陷的产生,当这些软件缺陷被激活时,就会出现软件故障甚至软件失效。此外,如 11.7 所述,系统因为受到各种干扰的影响,也可能导致系统性能下降甚至失效,以至于产生重大故障。

由此可见,计算机控制系统从部件到整体,从硬件到软件都可能发生故障。为此,应采用特殊技术进行系统设计以减少故障,并且当系统发生故障时,又能及时发现和处理故障。11.7 节从系统抗干扰的角度，通过在计算机控制系统硬件设计中采取必要的抗干扰措施以提高系统可靠性，本节主要从系统硬件、软件自身故障的角度，简要讨论计算机控制系统硬件、软件可靠性设计的一般方法。

11.8.1 计算机控制系统可靠性设计的一般原则

系统的可靠性技术与可靠性设计是产品研发与系统工程设计中的一个专门技术领域，涉及一系列的可靠性理论与可靠性设计方法，这里仅针对计算机控制系统可靠性设计的一般原则做简要介绍。

（1）在满足系统功能的前提下，尽可能地简化系统结构。一般情况下，系统结构越复杂，系统可靠性相对越低，或者相应的可靠性设计越复杂，代价也越高。

（2）不必追求过高的性能指标和过多的系统功能。同样，过高的性能指标与过多的功能也会增加系统的复杂性，系统越复杂，影响系统可靠性的因素就越多。

（3）合理划分系统硬件、软件功能。对计算机控制系统而言，一般情况下，一个相对完善且不太复杂的软件功能模块的可靠性比实现同样功能的硬件或硬件模块的可靠性要高，因为硬件可靠性不仅取决于各个元器件本身的可靠性，还取决于这些元器件之间的相互联系，并受到使用时间的影响，从而使硬件元器件失效的概率一般也大于程序失效概率（正常情况下，一个无设计缺陷的程序是不会失效的）。因此，在系统功能划分时，在实时性满足要求的情况下，能够用不太复杂的软件实现的功能尽量用软件实现。

（4）计算机控制系统必须具备良好的散热条件。计算机控制系统涉及大量的电子元器件，这些元器件的参数对温度具有一定的敏感性。一般情况下，温度每升高10℃，失效率可能提高一倍，同时，温度升高，电路的绝缘能力与金属的防腐能力也会下降。因此，系统散热设计也是可靠性设计的一个重要方面。

（5）电路连接一定要可靠。电子电路中焊点虚焊或断裂、接插件的松动往往是发生概率最高的一类故障。因此，在系统设计时就应考虑焊点的可靠性与接插件的紧固性等问题，并尽量少用接插件。

（6）由于计算机控制系统的应用环境较为复杂，根据具体应用环境的情况，一般还应考虑系统或相应的关键部件的机械防震、防尘、防辐射、防潮、防水等相关设计。

11.8.2 计算机控制系统的硬件可靠性设计

如前所述，对于计算机控制系统，其硬件失效或发生故障的概率一般高于软件故障。因此，硬件可靠性设计一方面从元器件本身着手，筛选可靠性高的元器件。另一方面，则要提高发生元器件故障时的硬件容错能力。

1. 元器件的选择

元器件的可靠性通常以元器件的失效率来度量。元器件的失效率是指元器件工作到 t 时刻后，在单位时间内发生故障的概率，在工程上，通常定义为元器件工作到 t 时刻后，在单位时间内发生故障的元件数与在 t 时刻后仍正常工作的元器件数之比，一般记为 $\lambda(t)$，即

$$\lambda(t) = \frac{1}{N_s(t)} \cdot \frac{N_f(t)}{\Delta t} \quad (11.71)$$

其中，$N_f(t)$ 为 t 时刻后在 Δt 时间内的失效元件数，$N_s(t)$ 为 t 时刻后仍正常工作的元件数。电子元器件的典型失效率曲线通常为图 11.35 所示的

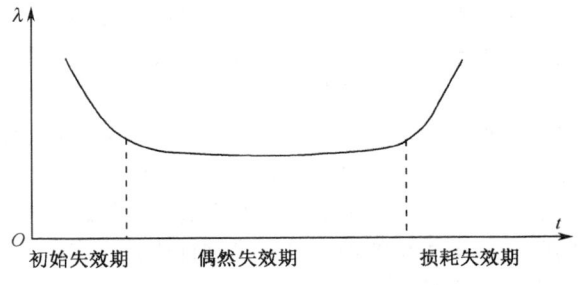

图 11.35 典型的失效率曲线

"浴盆曲线"。一般元器件的初期失效率呈下降趋势,到中期(通常称为有效期或偶然失效期)失效率则基本保持不变,而后期(称为损耗失效期或老化期)失效率又呈上升趋势。

由元器件的失效率曲线可见,选择元器件时,应尽量选取处于有效期的元器件。一般应选用质量信誉度高的制造商所生产的元器件,从厂家提供的资料了解元器件可靠性的一般情况,同时,在元器件装机前还应经过必要的老化筛选测试,以淘汰质量不佳的元器件,保留老化测试前后性能指标保持稳定的元器件。

2. 硬件容错技术

既然任何元器件都不可能永远不失效,那么,当系统中一些关键部件或功能模块出现故障时,是否可以采用相应的措施以确保该故障发生时系统仍能正常工作,而不会对系统造成较大影响?这通常称为容错技术。所谓容错技术,是指在容忍和承认系统局部错误或故障的前提下,考虑如何消除、抑制和减少这些错误或故障对整个系统影响的技术。硬件容错通常利用硬件冗余技术将可靠性较低的元器件组成一个可靠性较高的系统,其实质是利用资源来换取高可靠性。

硬件冗余一般有工作冗余与后备冗余两种基本方式。

(1)工作冗余

工作冗余就是通过对关键部件或功能模块的同时在线重复使用,以提高系统可靠性。其中,各冗余部件或模块均处于正常运行状态,通常采用并联系统或表决系统形式进行连接。图 11.36 所示是一个 N 冗余表决系统示意图。系统由 N 个功能相同的模块和一个表决器组成,N 个模块同时运行,表决器将 N 个模块的输出作为输入,并将多数表决的结果作为系统的输出。

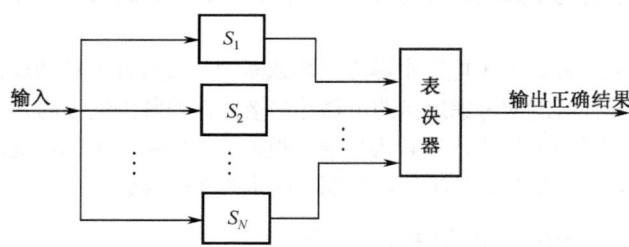

图 11.36　N 冗余表决系统示意图

(2)后备冗余

在后备冗余方案中,其冗余部分通常由 $N+1$ 个功能相同的模块组成,其中一个处于正常运行状态,其余作为备件。若正在运行的模块发生故障,它便被切除掉而由备用模块取代。显然,后备冗余要求系统能不停地进行故障检测与故障恢复。

对于计算机控制系统,后备冗余一般分为模块级与系统级。对于模块级,这些模块通常连接于一个多路开关,并配备相应的故障检测机构,当检测到正在运行的模块发生故障时,则通过多路开关切换到备用模块上。而对于系统级后备冗余,最常见的是双机冗余系统,系统中一台运行,一台备用。而具体的备用系统可分为冷备用与热备用形式。在冷备用形式中,正常情况下,备用机不工作,当检测到运行主机发生故障时,即切换到备用机代替主机工作,并通过双机共享外存完成数据转交,因此要求工作时将所有检测数据即中间计算结果均存放于外存。在热备用形式中,双机同步工作,同时接收采集数据、处理数据并产生控制指令,但仅用一台参与实际的实时控制。同时,两个系统的控制信号将进行比较,出现不一致时,将进行自检分析,确定问题所在,并进行必要的切换。

11.8.3 计算机控制系统的软件可靠性设计

计算机控制系统的软件是整个系统的神经中枢，软件系统不仅能够完成许多硬件难以完成的功能，而且不少硬件的功能也需要依赖相应的软件系统才能得以实现，同时，系统中有些硬件故障的检测与排除也需要软件参与，因此计算机控制的软件可靠性对整个系统的可靠性更是具有举足轻重的影响。基于上述原因，这里所讨论的计算机控制系统软件可靠性设计也包含两层含义，一是软件系统本身的可靠性问题，二是通过软件的合理设计与配置来提高整个系统的可靠性。

1. 软件的失效率

与硬件可靠性相比，软件可靠性有明显的不同，主要表现在硬件有老化和损耗现象，而软件设计完成后却不会发生变化，也没有磨损现象，只有陈旧落后问题。因此，软件的失效率与前面介绍的元器件的失效率也有所不同。图 11.37 所示是软件失效率随时间的变化趋势示意图。

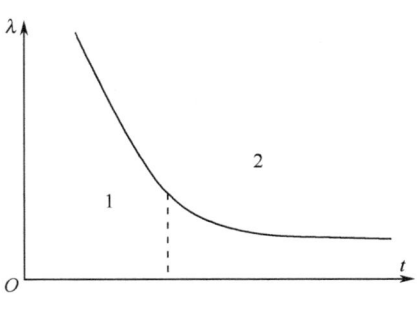

图 11.37 软件失效率曲线

由图 11.37 可见，软件的失效率曲线分为两个部分，第 1 部分类似于浴盆曲线的早期失效期，但持续时间较长；第 2 部分是成熟期，失效率接近于 0。随着时间的增长，软件设计中残留的逻辑错误被逐渐发现并纠正，从而使诱发故障的因素逐渐减少。因此，软件在正式投入使用之前应尽量使其进入成熟期。

2. 软件缺陷与软件测试

软件缺陷是导致软件失效的一个根本原因。所谓软件缺陷，是指计算机软件或程序中存在的某种破坏正常运行能力的问题、错误或隐藏的功能缺陷。缺陷的存在会导致软件产品在某种程度上不能满足用户的需要。根据缺陷的严重程度不同，有些缺陷可能只导致软件的局部功能失效，而有的缺陷在被激发后则可能导致整个系统失效或混乱。因此，软件缺陷需要尽量避免或减少。

但是，在软件开发的过程中，软件缺陷的产生却又是不可彻底避免的。软件缺陷的产生主要是由软件产品的特点和开发过程决定的。除了与软件本身的复杂程度有关外，还与开发人员的专业素质与经验以及项目管理的规范性有关。为了减少软件开发过程留下的软件缺陷，必须遵循严格的软件开发与设计规范。

由于软件缺陷通常具有隐蔽性，不少缺陷难以在设计过程中直接发现，而是在软件应用过程中，在适当的条件下这些缺陷才得以激发和暴露。因此，软件测试就成为软件开发过程的一个重要组成部分。软件测试的目的一方面是检验软件的功能，另一方面是尽量发现软件存在的缺陷，并进行修正。因此，软件的测试还必须能够模仿各种缺陷的诱发机制或条件。一般情况下，一个设计良好的软件测试过程，可以发现大部分由软件设计过程留下的软件缺陷。

对于计算机控制系统的软件设计而言，除了严格按照相应的软件开发规范进行设计之外，还需要模拟现场运行的各种情况进行软件测试，以排除缺陷，提高软件系统的可靠性。

3. 软件容错技术

由于软件缺陷一般不可能在软件投入实际运行前完全排除，因此，与硬件容错技术类似，也引出了相应的软件容错的概念。与前面硬件容错稍有不同的是，这里的软件容错也有两层含义，一是对软件自身缺陷的容忍、屏蔽或恢复能力，二是对外界因素（特别是人为因素）引起的错误也具有较好的防错纠错能力。与硬件容错技术类似，软件容错也以冗余技术为主。

(1) 软件冗余

软件冗余是通过提供足够的冗余信息和算法程序，使系统在实际运行时能够及时发现程序设计错误，采取补救措施，以提高软件可靠性，保证整个计算机控制系统的正常运行。常用的软件冗余包括 N 版本与恢复块等两种方法。

N 版本方法是一种静态的故障屏蔽技术，其设计思想是用 N 个具有相同功能的程序同时执行一项计算，结果通过多数表决来选择，如图 11.38 所示。其中 N 份程序必须由不同的人独立设计，使用不同的方法或不同的开发环境和工具来实现，目的是减少 N 版本软件在表决点上相关错误的概率。如果几个并联的程序模块中有一个模块出现错误，则可以通过表决器被其他模块屏蔽。

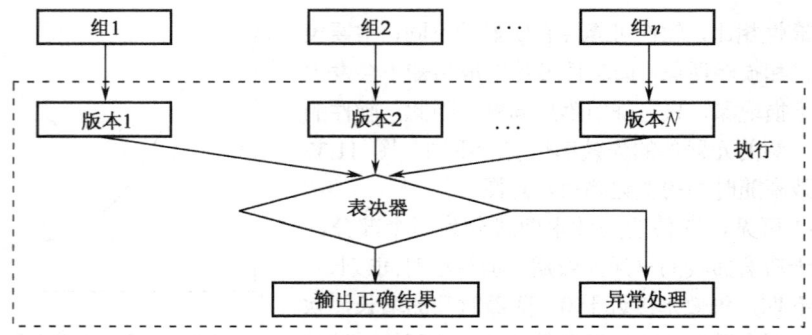

图 11.38　N 版本软件冗余方法

恢复块方法是一种动态屏蔽技术。如图 11.39 所示，恢复块方法提供具有相同功能的主块和几个后备块，一个块就是一个执行完整的程序段，主块首先投入运行，结束后进行验证测试，如果没有通过验证测试，系统经现场恢复后由一后备块运行，并重复上述过程，如果某一后备块通过验证测试，则认为完成了功能恢复，并屏蔽了故障模块。同样，设计时应保证实现主块和后备块之间的独立性，避免相关错误的产生，使主块和后备块之间的共性错误降到最低限度。

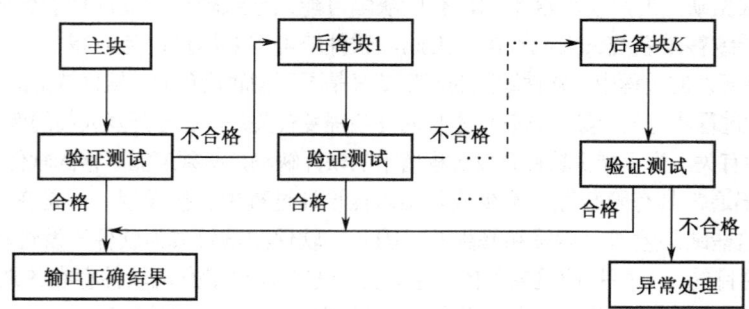

图 11.39　恢复块软件冗余方法

(2) 时间冗余

时间冗余是指利用消耗时间资源来达到软件容错的目的。其基本思想是通过重复执行指令或程序来消除瞬时错误带来的影响。时间冗余包括指令冗余与程序重复执行。指令冗余是指当指令执行结果送到目的地址中时，如果有错误恢复请求信号，则重复执行该指令。程序重复执行通常采用程序回滚技术。例如将机器运行的某一时刻称为检查点，此时检查系统运行的状态是否正确，不论正确与否，都将这一状态存储起来，一旦发现运行故障，就返回到最近一次正确的检查点重新运行。对于计算机控制系统，由于时间冗余以消耗时间为代价，从而降低了系统的效率和实时性。

(3) 信息冗余

在计算机控制系统中,数据的传输、数据的存储与读取及数据的运算等都有可能由于某种因素的干扰而使数据产生偏差。这种数据(信息)偏差有可能导致相关软件运行的意外结果。为克服信息偏差带来的影响,通常采用信息冗余技术。

信息冗余利用在数据中外加的一部分信息位来检测或纠正信息在运算或传输中的错误而达到容错目的。常用的检错码有奇偶校验码、循环码、定比传输码等,常用的纠错码有汉明码和循环码等。

(4) 针对输入参数错误的容错设计

软件输入参数的偶然错误也是引发系统故障的一个重要原因。因此,在相关软件设计中,应针对软件输入参数进行必要的容错设计,包括对输入参数的判断、分析、比较,确定其符合当前正常情况,如不符合,则要求重新输入参数或自动调整为与系统当前状态相适应的参数,以避免参数错误对系统的不利影响或导致系统故障。

(5) 针对人为操作错误的容错设计

计算机控制系统离不开现场操作人员的干预,而人难免会出现错误操作,有些错误操作可能导致十分严重的后果,因此,计算机控制系统还必须针对这类人为操作错误具备较好的容错能力。例如针对一些可能引起严重后果的错误操作进行强制保护性设计,以预防这类错误操作的发生或消除其影响,而对一些可能是错误操作但不致引起严重后果的人为操作进行必要的提示性防护。

4. 故障自诊断

故障自诊断是计算机系统提高可靠性的一种特有的重要方法。所谓故障自诊断技术,就是通过设计相应的自诊断软件,在系统运行过程中,该软件能够能迅速准确地确定系统内部是否发生故障,并确定故障发生的部位。

对于计算机控制系统,系统可以定时(通常是系统相对空闲时)或在可能存在故障时运行自诊断程序,对系统硬件、软件故障进行诊断,包括对系统主要部件及关键程序进行检查和诊断。

(1) CPU 运算功能诊断。在特定区域存储一组确定的数据,其中一个数据是其余数据经过某些运算的结果。诊断时将自诊断程序的运算结果与原存储的结果进行比较,有差错就报警。

(2) RAM 检查。自诊断程序定时向 RAM 区域写入随机数,然后读出来与原来写入的进行比较;将这些数据求反以后再进行一次存取并比较,有差错就报警。

(3) 输入/输出通道诊断。在设计时一般留下一对输入/输出端口作为检查通道,其输出端与输入端相互连接。诊断时计算机向输出通道输出一个数据,并从输入通道读取回来,然后进行比较。对于数字量通道,输出的与读取回来的应该完全一致;对于模拟量通道,误差应该在允许范围之内,否则报警。此外,也可根据每个通道采集的数据的有效性来判断通道工作的正确性。

(4) 监视定时器检查。在分级分布式控制系统中,给每个现场工作站设置一个监视定时器。正常工作时,监视定时器定时向上位机发出脉冲;故障时停止发脉冲。上位机通过检查下位机的这类脉冲信号来判断其工作是否正常。

(5) 控制软件自诊断。对计算机内部控制软件中的关键指令逐条进行检查,发现问题报警并显示故障点。在特定的入口参数条件下,运行相应的控制软件,检查其运行结果与存储的标准结果是否一致,如不一致,分析故障原因,并报警。

(6) 设置软件模块出入口标志。对每个软件模块设置一个出入口标志。当程序执行到该模块时,将模块的入口标志存入某一特定单元;该模块执行完毕,将模块的出口标志与存入的入口标志比较,若不相符说明存在故障。

总之，系统故障的自诊断技术是提高计算机控制系统可靠性的有效手段，在较大程度上降低了系统发生故障的可能性。

本 章 小 结

作为一个相对完整的计算机控制系统，除了控制规律设计之外，在控制系统的设计与实现方面还涉及其他诸多问题。本章在介绍了计算机控制系统设计的一般原则与步骤的基础上，重点针对过程通道的设计、数字信号调理技术、数字控制算法的设计与实现、量化效应分析、采样周期选择、系统抗干扰措施与可靠性设计等相关问题进行了讨论。

过程通道是计算机控制系统中连接计算机与被控过程的重要纽带，包括模拟量输入/输出通道与数字量输入/输出通道。模拟量输入/输出通道重点是围绕 A/D 与 D/A 转换来进行设计的，包括前置滤波器设计、A/D 与 D/A 转换器的选择等关键内容；数字量输入/输出通道则需要重点注意开关量信号的调理与隔离。

在计算机控制系统中，有一部分信号调理可以在信号进入计算机后，由数字信号调理来完成，一般包括各种形式的数字滤波、非线性补偿与标度变换等。

控制算法设计与实现是计算机控制系统设计中的关键内容。由于计算机控制系统从数据输入到控制输出总需要一定的时间，即存在一定的计算延时，相应的控制算法也有一拍固定延时与非固定延时两种基本算法结构。一拍固定延时结构一般适合于在控制器设计时已经考虑了一拍延时的情况，其具体表现为具有一步预报补偿的形式；而非固定延时一般适合于无预报补偿，且计算延时远小于采样周期的情况。对于同样的控制规律，可以有各种不同的算法结构与实现形式，其相应的性能也会有所区别。

量化问题是数字系统的一个特殊问题。量化特性具有典型的非线性特性，并会产生量化误差，导致量化效应。在计算机控制系统中，一般存在 A/D 转换量化效应、参数设置量化效应、运算过程量化效应与 D/A 转换量化效应等多种量化效应。量化效应将对系统的性能产生一定影响，并可能引起系统的输出死区或极限环振荡。但是，当量化精度足够高且计算机的字长足够长时，量化误差对系统的影响有时也可忽略不计。

采样周期的选择涉及很多方面，如系统稳定性、闭环带宽、前置滤波器、保持器、抗干扰、计算负荷等，但归根结底一般还是依据系统的闭环带宽的确定，通常选取采样频率为 20 倍左右的系统带宽。同时，有不少实际控制过程的采样周期则可根据一些经验数据来选取。

运行于工业生产现场的计算机控制系统难免会受到各种干扰的影响，因此，在设计计算机控制系统时应采取必要的抗干扰措施，尤其是系统输入/输出通道的抗干扰技术。同时，从提高系统可靠性的角度，分别讨论了计算机控制系统硬件和软件的可靠性设计相关问题或方法。

习题与思考题

11.1 为什么计算机控制系统设计必须满足实时性与可靠性的要求？

11.2 选择计算机控制系统的计算机时，一般需要考虑哪些方面的问题？

11.3 模拟量输入通道一般由哪几部分组成？各部分的作用是什么？

11.4 模拟量输出通道有哪几种结构？各有什么特点？

11.5 A/D 和 D/A 转换器的转换精度与分辨率两个技术指标的含义有何不同？它们的关系如何？

11.6 设计计算机控制系统时，需要考虑选择哪些数字部件的字长？应根据什么原则进行选择？这些部件的相互关系如何？

11.7 设某炉温变化范围为 0~1500℃，要求分辨率为 3℃，A/D 转换器的字长应当选为多少？若 n 不变，通过变送器将信号零点迁移到 600℃，则此时系统对炉温的分辨率为多少？

11.8 设某执行机构的输入变化范围为 0~10 mA，灵敏度为 0.05 mA，应选字长为多少的 D/A 转换器？

11.9 开关量输入/输出通道设计主要注意哪些问题？

11.10 计算机控制系统中常用的数字滤波方法有哪些？各有什么优缺点？

11.11 计算机控制系统中计算延时的含义是什么？在控制算法设计时应如何处理？

11.12 设某控制系统的数字控制器为

$$D(z) = \frac{z+1}{z^2 + 1.7z + 0.72}$$

（1）试分别用直接法、串行法、并行法确定其算法实现迭代方程。

（2）对直接实现法进行比例因子配置，并给出一种合适的算法实现流程图。

11.13 某机械臂伺服系统的数字控制器为

$$D(z) = 13.667 \frac{z - 0.95122}{z + 0.667}$$

试求其直接法算法实现的迭代方程，并进行比例因子配置，同时给出一种合适的算法实现流程图。

11.14 计算机控制系统中会遇到哪几种量化误差？它们对控制系统有什么影响？

11.15 计算机控制系统中，采样周期对系统的性能与成本有哪些影响？

11.16 什么是串模干扰和共模干扰？它们是怎样产生的？各有哪些抑制方法？

11.17 计算机控制系统可靠性设计的一般原则有哪些？

11.18 设计计算机控制系统时，通常可采用哪些提高可靠性的措施？

参 考 文 献

[1] Åström K. J., Wittenmark B., *Computer-Controlled Systems*: *Theory and Design*, Prentice Hall，1997．北京：清华大学出版社，2002

[2] Franklin G. F., Powell J. D., Workman M., *Digital Control of Dynamic Systems*, Addison Wesley Longman, Inc. 1998．北京：清华大学出版社，2001

[3] 高金源，夏洁．计算机控制系统．北京：清华大学出版社，2007

[4] 孙增圻．计算机控制理论与应用．北京：清华大学出版社，2008

[5] 胡寿松．自动控制原理．北京：科学出版社，2001

[6] 冯勇．现代计算机控制系统．哈尔滨：哈尔滨工业大学出版社，1996

[7] 何克忠，李伟．计算机控制系统．北京：清华大学出版社，1998

[8] 奥本海姆著，刘树堂译．信号与系统．西安：西安交通大学出版社，1998

[9] 姜学军．计算机控制技术．北京：清华大学出版社，2005

[10] 李元春．计算机控制系统．北京：高等教育出版社，2005

[11] 郑大钟．线性系统理论．北京：清华大学出版社，2005

[12] 冯培悌．计算机控制技术．杭州：浙江大学出版社，1990

[13] 谢剑英．微型计算机控制技术．北京：国防工业出版社，1991

[14] 王锦标．计算机控制系统．北京：清华大学出版社，2008

[15] 阳宪惠．现场总线技术及其应用．北京：清华大学出版社，2008

[16] 张德江等．计算机控制系统．北京：机械工业出版社，2007

[17] 李正军．计算机控制系统．北京：机械工业出版社，2005

[18] 李华，范多旺等．计算机控制系统．北京：机械工业出版社，2007